吉林省高等学校精品课程
21 世纪全国应用型本科计算机案例型规划教材

计算机组成与结构教程

主　编　姚玉霞　邓蕾蕾　曹丽英
副主编　赵建华　蔡建培　孙　国
主　审　杨　继

内 容 简 介

本书是作者在多年讲授“计算机组成与结构”课程的基础上编写而成的，将计算机系统结构、指令系统、存储器系统、中央处理器、输入/输出系统、总线技术等融为一体，体现了完整的课程教学体系，突出了计算机技术及应用。

本书结合普通高等院校计算机应用型人才培养的实际情况，在编写的过程中，从学习习惯和教学规律出发，合理编排教学内容，全面阐述在“计算机组成与结构”课程中必须掌握的基本知识和技能，为后续课程的学习和实际应用奠定基础。

本书重点突出、内容新颖，采用案例结合实际的形式，语言精练、通俗易懂，既可作为普通高等院校计算机及其相关专业的教材，也可作为社会培训类机构和从事计算机相关工作人员的参考用书。

图书在版编目(CIP)数据

计算机组成与结构教程/姚玉霞，邓蕾蕾，曹丽英主编. —北京：北京大学出版社，2012.11

(21世纪全国应用型本科计算机案例型规划教材)

ISBN 978-7-301-21341-4

Ⅰ. ①计… Ⅱ. ①姚… ②邓… ③曹… Ⅲ. ①计算机体系结构—高等学校—教材 Ⅳ. ①TP303

中国版本图书馆 CIP 数据核字(2012)第 236458 号

书　　名：计算机组成与结构教程

著作责任者：姚玉霞　邓蕾蕾　曹丽英　主编

策 划 编 辑：郑　双　程志强

责 任 编 辑：郑　双

标 准 书 号：ISBN 978-7-301-21341-4/TP・1252

出　版　者：北京大学出版社

地　　址：北京市海淀区成府路 205 号　100871

网　　址：http://www.pup.cn　新浪官方微博：@北京大学出版社

电　　话：邮购部 62752015　发行部 62750672　编辑部 62750667　出版部 62754962

电 子 信 箱：pup_6@163.com

印　刷　者：北京鑫海金澳胶印有限公司

发　行　者：北京大学出版社

经　销　者：新华书店

787 毫米×1092 毫米　16 开本　22 印张　504 千字

2012 年 11 月第 1 版　2012 年 11 月第 1 次印刷

定　　价：42.00 元

编 委 会

信息技术的案例型教材建设

(代丛书序)

刘瑞挺

北京大学出版社第六事业部在 2005 年组织编写了《21 世纪全国应用型本科计算机系列实用规划教材》，至今已出版了 50 多种。这些教材出版后，在全国高校引起热烈反响，可谓初战告捷。这使北京大学出版社的计算机教材市场规模迅速扩大，编辑队伍茁壮成长，经济效益明显增强，与各类高校师生的关系更加密切。

2008 年 1 月北京大学出版社第六事业部在北京召开了“21 世纪全国应用型本科计算机案例型教材建设和教学研讨会”。这次会议为编写案例型教材做了深入的探讨和具体的部署，制定了详细的编写目的、丛书特色、内容要求和风格规范。在内容上强调面向应用、能力驱动、精选案例、严把质量；在风格上力求文字精练、脉络清晰、图表明快、版式新颖。这次会议吹响了提高教材质量第二战役的进军号。

案例型教材真能提高教学的质量吗？

是的。著名法国哲学家、数学家勒内·笛卡儿(Rene Descartes，1596—1650)说得好：“由一个例子的考察，我们可以抽出一条规律。(From the consideration of an example we can form a rule.)”事实上，他发明的直角坐标系，正是通过生活实例而得到的灵感。据说是在 1619 年夏天，笛卡儿因病住进医院。中午他躺在病床上，苦苦思索一个数学问题时，忽然看到天花板上有一只苍蝇飞来飞去。当时天花板是用木条做成正方形的格子。笛卡儿发现，要说出这只苍蝇在天花板上的位置，只需说出苍蝇在天花板上的第几行和第几列。当苍蝇落在第四行、第五列的那个正方形时，可以用(4，5)来表示这个位置……由此他联想到可用类似的办法来描述一个点在平面上的位置。他高兴地跳下床，喊着“我找到了，找到了”，然而不小心把国际象棋撒了一地。当他的目光落到棋盘上时，又兴奋地一拍大腿：“对，对，就是这个图”。笛卡儿锲而不舍的毅力，苦思冥想的钻研，使他开创了解析几何的新纪元。千百年来，代数与几何，井水不犯河水。17 世纪后，数学突飞猛进的发展，在很大程度上归功于笛卡儿坐标系和解析几何学的创立。

这个故事，听起来与阿基米德在浴缸洗澡而发现浮力原理，牛顿在苹果树下遇到苹果落到头上而发现万有引力定律，确有异曲同工之妙。这就证明，一个好的例子往往能激发灵感，由特殊到一般，联想出普遍的规律，即所谓的“一叶知秋”、“见微知著”的意思。

回顾计算机发明的历史，每一台机器、每一颗芯片、每一种操作系统、每一类编程语言、每一个算法、每一套软件、每一款外部设备，无不像闪光的珍珠串在一起。每个案例都闪烁着智慧的火花，是创新思想不竭的源泉。在计算机科学技术领域，这样的案例就像大海岸边的贝壳，俯拾皆是。

事实上，案例研究(Case Study)是现代科学广泛使用的一种方法。Case 包含的意义很广，包括 Example(例子)，Instance(事例)、示例，Actual State(实际状况)，Circumstance(情况、事件、境遇)，甚至 Project(项目、工程)等。

我们知道在计算机的科学术语中，很多是直接来自日常生活的。例如，Computer 一词早在 1646 年就出现于古代英文字典中，但当时它的意义不是“计算机”而是“计算工人”，即专门从事简单计算的工人。同理，Printer 当时也是“印刷工人”而不是“打印机”。正是

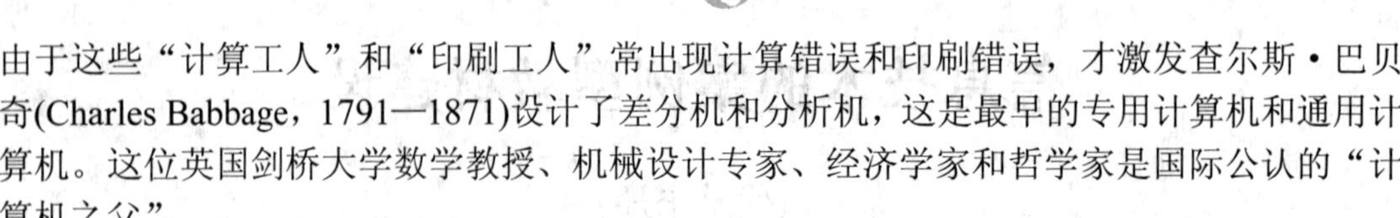

由于这些“计算工人”和“印刷工人”常出现计算错误和印刷错误，才激发查尔斯·巴贝奇(Charles Babbage，1791—1871)设计了差分机和分析机，这是最早的专用计算机和通用计算机。这位英国剑桥大学数学教授、机械设计专家、经济学家和哲学家是国际公认的“计算机之父”。

20 世纪 40 年代，人们还用 Calculator 表示计算机器。到电子计算机出现后，才用 Computer 表示计算机。此外，硬件(Hardware)和软件(Software)来自销售人员。总线(Bus)就是公共汽车或大巴，故障和排除故障源自格瑞斯·霍普(Grace Hopper，1906—1992)发现的“飞蛾子”(Bug)和“抓蛾子”或“抓虫子”(Debug)。其他如鼠标、菜单……不胜枚举。至于哲学家进餐问题，理发师睡觉问题更是操作系统文化中脍炙人口的经典。

以计算机为核心的信息技术，从一开始就与应用紧密结合。例如，ENIAC 用于弹道曲线的计算，ARPANET 用于资源共享以及核战争时的可靠通信。即使是非常抽象的图灵机模型，也受到二战时图灵博士破译纳粹密码工作的影响。

在信息技术中，既有许多成功的案例，也有不少失败的案例；既有先成功而后失败的案例，也有先失败而后成功的案例。好好研究它们的成功经验和失败教训，对于编写案例型教材有重要的意义。

我国正在实现中华民族的伟大复兴，教育是民族振兴的基石。改革开放以来，我国高等教育在数量上、规模上已有相当的发展。当前的重要任务是提高培养人才的质量，必须从学科知识的灌输转变为素质与能力的培养。应当指出，大学课堂在高新技术的武装下，利用 PPT 进行的“高速灌输”、“翻页宣科”有愈演愈烈的趋势，我们不能容忍用“技术”绑架教学，而是让教学工作乘信息技术的东风自由地飞翔。

本系列教材的编写，以学生就业所需的专业知识和操作技能为着眼点，在适度的基础知识与理论体系覆盖下，突出应用型、技能型教学的实用性和可操作性，强化案例教学。本套教材将会有机融入大量最新的示例、实例以及操作性较强的案例，力求提高教材的趣味性和实用性，打破传统教材自身知识框架的封闭性，强化实际操作的训练，使本系列教材做到“教师易教，学生乐学，技能实用”。有了广阔的应用背景，再造计算机案例型教材就有了基础。

我相信北京大学出版社在全国各地高校教师的积极支持下，精心设计，严格把关，一定能够建设出一批符合计算机应用型人才培养模式的、以案例型为创新点和兴奋点的精品教材，并且通过一体化设计、实现多种媒体有机结合的立体化教材，为各门计算机课程配齐电子教案、学习指导、习题解答、课程设计等辅导资料。让我们用锲而不舍的毅力，勤奋好学的钻研，向着共同的目标努力吧！

刘瑞挺教授 本系列教材编写指导委员会主任、全国高等院校计算机基础教育研究会副会长、中国计算机学会普及工作委员会顾问、教育部考试中心全国计算机应用技术证书考试委员会副主任、全国计算机等级考试顾问。曾任教育部理科计算机科学教学指导委员会委员、中国计算机学会教育培训委员会副主任。PC Magazine《个人电脑》总编辑、CHIP《新电脑》总顾问、清华大学《计算机教育》总策划。

前　　言

“计算机组成与结构”课程是计算机科学与技术专业的核心主干课程之一，具有理论性强、知识涵盖面广、更新快、与其他计算机课程联系紧密等特点。本书从计算机的组成与结构出发，注重从以知识为主体向以能力为主体的转变，培养学生的综合分析和应用能力，根据教材的特色和教学的实用性，结合重点和难点，系统地介绍了组成计算机的硬件系统及结构、逻辑实现、各部分相互连接构成整机系统的工作原理及设计方法。全书共分11章。第1章讲述计算机系统的基本组成、层次结构、计算机硬件系统组织和计算机发展；第2章讲述计算机常用逻辑部件的组成与工作原理；第3章讲述计算机的信息表示方法、运算方法和运算器组织；第4章介绍存储器的组成、存储器系统的工作原理和组织；第5章介绍指令格式、指令设置、寻址方式和指令的执行控制方法；第6章讨论中央处理器的组成、时序信号的产生与控制方式、微程序控制器原理与设计方法；第7章介绍基本输入/输出设备的组成、工作原理和辅助存储器等内容；第8章介绍输入输出设备的工作与控制方式；第9章讲述总线的结构、信息传送方式、总线接口与仲裁；第10章介绍微型计算机系统、多媒体计算机系统和多处理机系统的工作原理；第11章介绍操作系统在计算机工作中的主要作用等相关内容。

本书为吉林省高等学校精品课程“计算机组成与结构”配套使用教材。

本书在编写工程中，参考了一些国内外优秀教材和相关资料，北京大学出版社的编辑也提出了许多宝贵意见，并给予了大力支持，在此表示诚挚的谢意！

本书在编写过程中秉承概念清晰、通俗易懂、表述正确、便于自学的理念，力求读者通过本书的学习，能够全面地理解和掌握计算机组成与结构相关知识。但由于编者水平有限，书中难免出现不妥和疏漏之处，恳请读者批评指正，编者不胜感激。

编　　者

目　　录

概　述

学习目标

了解计算机的发展历史、计算机的应用领域、计算机的发展趋势和网络知识。

理解计算机系统的层次结构及各部件之间的关系。

掌握计算机的定义、分类、功能、计算机硬件和软件系统的组成，以及计算机各部件的工作原理与作用。

知识结构

本章知识结构如图 1.1 所示。

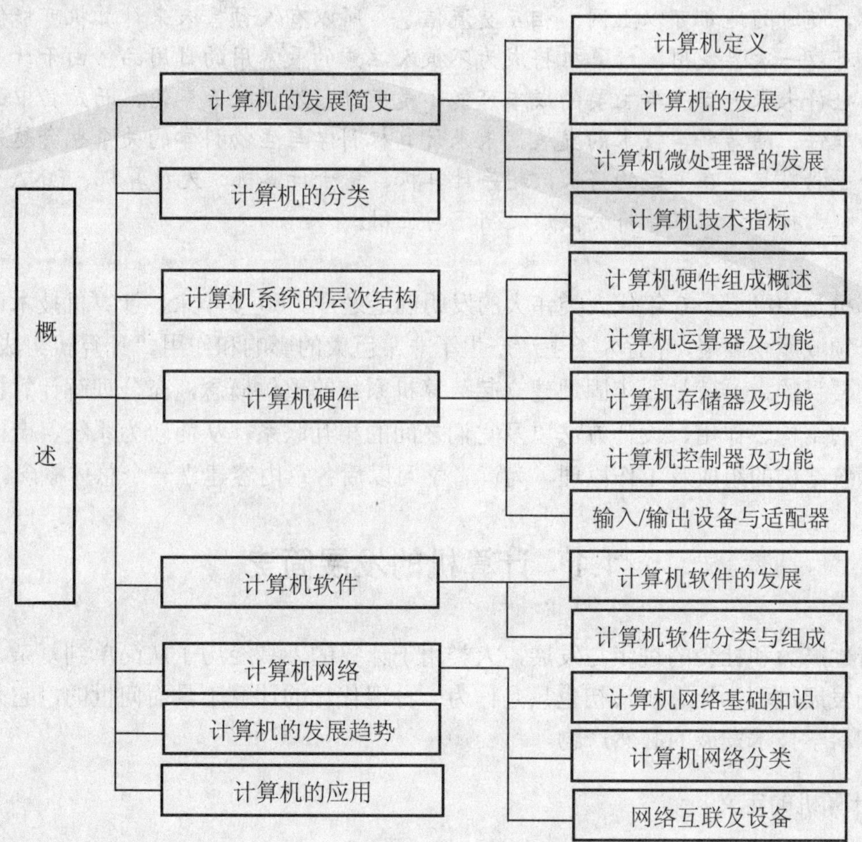

图 1.1　计算机知识概述结构

导入案例

未来计算机的无处不在

随着 IT 业的迅速发展，世界正经历着全面的“可移动化”过程，从计算机、手机、MP3 再到 GPS，我们都可以随身携带。计算机正改变着人们的生活方式和习惯，信息量的即时获取是现代人生存和生活的资本，便携高效的计算机将成为人们的首选配备。在未来，轻巧便携的计算机将是 IT 市场中的主流产品，也是可移动化产品的主导，更是人们所追求高效生活的主要日常必备之一。

近年来更明显的发展趋势是计算机的“无处不在”，有人称这种趋势为普适计算(Pervasive Computing)，也有人说这种计算通俗得就像“没有计算机一样”。一个案例可以说明：某个家庭有多少电动机，大多数家庭未做过此类计算，但他会说洗衣机、电冰箱、汽车、录音机、微波炉、空调机、照相机、录像机……里都有，虽然家家都有，但谁也不会去统计它。未来计算机也会像现在的电动机一样，存在于家庭中的各种电器中。那时再来问你家里有多少计算机，你也许也数不清，因为所有的家用电器里可能都有“计算机”，包括你的笔记本、教材、书籍都已电子化。再过十几、二十几年，可能学生们上课用的不再是纸质教科书，而只是计算机，计算机里有你需要的所有课程教材、辅导书、练习题等，学生可以根据自己的需要方便地从中查到想要的资料。而且这些“计算机”与现在的手机合为一体，随时随地都可以上网，相互交流信息。所以有人预言未来计算机可能像纸张一样便宜，可以一次性使用，计算机将成为不被人注意的最常用的日用品。由于计算机的无处不在，也许未来一部汽车主要的成本可能不是车身、发动机、车轮，而是其中的微处理器芯片和软件。随着科学技术的发展，未来计算机科学与生物科学的关系也会越来越密切地结合并蓬勃兴起。在不远的将来，超导计算机、量子计算机、光计算机、DNA 计算机、网格计算机、神经计算机等将会被广泛研究与应用。

计算机是 20 世纪 40 年代人类伟大的发明创造之一。60 多年来，计算机技术已经在世界的各个领域蓬勃发展，并对人类生活产生了非常巨大的影响和作用。“计算机组成与结构”课程的重要目的之一就是要牢固地建立起计算机系统的整体概念，充分理解计算机硬件各组成部件的结构、作用、设计方法以及它们之间的相互联系，从而较为系统、全面地掌握计算机系统结构的组成及工作原理，为读者学习以后各章内容建立一个总体概念。

1.1 计算机的发展简史

随着生产力和社会的进步与发展，人类用于计算的工具经历了从简单到复杂，从低级到高级的发展过程。计算机最初也只是作为一种现代化的计算工具而问世的，它是人类生产实践和科学技术发展的必然产物。

1.1.1 计算机的定义

计算机是一种能自动、高速、精确完成大量算术运算、逻辑运算、信息处理的数字化

电子设备，是一种现代化的信息处理工具，更具体地说是一种能对数字化信息进行自动高速运算的通用处理装置。

- 数字化：计算机以“数字化”编码形式的信息作为加工对象。
- 电子：组成计算机的物质基础是电子逻辑部件。
- 信息：计算机处理的信息可以是文字、数值、图像、图形、声音、视频等多种不同类型的信息，其表现手段可以采用模拟量形式或数字化形式，但目前绝大部分计算机均为数字计算机，少量为模拟计算机，因此这里仍然将信息称为数字化信息。随着计算机技术的不断发展和应用领域的不断扩大，信息类型会越来越多。
- 运算：计算机运算主要包括逻辑运算和算术运算。现代电子计算机运算的自动与高速与以前的各类机械式的计算器是不同的。
- 处理：计算机除了能计算外，还能进行识别、搜索、变换，甚至联想、推理和思考等，且随着计算机软件、硬件技术的不断发展，其处理功能会越来越强。

1.1.2 计算机的发展

自1946年第一台电子数字计算机诞生以来，计算机的发展以计算机硬件的逻辑元器件为标志，大致经历了电子管、晶体管、中小规模集成电路、大规模和超大规模集成电路等发展阶段。

按照电子元器件变化的角度和冯·诺依曼体系结构，自1946年第一台电子数字计算机问世以来，其发展已经经历了四代。目前，第五代和第六代计算机的研制正在进行之中。计算机发展速度之快、应用范围之广，为科技的进步和社会发展带来了惊人的变化。

1. 第一代计算机

1946—1957年是电子管数字计算机时代，计算机运算速度每秒只有几千次到几万次。

世界上第一台电子数字计算机“埃尼阿克”(ENIAC)是主要应用于科学计算的专用机。虽然这台电子管数字计算机体积大、功耗大、价格昂贵、可靠性差、计算程序还需要通过“外接”的线路来实现，但它是最早诞生的一台电子数字计算机，是现代计算机的始祖。它的体系结构和程序设计思想为以后计算机的高速发展奠定了科学基础。1958年我国第一台通用数字电子计算机——M103诞生，该机运行速度为每秒1500次，字长为31位，内存储器(简称内存)容量为1024字节。经改进，配置了磁心存储器后，计算机的运算速度提高到每秒1800次。这台计算机的诞生凝聚了我国无数科研人员的心血，是中国第一台电子管专用数字计算机。

2. 第二代计算机

1958—1964年是晶体管数字计算机时代，计算机运算速度为每秒几万到几十万次。

这一代计算机除了逻辑器件采用晶体管以外，其内存储器由磁心构成，同时采用磁带或磁盘作为辅助存储器；并提出了变址、中断、输入/输出处理等新概念。晶体管数字计算机的研制成功使软件的发展也有了很大的进步，出现了多种用途的操作系统和各种高级语言，并出现了机器内部的管理程序。第二代计算机除了大量用于科学计算和数据处理外，还逐渐被工商企业用于商务和各种事务处理，并开始用于工业控制，也为开发第三代计算机打下了良好的基础，促进了计算机工业的迅速发展。1963年，我国第一台大型晶体管计

算机 109 机研制成功。1964 年，哈尔滨军事工程学院(即国防科技大学前身)的 441B 全晶体管计算机也研制成功，标志着我国的计算机也进入到了第二个发展阶段，这是我国计算机发展的一个里程碑式的突破。

3. 第三代计算机

1965—1970 年是中小规模集成电路时代，计算机的运算速度为每秒几百万到几千万次。

计算机的逻辑器件采用中小规模集成电路，用半导体存储器代替磁心存储器，采用流水线、多道程序和并行处理技术。计算机的主要特点是体积更小、速度快、精度高、功能强、成本进一步下降，这是微电子与计算机技术相结合的一大突破。在此期间软件逐渐完善，向系列化、多样化发展，分时操作系统、会话式语言等已经出现，并提出了模块化与结构化程序设计的思想。计算机品种也开始向多样化、系列化发展。

4. 第四代计算机

1971—1982 年是大规模及超大规模集成电路的数字计算机时代，计算机的运算速度达每秒几千万次到上亿次。

第四代计算机是大规模集成电路高速发展之后的产物，是前三代机的扩展和延伸。该时代计算机的主要特点是速度更快、集成度更高、软件丰富、有通信功能、硬件和软件的技术日益完善并密切配合，计算速度为每秒千万次或亿次以上。计算机的体系结构也开始以分布式处理来组织系统，计算机操作系统更加完善，在语音、多媒体技术、图像处理、计算机网络以及人工智能等方面取得了很大发展，同时大、中型机、超小型机、智能模拟、软件工程等都有了新的飞跃。应用开始进入尖端科学、军事工程、空间技术和大型事务处理等社会生活的各个领域。计算机发展到第四代，出现了一个重要的分支，那便是个人计算机的出现。随着大规模集成电路的发展，20 世纪 70 年代计算机开始向微型化方向发展。

这个时期的计算机出现了双核和多核处理器，又增加了智能电源管理(Intel Intelligent Power Capability)、宽动态指令执行(Intel Wide Dynamic)、智能缓存技术(Intel Adcanced Smart Cache)、智能缓存加速(Intel Smart Memoru Acess)及高级数字媒体增强(Intel Advanced Digital Media Boost)等重要改革。此时大型计算机和超大型计算机的研究和应用也已经有了突破性进展。我国先后研究成功曙光系列、银河系列和天河系列等超级计算机，标志着中国成为世界上少数几个能研制和生产大规模并行计算机系统的国家之一。2010 年 11 月 16 日最新全球超级计算机 500 强排行榜在美国路易斯安那州新奥尔良会议中心揭晓，中国“天河一号”以每秒 2570 万亿次的运算速度排名全球第一，成为世界运算速度最快的超级计算机，这更标志着中国的超级计算机综合技术水准进入世界领先行列。

第四代机时期的另一个重要特点之一就是计算机网络的发展与广泛应用。进入 20 世纪 90 年代以来，由于计算机技术与通信技术的高速发展与密切结合，掀起了网络热。大量的计算机联入到不同规模的网络中，通过 Internet 与世界各地的计算机互联，这大大扩展和加速了信息的流通，增强了社会的协调与合作能力，使计算机的应用方式也由个人计算向分布式和群集式计算发展。因此，有人曾经这样说过“计算机就是网络，网络就是计算机”。

我国研制的运算速度为每秒 2570 万亿次的中国天河一号超级计算机如图 1.2 所示。

(a) 天河一号样图1

(b) 天河一号样图2

图1.2 2010年我国研制的运算速度为每秒2570万亿次的中国天河一号超级计算机

5. 第五代计算机

20世纪80年代初，日本政府制定了一项第五代计算机系统研究计划(1982—1992年)，该计划从一开始就以研究开发创新的并行推理实现技术为目的，并以逻辑程序设计语言为推理机的核心语言。日本经过10年努力，取得了一些阶段性成果，于1992年10月宣告该计划结束。在这一研究中，计算机基本结构也试图突破冯·诺依曼结构体系，使其更具智能化。虽然该计划的研究方向并不反映当代计算机技术的主要发展方向，也没有直接促进计算机的更新换代，但对计算机进一步的研究与发展做了大量的工作，也为推动人工智能、并行推理技术的发展起了积极作用。目前，对第五代计算机的看法和定义还不完全一致。由于前面讲到的以元器件的更新换代作为计算机划代的标志，因此不论是大规模、超大规模、甚大规模、甚至极大规模集成电路组成的计算机，它们仍都是硅材料组成的半导体器件，且计算机基本结构也仍然遵循冯·诺依曼结构体系，人们仍习惯的叫它们为第四代计算机。实际上，就目前看第五代计算机世界各国仍处于研究和努力实践中。

6. 关于第六代计算机

一些制定计划的科学家们认为，如第六代计算机是人工智能计算机，它将是综合了计算机科学和控制论而发展的一门新技术，它能模拟人脑的智能，如识别图形、语言、物体等，它将对社会的发展带来不可估量的影响。科学家们也敏感地意识到，目前作为计算机核心元件的集成电路的制造工艺很快将达到极限。多年来，人们在不断努力与探索，以寻找速度更快、功能更强的全新的元器件来研究制造计算机，如神经元、生物芯片、分子电子器件、超导计算机、量子计算机等。这些计算机可以模拟人的大脑思维，可同时并行处理大量实时变化的数据，运用生物工程技术以蛋白分子做芯片，用光作为信息载体完成对信息的处理等，可制作出像人一样能够听、看、想、说、写，具有某些情感、智力等强大功能、体积更小，存储量更大，智能化更强的计算机产品。这方面的研究工作已取得了一些重要成果。相信不久的将来，真正的生物、光、神经、量子、DNA计算机等新一代计算机一定会出现并得到普及应用，也将会大放光彩。

案例分析：请结合智能计算机的发展，说明智能计算机在实际生活中的应用案例。

1.1.3 计算机微处理器的发展

微型计算机是第四代计算机的典型代表。构成微型计算机的核心部件是微处理器(Micro Processor Unit，MPU)，也叫中央处理单元(Central Processing Unit，CPU)或中央处理器。50多年来微处理器和微型计算机的发展非常迅速，几乎每两年微处理器的集成度和性能就提高一倍，随着微处理器的发展，微型计算机几乎每隔3、4年就会更新换代一次。

从1971年由Intel公司研制的全球第一款4004微处理器，到1995年Intel公司推出已

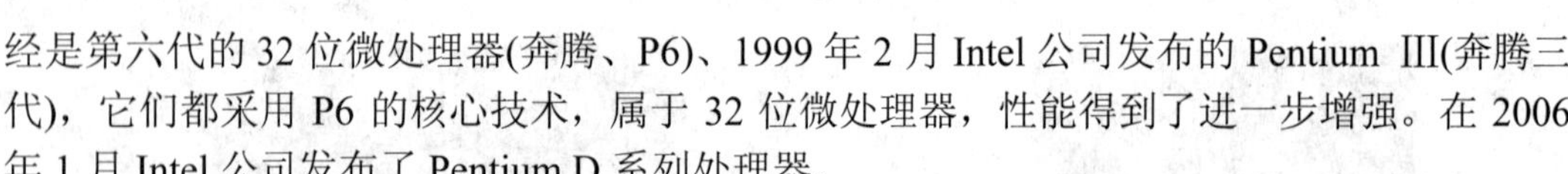

经是第六代的32位微处理器(奔腾、P6)、1999年2月Intel公司发布的Pentium Ⅲ(奔腾三代)，它们都采用P6的核心技术，属于32位微处理器，性能得到了进一步增强。在2006年1月Intel公司发布了Pentium D系列处理器。

Intel Sandy Bridge处理器是Intel在2011年初发布的新一代处理器微架构，重新定义了“整合平台”的概念，与处理器“无缝融合”的“核芯显卡”终结了“集成显卡”的时代。此外，第二代酷睿还加入了全新的高清视频处理器。由于高清视频处理器的加入，新一代酷睿处理器的视频处理时间比老款处理器至少减少了30%。

上面主要从Intel公司的微处理器的发展变化来描述计算机微处理器的更新换代。实际上，计算机微处理器的生产除了Intel公司外，还有AMD、Motorola、IBM、IDT等公司，但目前Intel和AMD公司的微处理器在计算机领域应用占主流，IBM公司在服务器领域较多，Motorola公司在手机领域和服务器领域常见。目前更先进的微处理器还在不断地推出。

1.1.4 计算机技术指标

一台电子计算机技术性能的好坏不是根据一两项技术指标就能得出结论的，也不是由它的系统结构、硬件系统、指令系统、软件是否丰富以及外部设备的配置情况等多方面因素决定的。对于大多数普通用户来说，可以从以下几个指标来大体评价衡量计算机的性能。

1. 时钟频率

时钟频率是指CPU在单位时间内发出的脉冲个数。CPU的时钟频率(主频)的高低在一定程度上决定了计算机速度的快慢。主频以兆赫兹(MHz)为单位，一般说来，主频越高，计算机的运算速度也越快。由于CPU发展迅速，微型计算机的主频也在不断提高，如80486为25～100 MHz，80586为75～266 MHz，奔腾(Pentium)处理器的主频则普遍超过2GHz。

2. 基本字长

字长是指微型计算机能直接处理的二进制信息的位数。字长是由CPU内部的寄存器、加法器和数据总线的位数决定的，因而直接影响着硬件的性能，字长也意味着计算机处理信息的精度。字长越长，速度越快，精度和价格也越高。早期的微型计算机的字长一般是8位和16位。目前586(Pentium、Pentium Pro、PentiumⅡ、Pentium Ⅲ、Pentium 4)大多是32位，现在的大多高档微型计算机的字长是64位。

3. 运算速度

运算速度是指计算机每秒钟能执行的指令条数，是衡量计算机性能的一项重要指标。通常所说的计算机运算速度是指平均运算速度。运算速度的单位一般用MIPS(Million Instruction Per Second)表示，读作百万条指令每秒(1秒内可以执行100万条指令)。同一台计算机执行不同的运算所需时间可能不同，因而对运算速度的描述常采用如下三种方法，第一种是根据不同类型指令出现的频繁程度乘以不同的系数，求得统计平均值，这时所指的运算速度是平均运算速度；第二种是以执行时间最短的指令为标准来计算运算速度；第三种是直接给出每条指令的实际执行时间和机器的主振频率。

4. 存储容量

(1) 内存容量指内存能够存储信息的总字节数。在以字节(Byte，缩写为B)为单位时，

约定以 8 位二进制代码为一个字节。内存是 CPU 可以直接访问的存储器，需要执行的程序与需要处理的数据就是存放在内存中的。习惯上将 1024B 表示为 1KB，1024KB 为 1MB，1024MB 为 1GB，1024GB 为 1TB。内存容量的大小反映了计算机存储程序和处理数据能力的大小，内存容量越大，运行速度越快，系统功能就越强，能处理的数据量就越庞大。目前，Windows XP 需要 128 MB 以上的内存容量。

(2) 外存容量是指外存所能容纳的总字节数。外存容量通常是指硬盘容量(包括内置硬盘和移动硬盘)。外存容量越大，可存储的信息就越多，可安装的应用软件就越丰富。

5. 存取速度

存储器完成一次读/写操作所需的时间称为存储器的存取时间或访问时间。存储器连续进行读/写操作所允许的最短时间间隔，称为存取周期。存取周期越短，则存取速度越快，存取周期是反映存储器性能的一个重要参数，通常，存取速度的快慢决定了运算速度的快慢。半导体存储器的存取周期约在几十到几百微秒之间。

6. 软件的配置

合理安装与使用丰富的系统软件和应用软件可以充分地发挥计算机的作用和效率，方便用户的使用。

7. 外部设备的配置

主机所配置的外部设备的多少与好坏，也是衡量计算机综合性能的重要指标。

8. 可靠性、可用性和可维护性的内容

可靠性是指在给定时间内，计算机系统能正常运转的概率；可用性是指计算机的使用效率；可维护性是指计算机的维修效率。可靠性、可用性和可维护性越高，则计算机系统的性能越好。

以上只是一些主要性能指标。除此之外，还有一些评价计算机的综合指标，如计算机平均无故障时间、计算机的安全性以及系统的完整性和兼容性。另外，各项指标之间也不是彼此孤立的，在实际应用过程中，要把这些性能指标综合起来考虑，而且还要考虑“性价比”因素。

1.2 计算机的分类

科学的发展使得不同类型的计算机进入了人类生活的各个领域。长期以来，我国计算机界从不同的角度对计算机有不同的分类方法。

1.2.1 按计算机的用途分类

计算机按用途可分为专用计算机和通用计算机。专用和通用是根据计算机的效率、速度、价格、运行的经济性和适应性来划分的。

1. 专用计算机

专用计算机一般是专为解决某些特定问题而设计的计算机，计算机的功能较为单一，

产量低，价格高，可靠性强，如教育系统、银行系统中的计算机，军事系统中的某些计算机等。专用计算机是有效、经济和快速的计算机，但是适应性很差。

2. 通用计算机

通用计算机根据不同的计算机系统配有一定的存储容量和数量的外围设备，也配有多种系统软件，如数据库管理系统、操作系统等。这种计算机通用性强，功能全。本课程所讲的计算机就是指通用计算机。通用计算机适应性很强，但牺牲了效率、速度和经济性。

1.2.2 按信息处理方式与形式分类

1. 模拟计算机

在模拟计算机中进行处理和运算的信息是连续变化的物理量，如声音、温度、压力、距离等。模拟计算机的运算速度极快，但精度不够高，且每做一次运算需要重新编排和设计线路，故信息存储困难，且通用性不强。这种计算机主要用于自动控制模拟系统的连续变化过程或求解数学方程。由于模拟计算机精度和解题能力都有限，所以应用范围较小，加之数字计算机速度有了很大提高，模拟计算机逐渐地让位于数字计算机。

2. 数字计算机

在数字计算机中，信息处理的形式是用二进制运算，以离散化的数字量进行处理和运算，其特点是便于存储信息，解题精度高，是通用性很强的计算工具，能胜任过程控制、科学计算、数据处理、计算机辅助制造、计算机辅助设计以及人工智能等方面的工作。数字计算机与模拟计算机不同，它是以近似于人类的“思维过程”来进行工作的，所以其俗称为电脑。通常习惯上所称的电子计算机，一般是指现在广泛应用的电子数字计算机。书中介绍的也是数字计算机。

3. 混合电子计算机

混合电子计算机综合两种计算机的优点，既有数字量又有模拟量，既能高速运算，又便于存储，但这种计算机设计困难，通用性不强，一般也是为解决某一问题而设计与制造的，所以造价高昂。

1.2.3 按计算机的规模分类

计算机按规模划分综合了计算机的体积大小、简易程度、功率损耗、数据形式、存储容量、运算速度、指令字长、输入/输出能力、指令系统规模和机器价格等性能指标。一般来说，巨型机结构复杂，存储量大，运算速度快，但价格昂贵。

1. 巨型机

巨型机是计算机族中体积最大、速度最快、性能最高、技术最复杂、价格也是最贵的一类计算机，也称超级计算机。它主要用于解决大型机难以解决的复杂问题。我国研制成功的银河系列、曙光系列、天河系列的计算机都属于巨型机，它们对尖端科学、战略武器、社会及经济等领域的研究都具有重要的意义。

2. 小巨型机

价格与超级小型机相当，但功能接近巨型机的一类高性能计算机，称为小巨型机。 小

型计算机对巨型机的高价格发出挑战，其发展非常迅速。一般来说，巨型计算机和小巨型计算机主要用于科学计算，数据存储容量很大，结构复杂，价格昂贵。

但是随着超大规模集成电路的迅速发展，微型机、小型机和中型机彼此之间的概念也在发生变化，因为今天的小型机可能就是明天的微型机，而今天的微型机可能就是明天的单片机。小巨型机也属于针对某一任务设计的专用型机。

3. 大型机

大型机是指使用当代的先进技术构成的一类高性能、大容量计算机(但性能与价格指标均低于巨型机)。大型机的处理机系统可以是单处理机、多处理机或多个子系统的复合体。一般只有大、中型企事业单位才可能有财力和人员去配置和管理大型机，并以这台大型主机及外部设备为基础建成一个计算中心，统一安排对主机资源的使用。

4. 小型机

小型机是一种规模与价格均介于大型机与微型机之间的一类计算机。它们都能满足部门性的需求，为中、小企事业单位所采用。

5. 微型机

微型机是以微处理器为基础的计算机系统，它是 20 世纪 70 年代初随着大规模集成电路的发展而诞生的。微型机是面向个人或家庭的，其价格与高档家用电器相仿。在我国大、中、小学校和家庭配置的计算机主要就是微型机。

6. 亚微型计算机和微微型计算机

亚微型计算机通常是指膝上型、笔记本式计算机。微微型机通常是指掌上计算机。

7. 单片机和单板机

单片机是指除了外围设备以外的计算机各个部分都集成在一块芯片上。其结构要比通用机简单。目前已经出现了多种型号的单片专用机，用于测试或控制等领域；单板机是指除了外围设备以外的计算机的各个部分都组装在一块印制电路板上。

各种不同类型的计算机的体积、功能、性能、存储容量、指令系统、价格等参数与对应关系如图 1.3 所示。

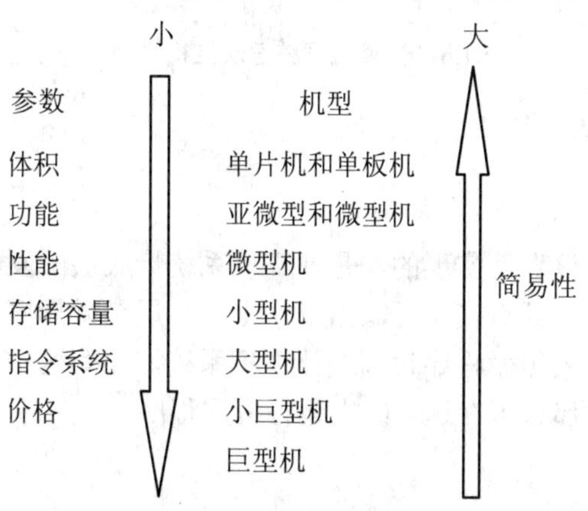

图 1.3 不同类型计算机参数与对应关系

案例分析：结合生活中你对计算机了解的情况，请分别举例说明你了解的哪些计算机属于巨型机、大型机、小型机、微型机。

1.3 计算机系统的层次结构及特点

计算机系统是包括计算机硬件和软件的一个整体，两者不可分割。计算机以硬件为基础，通过配置软件扩充功能，形成一个可处于不同的层次上、相当复杂的有机组合的系统。通常采用层次结构观点对计算机系统进行分析、设计，也就是将计算机系统从不同的角度分为若干层次(级)，根据不同的工作需要，选择某一层次去观察、分析计算机的组成、性能、工作原理或进行设计。在构造一个完整的系统时，可以分层次地逐级实现，按这种结构化的设计策略实现的系统，易于建造、调试、维护和扩充。从前面的叙述中可看到，尽管计算机更新换代的标志是组成计算机的逻辑元器件，但每一次换代，随着新元器件的推出和计算机性能的大幅提高，计算机的结构都在不断改进，计算机软件也产生了很大的变化。因此，计算机系统的结构十分复杂，它由多级层次结构组成。0 级为硬件内核，而第 1、2 级为该机的指令系统以及为实现该指令系统所采用的实现技术的组合逻辑技术、微程序控制技术或 PLA 控制技术，第 3、4 级为系统软件，第 5 级为应用软件，第 6 级为用户程序，第 7 级是系统分析。当然，这种划分也是相对而言的，它们之间有所不同，计算机系统层次结构模型如图 1.4 所示。

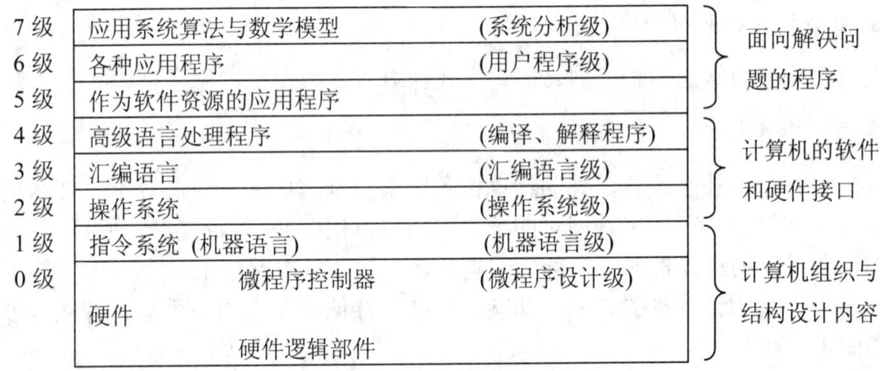

图 1.4 计算机系统层次结构模型

1.3.1 计算机系统的层次结构

1. 微程序设计级

微程序设计级是由硬件直接实现的，是计算机系统最底层的硬件系统，是用连线连接的各种逻辑部件，由机器硬件直接执行微指令。上面一层是微程序控制器，由它发出命令来控制部件的工作。只有采用微程序设计的计算机系统，才有这一级。如果某一个应用程序直接用微指令来编写，那么可在这一级上运行应用程序。

2. 机器语言级

机器语言级也称为一般机器级，由微程序解释机器指令系统。这一级也是硬件级，是软件系统和硬件系统之间的纽带。所形成的目标程序是用机器语言描述的，机器语言是计算机硬件可以识别并执行的，硬件系统的操作由此级控制，软件系统的各种程序必须转换成此级的形式才能执行。

3. 操作系统级

操作系统级由操作系统程序实现。操作系统本身也是一组程序，是由系统程序员用不同语言编写的，翻译成机器语言后再存入计算机中。操作系统可看作实际机器的扩充，在计算机系统的多级层次结构中占有重要席位，介于实际机器和汇编语言机器级之间。这些操作系统由广义指令和机器指令组成，因此这一级也称为混合级。

4. 汇编语言级

汇编语言级是给程序人员提供一种符号形式的语言，以减少程序编写的复杂性。与机器语言最接近的是汇编语言，它的基本成分是与指令系统一一对应的助记符，这一级由汇编程序支持和执行。如果应用程序采用汇编语言编写，则机器必须要有这一级的功能。如果应用程序不采用汇编语言编写，则这一级可以不要。

5. 高级语言级

高级语言是与系统算法、数学模型甚至自然语言接近的语言。在这一范畴内已推出许多种通用的高级程序设计语言。这一级包括第4～6级的编译、解释程序和应用程序，是面向用户的，为方便用户编写应用程序而设置的。这一级由各种高级语言编译程序支持和执行，在操作系统的控制之下调用语言处理程序。在输入、编辑、修改、编译、调试源程序的过程中，可能要调用各种有关的软件资源。对某些特定的应用领域或特定用户，也可使用某种专用语言，如某种CAD(计算机辅助设计)语言等。

6. 系统分析级

用户根据对任务的需求分析，设计算法和构造数学模型。这部分的工作具有相当的分量与深度，所形成的这一系统分析级由具有较高水平的系统分析员来完成。

计算机系统各层次之间的关系十分紧密，上层是下层的扩展，下层是上层的基础。这是层次结构的一个特点，站在不同的层次观察计算机系统，会得到不同的概念。除第0级计算机的电子线路外，其他各级都得到其下层级的支持，同时也受到在下层各级上运行程序的支持。第1～3级编写程序采用的语言基本是二进制形式的数字化语言，机器执行和解释比较容易。第4～6级编写程序所采用的语言是符号语言，用英文字母和符号来表示程序，便于大多数不了解硬件的人们使用计算机。

应该说明的是，层次划分不是绝对的。机器指令系统级与操作系统级的界面(又称硬件、软件交界面)常常是分不清的，随着软件硬化和硬件软化而动态变化。

1.3.2 计算机的特点

计算机之所以能在各个领域得到广泛的应用，是由计算机的特殊性能决定的，这些特性是其他工具所不具备的。

1. 计算机的通用性

计算机处理的信息不仅是数值数据，也可以是非数值数据。数值数据是具有数值多少、

数量大小的可以进行算术运算的数据，而非数值数据的内涵十分丰富，没有量的概念，不能进行算术运算的数据，如语言、文字、图形、图像、音乐等，这些信息都能用数字化编码表示。由于计算机具有基本运算和逻辑判断功能，因此，任何复杂的信息处理任务都能分解成基本操作，编制出相应的程序，通过执行程序，进行判断或运算，最终完成处理任务。在计算机上可以配置各种程序，程序越丰富，计算机的通用性越强。

2. 计算机的快速性

计算机具有很高的运算速度，这是以往其他一些计算工具无法做到的。电子计算机的快速性基于两方面因素：一是电子计算机采用了高速电子器件，这是快速处理信息的物质基础；二是电子计算机采用了存储程序的设计思想，即将要解决的问题和解决的方法及步骤用指令序列描述的计算过程与原始数据一起，预先存储到计算机中，计算机一旦启动，就能自动地取出一条指令并执行，执行完这条指令后，计算机又自动地执行下一条指令，如此重复，直至程序执行完毕，得到计算结果为止。此过程不需要人的干预。因此，存储程序技术使电子器件的快速性得到充分发挥。

3. 计算机的准确性

计算机运行的准确性主要是由计算方法和计算精度这两方面决定的。由于计算机中的信息采用数字化编码形式，因此，计算精度取决于运算中数的位数，位数越多精度越高。通常计算机将基本的运算位数称为计算机机器字长。对精度要求高的用户，还可提供双倍或多倍字长的计算。计算方法是由程序来体现的。一个算法正确且优质的程序，再加上高位数的计算功能，才能确保计算结果的准确性。

4. 计算机的逻辑性

计算机的逻辑运算与逻辑判断是计算机的基本功能之一。计算机内部有一个能执行算术逻辑运算的部件，通过算术逻辑运算部件来执行能体现逻辑判断和逻辑运算的程序，使整个系统具有逻辑性。例如，计算机运行时，可以根据当前运算的结果或对外部设备现场测试的结果进行逻辑判断，从而从多个分支的操作中自动地选择一个分支，继续运行下去，直到得到正确的结果。

上述计算机的四大特性只是从计算机的外部角度来认识的，它们与计算机内部的固有特点密切相关。

1.3.3 冯·诺依曼体制

冯·诺依曼(Von Neumanu，1903—1957)是一位匈牙利出生的美籍数学家。从小有数学神童之称，后获数学博士学位。1930 年到美国普林斯顿大学任教，并参与了制造原子弹的“曼哈顿计划”。1944 年在火车站台上巧遇美军军械师上尉赫尔曼(当时他是美军械部与 ENIAC 研制小组的联络员)，并在赫尔曼的荐引下，冯·诺依曼参加了第一台计算机 ENIAC 的研究工作。当时 ENIAC 正处在一些关键技术摇摆不定的时候，冯·诺依曼的出现解决了一些关键性的技术问题，并提出了改进以二进制代替十进制和采用存储程序的方案。尽管由于各种原因 ENIAC 未采用冯·诺依曼提出的建议，但冯·诺依曼的一些思想对 ENIAC 的研制工作起到了促进作用。1945 年，冯·诺依曼提出了一台新计算机 EDVAC 的设计方案，并在1945年6月发表了名为“电子离散变量计算机(Electronic Discrete Variable Computer)”的著名论文，论文中给出了现代计算机的雏形，概括了数字计算机的设计思想，为现代计算机奠定了坚实的理论基础，也被后人称为冯·诺依曼思想。这是计算机发展史上的一个里程碑。几十年来，虽然计算机发展的速度很快，机型变化很多，但计算机体系结构的发展仍没有突破冯·诺依曼体制。现将冯·诺依曼体制中仍广泛采用的要点归纳如下。

1. 采用存储程序方式

存储程序方式是计算机采取事先编制程序、存储程序、自动连续运行程序的工作方式，即按照指令的执行序列，依次读取指令，根据指令所含的控制信息，调用数据并进行处理。在执行程序的过程中，始终以控制信息流为驱动工作的因素，而数据信息流则是被动地被调用处理。它意味着事先编制程序，事先将程序(包含指令和数据)存入内存中，计算机在运行程序时就能自动地、连续地从存储器中依次取出指令且执行。这是计算机能高速自动运行的基础，也是冯·诺依曼思想的核心内容。

2. 计算机硬件的五部分

计算机硬件是指构成计算机的元器件、部件、设备以及它们的设计与实现技术，是计算机的物质体现。冯·诺依曼体制将计算机硬件分成了由运算器、存储器、控制器、输入设备和输出设备等五大部件组成计算机系统，并确定了这五部分的基本功能。在计算机问世初期，“计算机”一词实际上只指计算机硬件，直到20世纪60年代，由于程序设计技术的进步，才引进了计算机硬件和软件的概念。从20世纪40年代诞生计算机以来，虽然计算机体系结构已经取得了很大的发展，但计算机硬件的基本组成仍然遵循冯·诺依曼组织原理。

3. 采用二进制形式表示数据和指令

计算机内的一切信息均以二进制编码形式存在，采用二进制“0”、“1”形式来表示数据和指令，这并不是由于0和1好写，而是这个计算机的开关量用物理的方法容易实现，另一个原因是与离散数学表达有相关性。

冯·诺依曼体制奠定了现代计算机的基本结构思想，并开创了程序设计的新时代。到目前为止，绝大多数计算机仍沿用冯·诺依曼体制，学习计算机工作原理和体系结构也仍需从冯·诺依曼概念入门。

1.4 计算机硬件

一台完整的计算机应包括硬件部分和软件部分。硬件与软件的结合，才能使计算机正常运行、发挥作用。

1.4.1 计算机的硬件组成概述

计算机的硬件是指计算机中的电子线路和物理装置。它们是看得见、摸得着的物质实体，如由集成电路芯片、印制电路板、插件、电子元器件和导线等装配成的CPU、存储器及外部设备等。它们组成了计算机的硬件系统，是计算机的物质基础。

计算机应具备运算功能、记忆功能、控制功能和输入/输出功能。为了完成这些功能，需要有相应的部件。计算机用存储器完成记忆功能，用运算器完成数据处理功能，用控制器完成整机调度与控制功能，用输入/输出设备完成信息获取与信息输出的功能，而这些部件间并不是互不相干的，需要把它们有机地连接在一起，通过相互作用而构成一个完整的计算机硬件系统。

计算机有巨型、大型、中型、小型和微型之分，每种规模的计算机又有很多机种和型号，它们在硬件配置上差别很大。但绝大多数计算机都是根据冯·诺依曼计算机体系结构来设计的，故具有共同的运算器、控制器、存储器(此节指内存)组成，外部设备部分包括输入设备和输出设备的基本配置。运算器和控制器合称为CPU；CPU和存储器通常组装在一块主板上，合称为主机。输入/输出设备及外存设备(磁盘、磁带、光盘)合称外部设备，简称外设。计算机各部件之间的联系是通过数据流和信息流实现的。数据由输入设备输入至运算器，再存于存储器中，在运算处理过程中，数据经存储器读入，在运算器中进行运算，运算的中间结果存入存储器，或由运算器经输出设备输出。计算机硬件系统基本组成如图1.5所示。

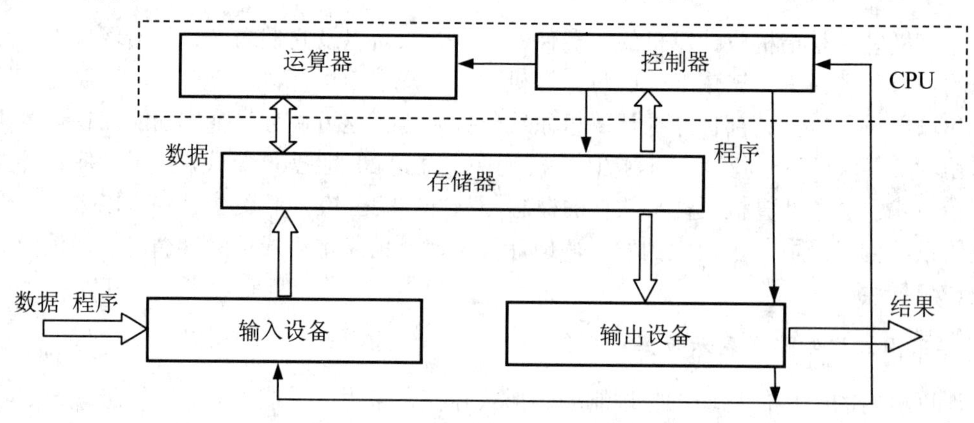

图1.5 计算机硬件系统基本组成

注：——▶代表控制流，⇨代表数据流。

1.4.2 计算机运算器及其功能

运算器是完成二进制编码的算术或逻辑运算的部件，又称为执行部件。它对数据进行算术运算和逻辑运算。运算器通常由累加器、通用寄存器、算术逻辑单元(ALU)和状态寄存器等一系列寄存器组成。其内部结构如图1.6所示，其核心是ALU。ALU是具体完成算术与逻辑运算的部件，通用寄存器用于暂存参加运算的一个操作数，此操作数来自总线。现代计算机的运算器有多个寄存器，称为通用寄存器组。累加器是特殊的寄存器，既能接受来自总线的二进制信息作为参加运算的一个操作数，寄存器与累加器中的数据均从存储器中取得，累加器的最后结果也存放到存储器中，向ALU输送，又能存储由ALU运算的中间结果和最后结果。累加器除存放运算操作数外，在连续运算中，还用于存放中间结果和最后结果，累加器由此而得名。ALU由加法器及控制门等逻辑电路组成，以完成累加器和寄存器中数据的各种算术与逻辑运算。运算器一次能运算的二进制数的位数，称为字长。它是计算机的重要性能指标。常用的计算机字长有8位、16位、32位及64位。寄存器、累加器及存储单元的长度应与 ALU 的字长相等或者是它的整数倍。运算器结构示意图如图 1.7 所示。

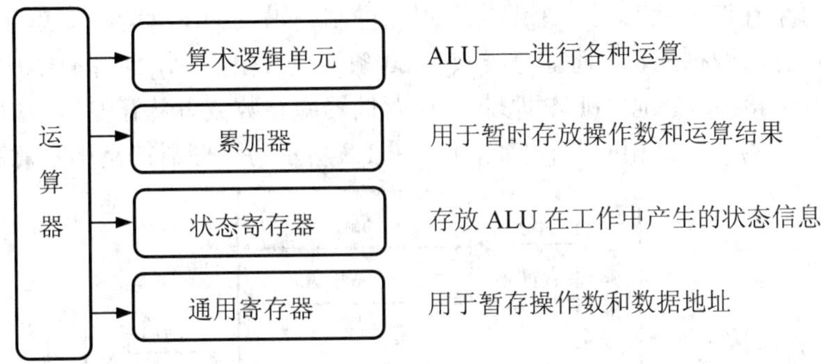

图 1.6　运算器的内部组成

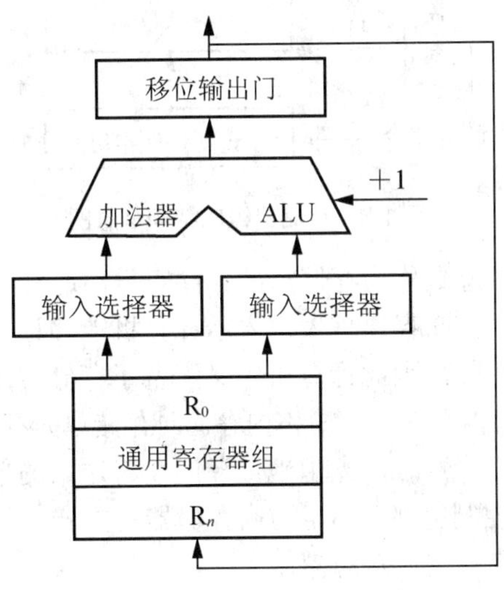

图 1.7　运算器结构示意

1.4.3　计算机存储器及其功能

存储器的主要功能是存放程序和数据。程序是计算机操作的依据，数据是计算机操作的对象。程序和数据在存储器中都是用二进制的形式来表示的，为实现自动计算，这些信息必须预先放在存储器中。存储体由许多小单元组成，每个单元存放一条指令或一个数据。存储单元按某种顺序编号，每个存储单元对应一个编号，称为单元地址，用二进制编码表示。由于计算机需要分步执行指令，相应地存放在存储器中的指令是逐条被取出，予以分析、执行，所需的数据也是逐个取出，予以运算处理。这就要求将存储器分成若干个存储单元，并给每个存储单元分配一个地址，如同一栋大楼分成若干房间，每个房间有一个房号一样。如果指令或数据比较长，就用相邻的几个单元来存放一条指令或数据。因此，存储器的一个重要特性是能按地址存入或读取内容。存储单元地址与存储在其中的信息是一一对应的。单元地址只有一个，是固定不变的，而存储在其中的信息是可以更换的。

能存储一位二进制代码的器件称为存储元。CPU 向存储器送入或从存储器取出信息时，不能存取单个的“位(b)”，而是用字节(B)和字(W)等较大的信息单位来工作。一个字节由 8

位二进制位组成，而一个字则至少由一个以上的字节组成。通常把组成一个字的二进制位数叫做字长。在存储器中把保存一个字节的 8 位触发器称为一个存储单元。

存储器的每个存储单元对应一个编号，用二进制编码表示，称为存储单元地址。随机存储器是按地址存取数据的，若地址总线共有 20 条地址线(A_0～A_{19})，即有 20 个十进制位，可形成 2^{20}=(约 1048576)个地址(1M 地址)。向存储器中存数或者从存储器中取数，都要将给定的地址进行译码，找到相应的存储单元。图 1.8 所示为存储器的结构示意图。

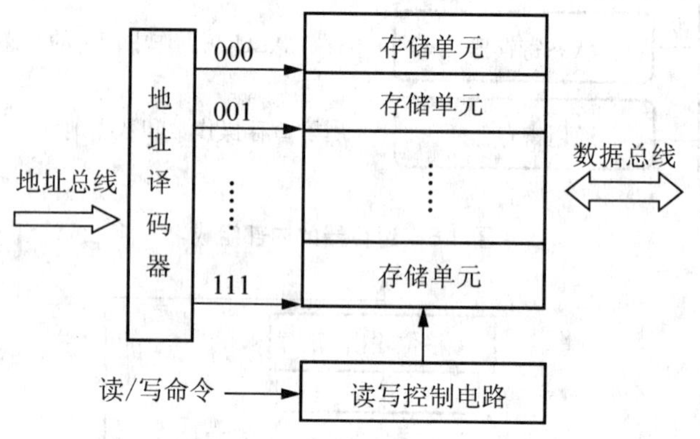

图 1.8　存储器组成结构示意图

存储器所有存储单元的总数称为存储器的存储容量，通常用单位 KB、MB、GB 等来表示，如 64KB、128MB。存储容量越大，表示计算机能够记忆储存的信息就越多。半导体存储器的存储容量毕竟有限，因此计算机中又配备了存储容量更大的磁盘存储器等。相对而言，半导体存储器称为内存储器，简称内存。向存储单元存入或从存储单元取出信息，都称为访问存储器。访问存储器时，先由地址译码器将送来的单元地址进行译码，找到相应的存储单元；再由读/写控制电路，确定访问存储器的方式，即读(取出)或写(存入)，然后再按规定的方式具体完成取出或存入的操作。

与存储器有关的部件还有数据总线与地址总线。它们分别用于访问存储器传递的数据信息和地址信息。在计算机运行过程中，存储器的内容是不断变化的：已执行完的程序如没有保留的必要的，则需装入新的程序；一开始存入的原始数据，也不断地被计算结果所替代。

本书将在第 4 章详细讨论存储器的有关内容。

1.4.4　计算机控制器及其功能

对信息的输入、输出、存储与运算，都必须在控制器的控制下有序地进行，控制器是计算机全机的指挥中心，控制各部件动作，使整个机器有条不紊地、连续地运行。控制器工作的实质就是解释程序。程序是指令的有序集合，通常按顺序执行，所以这些指令顺序存放在存储器里。控制器每次从存储器读取一条指令，经过分析译码，产生一串操作命令，发向各个部件，控制各部件进行相应的操作，然后再从存储器取出下一条指令，再执行这条指令，依此类推。每条指令的内容由操作码和地址码两部分组成，操作码说明操作的性质，即进行何种操作，地址码指出操作数的地址，即要从存储器的哪个单元取操作数。输入/输出设备与控制器之间也常采取这样一种方式进行协调：当输入/输出设备做好相应准备后，向中央控制器发出请求信号，然后控制器发出输入或输出命令。

计算机中有两种信息在流动，一种是数据信息，它受控制信息的控制，从一个部件流向另一个部件，边流动边被加工处理；另一种是控制信息，即操作命令，其发源地是控制器，分散流向各个部件。通常把取指令的一段时间称为取指周期，而把执行指令的一段时间称为执行周期。控制器反复交替地处在取指周期与执行周期之中，直至程序执行完毕。指令和数据统统放在内存中，从形式上看，它们都是二进制编码，似乎很难分清楚哪些是数据字，哪些是指令字，然而控制器完全可以区分它们。通常在取指周期内，从内存读出的信息流是指令流，它流向控制器，由控制器解释，从而发出一系列微操作信号；而在执行周期中从内存读出的信息是数据，它由内存流向运算器，或者由运算器流向内存。控制器工作过程如图 1.9 所示。

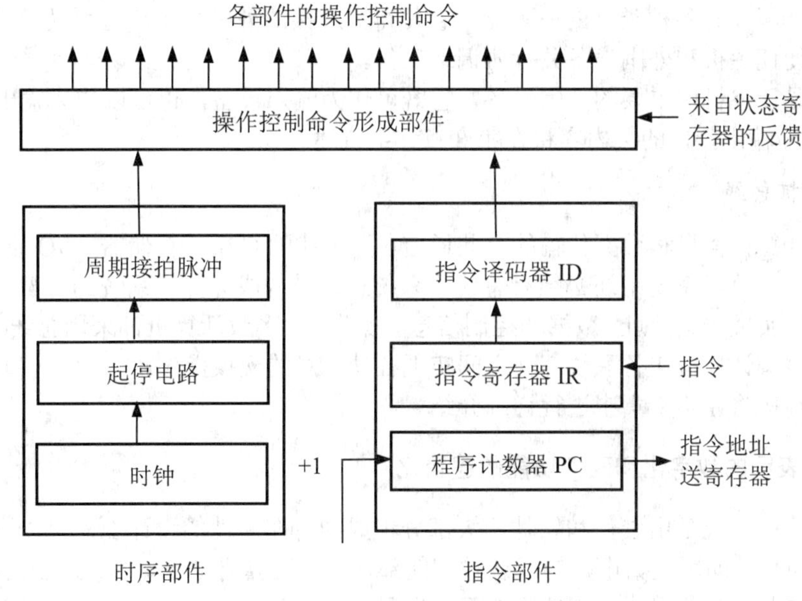

图 1.9 控制器工作过程

1.4.5 计算机输入/输出设备与接口

1. 计算机输入/输出设备

输入设备是转换输入形式的部件， 输出设备是转换计算机输出信息形式的部件。计算机的输入/输出(I/O)设备通常称为外围设备。

1) 计算机输入设备

输入设备是将人们熟悉的信息形式如数字、字母、文字、图形、图像、声音等变换成计算机能接收并识别的信息形式的设备。理想的计算机输入设备应该能“会看”和“会听”，即能够把人们用上述所表达的自然信息形式，变换成计算机能接收并识别的信息形式直接送到计算机内部进行处理。一般的输入设备只用于原始数据和程序的输入。常用的输入设备有鼠标、键盘、扫描仪、触摸屏、数码照相机、模/数转换器等。

2) 计算机输出设备

输出设备的作用是把计算机运算处理的二进制信息，转换成人类或其他设备能接收和

识别的信息形式的设备。输出信息的形式如字符、文字、图形、图像、声音等。理想的输出设备应该是“会讲”和“会写”，还能输出文字符号、画图和曲线。输出设备与输入设备一样，需要通过接口与主机相联系。

外存也是计算机中重要的外围设备，它既可作为输入设备，也可以作为输出设备。输入/输出设备将在第 8 章详细讲述相关的内容。

2. 计算机的输入/输出接口

计算机使用输入/输出接口(适配器)的主要原因是这些外围设备有高速的、低速的，也有全电子式的，机电结构的。由于种类繁多、速度各异，因而它们不是直接同高速工作的主机相连接，而是通过适配器与主机联系。适配器的作用相当于一个转换器，可以保证外围设备按计算机系统所要求的形式发送或接收信息。一个典型的计算机系统具有各种类型的外围设备，因而有各种类型的适配器，它使得被连接的外围设备通过系统总线与主机进行联系，以便使主机和外围设备并行协调地工作。

外存也是计算机中重要的外围设备，它既可作为输入设备，也可以作为输出设备。

关于输入/输出接口的关内容将在第 8 章详细讲述。

3. 计算机总线

总线是计算机信息和数据传输的公共通道。除上述的 CPU、存储器、I/O 设备、I/O 接口各部件外，计算机系统中还必须有总线。系统总线是构成计算机系统的骨架，完成多个系统部件之间实现传送地址、数据和控制信息的操作。大多数计算机都采用总线(Bus)结构。借助系统总线，计算机在各系统部件之间实现各种信息的交换操作。

总线的结构将在第 9 章中进行详细介绍。

1.4.6 信息表示的数字化和硬件功能的逻辑化

由于计算机系统是由硬件和软件两大部分组成的。在硬件的设计上，可以进行硬件处理功能的逻辑化，即用逻辑电路构成各种功能部件，如运算器、存储器、控制器、I/O 接口等。在硬件的基础上，可以根据需要来配置各种软件。计算机的基本功能就是对信息进行处理，这是计算机工作原理的基础。首先要解决的一个问题就是如何进行信息的表示，也就是通常所说的信息表示的数字化。从信息的数字化表示及处理的角度，结合软件与硬件来讨论计算机的工作机理。

1. 信息的表示与存储

从硬件角度看，信息的表示问题涉及采用何种形式的信号。在计算机内采用数字型电信号表示各类信息，便于高速传送与处理加工；从软件角度看，信息的表示仍然涉及采用何种格式去表示数据或程序信息。例如，编码的码制、机器指令的指令格式、数的进位计数制、编写程序所用的程序设计语言等。所以，要解决某个问题，首先得设法对它进行描述，也就是信息的表示，让计算机能够理解并加以处理解决。

2. 信息的传送与转换

计算机程序的输入、运算结果的输出、计算机系统内各部件间的数据交换、计算机与计算机之间的通信、计算机与其他设备间的信息交换等都属于信息的传送。数据传送体现为执行程序，控制器依次取出指令序列，执行这些操作命令，从存储器中取出操作数据，送往运算器进行运算处理，再将运算器的处理结果送入目的地，形成一种数据信息流。

信息的变换是通过输入设备将输入的程序与数据信息，转换为计算机所能识别的信息形式；输出设备则将计算机保存的信息或计算机的处理结果，转换为人们或计算机所能识别的信息形式。例如，通过显示器或打印机将结果从代码转换为人们看得懂的字符或图形，或输出到磁盘中供下一级计算机处理等，都属于信息的转换。

3. 信息的加工处理

计算机的运算处理可分为逻辑运算与算术运算两大类型。计算机能将一个复杂的数学问题通过某种算法转化为一组简单的四则基本运算，也可将一个复杂的逻辑问题通过某种算法转化为基本的逻辑运算。完成以上运算的一般做法是在计算机中设置一个或多个运算部件，以这些基本的硬件为基础，通过软件的支持(编制各种程序)实现各种可能更复杂的加工处理任务，完成指令系统中所规定的基本运算功能。

总之，在信息如何表示、信息如何传送的这些问题上，采用数字化方法表示信息，具有抗干扰能力强，可靠性高，位数增多，数的表示范围扩大，物理上容易实现并可存储，可表示信息的范围与类型广泛，能用逻辑代数等数字逻辑技术进行处理等优点，用非常有限的几种逻辑电路构造出变化无穷的计算机系统及其他数字系统，通过处理功能逻辑化这一思想，形成了计算机硬件设计的基础。

1.5 计算机软件

软件是指计算机系统中使用的各种程序及其相关文档资料。计算机的软件是根据解决问题的思想、方法和过程而编写的程序，而程序又是指令的有序集合。在一台计算机中全部程序的集合，统称为这台计算机的软件系统。如果只有硬件，计算机并不能进行运算，它仍然是一堆废铁。没有系统软件，现代计算机系统就无法正常地、有效地运行；没有应用软件，计算机就不能发挥效能。人们将解决问题的方法、思想和过程用程序进行描述，程序通常存储在介质上，人们可以看到的是存储着程序的介质，而程序则是无形的，所以称为软件(software)或软设备。所以，软件系统是在硬件系统的基础上，为了有效地使用计算机而配置的。

1.5.1 计算机软件的作用

计算机的工作是由存储在其内部的程序指挥的，这是冯·诺依曼计算机的重要特色。因此说软件或程序质量的好坏将极大地影响计算机性能的发挥，特别是并行处理技术以及RISC计算机的出现更显得软件之重要。软件的具体作用如下。

(1) 指挥和管理计算机系统。计算机系统中有各种各样的软、硬件资源，必须由相应的软件统一管理和指挥。

(2) 计算机硬件和用户的接口界面。用户要使用计算机，必须编制程序，那就必须用软件，用户主要通过软件与计算机进行交流。

(3) 计算机体系结构设计的主要依据是为了方便用户，使计算机系统具有较高的总体效率。

所以，在设计计算机时必须考虑软件和硬件的结合，以及用户对软件的要求。

1.5.2 计算机软件的发展

软件开发到现在已有近 50 年的历史了，在整个软件发展的过程中，已经取得了划时代的成就。计算机软件的发展由低级向高级经历了机器语言→汇编语言→高级语言→操作系统→网络软件→数据库软件的变迁。通过对计算机软件发展历史的回顾，虽然软件的发展受到计算机硬件发展和应用的制约，但也早已进行了程序设计的开创、稳定和发展阶段。

1. 程序设计的开创阶段

从第一台计算机上的第一个程序出现到实用的高级语言出现为第一阶段(1946—1956 年)。这时计算机以 CPU 为中心，存储器容量较小，编制程序工具为机器语言，突出问题是程序设计与编制工作的复杂、繁琐、易出错。这时还尚未出现软件一词，尚无软件的概念，有简单的个体生产软件方式、无明确分工(开发者和用户)。这时的软件主要是用于科学计算。

2. 程序系统阶段

从实用的高级程序设计语言出现到软件工程出现以前为第二阶段(1956—1968 年)。这时除了科学计算外，出现了大量数据处理问题，计算量不大，但输入/输出量较大。机器结构转向以存储器为中心，出现了大容量存储器，输入/输出设备增加。为了充分利用这些资源，出现了操作系统，为了提高程序人员工作效率，出现了高级语言；为了适应大量的数据处理，出现了数据库及其管理系统。这时也认识到了文档的重要性，建立了软件的概念，出现了“软件”一词，此时环境软件相对稳定，出现了“软件作坊”的软件开发组织形式，开始使用产品软件(购买)，系统规模越来越庞大，高级编程语言层出不穷，应用领域不断拓展，开发者和用户有了明确分工，社会对软件的需求量剧增，促进“软件工程”方法的出现。

3. 软件工程

软件工程出现以后迄今一直为第三阶段(1968 年至今)。对于一些复杂的大型软件，采用个体或者合作的方式进行开发不仅效率低、可靠性差，且很难完成，必须采用工程方法。为此，从 20 世纪 60 年代末开始，软件工程得到了迅速的发展，还出现了计算机辅助软件、软件自动化实验系统等。目前，人们除了研究改进软件传统技术外，还在着重研究以智能化、自动化、集成化、并行化以及自然化为标志的软件新技术。

1.5.3 计算机软件的分类

随着硬件技术的不断发展和应用需求的日益提高，软件产品越来越复杂、庞大。然而，随着大规模集成电路技术的发展和软件逐渐硬化，任何操作都可以由软件来实现，也可以由硬件来实现；任何指令的执行都可以由硬件完成，同样也可以由软件来完成。所以，要明确划分计算机系统软、硬件界限已经比较困难了。软件按其功能可以分为两大类。

1. 系统软件

系统软件是指用于实现计算机系统的管理、调度、监视和服务等功能的软件，其目的是方便用户，提高计算机使用效率，扩充系统的功能，包括操作系统和各类语言的编译程序。它位于计算机系统中最接近硬件的层面，其他软件只有通过系统软件支持才能发挥作用，它与具体应用无关。通常将系统软件分为以下六类。

(1) 操作系统。操作系统可以控制和管理整个计算机系统的软、硬件资源的使用，完成控制用户的作业排序及运行的作业操作，对 CPU、外设、内存以及各类程序和数据进行资源管理，实现外设与主机的异常情况的处理以及并行操作的中断处理，处理输入、输出事务的 I/O 处理，对处理机、作业、进程、外设等进行管理和调度，以合理方式处理错误事件，保护系统程序和作业，对程序和数据的不合理访问的保密和保护处理，对计算机用户使用资源情况进行记账，是用户与计算机的接口。它还可自动调度处理管理用户作业程序、监视各种中断、提供服务等，以改善人机界面，并提供对应用软件的支持。系统软件按功能操作系统可以分成为分时操作系统、实时操作系统、批处理操作系统、网络操作系统等多种类型。

(2) 语言处理程序。语言处理程序的任务就是将源程序翻译成目标程序。常用的语言处理程序有汇编程序、编译程序和解释程序等。计算机能识别的语言很多，它们各自都规定了一套基本符号和语法规则。用这些语言编制的程序叫源程序。用“0”或“1”的机器代码按一定规则组成的语言，称为机器语言。用机器语言编制的程序，称为目标程序，它依赖于计算机的硬件结构，不同类型的计算机对应的机器语言是不同的。在不同类型计算机上实现相同的操作需要编写不同的机器语言程序。这些有时也大大限制了计算机的使用。

(3) 标准库程序。为方便用户编制程序，通常将一些常用的程序段按照标准的格式预先编制好，组成一个标准程序库，存入计算机系统中，需要时，由用户选择合适的程序段嵌入自己的程序中，这样既可靠又便捷。

(4) 服务性程序。服务程序(也称工具软件)扩大了计算机的功能。服务程序提供各种运行所需的服务，是一种辅助计算机工作的程序。例如，用于程序的编辑、装入、连接及调试用的编辑程序、装入程序、连接程序及调试程序；又如，纠错程序、诊断故障程序、监督程序。二-十进制转换程序等也为系统提供了更多实用功能的服务性程序等。

(5) 数据库管理系统。数据库就是能实现有组织地、动态地存储大量的相关数据，方便多用户访问的计算机软、硬件资源组成的系统。随着计算机在信息处理、情报检索及各种管理系统等方面的不断发展，使用计算机时需要处理大量的数据，建立和检索大量的表格，将这些数据和表格按一定的规律组织起来，以便检索更迅速、处理更有效、用户使用更方便。数据库和数据库管理软件一起，组成了数据库管理系统。

(6) 计算机网络软件。计算机网络软件是为计算机网络配置的系统软件，负责对网络资源进行组织和管理，实现相互之间的通信。计算机网络软件包括网络操作系统和数据通信处理程序等。前者用于协调网络中各机器的操作系统及实现网络资源的管理，后者用于网络内的通信，实现网络操作。

2. 应用软件

应用软件是用户为解决某种应用问题而编制的程序，是各类用户为满足各自的需要开发的各种应用程序。例如，为进行数据处理、工程设计、自动控制、企业管理、科学计算、

事务管理、情报检索以及过程控制等所编写的各类程序都称为应用软件(应用程序)。随着计算机的广泛应用，应用软件的种类及数量将越来越多、越来越庞大。

1.5.4 计算机硬件系统和软件系统的关系

软件系统是在硬件系统的基础上为了更加有效地使用计算机而配置的。没有系统软件，现代计算机系统就无法正常和有效地运行；没有应用软件，计算机就不能发挥效能；同时软件和硬件之间可以相互转换，软件和硬件相互促进，相互影响。

1. 计算机软件、硬件在功能上的逻辑等价

计算机系统以硬件为基础，通过软件扩充以执行程序的方式体现其功能。通常硬件只能完成基本的功能，而复杂的功能则由软件实现。但也有许多用硬件实现的功能，在原理上可以用软件实现；用软件实现的功能，在原理上也可以用硬件完成。在逻辑功能上，两者对于用户而言是等价的，称之为计算机软件、硬件在功能上的逻辑等价。

2. 计算机软件、硬件界面及其变化策略

对于计算机系统设计者而言，必须关心软件和硬件之间的界面，即哪些功能由软件实现，哪些功能由硬件实现。因为硬件的功能体现在识别与执行指令代码上，也就是指令系统所规定的功能都由硬件实现。但如何恰当地进行硬、软件的功能分配，是设计者在设计指令系统时要认真考虑的。

案例分析：结合软件分类的方法，请对你日常生活、学习所用的软件进行合理的分类，并说明原因。现在已经可以把许多复杂的、常用的程序固定在 ROM 中，制作成固件。在今后的发展中完全“固化”甚至“硬化”是有可能的吗？

1.6 计算机网络

计算机网络是指将分布在不同物理位置的具有独立功能的多台计算机系统，利用通信设备和线路相互连接起来，在网络协议和网络软件的支持下进行数据通信、分布式数据处理、均衡负载、实现资源共享的计算机系统的集合。计算机联网的目的是为了实现数据通信和资源共享。计算机资源包括硬件、软件和数据资源。网上的用户可以使用本地资源，也可以使用连接在网上的远程计算机的资源。

1.6.1 计算机网络基础知识

虽然计算机网络的历史不长，但发展很快，从简单到复杂主要经历了远程终端联机(20 世纪 60 年代)、通信控制处理机的网络(70 年代)、计算机互联网络(80 年代)、信息高速公路(90 年代)、物联网络(未来)五个阶段。其中，物联网是新一代信息技术的重要组成部分，其英文名称是“The Internet of things”。顾名思义，“物联网就是物物相连的互联网”。物联网的核心和基础仍然是互联网，是在互联网基础上延伸和扩展的网络；其用户端延伸和扩展到了任何物品与物品之间，进行信息交换和通信。因此，物联网是通过射频识别(RFID)、红外感应器、全球定位系统、激光扫描器等信息传感设备，按约定的协议，把任何物品与

互联网相连接，进行信息交换和通信，以实现对物品的智能化识别、定位、跟踪、监控和管理的一种网络。

1.6.2 计算机网络的分类

1. 按照网络的覆盖范围分类

计算机网络按网络覆盖的范围分为局域网、城域网、广域网，如表 1.1 所示。

表 1.1 网络的覆盖范围

名称	范围	速率	主要用途
局域网(LAN)	几千米之内	10～1000Mb/s	实验室、校园、小区
城域网(MAN)	几十千米到上百千米	64Kb/s～1Gb/s	银行系统，有线电视网
广域网(WAN)	几十千米到几万千米	100Mb/s 以下	Internet

2. 互联网、因特网、万维网三者的关系

互联网、因特网(Internet)、万维网(WWW)三者的关系是，互联网包含因特网和万维网。

(1) 互联网。凡是能彼此通信的设备组成的网络就叫互联网。所以，即使仅有两台机器，不论用何种技术使其彼此通信，也叫互联网。国际标准的互联网写法是 internet，字母 i 一定要小写。

(2) 因特网是互联网的一种。因特网并不是仅有两台机器组成的互联网，它是由上千万台设备组成的互联网。因特网是世界上规模最大、用户最多、影响最强的计算机互联网，是一个开放的、互联的、遍及全球的计算机网络，能使世界上各种不同类型的计算机之间交换各种数据信息的通信媒介。因特网使用 TCP/IP 协议使不同的设备可以彼此通信，但使用 TCP/IP 协议的网络并不一定是因特网，一个局域网也可以使用 TCP/IP 协议。国际标准的因特网写法是 Internet，字母 I 一定要大写。

(3) WWW 是环球信息网(World Wide Web)的缩写，也可以简称为 Web，中文名字为“万维网”。WWW 是一个以 Internet 为基础的计算机网络，允许用户在一台计算机通过 Internet 存取另一台计算机上的信息。另外，WWW 也是世界气象监视网的英文简称。

1.6.3 计算机网络软件的分类与功能

从物理结构上讲，一个完整的计算机网络系统是由网络硬件系统和网络软件系统组成的。也就是说，计算机网络的组成除了要有网络操作系统、网络通信软件、网络协议软件等网络软件外，还要有相关完成网络任务的如服务器(Server)、工作站(Work Station)、网络适配器、集线器(Hub)、中继器(Repeater)、网桥(Bridge)、路由器(Router)、网关(Gateway)、交换机(Switch)、传输介质、调制解调器(Modem)等网络互联设备的硬件。

1. 网络协议软件

网络协议软件规定了网络上所有的计算机通信设备之间数据传输的格式和传输方式，使得网上的计算机之间能正确可靠地进行数据传输。

2. 网络通信软件

网络通信软件的作用就是使用户能够在不详细了解通信控制规程的情况下，控制应用程序与多个站点进行通信，并且能对大量的通信数据进行加工和处理。

3. 网络操作系统

网络操作系统是用以实现系统资源共享、管理用户对不同资源访问的应用程序。整个网络的资源和运行必须由网络操作系统来管理。目前主流的网络操作系统有 Windows NT、Windows 2000、Windows Server 2003、NetWare、UNIX、Linux 等。

1.6.4 网络互联设备

1. 传输介质

传输介质是传送信号的载体，在计算机网络中通常使用的传输介质有双绞线、同轴电缆、光纤、微波及卫星通信等。它们可以支持不同的网络类型，具有不同的传输速率和传输距离。

2. 网络基础设备

常用的网络基础设备按不同组网，需要不同的设备，一般包括服务器、工作站、同位体(Peer)、网卡(NIC)、集线器、调制解调器、路由器、网桥、网关、中继器、交换机、防火墙(Firewall)等。

1.7 计算机的发展趋势

目前，信息技术的应用已渗透到社会的各个领域，世界正逐步进入到以信息产业为主导的新经济时代，计算机的发展也对人类社会生活产生巨大的影响。未来的计算机将可以模拟人的感觉行为和思维过程进行“看”、“听”、“说”、“想”、“嗅”、“触”“做”等具有逻辑推理、学习与证明的能力，计算机的发展与其他学科之间的关系将会越来越紧密，主要有如下发展趋势。

从电子元器件角度看，随着电子元器件超大规模集成电路的发展，未来的计算机将可能更向巨型化、微型化、网络化、多极化、多媒体化与智能化的方向发展。

从应用角度看，未来的计算机将可能向高性能、广应用、深智能方向发展。

1. 高性能

高性能计算机主要表现在计算机的主频越来越高，性能越来越强，容量越来越大，速度越来越快。由于目前计算机硬件使用的几乎都是半导体集成电路，其集成电路的工艺和技术越来越接近其物理极限，在不远的将来，计算机的性能也将接近极限，到那时，也许将是以半导体为材料的电子计算机的终结。因此，现在人们正在努力研究基于其他材料的计算机，那时计算机体系结构与技术都将产生一次量与质的飞跃。可能会研究出超导计算机、网格计算机、量子计算机、光计算机、DNA 计算机、神经计算机等。

案例分析：一种电子设备还有另外一个名字——移动电话，也就是手机。现在，即使是最基础的手机，也大多配备了简单的网络浏览器、计算器和其他一些原本只有计算机才有的计算处理功能。例如，手机取代了固定电话，取代了手表，甚至数码照相机，现在手机也正在改变计算机和电视……所以，以后计算机的体积会越来越小，甚至可能会出现可折叠式计算机，平时不用可以折叠起来放进口袋里，需要用作手机时，就能变成耳机的形状，而在浏览互联网或观看电影时形状就能变成更大更平整的屏幕，还能变出键盘方便使用……

2. 广应用

更广的应用就是指计算机的应用向各个领域的“广”度方向发展，随着计算机网络向各个领域的渗透，计算机发展的趋势将是“无处不在”，为计算机在广度上的发展开拓创建了平台，主要表现在普适计算、电子娱乐、生物识别、精准农业、网络通信、纳米技术、智能机器人、远程医疗、智能交通等。

案例设计：放眼世界，有专家预计在2020—2030年期间，30%的高速公路将采用智能化公路。几乎在每个城市的每条街道上，你都能看到有人随身携带所谓的“小型便携式袖珍计算机”。

3. 深智能

更深的智能是指计算机的应用向“深”度方向发展。计算机不仅能做一些复杂的工作，而且能做一些需“智慧”才能做的事情，如推理、判断、学习、情感和联想等，计算机“思维”与人类的思维方式达到统一，以自然语言、手势、表情与计算机交互，使人处于计算机世界的虚拟与现实的生活中，将会出现人机交互、虚拟现实技术、机器视觉、机器学习等。它是人工智能的核心，是使计算机具有智能的根本途径，其应用遍及人工智能的各个领域。

随着计算机数据处理运算能力的不断进步，计算机将会变得越来越聪明。虽然要制造出和人有一模一样智慧的“智能人”可能还存在着许多的技术障碍，但研究出“聪明的计算机”却大有希望。未来聪明的计算机也更能为主人带来便利，它将能够根据主人的每个行动逐渐理解他的需求，把握他的心意，进而变被动地找寻信息为主动地获取信息。

案例分析：未来计算机猜想

未来计算机到底是个什么样子，你会有什么样的猜想？它们可能是如下形式。

(1) 无鼠标。未来的计算机在人机交互时将不再依赖于鼠标和键盘。未来的计算机也许不需要任何鼠标和键盘之类的工具，而是以思想实现无缝对接，即人们大脑想什么，计算机就能完全根据人们所想，做出相应的反应和动作。

(2) 便携。未来便携的计算机也可能成为耳环、戒指等饰品也不是没有可能。

(3) 无屏幕。未来的计算机将不再有显示屏，而要显示的内容将以一个非常小的镜头投影到空气之中，或者人们可以带着特殊的眼镜，作为显示屏，那样人们不但能拥有超级小的主机，而且还能极大地提高视觉效果。

(4) 无电源。计算机不再需要电源线，不再需要电池供电，而是利用或依靠太阳能、动能、风能、声能等相关技术给计算机供电。

(5) 变形变色。未来便携计算机将能够随意变形和变色。最近二三十年是以微电子、信息技术为标志的科技时期，这一段时期预计到2020年基本结束。下一次科技浪潮将是以生物技术为标志的，以生物信息学为代表的生物与计算机科学的交叉学科将会蓬勃兴起。

未来可能会有很多学计算机人去从事生物信息学的研究，这是未来研究的一大热点。

基于以上各种猜想与展望：未来很美好，但通向未来的路还很漫长，需要我们共同努力，创造美好明天！到了2020年，计算机将发展到什么程度？人机之间的生理界限真的会消失吗？

1.8 计算机的应用领域

自电子计算机问世以来，计算机得到高速发展的生命力主要在于它的广泛普及与应用，计算机的应用范围几乎涉及人类社会的所有领域，如军事、科研、经济、教育、文化、商业、贸易、生活、家庭及娱乐等诸多方面。在计算机应用的实践中，人们对计算机的功能及特性不断提出新的要求，正是基于这一原因，计算机技术得到了极大的发展并引起了巨大的变革，使计算机的应用领域极广。按照计算机的应用特点，可把计算机的应用大体分为科学计算、数据处理、实时控制、计算机辅助工程、办公自动化、数据通信和智能应用等几大类。

1.8.1 各类科学计算

各类科学研究和科学计算领域是计算机应用最早、最广也是最重要的应用领域。例如，数学、化学、原子能物理学、天文学、地球物理学、生物学、航天飞行、飞机设计、桥梁设计、水力发电、地质矿产等方面的大量数据计算与处理都要用到计算机。

1.8.2 各种信息处理

信息处理的主要功能是将输入设备送来的信息进行及时记录、整理、分类、加工，以得到所需要的信息。例如，企业管理、库存管理、账目计算、情报检索、图像处理等，它们的特点是原始数据量大，算术运算比较简单，有大量的逻辑与判断，处理的结果多以报表或文件形式存储或输出。应用范围发展到非数值计算领域后，计算机可用于处理文字、表格、图像、声音等各类问题。随着计算机的应用，信息处理涉及办公自动化、商务处理、信息管理、银行系统储户的存款、取款、发放工资、信用卡系统、销售点系统提供服务等相当广泛的范围。由于信息处理系统具有输入/输出数据量大而计算却很简单的特点，所以，当前大部分计算机用于数据处理任务的较多。

1.8.3 实时控制

实时控制是计算机在过程控制中的重要应用。最初的过程控制主要应用于导弹、卫星等现代化武器系统和航空航天等领域，而现在已被广泛应用于工业生产过程。在工业上用于实时控制的计算机，其输入信息往往是电压、温度、机械位置等模拟量，要先通过模/数转换设备将它们转换成数字量，然后计算机才能进行处理或计算。据统计，目前国内外大约20%的计算机用于生产过程的自动控制。

1.8.4 计算机辅助工程

计算机辅助工程通常包含计算机辅助设计(CAD)、计算机辅助制造(CAM)、计算机辅助测试(CAT)、计算机辅助绘图(CAG)、计算机辅助工程(CAE)、计算机辅助教学(CAI)等领域。

1.8.5 办公自动化

办公自动化指办公室人员用计算机处理日常工作。例如，用计算机进行文字处理，文档管理，资料、图像、声音处理和网络通信等。它既属于信息处理范围，又是目前计算机应用的一个较独立的领域。

1.8.6 数据通信

数据通信主要是利用通信卫星群和光纤构成的计算机应用网络，实现信息双向交流。通信卫星的覆盖面广，光纤传输的信息大、保密性好，利用它们的优势互补，把整个地球网络连接起来，使人们在家里就可以收看世界上任何一家电视台的节目，通过屏幕与远在千里之外的友人面对面地通话。总之，以计算机为核心的信息高速公路得以实现。计算机网络是计算机技术与通信技术的结合。

1.8.7 家用电器

计算机不仅在国民经济各部门发挥着越来越大的作用，而且已渗入到人们生活中的各个领域。在家用电器中，人们不仅使用各种类型的个人计算机，而且将单片机广泛应用于微波炉、电磁炉、磁带录音机、自动洗涤机、煤气用定时器、家用空调设备控制器、电控缝纫机、电子玩具、游戏机等。未来的计算机不仅可以指挥机器人扫地、清洁地毯、控制炉灶的烹煮时间、调节室内温度、执行守护房屋和防火工作，还可以接受主人的电话命令，开启暖炉或冷气机等。

1.8.8 商务处理

在商业上广泛应用的项目有数据处理机、办公室计算机、发票处理机、数据收集机、销售额清单机、会计终端、出纳终端、零售终端、飞机与火车订票、电子购物、税收业务等；在银行业务上，销售点终端、广泛采用金融终端、现金出纳机；银行间利用计算机进行的资金转移正式代替了传统的支票；个人存款也使用“电子存款”法，不用支票，雇员的薪金用计算机转账；在邮政业务上，大量的商业信件，现在开始用传真系统传送。商务处理方面的例子还很多，在此不再一一列举。

1.8.9 管理应用

自有人类社会以来就有社会活动，因为有社会活动，就必须有组织，有组织就必须有管理，要管理就必须要收集、处理各种信息，这就需要有各种不同的信息处理系统。计算机的引入，使信息处理系统获得了强有力的存储和处理手段，可以随时掌握各类信息，借助于管理信息系统的支持与帮助，利用信息控制国民经济各部门或企业的活动，做出科学的决策或调度，从而提高管理水平与效益。

随着计算机网络技术和信息高速公路的发展，计算机的应用几乎渗透到人类活动的各个领域，不仅减轻了大量繁琐的计算工作量，更重要的是，一些以往无法解决、无法及时

解决或无法精确处理的问题得到了圆满的解决，人们可以进入一个五彩缤纷的世界，畅游信息的海洋，计算机正改变着人类的生活方式并进入了一个全新的信息化社会。

案例分析 1：什么是“更为直观的媒介”？类似触摸屏、手写板、语音输入这种更自然、更人性化、更随意的触声型接口以及图像视觉型接口，使得人与机器间的交流就像人与人之间的交流一样更为直接。那未来的触摸屏将会有什么功能，请你构想一下。

案例分析 2：测试和测量领域中计算机应用实例很多，如锅炉参数检测，钢样光谱分析，液压元件性能测试，油田实验油水分析自动计量，磨粉机自动检测，印染过程检测，硅钢片初轧温度检测，石油外输自动计量，输油管道自动计量，地震预报前光信号综合测试，弹道测量，电机机械特性测量，电缆综合参数测试，无线电遥测，多路数据采集处理，远距离数据采集处理，集成电路测试仪，大规模集成电路测试仪，微型机芯片自动测试仪，存储器功能测试仪，手表综合测试仪，存储取样示波器，逻辑分析仪，光栅测量仪，数字电压表，自动万能电桥，振动分析仪，传动链误差测试仪，焊接图像分析仪，粉末粒度图像分析仪，气体分析仪，生化分析仪，气相色谱仪，液相色谱分析仪，激光散射仪，原子分光光度计，红外光度计，直读光谱仪，医疗分析仪等数不胜数，你能分析总结一下计算机在日常生活中应用的案例吗？请举例说明。

本 章 小 结

本章主要讲述了计算机的发展简史、计算机的分类 、计算机系统的层次结构及特点、计算机硬件、计算机软件、计算机网络、计算机发展趋势和计算机应用等内容。

当今人们所称的“电脑”或“电子计算机”，是指正在广泛应用的电子数字计算机。

计算机系统是一个由硬件和软件组成的多级层次结构，它通常由微程序设计级、机器语言级、操作系统级、汇编语言级和高级语言级等组成。软件和硬件在逻辑功能上是等效的，合理分配软件、硬件的功能是计算机总体结构的重要内容。

计算机系统的主要性能指标包括字长、运算速度、存储容量、配置的软件及外围设备的种类、可用性、可维修和可靠性等。

通用计算机的分类机按规模大小又可分为巨型机、小巨型机、大型机、小型机、微型机亚微型机、微微型机、单片机和单扳机等类型。

计算机的应用范围几乎涉及人类社会的各个领域，计算机与人们的生活息息相关。在科学计算、自动控制、信息处理、辅助设计、辅助制造、辅助教学、精准农业、教育卫生、家用电器、人工智能等领域都得到了广泛的应用。

冯·诺依曼体系结构是将计算机硬件分成运算器、控制器、存储器、输入和输出设备的五大部分，它是计算机的物质基础。传统上将控制器和运算器称为中央处理器(CPU)，而将 CPU 和内存称为主机。采用二进制编码、存储程序控制是重要的冯·诺依曼型计算机的工作方式，也是计算机高速自动化工作的关键。

计算机软件是指计算机系统使用的各种程序和全部文档资料的总称，可分为系统软件和应用软件两大类。

本章主要对计算机的发展趋势进行了分析与展望。通过本章的学习，读者应该在思想上对计算机的发展和应用有一定的认识，对计算机的设计技术和新的发展、应用方向有所了解，充分理解计算机总体结构及软、硬件的功能，加之通过列举的案例，提高读者的分析与理解的能力，为深入学习以后各章的知识打下基础。

习　题

一、选择题

1. 完整的计算机系统应包括________。
   A. 运算器、存储器、控制器　　B. 外设和主机
   C. 主机和实用程序　　D. 配套的硬件设备和软件系统
2. 迄今为止，计算机中的所有信息仍以二进制方式表示的理由是________。
   A. 节约元器件　　B. 运算速度快
   C. 物理器件的性能决定　　D. 信息处理方便
3. 从系统结构看，至今绝大多数计算机仍属于________型计算机。
   A. 并行　　B. 冯•诺依曼　　C. 智能　　D. 实时处理
4. 计算机外围设备是指________。
   A. 输入/输出设备　　B. 外存
   C. 远程通信设备　　D. 除 CPU 和内存以外的其他设备
5. 在微型机系统中，外围设备通过________与主板的系统总线相连接。
   A. 适配器　　B. 译码器　　C. 计数器　　D. 寄存器
6. 冯•诺依曼型计算机工作的基本方式的特点是________。
   A. 多指令流单数据流　　B. 按地址访问并顺序执行指令
   C. 堆栈操作　　D. 存储器按内容选择地址
7. 微型计算机的发展一般是以________技术为标志。
   A. 操作系统　　B. 微处理器　　C. 磁盘　　D. 软件
8. 下列选项中，________不属于硬件。
   A. CPU　　B. ASCII　　C. 内存　　D. 电源
9. 对计算机的软、硬件进行管理是________的功能。
   A. 操作系统　　B. 数据库管理系统
   C. 语言处理程序　　D. 用户程序
10. 对计算机的软、硬件进行管理是________的功能。
   A. 操作系统　　B. 数据库管理系统
   C. 语言处理程序　　D. 用户程序

二、判断题

1. 在微型计算机广阔的应用领域中，会计电算化应属于科学计算应用方面。
2. 决定计算机计算精度的主要技术指标一般是指计算机的字长。
3. 计算机“运算速度”指标的含义是指每秒钟能执行多少条操作系统的命令。
4. 利用大规模集成电路技术把计算机的运算部件和控制部件集成在一块集成电路芯片上，这样的一块芯片叫做单片机。

5. 外存比内存的存储容量大，存取速度快。

三、简答题

1. 数字计算机有哪些主要应用领域？
2. 计算机的发展经历了几代？每一代的基本特征是什么？
3. 什么是计算机的系统软件和应用软件？
4. 计算机的主要用途有哪些？
5. 衡量计算机性能的基本指标有哪些？
6. 列出巨型机、小型机、微型机等计算机的典型机种。这些计算机的运算速度、存储容量、价格和应用范围有哪些主要差别？
7. 计算机能够普及应用的主要原因是什么？
8. 说明高级语言、汇编语言、机器语言三者的差别和联系。
9. 计算机硬件由哪几部分组成？各部分的作用是什么？各部分之间是怎样联系的？

计算机常用的基本逻辑部件

学习目标

了解时序逻辑电路的工作原理及作用、组合逻辑电路与时序逻辑电路的区别。

理解阵列逻辑电路的工作过程。

掌握基本逻辑部件的组成、加法器、译码器、三态门、触发器、寄存器、计数器等各表示的符号及工作原理。

知识结构

本章知识结构如图 2.1 所示。

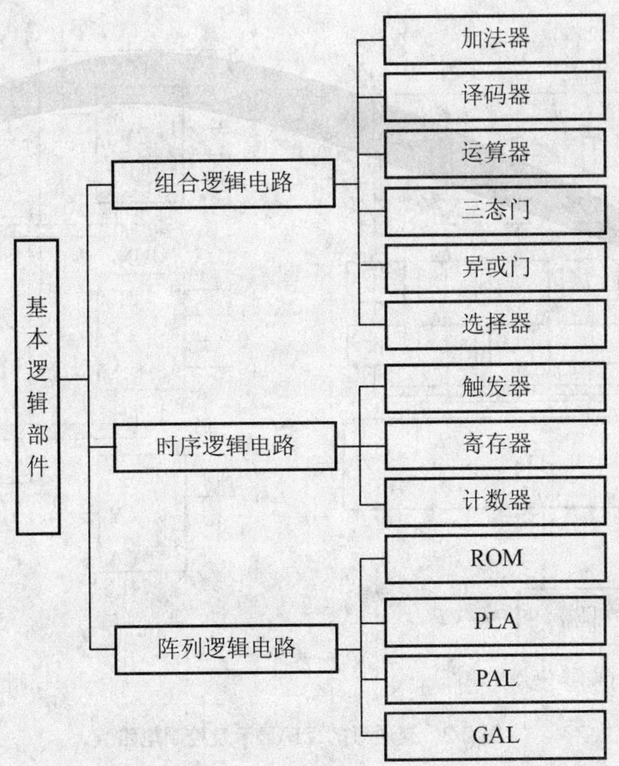

图 2.1 计算机常用的基本逻辑部件知识结构

导入案例

逻辑电路按其逻辑功能和结构特点可分为两大类：一类是组合逻辑电路，简称组合电路；另一类是时序逻辑电路，简称时序电路。

组合电路由若干个逻辑门组合而成，其应用十分广泛。为了方便工程应用，通常把一些具有特定逻辑功能的组合电路设计成标准电路，并制造成各种规模的集成电路产品。常见的组合逻辑电路有加法器、译码器、算术运算逻辑单元、数据选择器等；时序逻辑电路有基本构成时序逻辑电路单元的触发器等。本章将对组合电路和时序电路中的重点部件做详细介绍。

图 2.2(a)所示是交通灯中的译码显示电路，其中的 74LS138 译码器是本案例的重点。图 2.2(b)所示是交通灯中的控制电路，其中的 74LS153 数据选择器也是本案例的重点。

在学习本章的过程中，重点学习和思考一下几个问题。

(1) 分析图 2.2(a)中译码、显示电路的工作原理。

(2) 为图 2.2(a)中的译码器合理选用芯片。

(3) 分析图 2.2(b)控制电路中有关数据选择器的工作原理并为图 2.2(b)中的数据选择器合理选用芯片。

(4) 思考：图 2.2(a)中的译码器可以用 74LS139 吗？为什么使用 74LS138 而不用 74LS139？

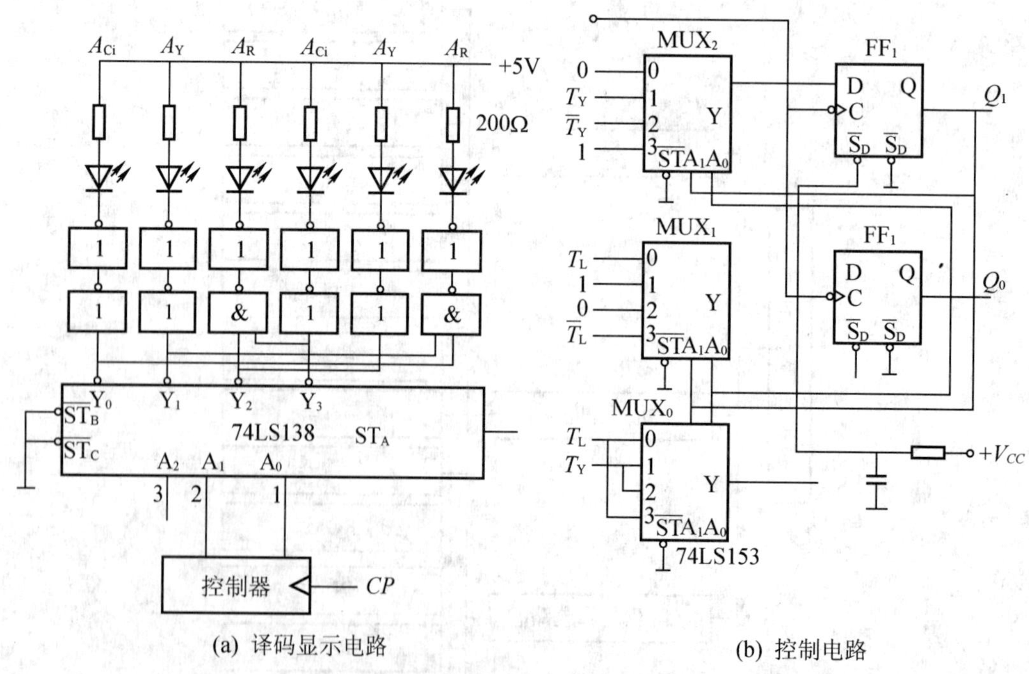

(a) 译码显示电路　　(b) 控制电路

图 2.2　交通灯的译码显示及控制电路

2.1　组合逻辑电路的应用

2.1.1　加法器及其作用

加法器是数字系统中一种最基本的组合逻辑电路。计算机中的加、减、乘、除四则算数运算最终都是在加法器中进行的。

1. 半加器

两个二进制数相加，只考虑两个数本身，不考虑来自低位进位的加法器叫做半加器。

如图 2.3(A)所示电路可以写出逻辑表达式为

$$S_i=\overline{A}_iB_i+A_i\overline{B}_i=A_i\oplus B_i \tag{2.1.1}$$

$$C_i=A_iB_i \tag{2.1.2}$$

列出真值表如表 2.1 所示，若 A_i、B_i 表示两个一位二进制数相加，S_i 表示和，C_i 表示向高位的进位，可以看出该电路没有考虑来自低位的进位，是一个一位数的半加器电路，其逻辑符号如图 2.3(b)所示

表 2.1　半加器真值表

A_i	B_i	S_i	C_i
0	0	0	0
0	1	1	0
0	0	1	0
1	1	0	0

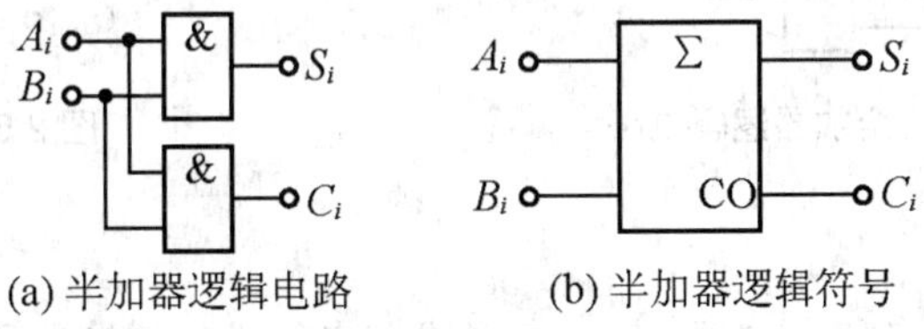

(a) 半加器逻辑电路　　(b) 半加器逻辑符号

图 2.3　半加器

2. 全加器

两个二进制数相加，不仅考虑两个加数本身，还考虑来自低位进位的加法器叫做全加器。如图 2.4 所示电路可以写出逻辑表达式为

$$\begin{aligned}S_i&=\overline{A}_i\overline{B}_iC_{i-1}+\overline{A}_iB_i\overline{C}_{i-1}+A_i\overline{B}_i\overline{C}_{i-1}+A_iB_iC_{i-1}\\&=C_{i-1}(\overline{A}_i\overline{B}_i+A_iB_i)+\overline{C}_{i-1}(\overline{A}_iB_i+A_i\overline{B}_i)\\&=C_{i-1}\overline{(A_i\oplus B_i)}+\overline{C}_{i-1}(A_i\oplus B_i)\\&=A_i\oplus B_i\oplus C_{i-1}\end{aligned} \tag{2.1.3}$$

$$
\begin{aligned}
C &= \overline{A}_i B_i C_{i-1} + A_i \overline{B}_i C_{i-1} + A_i B_i \overline{C}_{i-1} + A_i B_i C_{i-1} \\
&= C_{i-1}(A_i \oplus B_i) + A_i B_i(\overline{C}_{i-1} + C_{i-1}) \\
&= C_{i-1}(A_i \oplus B_i) + A_i B_i
\end{aligned}
\tag{2.1.4}
$$

列出真值表如表 2.2 所示，若 A_i、B_i 两个一位二进制数相加，以 C_{i-1} 表示来自低位的进位，S_i 表示和，C_i 表示向高位的进位，可以看出该电路考虑来自低位的进位，是一个一位数的全加器电路，其逻辑符号如图 2.5 所示。

表 2.2　全加器真值表

A_i	B_i	C_{i-1}	S_i	C_i
0	0	0	0	0
0	0	1	1	0
0	1	0	1	0
0	1	1	0	1
1	0	0	1	0
1	0	1	0	1
1	1	0	0	1
1	1	1	1	1

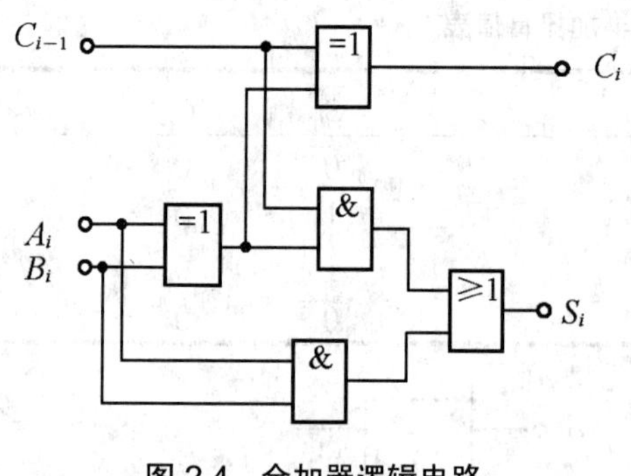

图 2.4　全加器逻辑电路

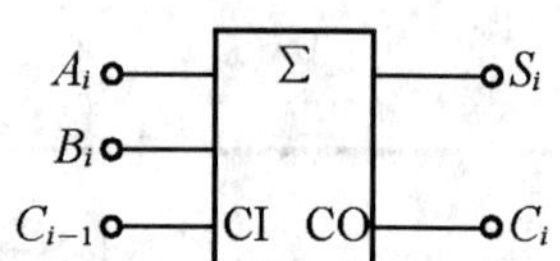

图 2.5　全加器逻辑符号

3. 多位数加法器

实用加法器往往是多位全加器，其基本形式有串行进位加法器和超前进位加法器两种。

(1) 串行进位加法器。若两个 4 位二进制数 $A_3A_2A_1A_0$ 和 $B_3B_2B_1B_0$ 相加，可以由图 2.6 中 4 个一位全加器组成的 4 位串行加法器实现。可以看到这种加法器任何一位的相加结果都必须等到低一位的加法器运算完成，进位产生以后才能建立起来。这样的进位方式称为串行进位。串行进位加法器进位方案很简单，但是运算速度慢，适用于中低速数字系统，如集成电路 CT692 就是这种串行加法器。

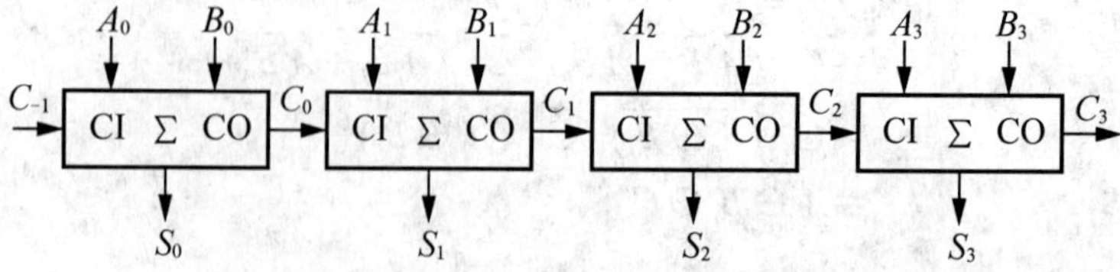

图 2.6　4 位串行进位加法器

(2) 超前进位加法器。为了提高多位加法器的运算速度，必须想办法缩短或消除因进位信号逐级传递所用的时间。如果使每一位全加器的进位信号不依赖于从低位逐级传递，而是一开始就能确定，则可以大大提高运算速度。从表 2.2 所示给出的全加器真值表可以得到逻辑表达式为

$$S_i = A_i \oplus B_i \oplus C_{i-1} \tag{2.1.5}$$

$$C_i = C_{i-1}(A_i \oplus B_i) + A_iB_i \tag{2.1.6}$$

为表达简单，定义两个中间变量 G_I 和 P_I。

$$G_i = A_iB_i \tag{2.1.7}$$

$$P_i = A_iB_i \tag{2.1.8}$$

将式(2.1.7)和式(2.1.8)代入式(2.1.5)和式(2.1.6)可以得到

$$S_i = P_i \oplus C_{i-1} \tag{2.1.9}$$

$$C_i = P_iC_{i-1} + G_i \tag{2.1.10}$$

由式(2.1.10)得到各位进位信号的逻辑表达式为

$$C_0 = P_0C_{-1} + G_0 \tag{2.1.11}$$

$$C_1 = P_1C_0 + G_1 = P_1P_0C_{-1} + P_1G_0 + G_1 \tag{2.1.12}$$

$$C_2 = P_2C_1 + G_2 = P_2P_1P_0C_{-1} + P_2P_1G_0 + P_2G_1 + G_2 \tag{2.1.13}$$

$$C_3 = P_3C_2 + G_3 = \mathrm{P}_3P_2P_1P_0C_{-1} + P_3P_2P_1G_0 + P_3P_2G_1 + P_3G_2 + G_3 \tag{2.1.14}$$

可见，每位进位信号只由两个加数和最低位进位信号确定，可以并行产生，从而大大提高运算速度，适用于各种高速数字系统中。

当实际位数较多时，往往将全部数位按 4 位一组分成若干组，组内采用超前进位，组间采用串行进位，组成所谓的串并行进位加法器。

2.1.2　译码器及其作用

译码器指的是具有译码功能的逻辑电路，译码是编码的逆过程，它能将二进制代码翻译成代表某一特定含义的信号(即电路的某种状态)，以表示其原来的含义。译码器可以分为变量译码(如 2 线-4 线译码器 74LS139、3 线-8 线译码器 74LS138 等)、码制变换译码器(如二-十进制码译码器 7442、余 3 码-十进制码译码器等)和显示译码器(如七段显示译码器 7448 等)。

1. 二进制译码器

二进制译码器是一种由编码的输入信号触发后选择一条输出线信号有效的器件。通常情况下，输入的是一个 n 位二进制数，最多会有 $2n$ 条输出线(有些译码器中用使能信号来触发译码器)。

下面以 3 位二进制译码器 74LS138 为例，了解二进制译码器的工作原理。如图 2.7 所示为 74LS138 的引脚图，如图 2.8 所示为其逻辑图，真值表如表 2.3 所示。有 3 个输入端 I_0～I_2 和 8(2^3)个输出端 Y_0～Y_7，故该译码器也叫 3-8 译码器。此外，该译码器还设置了 E_0～E_2 三个输入使能端，用以控制译码器的工作状态。从真值表可以看出，$E_0=1$，$E_1=0$，$E_2=0$ 时，译码器处于工作状态。分析可以写出译码器逻辑表达式为

$$Y_7=\overline{E_0\overline{E_1}\,\overline{E_2}I_2I_1I_0} \qquad Y_6=\overline{E_0\overline{E_1}\,\overline{E_2}I_2I_1\overline{I_0}}$$
$$Y_5=\overline{E_0\overline{E_1}\,\overline{E_2}I_2\overline{I_1}I_0} \qquad Y_4=\overline{E_0\overline{E_1}\,\overline{E_2}I_2\overline{I_1}\,\overline{I_0}}$$
$$Y_3=\overline{E_0\overline{E_1}\,\overline{E_2}\,\overline{I_2}I_1I_0} \qquad Y_2=\overline{E_0\overline{E_1}\,\overline{E_2}\,\overline{I_2}I_1\overline{I_0}}$$
$$Y_1=\overline{E_0\overline{E_1}\,\overline{E_2}\,\overline{I_2}\,\overline{I_1}I_0} \qquad Y_0=\overline{E_0\overline{E_1}\,\overline{E_2}\,\overline{I_2}\,\overline{I_1}\,\overline{I_0}} \tag{2.1.15}$$

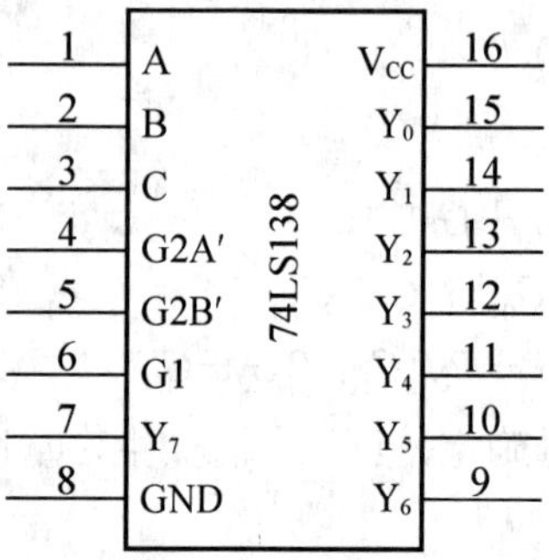

图 2.7 译码器 74LS138 引脚示意图

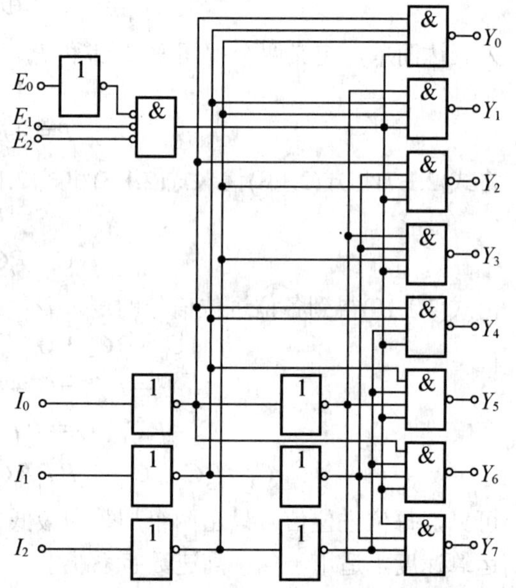

图 2.8 译码器 74LS138 逻辑图

显然，74LS138 可以产生三变量函数的全部最小项，利用这一点，可以用它实现三变量的逻辑函数。

表 2.3 译码器 74LS138 真值表

输入						输出							
E_0	E_1	E_2	I_2	I_1	I_0	Y_0	Y_1	Y_2	Y_3	Y_4	Y_5	Y_6	Y_7
×	1	×	×	×	×	1	1	1	1	1	1	1	1
×	×	1	×	×	×	1	1	1	1	1	1	1	1
0	×	×	×	×	×	1	1	1	1	1	1	1	1
1	0	0	0	0	0	0	1	1	1	1	1	1	1
1	0	0	0	0	1	1	0	1	1	1	1	1	1
1	0	0	0	1	0	1	1	0	1	1	1	1	1
1	0	0	0	1	1	1	1	1	0	1	1	1	1
1	0	0	1	0	0	1	1	1	1	0	1	1	1
1	0	0	1	0	1	1	1	1	1	1	0	1	1
1	0	0	1	1	0	1	1	1	1	1	1	0	1
1	0	0	1	1	1	1	1	1	1	1	1	1	0

2. 二-十进制译码器

二-十进制译码器能将 BCD 码的 10 种代码翻译成对应十进制的 10 个高、低电平。图 2.9 所示为二-十进制译码器 7442 的引脚图。

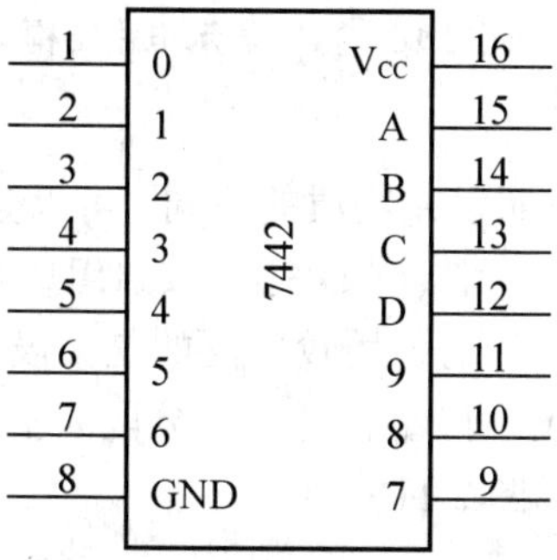

图 2.9 二-十进制译码器引脚图

可以写出其表达式为

$$
\begin{array}{ll}
Y_9=I_3\overline{I}_2\overline{I}_1I_0 & Y_8=I_3\overline{I}_2\overline{I}_1\overline{I}_0 \\
Y_7=\overline{I}_3I_2I_1I_0 & Y_6=\overline{I}_3I_2I_1\overline{I}_0 \\
Y_5=\overline{I}_3I_2\overline{I}_1I_0 & Y_4=\overline{I}_3I_2\overline{I}_1\overline{I}_0 \\
Y_3=\overline{I}_3\overline{I}_2I_1I_0 & Y_2=\overline{I}_3\overline{I}_2I_1\overline{I}_0 \\
Y_1=\overline{I}_3\overline{I}_2\overline{I}_1I_0 & Y_0=\overline{I}_3\overline{I}_2\overline{I}_1\overline{I}_0
\end{array}
\tag{2.1.16}
$$

其中，4 位输入对应应该有 $16(2^4)$种组合，但是十进制只有 10 种状态，所以 BCD 码以外的编码(1010～1111)视为伪码，即译码器拒绝译码。二-十进制译码器 7442 的真值表如表 2.4 所示。

表 2.4 二-十进制译码器 7442 的真值表

输入				输出										对应十进制数
I_3	I_2	I_1	I_0	Y_9	Y_8	Y_7	Y_6	Y_5	Y_4	Y_3	Y_2	Y_1	Y_0	
0	0	0	0	1	1	1	1	1	1	1	1	1	1	0
0	0	0	1	1	1	1	1	1	1	1	1	0	1	1
0	0	1	0	1	1	1	1	1	1	1	1	1	1	2
0	0	1	1	1	1	1	1	1	1	1	1	1	1	3
0	1	0	0	1	1	1	1	1	1	1	1	1	1	4
0	1	0	1	1	1	1	1	1	1	1	1	1	1	5
0	1	1	0	1	1	1	1	1	1	1	1	1	1	6
0	1	1	1	1	1	1	1	1	1	1	1	1	1	7
1	0	0	0	1	1	1	1	1	1	1	1	1	1	8
1	0	0	1	1	1	1	1	1	1	1	1	1	1	9

3. 显示译码器

在数字系统中，经常需要将数字、符号等的二进制代码翻译成人们习惯的形式并显示出来，这样就产生了显示译码器。因此，数字显示译码器是许多数字设备不可缺少的部分。

常用的数字显示电路结构如图 2.10 所示。下面对显示器和译码器分别做介绍。

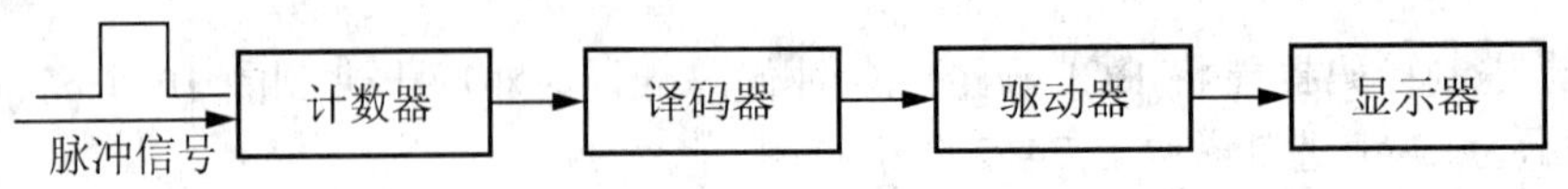

图 2.10　数字显示电路结构

1) 数字显示器件

数字显示器件种类很多，按照发光物质的不同，可以分为发光二极管显示器(LED)、荧光显示器、辉光显示器、液晶显示器(LCD)等；按照组成数字方式的不同，又可以分为分段式、点阵式、字形重叠式等。目前使用较广泛的是分段式发光二极管显示器。它是由 7 个做成条形的发光二极管排列成 7 段组合字形，分段显示数字的发光二极管显示器件，其结构示意图及段组合显示字形如图 2.11 所示。

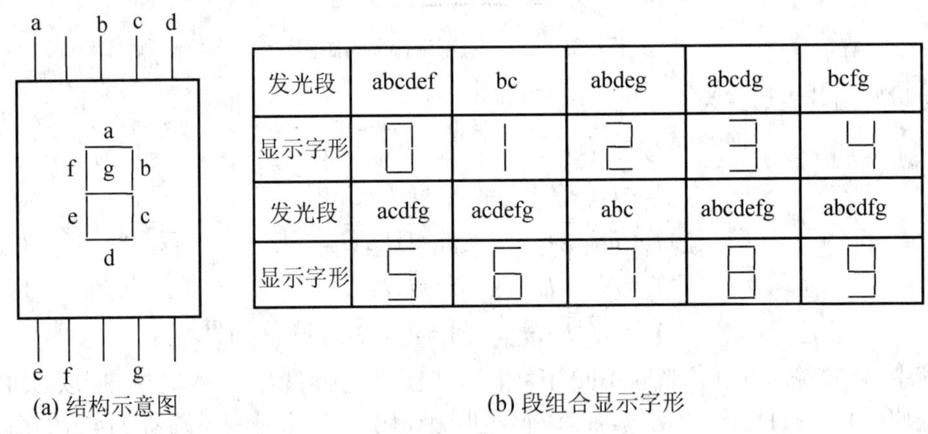

发光段	abcdef	bc	abdeg	abcdg	bcfg
显示字形	0	1	2	3	4
发光段	acdfg	acdefg	abc	abcdefg	abcdfg
显示字形	5	6	7	8	9

(a) 结构示意图　　(b) 段组合显示字形

图 2.11　分段式发光二极管显示器结构示意图及段组合显示字形

发光二极管的连接方式分为共阴极和共阳极两种。共阳极是将发光二极管的阳极接在一起并接在电源正极上，将阴极接到译码器的各输出端，要求译码器的输出有效电平为低电平；共阴极是将发光二极管的阴极接在一起并接地，将阳极接到译码器的各输出端，要求译码器的输出有效电平为高电平。

2) 显示译码器

下面介绍常用的七段显示译码器 7448 的组成和工作原理。如图 2.12 所示为七段显示译码器 7448 的逻辑图，其有效电平为高电平，用以驱动共阴极显示器。该显示译码器有 4 个输入端、7 个输出端和 3 个辅助控制端 $\overline{LT}$ 、$\overline{RBI}$ 、$\overline{BI}/\overline{RBO}$ 。

七段显示译码器 7448 的真值表如表 2.5 所示。由真值表可以分析出以下内容。

(1) $\overline{BI}$ (灭灯输入)/ $\overline{RBO}$ (灭零输出)。$\overline{BI}/\overline{RBO}$ 是一个双功能的输入/输出端。当 $\overline{BI}/\overline{RBO}$ 作为输入端使用时，称为灭灯输入控制端，此时，只要 $\overline{BI}=0$，无论其他输入端是什么电平，输出 $a\sim g$ 都为 0，显示器全灭。当 $\overline{BI}/\overline{RBO}$ 作为输出端使用时，称为灭零输出端，受控于测试端 $\overline{LT}$ 和灭零输入端 $\overline{RBI}$ 。当 $\overline{LT}=1$ 且 $\overline{RBI}=0$，输入 $I_3I_2I_1I_0$=0000 时，$\overline{RBO}=0$；当 $\overline{LT}=0$ 或 $\overline{LT}=1$ 且 $\overline{RBI}=1$ 时，$\overline{BI}/\overline{RBO}=1$。该端主要用于显示多位数字时多个译码器间的连接。

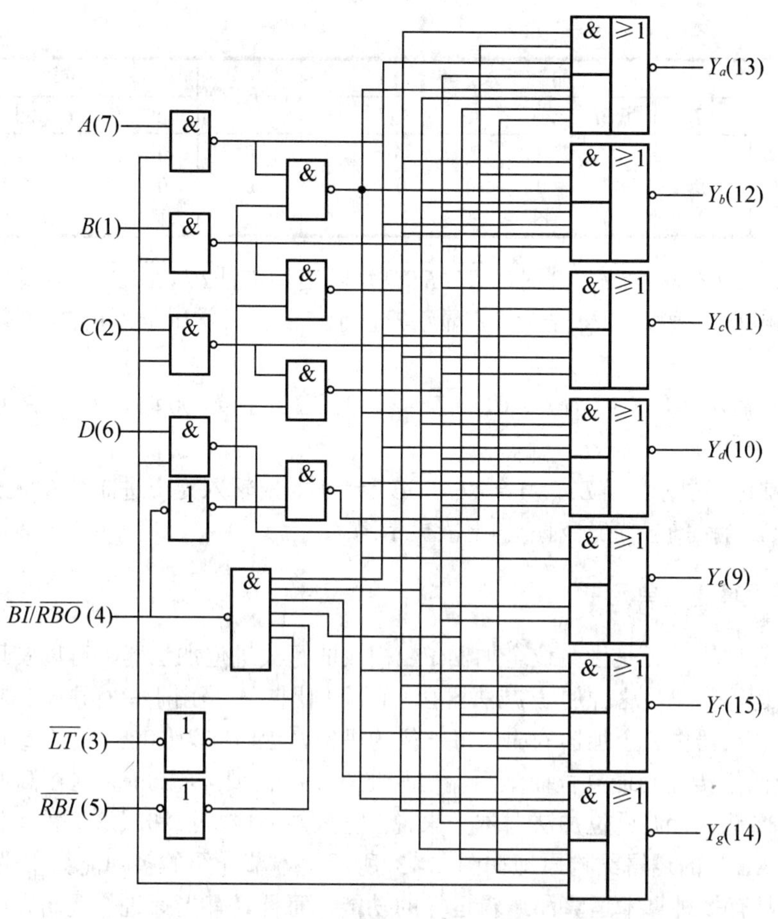

图 2.12　七段显示译码器 7448 逻辑结构

表 2.5　七段显示译码器 7448 的真值表

十进制数或功能	输入						BI/RBO	输出						
	LT	RBI	A_3	A_2	A_1	A_0		a	b	c	d	e	f	g
0	1	1	0	0	0	0	1	1	1	1	1	1	1	1
1	1	×	0	0	0	1	1	0	1	1	0	0	0	0
2	1	×	0	0	1	0	1	1	1	0	1	1	0	1
3	1	×	0	0	1	1	1	1	1	1	1	0	0	1
4	1	×	0	1	0	0	1	0	1	1	0	0	1	1
5	1	×	0	1	0	1	1	1	0	1	1	0	1	1
6	1	×	0	1	1	0	1	0	0	1	1	1	1	1
7	1	×	0	1	1	1	1	1	1	1	0	0	0	0
8	1	×	1	0	0	0	1	1	1	1	1	1	1	1
9	1	×	1	0	0	1	1	1	1	1	1	0	1	1
10	1	×	1	0	1	0	1	0	0	0	1	1	0	1
11	1	×	1	0	1	1	1	0	0	1	1	0	0	1
12	1	×	1	1	0	0	1	0	1	0	0	0	1	1
13	1	×	1	1	0	1	1	1	0	0	1	0	1	1
14	1	×	1	1	1	0	1	0	0	0	1	1	1	1
15	1	×	1	1	1	1	1	0	0	0	0	0	0	0

续表

十进制数或功能	输入						BI/RBO	输出						
	LT	RBI	A_3	A_2	A_1	A_0		a	b	c	d	e	f	g
消　隐	×	×	×	×	×	×	0	0	0	0	0	0	0	0
动态灭零	1	0	0	0	0	0	0	0	0	0	0	0	0	0
灯测试	0	×	×	×	×	×	1	1	1	1	1	1	1	1

(2) 测试端$\overline{LT}$。当$\overline{LT}=0$时，$\overline{BI}/\overline{RBO}$是输出端，且$\overline{BI}/\overline{RBO}=1$，此时无论其他输入端是什么电平，输出 $a \sim g$ 全为 1，显示器显示“8”。可常用于检查 7448 本身及显示器的好坏。

(3) 灭零输入$\overline{RBI}$。当$\overline{RBI}=0$，$\overline{LT}=1$，且 $I_3I_2I_1I_0=0000$ 时，$\overline{BI}/\overline{RBO}=0$，显示器熄灭。

(4) 正常译码显示。当$\overline{LT}=1$，$\overline{BI}/\overline{RBO}=1$时，对输入为十进制数 0～15 的二进制码(0001～1111)进行译码，产生对应的七段显示码。

2.1.3 算术运算逻辑单元

算术运算逻辑单元是由一位全加器(FA)构成的行波进位加法器，可以实现补码的加法运算和减法运算。但是这种加法/减法器存在两个问题：一是由于串行进位，它的运算时间很长。假如加法器由 n 全加器构成，每一位的进位延迟时间为 20ns，那么最坏情况下，进位信号从最低位传递到最高位而最后输出稳定，至少需要 $n \times 20$ns，这在高速计算中显然是不利的；二是就行波进位加法器本身来说，它只能完成加法和减法两种操作而不能完成逻辑操作。ALU 的逻辑结构原理如图 2.13 所示。本节介绍的多功能算术/逻辑运算单元(ALU)不仅具有多种算术运算和逻辑运算的功能，而且具有先行进位逻辑，从而能实现高速运算。

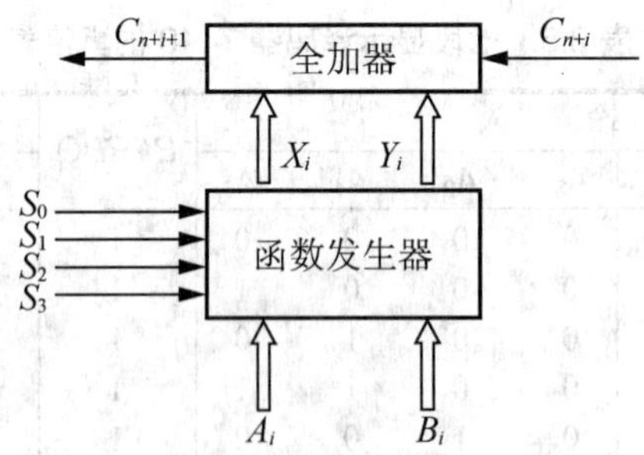

图 2.13　ALU 的逻辑结构原理

一位全加器(FA)的逻辑表达式为

$$F_i = A_i \oplus B_i \oplus C_i$$

$$C_{i+1} = A_iB_i + B_iC_i + C_iA_i$$

将 A_i 和 B_i 先组合成由控制参数 S_0，S_1，S_2，S_3 控制的组合函数 X_i 和 Y_i，然后再将 X_i、Y_i 和下一位进位数通过全加器进行全加。这样，不同的控制参数可以得到不同的组合函数，因而能够实现多种算术运算和逻辑运算。

因此，一位算术/逻辑运算单元的逻辑表达式为

$$F_i = X_i \oplus Y_i \oplus X_{n+i}$$
$$C_{n+i+1} = X_i Y_i + Y_i C_{n+i} + C_{n+i} X_i$$

式中，进位下标用 $n+i$ 代替原来以为全加器中的 i，i 代表集成在一片电路上的 ALU 的二进制位数。对于 4 位一片的 ALU，i=0、1、2、3。n 代表若干片 ALU 组成更大字长的运算器时每片电路的进位输入，如当 4 片组成 16 位字长的运算器时，n=0、4、8、12。

控制参数 S_0、S_1、S_2、S_3 分别控制输入 A_i 和 B_i，产生 Y 和 X 的函数。其中 Y_i 是受 S_0、S_1 控制的 A_i 和 B_i 组合函数，而 X_i 是受 S_2、S_3 控制的 A_i 和 B_i 组合函数，其函数关系如表 2.6 所示。根据上面所列的函数关系，即可列出 X_i 和 Y_i 的逻辑表达式为

表 2.6　X_i、Y_i 与控制参数和输入量的关系

S_0	S_1	Y_i	S_2	S_3	X_i
0	0	A_i	0	0	1
0	1	A_iB_i	0	1	A_i+B_i
1	0	A_iB_i	1	0	A_i+B_i
1	1	0	1	1	A_i

$$X_i = S_2S_3 + S_2S_3(A_i+B_i) + S_2S_3(A_i+B_i) + S_2S_3A_i$$
$$Y_i = S_0S_1A_i + S_0S_1A_iB_i + S_0S_1A_iB_i$$

进一步化简并代入前面的求和与进位表达式，可得 ALU 的某一位逻辑表达式为

$$\begin{aligned} X_i &= S_3A_iB_i + S_2A_i\overline{B}_i \\ Y_i &= \overline{A_i + S_0B_i + S_1\overline{B}_i} \\ F_i &= Y_i \oplus X_i \oplus C_{n+i} \\ C_{n+i+1} &= Y_i + X_iC_{n+i} \end{aligned} \tag{2.1.17}$$

4 位之间采用先行进位公式，根据式(2.1.17)，每一位的进位公式可递推如下。

第 0 位向第 1 位的进位公式为

$$C_{n+1} = Y_0 + X_0C_n$$

其中，C_n 是向第 0 位(末位)的进位。

第 1 位向第 2 位的进位公式为

$$C_{n+2} = Y_1 + X_1C_{n+1} = Y_1 + Y_0X_1 + X_0X_1C_n$$

第 2 位向第 3 位的进位公式为

$$C_{n+3} = Y_2 + X_2C_{n+2} = Y_2 + Y_1X_2 + Y_0X_1X_2 + X_0X_1X_2C_n$$

第 3 位的进位输出(即整个 4 位运算进位输出)公式为

$$C_{n+4} = Y_3 + X_3C_{n+3} = Y_3 + Y_2X_3 + Y_1X_2X_3 + Y_0X_1X_2X_3 + X_0X_1X_2X_3C_n$$

设

$$G = Y_3 + Y_2X_3 + Y_1X_2X_3 + Y_0X_1X_2X_3$$
$$P = X_0X_1X_2X_3$$

则

$$C_{n+4} = G + PC_n \tag{2.1.18}$$

这样，对一片 ALU 来说，可有 3 个进位输出。其中 G 称为进位发生输出，P 称为进位传送输出。在电路中多加这两个进位输出的目的是为了便于实现多片(组)ALU 之间的先行进位，为此还需一个配合电路，称之为先行进位发生器(CLA)，下面还要介绍。

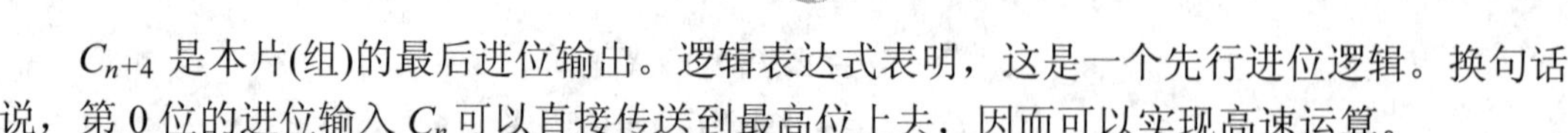

C_{n+4} 是本片(组)的最后进位输出。逻辑表达式表明，这是一个先行进位逻辑。换句话说，第 0 位的进位输入 C_n 可以直接传送到最高位上去，因而可以实现高速运算。

用正逻辑表示的 4 位算术/ALU 的逻辑电路图演示，它是根据上面的原始推导公式用 TTL 电路实现的。这个器件的商业标号为 74181 ALU。

图 2.14 中除了 S_0～S_3 4 个控制端外，还有一个控制端 M，它用于控制 ALU 是进行算术运算还是进行逻辑运算的。

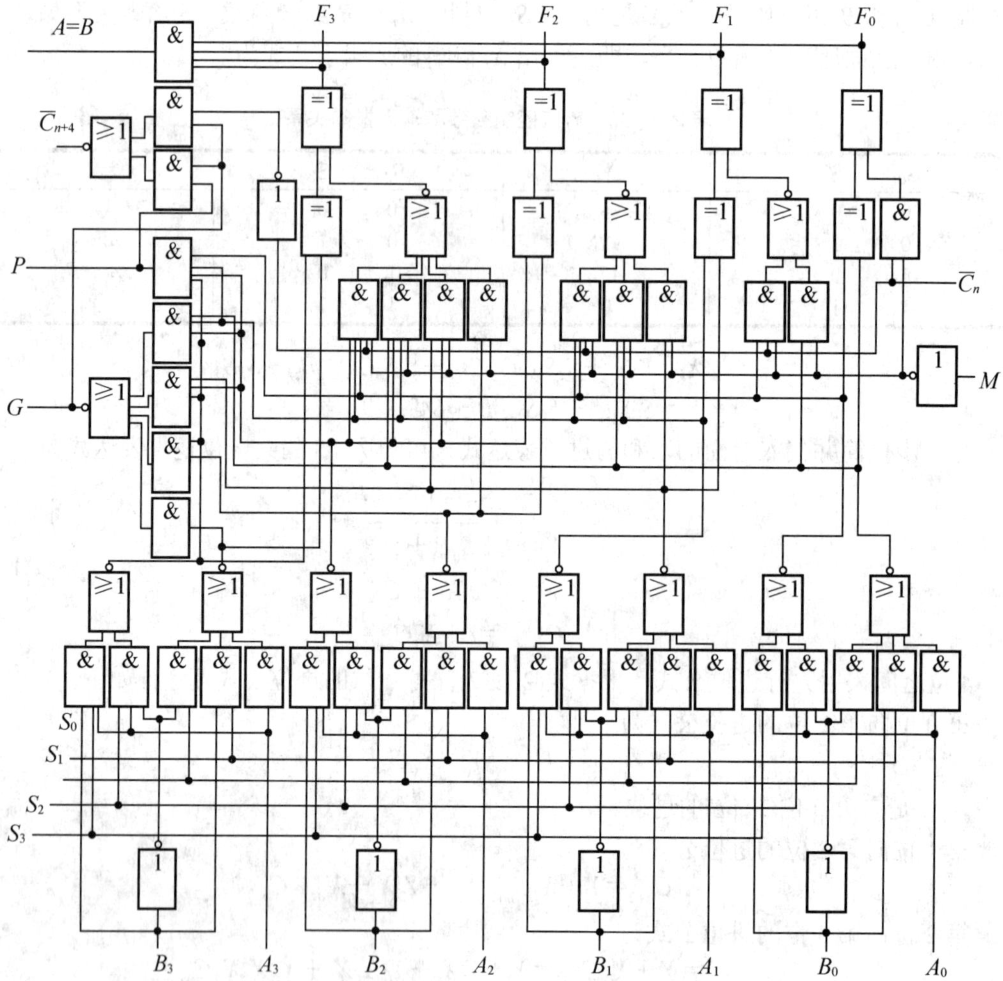

图 2.14　74181 ALU 逻辑电路

当 $M=0$ 时，M 对进位信号没有任何影响。此时 F 不仅与本位的被操作数 Y 和操作数 X 有关，而且与本位的进位输出，即 C 有关，因此 $M=0$ 时，进行算术操作。

当 $M=1$ 时，封锁了各位的进位输出，即 $C=0$，因此各位的运算结果 F 仅与 Y 和 X 有关，故 $M=1$ 时，进行逻辑操作。

图 2.15 示出了工作于负逻辑和正逻辑操作数方式的 74181 ALU 框图。显然，这个器件执行的正逻辑输入/输出方式的一组算术运算和逻辑操作与负逻辑输入/输出方式的一组算术运算和逻辑操作是等效的。

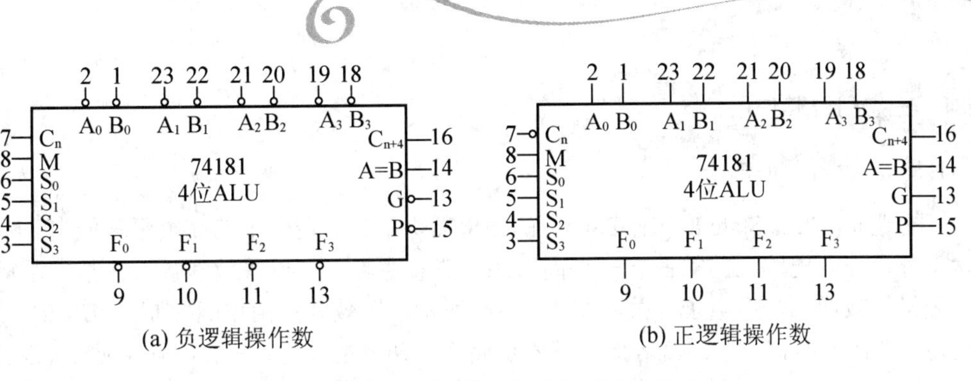

(a) 负逻辑操作数　　　(b) 正逻辑操作数

图 2.15　负/正逻辑操作方式的 74181 ALU

表 2.7 列出了 74181 ALU 的运算功能表，它有两种工作方式。对于正逻辑操作数来说，算术运算称高电平操作，逻辑运算称正逻辑操作(即高电平为“1”，低电平为“0”)。对于负逻辑操作数来说，正好相反。由于 S_0～S_3 有 16 种状态组合，因此对于正逻辑输入/输出而言，有 16 种算术运算功能和 16 种逻辑运算功能。同样，对于负逻辑输入/输出而言，也有 16 种算术运算功能和 16 种逻辑运算功能。

表 2.7　74181 ALU 算术/逻辑运算功能表

工作方式选择输出	负逻辑输入与输出		正逻辑输入与输出	
$S_3S_2S_1S_0$	逻辑(M=H)	算术运算(M=L)(C_n=L)	逻辑(M=H)	算术运算(M=L)(C_n=H)
LLLL	A	A 减 1	A	A
LLLH	AB	AB 减 1	$A+B$	$A+B$
LLHL	$A+B$	AB 减 1	AB	$A+B$
LLHH	逻辑 1	减 1	逻辑 0	减 1
LHLL	$A+B$	A 加($A+B$)	AB	A 加 AB
LHLH	B	AB 加($A+B$)	B	($A+B$)加 AB
LHHL	$A\oplus B$	A 减 B 减 1	$A\oplus B$	A 减 B 减 1
LHHH	$A+B$	$A+B$	AB	AB 减 1
HLLL	AB	A 加($A+B$)	$A+B$	A 加 AB
HLLH	$A\oplus B$	A 加 B	$A\oplus B$	A 加 B
HLHL	B	AB 加($A+B$)	B	($A+B$)加 AB
HLHH	$A+B$	$A+B$	AB	AB 减 1
HHLL	逻辑 0	A 加 A^*	逻辑 1	A 加 A^*
HHLH	AB	AB 加 A	$A+B$	($A+B$)加 A
HHHL	AB	AB 加 A	$A+B$	($A+B$)加 A
HHHH	A	A	A	A 减 1

注：①H 表示高电平，L 表示低电平；

②*表示每一位均移到下一个更高位，即 $A^*=2A$。

注意，表 2.7 中算术运算操作是用补码表示法来表示的。其中“加”是指算术加，运算时要考虑进位，而符号“+”是指“逻辑加”。其次，减法是用补码方法进行的，其中数的反码是内部产生的，而结果输出“A 减 B 减 1”，因此做减法时需在最末位产生一个强迫进位(加 1)，以便产生“A 减 B”的结果。另外，“$A=B$”输出端可指示两个数相等，因此它与其他 ALU 的“$A=B$”输出端按“与”逻辑连接后，可以检测两个数的相等条件。

2.1.4 三态门及其作用

1. 三态输出门的三态

三态逻辑(Three State Logic，TSL)门的输出端除了具有逻辑上的高电平和低电平两种输出状态外，还有电路上的第三态——高阻态。三态逻辑门可以等效理解成在基本逻辑门输出端后又等效增加一个电子开关，如图 2.16 所示。等效开关由使能控制端 *EN*(ENABLE)控制，开关闭合时，三态门就等效成基本逻辑门；开关断开时，三态门输出处于高阻状态。

根据电路结构的不同，有的型号三态门当使能控制端 *EN*=1 时，正常工作；*EN*=0 时，输出为高阻，如图 2.17(a)所示。表 2.8 是其真值表。另外，有的型号三态门当 *EN*=0 时，正常工作；*EN*=1 时，输出为高阻。*EN* 端的小圆圈表明了它的电平要求，如图 2.17(b)所示。*EN* 端没有小圆圈表明 *EN*=1 使能，即 *EN*=1 时正常逻辑门工作，*EN*=0 时，输出为高阻；*EN* 端有小圆圈表明 *EN*=0 使能，即 *EN*=0 时正常逻辑门工作，*EN*=1 时，输出为高阻。表 2.9 是其真值表。

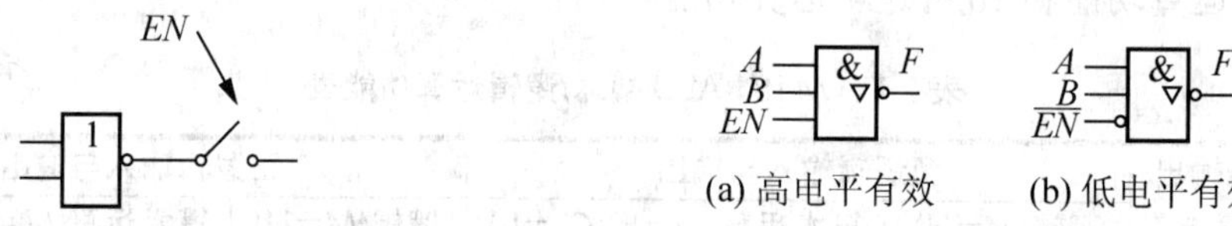

图 2.16 三态门等效图

图 2.17 三态门图形符号

表 2.8 *EN*=1 使能三态与非门真值表

控制端 *EN*	输入端 *A*	输入端 *B*	输出端 *F*
1	0	0	1
	0	1	1
	1	0	1
	1	1	0
0	×	×	高阻

表 2.9 *EN*=0 使能三态与非门真值表

控制端 *EN*	输入端 *A*	输入端 *B*	输出端 *F*
0	0	0	1
	0	1	1
	1	0	1
	1	1	0
1	×	×	高阻

2. 三态输出门原理结构

(1) TTL 三态门(高电平有效)。TTL 三态门(高电平有效)的电路结构如图 2.18 所示，图中使能控制端 EN 高电平有效。当 *EN*=1 时，二极管 VD_1 截止，电路处于正常与非工作状态，F=$\overline{AB}$；当 *EN*=0 时，一方面 $U_{B1} \leqslant 1V$，使能 VT_2 和 VT_3 截止，另一方面，因为二极

管 VD_1 导通，$U_{B5} \leqslant 1V$，使 VT_4 也截止，故输出端呈高阻状态。所谓高阻状态，即此门电路输出端既不像输出逻辑 1 状态那样，电源$+V_{DD}$通过 R_4 和 VT_4 给负载提供电流，也不像输出逻辑 0 状态那样，BJT、VT_3 被负载灌入电流，而是输出端 F 呈现开路。在数字系统中，当某一逻辑器件出现开路(高阻状态)时，等效于这个器件从系统中独立，与系统之间互不产生联想和影响。

(2) TTL 三态门(低电平有效)。在图 2.19 所示的三态门电流中，使能端 $\overline{EN}$ 是低电平有效。当 $\overline{EN}=0$ 时，非门 G 输出高电平，二极管 VD_1 截止，电路处于正常的与非门工作状态，$F=\overline{AB}$；当 $\overline{EN}=1$ 时，非门 G 输出低电平，VT_1 的基级电压 $U_{B1} \leqslant 1V$，使 VT_2 和 VT_3 都截止，同时，因二极管 VD_2 导通，$U_{B5} \leqslant 1V$，VT_5、VT_4 也截止，故输出端出现高阻状态。

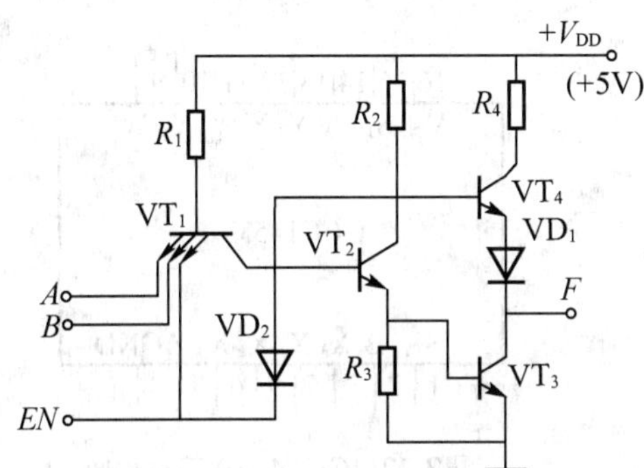

图 2.18　TTL 三态门电路(高电平有效)

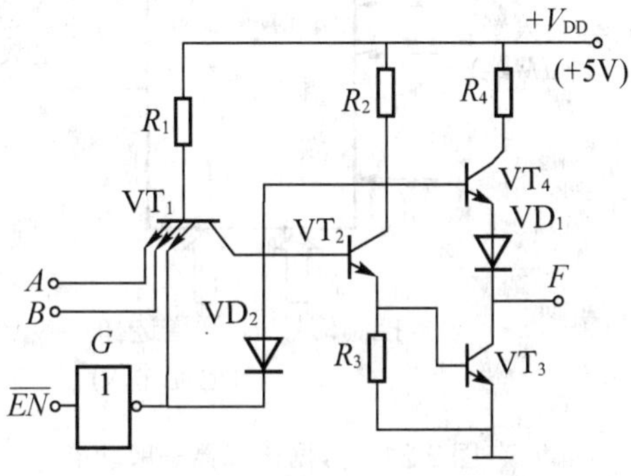

图 2.19　TTL 三态门电路(低电平有效)

(3) TTL 三态门的应用：三态门在数字系统中广泛运用于总线分时复用、双向接口。热插拔等场合。

2.1.5　异或门及其作用

异或门电路如图 2.20 所示，它由一级或非门和一级与非门组成。或非门的输出 $L=\overline{A+B}$，而与或非门的输出 F_2 即为输入 A、B 的异或，所以：

$$L=\overline{A}B+A\overline{B}=A \oplus B$$

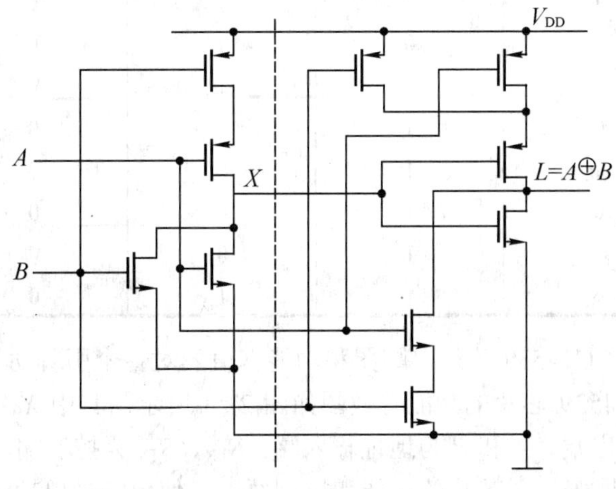

图 2.20　异或门电路

2.1.6 数据选择器及其作用

数据选择器可以从多通道数字输入信号中选择一路所需要的信号。数据选择器一般功能框图如图 2.21 所示。

双四选一集成电路数据选择器芯片 CC14539 的引脚排列图如图 2.22 所示。它有两个四选一数据选择器功能，有两组输入数据 $X_0X_1X_2X_3$ 和 $Y_0Y_1Y_2Y_3$，两个数据输出端 Z 和 W，A、B 为地址输入端，S_{TX}、S_{TY} 为控制端。利用输入端和控制端，可根据 A 和 B 的不同值，将某个 X 送到输出端 Z，将某个 Y 送到输出端 W。CC14539 的真值表如表 2.10 所示。

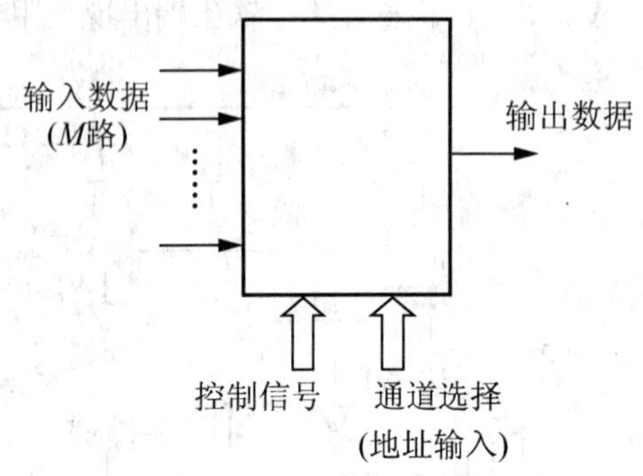

图 2.21 数据选择器一般功能

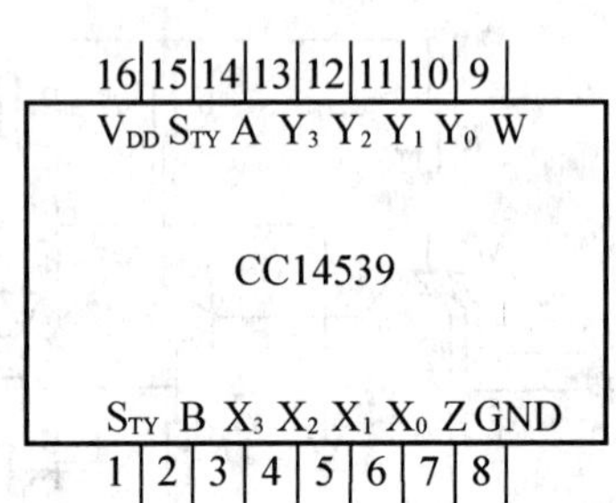

图 2.22 CC14539 芯片引脚

表 2.10 CC14539 功能真值表

B	A	S_{TX}	S_{TY}	Z	W
0	0	0	0	X_0	Y_0
0	1	0	0	X_1	Y_1
1	0	0	0	X_2	Y_2
1	1	0	0	X_3	X_3
0	0	0	1	X_0	0
0	1	0	1	X_1	0
1	0	0	1	X_2	0
1	1	0	1	X_3	0
0	0	1	0	0	Y_0
0	1	1	0	0	Y_1
1	0	1	0	0	Y_2
1	1	1	0	0	Y_3
×	×	1	1	0	0

根据手册资料的 CC14539 芯片引脚图和功能真值表对各个引脚功能的理解分析，双四选一数据选择器 CC14539 芯片的功能等效图如图 2.23 所示。其中 $X_0X_1X_2X_3$ 和 $Y_0Y_1Y_2Y_3$ 是输入端，Z 和 W 是输出端，A 和 B 为地址输入端，S_{TX}、S_{TY} 为控制端。

功能等效图清楚地表达了芯片的功能和控制要求，使用时画出功能等效图，可以对芯片的功能和各个引脚的作用的理解更加准确透彻。

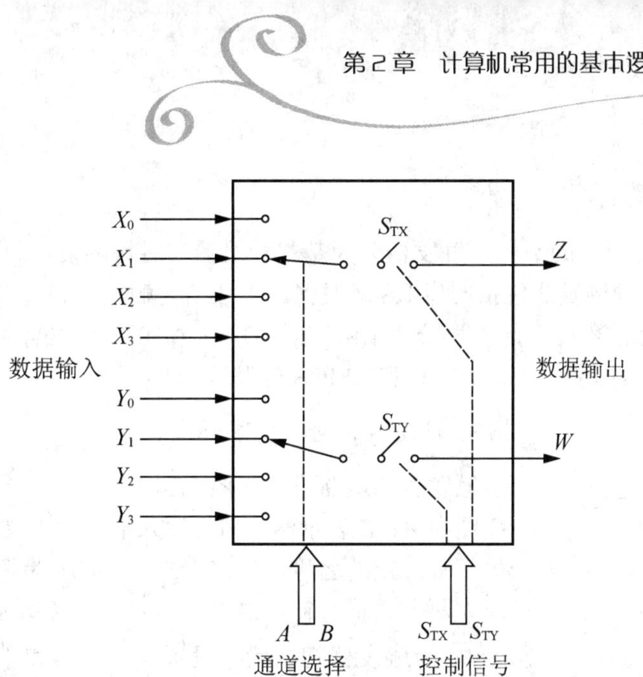

图 2.23　CC14539 芯片功能等效图

芯片的总体功能是根据不同的地址值和控制端要求，将其中 X 和 Y 的某个值送到输出端 Z 和 W。据此分析，得到输出端的输出逻辑函数表达式为

$$Z=(\overline{A}\overline{B}X_0+\overline{A}BX_1+A\overline{B}X_2+ABX_3)S_{TX}$$

$$W=(\overline{A}\overline{B}Y_0+\overline{A}BY_1+A\overline{B}Y_2+ABY_3)S_{TY}$$

2.2　时序逻辑电路的应用

2.2.1　触发器及其原理

触发器属于具有稳定状态的电路，在外触发信号作用下能按某一逻辑关系产生响应并保持二进制数字信号。具有两种稳定状态(0 和 1)的触发器，称为双稳态触发器，简称触发器，主要用于计数、寄存等；具有一种稳定状态和一种暂稳定状态的触发器，称为单稳态触发器，主要用于定时控制、波形变换等。本节主要介绍各种双稳态触发器的功能特点。

1. 触发器的特点

触发器由逻辑门和反馈电路组成，能够存储和记忆 1 位二进制数，是构成时序逻辑电路的基本单元。所谓时序逻辑电路，是指电路某时刻的输出状态不仅与该时刻加入的输入信号有关，而且还与该信号加入前电路的状态有关。

触发器电路有两个互补的输出端，用 Q 和 $\overline{Q}$ 表示。其中，规定 Q 的状态为触发器的状态。$Q=0$，称为触发器处于 0 态；$Q=1$，称为触发器处于 1 态。

在没有外加输入信号触发时，触发器保持稳定状态不变；在外加输入信号触发时，触发器可以从一种稳定状态翻转成另一种状态。为了区分触发信号作用前、作用后的触发器状态，通常把触发信号作用前的触发器状态称为初态或者现态，也有称为原态的，用 Q^n 表示；把触发信号作用后的触发器状态称为次态，用 Q^{n+1} 表示。

2. 触发器的类别

按照电路结构形式的不同，触发器分为基本触发器和时钟触发器。基本触发器是指基本 RS 触发器，时钟触发器包括同步 RS 触发器、主从结构触发器和边沿触发器。

按照逻辑功能的不同，触发器分为 RS、JK、D、T 和 T′ 触发器。

按照构成的元件不同，分为 TTL 和 CMOS 触发器。

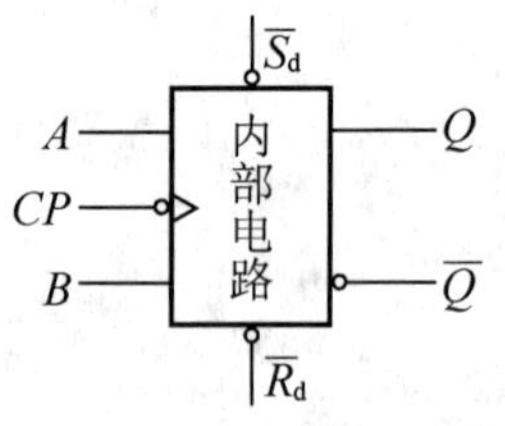

图 2.24 触发器的电路模型

3. 触发器的电路模型

触发器的电路模型如图 2.24 所示。

图中 A、B 表示两个信号输入端，对于具体的触发器，它们一般都有确定的名称，如 R、S 等；CP 为振荡脉冲输入端；Q 和 $\overline{Q}$ 为两个逻辑互补输出端，不允许二者均为相同的电平状态。$\overline{S}_d$、$\overline{R}_d$ 为触发器初始状态设置端，非号和“。”表示低电平有效。由于内部逻辑电路不同，使触发器输出与输入间的逻辑关系也有所不同，从而构成了不同逻辑功能的触发器。

4. 工作原理

用与非门组成的基本 RS 触发器如图 2.25 所示。当 $\overline{R}=\overline{S}=1$，电路有两个稳定状态——“0”状态和“1”状态。通常规定输出端 Q 的状态为触发器的状态。把 $Q=0$、$\overline{Q}=1$ 称为“0”状态，把 $Q=1$、$\overline{Q}=0$ 叫做“1”状态。在“0”状态时，由于 $Q=0$ 反馈到了 G_1 门的输入端，使 G_1 门截止，保证了 $\overline{Q}=1$，而 $Q=1$ 反馈到 G_2 门的输入端和 $\overline{S}=1$ 一起使 G_2 门导通，维持 $Q=0$，电路处于“0”的保持状态。在“1”状态时，同理。根据以上分析法，可以将基本 RS 触发器输出状态与输入信号的关系归纳如下：

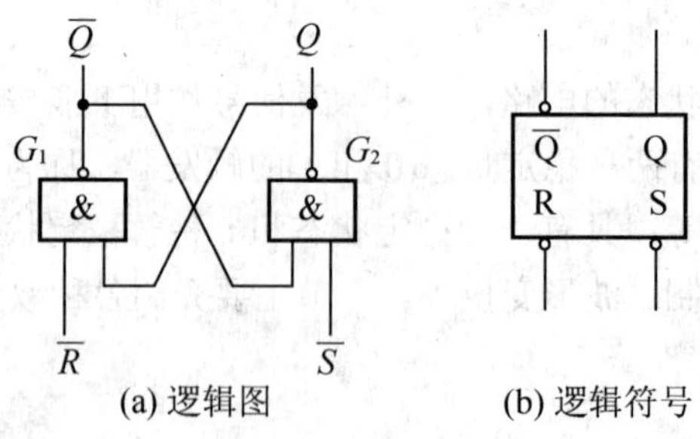

图 2.25 用与非门组成的基本 RS 触发器

当 $\overline{S}=1$，$\overline{R}=0$ 时，Q=0，$\overline{Q}=1$，触发器置 0；

当 $\overline{S}=0$，$\overline{R}=1$ 时，Q=1，$\overline{Q}=0$，触发器置 1；

当 $\overline{S}=1$，$\overline{R}=1$ 时，触发器保持原态不变；

当 $S=0$，$\overline{R}=0$ 时，$Q=1$，$\overline{Q}=1$，这种状态是不允许出现的。这就是 RS 触发器的约束条件。将上述关系列成表，就得到触发器的特性表，如表 2.11 所示。表中用 Q^n 表示接收信号之前触发器的状态，称为现态，用 Q^{n+1} 表示接收信号之后的状态，称为次态。“×”表示不定状态，可为 0，也可为 1，在函数化简时作约束条件处理。

表 2.11 用与非门组成的基本 RS 触发器的特性表

Q^n	$\overline{R}$	$\overline{S}$	Q^{n+1}	说明
0	1	0	1	置 1
1	1	0	1	
0	0	1	0	置 0
1	0	1	0	
0	1	1	0	保持
1	1	1	1	
0	0	0	×	不允许
1	0	0	×	

由表 2.11 可得图 2.26 所示的卡诺图，经化简可得由与非门组成的基本 RS 触发器的特性方程。

$$\begin{cases} Q^{n+1}=S+\overline{R}Q^n \\ \overline{S}+\overline{R}=1 \end{cases}$$

其中，$\overline{S}+\overline{R}=1$ 称为约束条件，这是由于当 R，S 都为 0 而又同时恢复为 1 时，形成电路的竞争，使得触发器的次态 Q^{n+1} 是不确定的。因此，不允许 R 和 S 同时为 0，这就是输入约束条件。为了获得确定的 Q^{n+1}，输入信号 R 和 S 必须满足 $\overline{S}+\overline{R}=1$ 的条件。

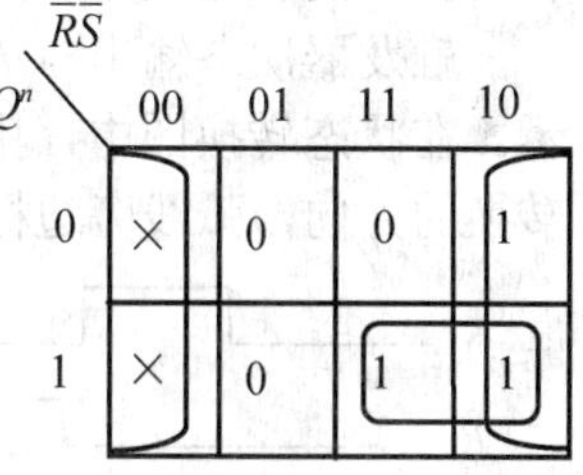

图 2.26 Q^{n+1} 卡诺图

5. 由或非门组成的基本 RS 触发器

RS 触发器还可以用或非门组成，如图 2.27 所示。和与非门的电路比较，有两个不同之处，一是 R、S 的位置对换，二是 R、S 无取反号，即输入高电平有效，它的特性表如表 2.12 所示。从表中可以看出由于 $S=R=1$ 时，触发器的状态不定，所以正常工作时不允许加 $S=R=1$ 的输入信号，即需遵守 $S\times R=0$ 的约束条件。

表 2.12 用或非门组成的基本 RS 触发器的特性表

Q^n	R	S	Q^{n+1}	说明
0	0	0	0	保持
1	0	0	1	
0	0	1	1	置 1
1	0	1	1	
0	1	0	0	置 0
1	1	0	0	
0	1	1	×	不允许
1	1	1	×	

分析表 2.12 可以看出，在 R、S 作用下，状态 Q^{n+1} 的原态 Q、S、R 之间逻辑关系的特性方程

$$\begin{cases} Q^{n+1}=S+\overline{R}\times Q^n \\ S\times R=0 \end{cases}$$

特性表和特性方程是基本 RS 触发器次态 Q^{n+1}，现态 Q 和输入 R、S 之间逻辑关系的数学表达形式，它们全面地描述了触发器的逻辑功能。

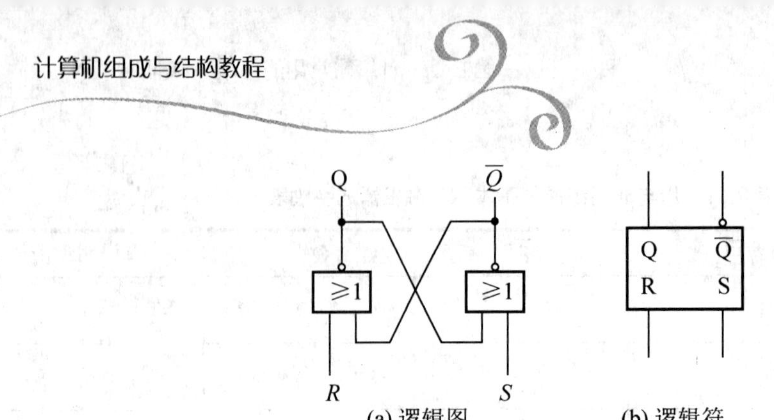

(a) 逻辑图　　(b) 逻辑符

图 2.27　用或非门组成的基本 RS 触发器

由特性表和特性方程可以看出，如果输入信号 S、R 以及现态 Q 已知，就可以求得次态 Q^{n+1} 的值。例如，已知 RS 触发器的 S、R 的波形，并假设初始状态为 0，可画出触发器输出状态的变化波形，如图 2.28 所示。

触发器次态输出与 R、S 现态间的逻辑关系，还可以用状态转换图表示，如图 2.29 所示。在状态转换图中，用两个圆圈分别代表触发器的两种状态，用带箭头的弧线表示状态转换的方向，弧线旁边标注状态转换的条件。

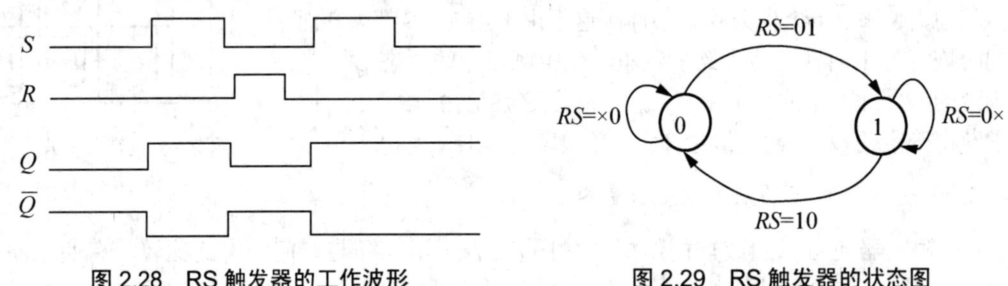

图 2.28　RS 触发器的工作波形　　图 2.29　RS 触发器的状态图

2.2.2　寄存器及其原理

在数字电路中，用于寄存二进制信息的电路称为寄存器。它通常把一些待运算的数据、代码或运算的中间结果暂时寄存。因此，寄存器是数字系统中基本逻辑部件。由于一个触发器能寄存一位二进制信息，所以，要寄存 n 位二进制信息时，电路就要有 n 个解发器。

1. 数码寄存器

数码寄存器是具有接收数码、存储数码功能的时序逻辑部件。寄存器是由触发器组成的，一个触发器可以存放一位二进制数码，所以一个触发器就是一位寄存器。n 位寄存器则要用 n 个触发器。

图 2.30 所示电路是用 D 触发器组成的四位数码寄存器，它是一个同步时序电路。在时钟脉冲 CP 的作用下，它可以暂时存放四位数码 D_3、D_2、D_1、D_0。D 触发器的 $n+1$ 特性方程是 $Q=D$，这表明若 $D=1$，在 CP 脉冲到来时，$Q^{n+1}=1$；若 $D=0$，接收脉冲 CP 到来时，$Q^{n+1}=0$。图 2.30 所示电路的状态方程为

$$\begin{aligned}Q_3^{n+1}&=D_3\\Q_2^{n+1}&=D_2\\Q_1^{n+1}&=D_1\\Q_0^{n+1}&=D_0\end{aligned}\qquad(2.2.1)$$

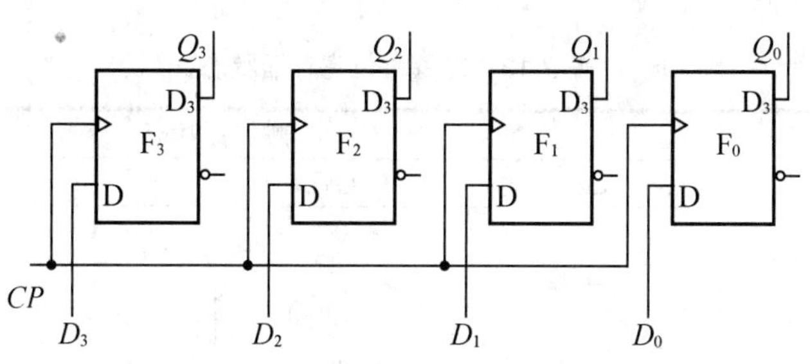

图 2.30 由 D 触发器组成的数码寄存器

显然，图 2.30 所示寄存器的各个触发器的输入输出端是相互独立的，只能存放数码。在同步接收脉冲控制下将输入数码 D_3、D_2、D_1、D_0、存放到相应的输出端。电路接收数码时各位数码是同时输入的，而各位输出数码也是同时取出的，因此称为并行输入和输出寄存器。

2. 移位寄存器

在一些数字系统中，不仅要求寄存器能够存放数码，而且还要求数码能在寄存器中逐位左移或右移。具有移位功能的寄存器叫做移位寄存器。

1) 左移移位寄存器

图 2.31 所示为用 D 触发器组成的左移移位寄存器。由图 2.31 可见，每个触发器的 Q 端输出接到相邻高位(左边一位)触发器的输入端 D，即 $D_i=Q_{i-1}$ ，只有第一个触发器的输入端 D_1 接收串行输入数据 D_{SL}。触发器的 R_D 端全部连接在一起，在接收数码前，先用一个负脉冲(又称清零脉冲或复位脉冲)把所有的触发器都置为 0 状态(简称清零或复位)。为了分析方便，以下都用 Q 表示时序电路的现态，Q^{n+1} 表示时序电路的次态。

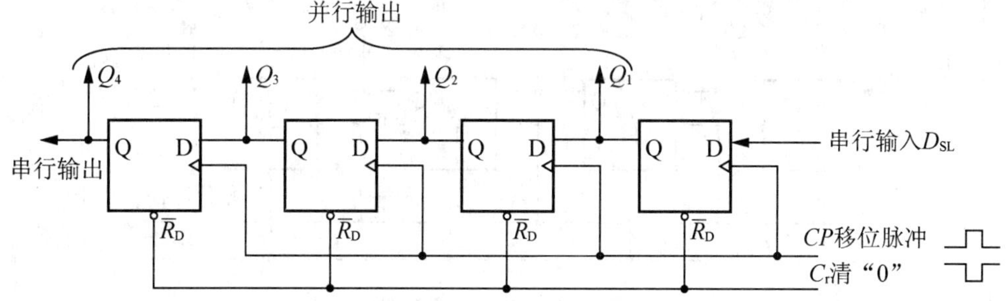

图 2.31 单向移位寄存器(左移)

设输入数码为 1011，当第一个移位脉冲 CP 到来时，第一位数码(最高位)进入触发器 F_1，即 $Q_1=1$；当第二个 CP 脉冲到来时，第二位数码进入 F_1，同时 F_1 中的数码移入 F_2 中。在移位脉冲作用下，数码由高位到低位依次送入寄存器中，这种方式叫串行输入。当加入四个移位脉冲以后，1011 四位数码恰好全部移入寄存器中，如表 2.13 所示。

数码的输出有两种方式：一种是在数码全部移入寄存器后，从触发器的 4 个 Q 端一齐输出，称为并行输出；另一种是从最高位触发器的 Q 端串行输出数码，显然，要全部串行输出 1011 数码，必须再经过 4 个 CP 脉冲作用之后才能实现，如图 2.32 所示。

表 2.13　左移移位寄存器状态

移位脉冲	触发器状态			
	Q_4	Q_3	Q_2	Q_1
0	0	0	0	0
1	0	0	0	1
2	0	0	1	0
3	0	1	0	1
4	1	0	1	1

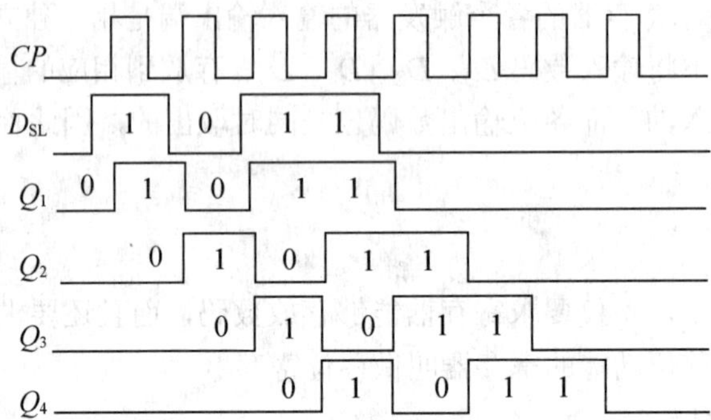

图 2.32　左移移位寄存器波形图

2) 右移寄存器

图 2.33 所示为右移移位寄存器逻辑图。数据由 D_4 端输入，各触发器之间的连接方式为 $D_i=Q_{i+1}$，数码是由低位到高位依次送入寄存器，设输入数码仍为 1011，移位的状态变化如表 2.14 所示。

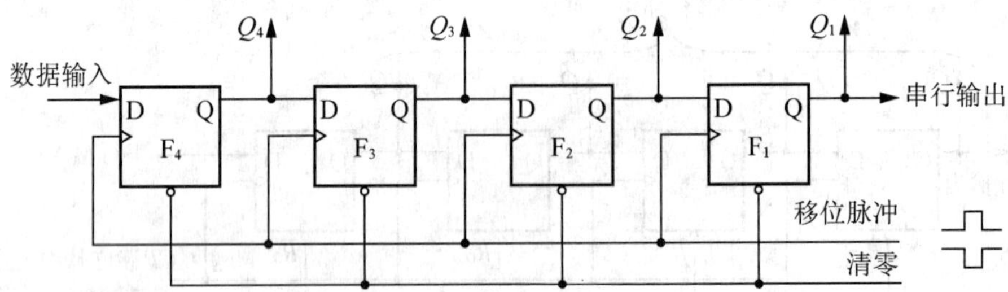

图 2.33　右移位寄存器

表 2.14　状态表

CP 脉冲	触发器状态			
	Q_4	Q_3	Q_2	Q_1
0	0	0	0	0
1	1	0	0	0
2	1	1	0	0
3	0	1	1	0
4	1	0	1	1

该寄存器为串行输入，具有串行输出和并行输出的功能。

该电路和左移移位寄存器的区别在于输入数据的位置不同(即左端输入还是右端输入)，因此就存在输入数码的顺序是由低位到高位还是由高位到低位的区别。在此基础上，设计出了既可左移又可右移的双向移位寄存器。图 2.34 是由 D 触发器和与或非门构成的双向移位寄存器。X 是移位方向控制端，X=1 时，电路实现左移功能；X=0 时，电路实现右移功能。D_{SR} 为右移串行输入端，D_{SL} 为左移串行输入端。由图 2.34 可得各触发器的驱动方程为

$$
\begin{aligned}
D_1&=\overline{\overline{Q}_2\,\overline{X}+\overline{D}_{SL}X}\\
D_2&=\overline{\overline{Q}_3\,\overline{X}+\overline{Q}_1X}\\
D_3&=\overline{\overline{Q}_4\,\overline{X}+\overline{Q}_2X}\\
D_4&=\overline{\overline{D}_{SR}\,\overline{X}+\overline{Q}_3X}
\end{aligned}
\qquad (2.2.2)
$$

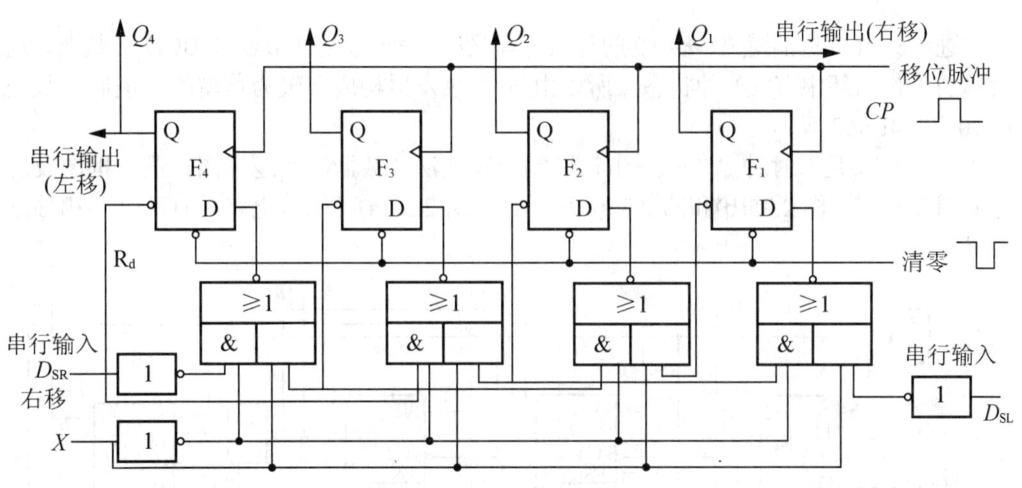

图 2.34 双向移位寄存器

若 X=1，则 $D_1=D_{SL}$，$D_2=Q_1$，$D_3=Q_2$，$D_4=Q_3$，表明左移数据 D_{SL} 由 D_1 进入触发器，其他输入具有 $D_i=Q_{i-1}$ 的关系，所以数据 D_{SL} 在移位脉冲 CP 作用下，进行左移。

若 X=0，则 $D_1=Q_2$，$D_2=Q_3$，$D_3=Q_4$，$D_4=D_{SL}$，表明右移数据 D_{SR} 由 D_4 进入触发器，其他输入具有 $D_i=Q_{i+1}$ 的关系，所以数据 D_{SR} 在移位脉冲 CP 作用下，进行右移。

2.2.3 计数器及其原理

计数器是典型的时序电路，它因能对脉冲个数进行计数而得名。计数器的应用广泛，如用来分频、控制、测时、测速、测频率等，因此计数器是数字系统中的基本逻辑部件。

计数器的分类方法很多，按计数器中触发器状态的变化顺序分类，可分为同步计数器和异步计数器；按计数进位制分，可分为二进制计数器、十进制计数器以及其他计数体制的计数器；按计数过程中数值的增减来分，可分为加法计数器、减法计数器和可逆计数器。无论怎样分类，计数器和其他时序电路一样，是由存储元件触发器和门电路组成的。

1. 二进制计数器

二进制计数器又称 n 位二进制计数器，是指模值 $M=2^n$ 的计数器，如 3 位二进制计数

器、4 位二进制计数器等。n 位二进制计数器的计数范围是 0～(2^n-1)。

(1) 同步计数器。由 n 个触发器构成的 n 位二进制同步加法计数器的基本结构是，$CP_1=CP_2=\cdots CP_n=CP$；各级触发器均接为 TFF，且 $T_1=1$，$T_2=Q_1$，$T_3=Q_1\times Q_2$，$T_n=Q_1\times Q_2\cdots Q_{n-1}$；$Z=Q_1\times Q_2\cdots Q_n$。

如为同步减法计数器，则在控制符号和时钟脉冲的作用下做减法计数。

(2) 异步计数器。n 位二进制异步加法计数器的基本结构是用 n 个 TFF 构成；计数脉冲接第一级触发器的时钟 CP_1；各触发器之间的连接是，对于上升沿翻转的触发器应使用 Q 端进位，对于下降沿翻转的触发器则应使用 Q 端进位。

n 位二进制异步减法器的基本结构和加法计数器相同，但使用的进位端子和加法计数器时正好反相。

2. 十进制计数器

十进制计数器是指模值 $M=10$ 的计数器，又称二-十进制计数器或 BCD 计数器。这种计数器的工作循环中有 10 种状态，所以由 4 个触发器构成。较为典型的十进制计数器有 74LS90 和 74LS60 等。

(1) 74LS90 是双时钟“二-五-十”进制异步加法计数器，其逻辑图、逻辑框图及逻辑符号如图 2.35(a)、图 2.35(b)和图 2.35(c)所示。由图 2.35(a)可知该电路内有两个互相独立的计数器。

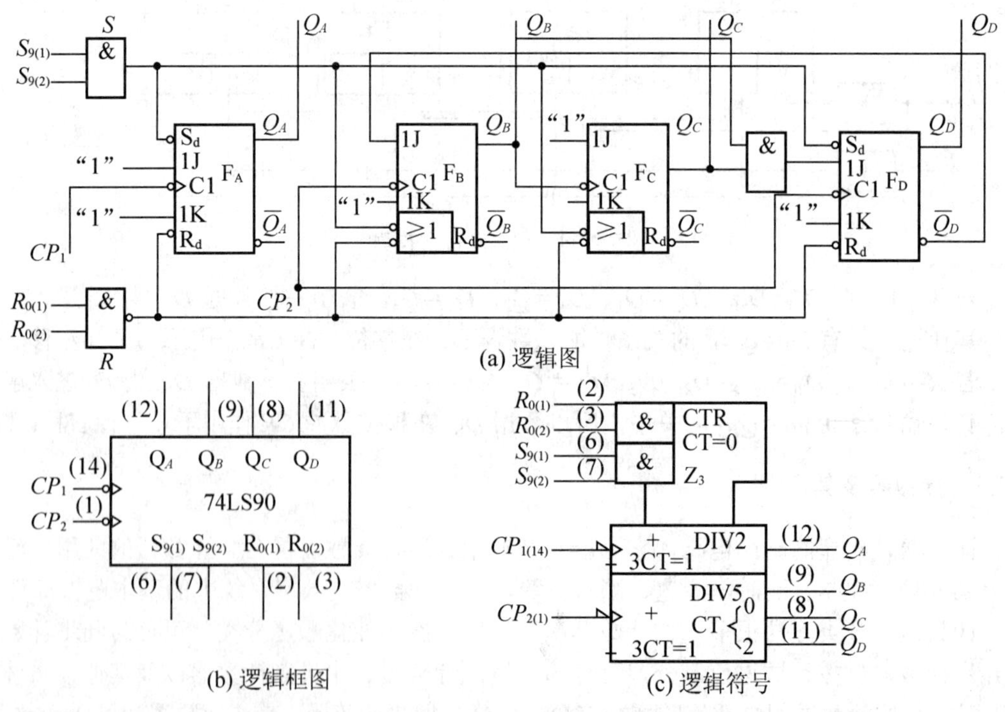

(a) 逻辑图

(b) 逻辑框图

(c) 逻辑符号

图 2.35 双时钟“二-五-十”进制异步计数器 7490

由 JKFF FF_0 接成 TFF，其次态方程为 $Q_0^{n+1}=\overline{Q_0^n}\times CP_0\downarrow$，其状态转移情况如表 2.15 所示，所以是 $M=2$ 的加法计算器。

由 JKFF FF_1、FF_2 和 FF_3 构成的异步时序电路，其状态转移方程为

$$Q_3^{n+1}=(Q_3^n\times Q_2^n\times Q_1^n)\times CP_1\downarrow$$

$$Q_2^{n+1}=\overline{Q}_2^n\times Q_1\downarrow$$

$$Q_1^{n+1}=\overline{Q}_3^n\times\overline{Q}_1^n\times CP_1\downarrow$$

由上述状态转移方程可得表 2.16。由该状态转移表可知 FF_3、FF_2、FF_1 构成模值 $M=5$ 的异步加法计算器。

表 2.15　FF_0 的状态转移表

$CP_0\downarrow$ 的个数	Q_0
0	0
1	1
2	0

表 2.16　7490 Q3Q2Q1 的状态转移表

$CP_1\downarrow$ 的个数	Q_3	Q_2	Q_1
0	0	0	0
1	0	0	1
2	0	1	0
3	0	1	1
4	1	0	0
5	0	0	0

由以上分析可知，7490 实际上内含两个独立的计数器，一个为 $M=2$，计数输入端是 CP_0，输出端是 Q_0；另一个为 $M=5$，计数输入端是 CP_1，输出端是 $Q_3Q_2Q_1$。此外，由图 2.36(a)可知，只要使 $S_{91}S_{92}=00$，$R_{01}R_{02}=11$，则计数器的输出 $Q_3Q_2Q_1Q_0=0000$，这是异步置“0”。只要 $S_{91}S_{92}=11$，$R_{01}R_{02}=00$，便使 $Q_3Q_2Q_1Q_0=1001$，这是异步置“9”。以上情况可由图 2.36(b)7490 的框图清楚地表示出来。

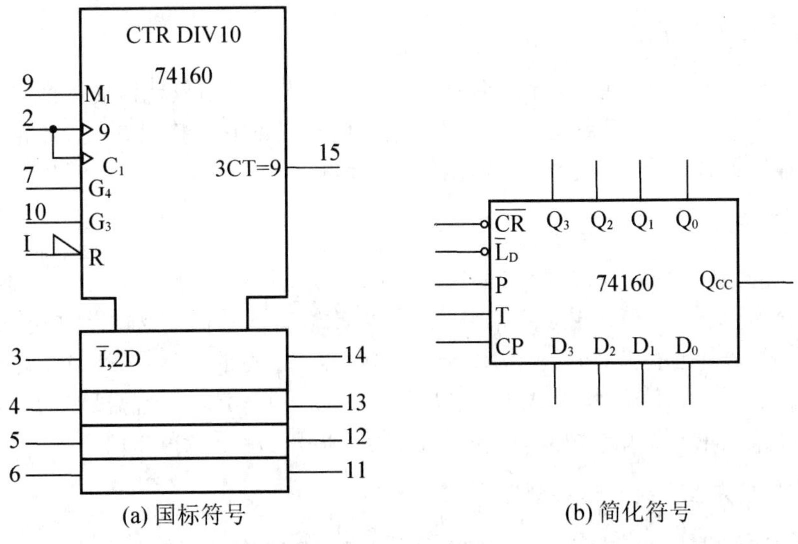

(a) 国标符号　　(b) 简化符号

图 2.36　74160 逻辑符号

(2) 74LS160 的逻辑符号和功能表分别如图 2.36 和表 2.17 所示。它是同步 8421BCD 加法计数器，其芯片引脚、简化逻辑符号和功能表都和 74LS160 基本相同。不同之处是当 $CR=L_D=P=T=1$ 时，74160 是模 10 计数器，即 $Q_3Q_2Q_1Q_0$ 从 0000 计到 1001，当 $Q_3Q_2Q_1Q_0$ 计到 1001 时便有 $Q_{CC}=Q_3Q_0T=1$，有进位输出。

表 2.17 74LS160 的功能表

$\overline{CR}$	$\overline{LD}$	P	T	CP	Q_3 Q_2 Q_1 Q_0	功能
0	1	Φ	Φ	Φ	0 0 0 0	异步清“0”
1	0	Φ	Φ	↑	d_3 d_2 d_1 d_0	同并步入
1	1	1	1	↑	0000～1001	8421BCD 计数
1	1	0	1	Φ	$Q_3^nQ_2^nQ_1^nQ_0^n$	保持 $Q_{cc}=Q_{cc}^n$
1	1	Φ	0	Φ	$Q_3^nQ_2^nQ_1^nQ_0^n$	保持 $Q_{CC}=0$

2.3 计算机常用的阵列逻辑电路

2.3.1 (ROM)只读存储器

存储器的主要职能是存放指令(程序)和数据，计算机的工作依赖于存储器中的程序和数据。有了存储器，计算机就具有记忆能力，因而能自动地进行操作。在计算机中，采用什么样的存储介质，怎样组织存储器系统以及怎样控制存储器的操作是计算机存储器设计的基本问题。

ROM 存储器里的内容一旦写入后，在正常使用的情况下就只能读，不能修改。即使断电，ROM 所存储的内容也不会丢失。根据半导体制造工艺的不同，可分为掩模式只读存储器(MaskROM)、可编程序的只读存储器(PROM)、可擦除可编程序的只读存储器(EPROM)、可电擦除可编程序的只读存储器(E^2 PROM)和快擦除读写存储器(FlashMemory)。

1. 掩模式只读存储器

掩模式 ROM 由芯片制造商在制造时写入内容，出厂以后只能读而不能再写入。其基本存储原理是以元件的有/无来表示该存储单元的信息(1 或 0)。掩模式 ROM 常用二极管或晶体管做为存储元件，所以，掩模式 ROM 的存储内容写入后是不会改变的。

2. 可编程序的只读存储器

可编程序的只读存储器和掩模式 ROM 不同的是出厂时厂家并没有写入数据，而是保留里面的内容为全 0 或全 1，由用户来编程，即一次性写入数据，也就是改变部分数据为 1 或 0，即用户根据自己的需要来确定 ROM 中的内容。常见的熔丝式 PROM 是以熔丝的接通和断开来表示所存的信息为 1 或 0。刚出厂的产品，其熔丝是全部接通的，使用前用户根据需要断开某些单元的熔丝(写入)。但是，熔丝断开后就不能再接通了。

3. 可擦除可编程序的只读存储器

为了能多次修改 ROM 中的内容，便产生了 EPROM，在源极 S 与漏极 N 之间有一个浮栅，当浮栅上充满负电荷时，源极 S 与漏极 N 之间导通，存储数据 0，否则不导通，存储数据 1。由于浮栅的绝缘性能特别好，电荷不易消失，因此能够长期保存信息。

4. 可电擦除可编程序的只读存储器

E^2PROM的编程原理与EPROM相同，但擦除原理完全不同，重复改写的次数有限制(因氧化层被磨损)，一般为10万次。其读写操作可按每个位或每个字节进行，类似于SRAM，但每字节的写入周期要几毫秒，比SRAM长得多。E^2PROM每个存储单元采用两个晶体管，其栅极氧化层比EPROM薄，因此具有电擦除功能。E^2PROM的价格通常要比EPROM高，使用起来实际上比EPROM方便，它可以按单节擦除。如果把编程和擦除电路都做在机器内，就不需要像EPROM那样反复插拔芯片。

5. 快擦除读写存储器

20世纪90年代，Intel公司发明了快擦除读写存储器。快擦除读写存储器也被称为闪存，是在EPROM与E^2PROM基础上发展起来的，它与EPROM一样，用二进制信息；它与E^2PROM相同之处是用电来擦除，也可重复改写10万次。

2.3.2 可编程逻辑阵列

可编程逻辑阵列(PLA)是由一系列二极管构成的“与”门与晶体管构成的“或”门组成的，采用熔丝工艺的一次性编程器件。PLA的工作原理如下。PLA的逻辑阵列由可编程连接点组成。这种连接点是一种很细的低熔点合金丝。熔丝连接时，代表存储的数据位1；熔丝熔断后，代表存储的数据位0。器件出产时，熔丝为连通状态，当用户写入信息，即编程时，将写入0的存储单元的熔丝通过编程电流(是正常工作电流的几倍)熔断即可。这种存储单元的编程是一次性的。PLA虽然造价低，但因为熔断时熔丝外溅对四周连接线造成影响，因此制作时需要留出较大的空间，使集成度下降；又由于PLA的与-或阵列都是可编程的，造成软件算法非常复杂，运算速度下降，所以应用受到一定限制。PLA的用途主要是进行逻辑压缩、设计操作控制器、实现存储器的重叠操作、组成故障检测网络和设计优先中断。

PLA的与-或阵列编程的阵列如图2.37所示，其原理如图2.38所示。

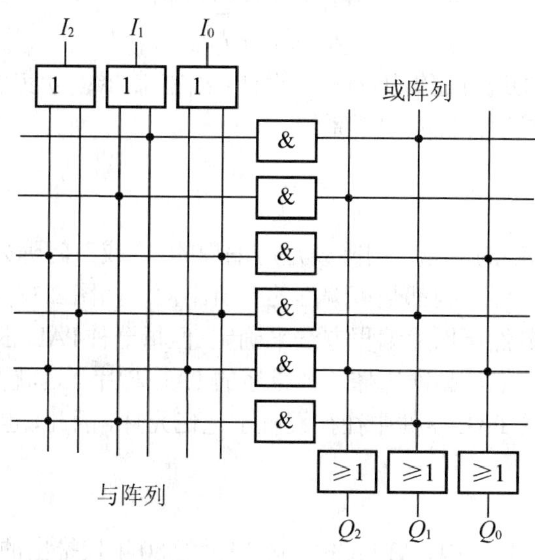

图2.37 PLA编程后的阵列

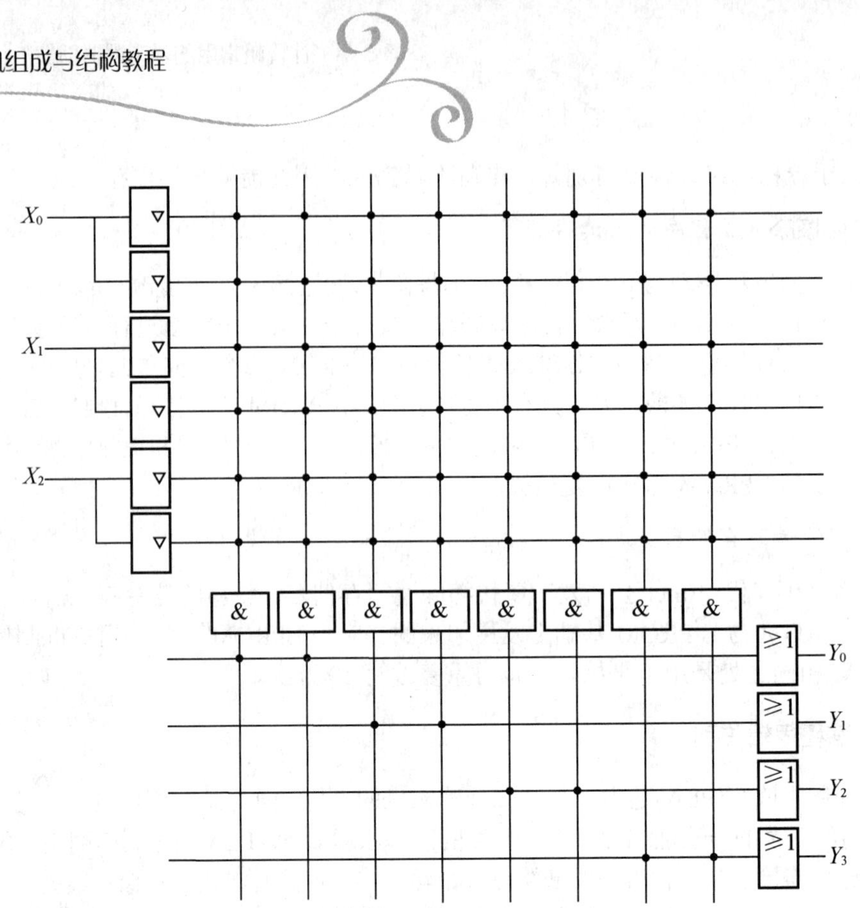

图 2.38　PAL 原理示意

由图可知：该阵列有 3 个输出变量，3 个输入变量，与阵列含有 6 个乘积项(与运算的输出项)，或阵列含有 3 个积的和项。编程之前，逻辑阵列的所有交叉点处都有熔丝连通；编程之后，有用的熔丝保留，没用的熔丝烧断，根据保留的熔丝可得到如下的逻辑函数。

$$Q_2=I_1+I_2I_0$$

$$Q_1=\overline{I}_1+\overline{I}_2\overline{I}_0+I_2I_1$$

$$Q_0=I_2\overline{I}_0+I_2I_0$$

PLA 的主要用途：①进行逻辑压缩；②设计操作控制器；③实现存储器的重叠操作；④组成故障检测网络；⑤设计优先中断系统。

2.3.3　可编程阵列逻辑

可编程阵列逻辑(PAL)的“与”门阵列是可编程的，“或”门阵列是固定的，这与 PLA 的“与”门阵列和“和”门阵列都是可编程的有所不同，如图 2.38 所示。

PAL 内部逻辑关系显然可以用编程方法来确定，但每一种 PAL 芯片功能有一定的限制。设计电路时，按照所需功能，必须选择一种合适的 PAL 芯片，这就要求使用者拥有多种型号的 PAL 芯片。集成化的 PAL 器件中往往设置了记忆元件，因此，也具有时序电路的特点。

2.3.4　通用阵列逻辑

通用阵列逻辑(GAL)是美国 LATTICE 公司 20 世纪 80 年代推出的可编程逻辑器件。GAL 器件可分为两大类。

(1) 与门阵列是编程的，或门阵列是固定的。

(2) 与门阵列和或门阵列可编程。

GAL 在计算机系统中得到了广泛的应用，其特点如下。

(1) 能够实现多种控制功能，完成组合逻辑电路和时序逻辑电路的多种功能。通过编程可以构成多种门电路、触发器、寄存器、计数器、比较器、译码器、多路开关以及控制器等。

(2) 采用电擦除工艺，门阵列可反复改写，器件的逻辑功能可重新配置，因此，它是产品研制开发中的理想器件。

(3) 速度高、功耗低，具有高速电擦写能力，改写芯片只需数秒，而功耗只有双极型逻辑器件的 1/2 或 1/4，降低了温升。

(4) 硬件加密，能有效防止电路抄袭和非法复制。GAL 由于可多次改写，编程速度快，使用灵活方便，特别适合于产品开发研制和小批量生产的系统。使用 GAL 芯片设计电路，印刷电路板上走线自由，若调试电路时发现原理设计错误，一般只需对 GAL 芯片重新编程即可，不必重新加工印刷电路板，从而缩短了设计周期，降低了开发费用。

本 章 小 结

本章主要介绍了计算机常用的基本逻辑部件，其需掌握和了解的主要内容分为三部分。

首先，介绍了计算机常用的基本逻辑部件中组合逻辑电路。组合逻辑电路在逻辑功能上的特点是任意时刻的输出仅仅取决于该时刻的输入，而与电路过去的状态无关。它在电路结构上的特点是只包含门电路，而没有存储(记忆)单元；尽管组合逻辑电路在功能上差别很大，但它们的分析方法和设计方法都是共同的。组合电路的分析方法是，逐级写出输出的逻辑表达式，进行化简，从而得出输出与输入间的逻辑关系。组合电路设计步骤是，分析所设计的逻辑问题，确定变量、函数及器件间的关系；根据分析的逻辑功能列出真值表；将真值表填入卡诺图进行化简，得到所需要的表达式；最后根据表达式画出逻辑图。

其次，介绍了时序逻辑电路。时序电路的特点是任一时刻的输出信号不仅和当时的输入有关，而且与电路原来的状态有关。为了记忆电路原来的状态，时序电路都包含有存储电路。时序电路可以用状态方程、状态表、状态图来描述。

最后，介绍了阵列逻辑电路。存储器是一种可以存储数据或信息的半导体器件。ROM 所存储的信息是固定的，不会因掉电而消失；可编程逻辑器件是一种由用户通过编程确定器件内部逻辑结构和逻辑功能的大规模集成电路。

习　　题

一、选择题

1. 若在编码器中有 50 个编码对象，则输出二进制代码位数至少需要________位。

A. 5　　B. 6　　C. 10　　D. 50

2. 一个 16 选 1 的数据选择器，其选择控制(地址)输入端有________个，数据输入端有________个，输出端有________个。

A. 1　　B. 2　　C. 4　　D. 16

3. 一个 8 选 1 数据选择器，当选择控制端 S2S1S0 的值分别为 101 时，输出端输出________值。

A. 1　　B. 0　　C. D4　　D. D5

4. 一个译码器若有 100 个译码输出端，则译码输入端至少有________个。

A. 5　　B. 6　　C. 7　　D. 8

5. 能实现 1 位二进制带进位加法运算的是________。

A. 半加器　　B. 全加器　　C. 加法器　　D. 运算器

二、填空题

1. 一个全加器，当输入 $A_i=1$、$B_i=0$、$C_i=1$ 时，其和输出 $S_i=$________，进位输出 $C_{i+1}=$________。

2. 码器、二-十进制编码器、优先编码器中，对输入信号没有约束的是________。

3. ________是实现逻辑电路的基本单元。

4. 触发器按结构可分为________、________、________、________等。

5. 根据写入的方式不同，只读存储器 ROM 分为________、________、________、________。

三、简答题

1. 简述加法器、译码器的工作原理及作用。

2. 简述双向寄存器的工作原理。

3. ROM 有哪几种类型？各有什么特点。

4. 简述 PLA 的主要用途。

计算机的运算方法与运算器

学习目标

了解数值数据与非数值数据的表示方法。
理解计算机的运算部件、数据校验方法。
掌握进制及其相互转换方法、带符号数的二进制的表示。
掌握带符号定点数的二进制加减乘除法运算。
掌握带符号浮点数的二进制运算。

知识结构

本章知识结构如图 3.1 所示。

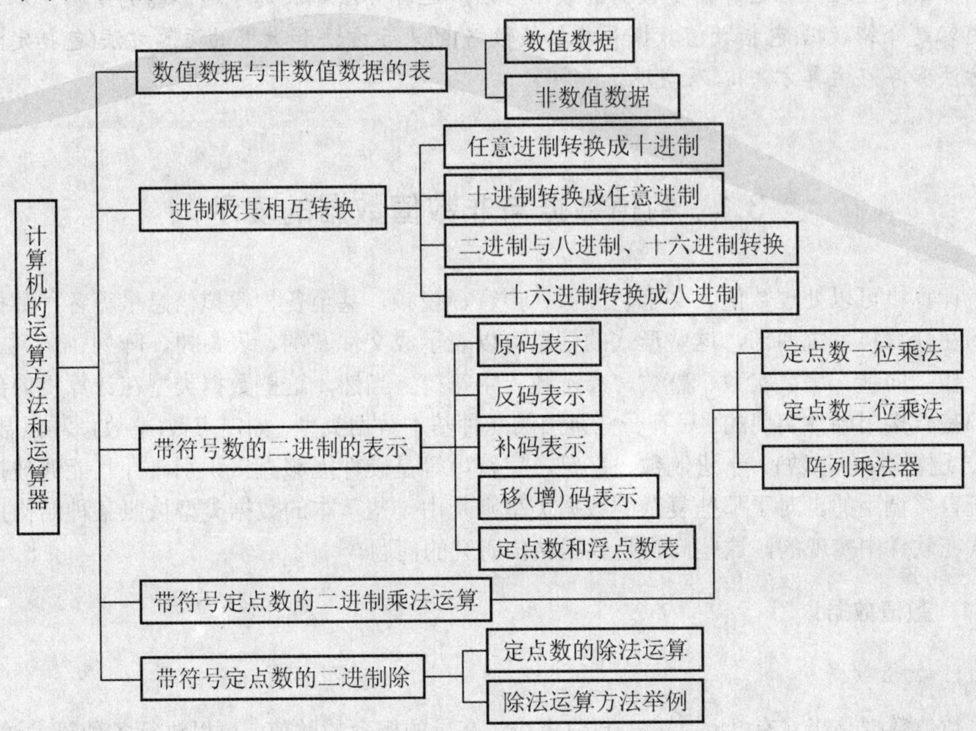

图 3.1　计算机的运算方法与运算器知识结构

- 计算机的运算方法和运算器
  - 带符号浮点数的二进制运算
    - 浮点数的加减运算
    - 浮点数的乘除运算
  - 计算机的运算部件
    - 定点运算
    - 浮点运算
  - 常用的数据校验方法
    - 奇偶校验
    - 海明校验
    - 循环冗余校验

图 3.1 计算机的运算方法与运算器知识结构(续)

导入案例

数据信息是计算机加工和处理的对象，数据信息的表示方法将直接影响到计算机的结构和性能。随着信息技术的迅速发展，计算机的应用范围越来越广泛。但是数据包括数值型数据和非数值型的数据，如数字、汉字、字符等在计算机中是如何表示的；这些数据是怎样进行计算的，如何去实现运算包括算术运算和逻辑运算，这些仍然是最基本的问题。计算机只识别二进制编码所表示的数据，也只能够对二进制表示的数据进行加工和处理，因此需要将数据转换为二进制编码。数据的运算主要在运算器中完成，运算器主要用于数据的加工和处理。在运算器中数据的表示方法和运算方法等决定了运算器的结构。本章主要内容是介绍数据(包括数值数据和非数值数据)的表示方法和数据的运算方法(包括定点运算方法和浮点运算方法)以及实现。

3.1 数值数据与非数值数据的表示

计算机可以处理数值、文字、图像、声音、视频，甚至各种模拟信息量等各种数据形式。在计算机系统内部，这些形式的信息可以表示成文件、图、表、树、阵列、队列、链表、栈、向量、串、实数、整数、布尔数、字符等。当然，这些数据类型在计算机内部并不都是直接用硬件实现的。只有一些常用的几种基本数据类型，如定点数(整数)、浮点数(实数)、逻辑数(布尔数)、十进制数、字符、字符串等是硬件能够直接识别，并且能够被指令系统直接调用的。对于那些复杂的数据类型则是由一些基本的数据类型按照某种结构描述方式在软件中实现的，这些问题是数据结构研究的问题。

3.1.1 数值数据

1. 数值数据

数值数据是指具有数量大小、数值多少、有量的概念的数值，可以进行各种算术运算。

在日常生活中，人们广泛使用的是十进制数，在十进制中，每个数位规定使用的数码为 0，1，2，…，9，共 10 个，其计数规则是“逢十进一”。

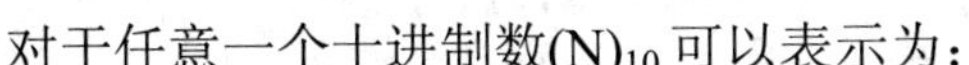

对于任意一个十进制数$(N)_{10}$可以表示为：

$$\begin{aligned}(N)_{10}&=a_{n-1}a_{n-2}\cdots a_1a_0\cdot a_{-1}a_{-2}\cdots a_{-m}\\&=a_{n-1}\times10^{n-1}+a_{n-2}\times10^{n-2}+\cdots+a_1\times10^1+a_0\times10^0+a_{-1}\times10^{-1}\\&\quad+a_{-2}\times10^{-2}+\cdots+a_{-m}\times10^{-m}\\&=\sum_{i=-m}^{n-1}a_i\times10^i\end{aligned}$$

式中，n代表整数位数，m代表小数位数，$a_i(-m\leqslant i\leqslant n-1)$表示第$i$位数码，它可以是0，1，2，3，…，9中的任意一个，10^i为第i位数码为1时的值。

2. 数制

数制也称计数制，是用一组固定的符号和统一的规则来表示数值的方法。按照进位方式计数的数制称为进位计数制。每种进位计数制中允许使用的数码总数称为基数或底数，某个数位上数码为“1”时所表征的数值，称为该数位的权值，简称“权”。各个数位的权值均可表示成R^i的形式，其中R是进位基数，i是各数位的序号。

由于日常生活中大都采用十进制计数，因此对十进制最习惯。除了常用的十进制以外还有二进制、八进制、十六进制，4种进制的数字对照如表3.1所示。

在二进制中，每个数位规定使用的是0、1共2个数码，故其进位基数R为2。其计数规则是“逢二进一”。各位的权值为2^i，i是各数位的序号。二进制数用下标“B”表示。例如，

$$(1011.01)_B=1\times2^3+0\times2^2+1\times2^1+1\times2^0+0\times2^{-1}+1\times2^{-2}$$

在八进制中，每个数位上规定使用的数码为0，1，2，3，4，5，6，7，共8个，故其进位基数R为8。其计数规则为“逢八进一”。各位的权值为8^i，i是各数位的序号。八进制数用下标“O”表示。例如：

$$(75.2)_O=7\times8^1+5\times8^0+2\times8^{-1}$$

在十六进制中，每个数位上规定使用的数码符号为0，1，2，…，9，A，B，C，D，E，F，共16个，故其进位基数R为16。其计数规则是“逢十六进一”。各位的权值为16i，i是各个数位的序号。十六进制数用下标“H”表示，例如：

$$(B2C.5A)_H=11\times16^2+2\times16^1+12\times16^0+5\times16^{-1}+10\times16^{-2}$$

上述十进制数的表示方法也可以推广到任意进制数。对于一个基数为$R(R\geqslant2)$的R进制计数制，数N可以写为

$$\begin{aligned}(N)_R&=a_{n-1}a_{n-2}\cdots a_1a_0\cdot a_{-1}a_{-2}\cdots a_{-m}\\&=a_{n-1}\times R^{n-1}+a_{n-2}\times R^{n-2}+\cdots+a_1\times R^1+a_0\times R^0+a_{-1}\times R^{-1}\\&\quad+a_{-2}\times R^{-2}+\cdots+a_{-m}\times R^{-m}\\&=\sum_{i=-m}^{n-1}a_iR^i\end{aligned}$$

式中，n代表整数位数，m代表小数位数，a_i为第i位数码，它可以是0，1，…，$(R-1)$个不同数码中的任何一个，R^i为第i位数码的权值。

表 3.1　十进制、二进制、八进制与十六进制数字对照表

十进制	二进制	八进制	十六进制
0	0000	0	0
1	0001	1	1
2	0010	2	2
3	0011	3	3
4	0100	4	4
5	0101	5	5
6	0110	6	6
7	0111	7	7
8	1000	10	8
9	1001	11	9
10	1010	12	A
11	1011	13	B
12	1100	14	C
13	1101	15	D
14	1110	16	E
15	1111	17	F

3.1.2　非数值数据

现代计算机除了处理数值领域的问题以外，还能够处理很多非数值领域的问题。因此需要引入如文字、字母等一些专用的符号，以方便表示文字语言，逻辑语言等信息。例如，在进行人机交互时采用的字母，标点符号，汉字，算术运算的+、–、%等符号。在进行非数值信息的输入时，需要表示成二进制的格式，因此需要对非数值数据进行编码。常用的编码方式有以下几种。

1. ASCII 码

西文是由拉丁字母、数字、标点符号及一些特殊符号所组成，它们通称为字符(Character)。所有字符的集合称为字符集。字符集中每一个字符各有一个代码(字符的二进制表示)，它们互相区别，构成了该字符集的代码表，简称码表。

字符集有多种，每一字符集的编码也多种多样，目前计算机使用的最广泛的西文字符集及其编码是 ASCII 码，即美国标准信息交换码(American Standard Code For Information Interchange)。它已被国际标准化组织(ISO)批准为国际标准，称为 ISO 646 标准。它适用于所有的拉丁文字字母，已在全世界通用。

标准的 ASCII 码是 7 位码，用一个字节表示，最高位是 0，可以表示 2^7 即 128 个字符，7 位 ASCII 码表如表 3.2 所示。前 32 个码和最后一个码是计算机系统专用的，是不可见的控制字符。数字字符“0”到“9”的 ASCII 码是连续的，从 30H 到 39H(H 表示是十六进制数)；大写字母“A”到“Z”和小写英文字母“a”到“z”的 ASCII 码也是连续的，分别从 41H 到 54H 和从 61H 到 74H。因此在知道一个字母或数字的编码后，很容易推算出其他字母和数字的编码。

例如，大写字母 A，其 ASCII 码为 1000001，即 ASC(A)=65；

小写字母 a，其 ASCII 码为 1100001，即 ASC(a)=97。

表的第 000 列和第 001 列中共 32 个字符，称为控制字符，它们在传输、打印或显示输出时起控制作用。常用的控制字符的作用如下。

BS(Back Space)：	退格	HT(Horizontal Table)：	水平制表
LF(Line Feed)：	换行	VT(Vertical Table)：	垂直制表
FF(Form Feed)：	换页	CR(Carriage Return)：	回车
CAN(Cancel)：	作废	ESC(Escape)：	换码
SP(Space)：	空格	DEL(Delete)：	删除

虽然 ASCII 码是 7 位编码，但由于字节是计算机中的基本处理单位，故一般仍以一字节来存放一个 ASCII 字符。每个字节中多余的一位(最高位 b_7)，在计算机内部一般保持 0。

西文字符集的编码不止 ASCII 码一种，较常用的还有一种是用 8 位二进制数表示字符的 EBCDIC 码(Extended Binary Coded Decimal Interchange Code，扩展的二十进制交换码)，该码共有 256 种不同的编码状态，在某些大型计算机中比较常用。

在了解了数值和字符在计算机中的表示之后，读者可能已经产生一个疑问：在计算机的内存中，如何区分二进制表示的数值和字符呢？实际上，面对一个孤立的字节如 65，无法区分它是字母 A 还是数值 65，但存放和使用这个数据的软件会保存有关的类型信息。

表 3.2　7 位 ASCII 码表

$b_4b_3b_2b_1$ \ $b_7b_6b_5$	000	001	010	011	100	101	110	111
0000	NUL	DLE	SP	0	@	P	`	P
0001	SOH	DC1	!	1	A	Q	A	Q
0010	STX	DC2	“	2	B	R	B	R
0011	ETX	DC3	#	3	C	S	C	S
0100	EOF	DC4	$	4	D	T	D	T
0101	ENQ	NAK	%	5	E	U	E	U
0110	ACK	SYN	&	6	F	V	F	V
0111	BEL	ETB	’	7	G	W	G	W
1000	BS	CAN	(	8	H	X	H	X
1001	HT	EM	)	9	I	Y	I	Y
1010	LF	SUB	*	:	J	Z	J	Z
1011	CR	ESC	+	;	K	[	K	{
1100	VT	IS4	,	<	L	\	L	|
1101	CR	IS3	–	=	M	]	M	}
1110	SO	IS2	.	>	N	^	N	~
1111	SI	IS1	/	?	O	_	O	DEL

2. 汉字编码

英文是拼音文字，ASCII 码的字符基本可以满足英文处理的需要，编码采用一个字节，实现和使用起来都比较容易，而汉字是象形文字，种类繁多，编码比较困难。在汉字信息处理中涉及的部分编码及流程如图 3.2 所示。

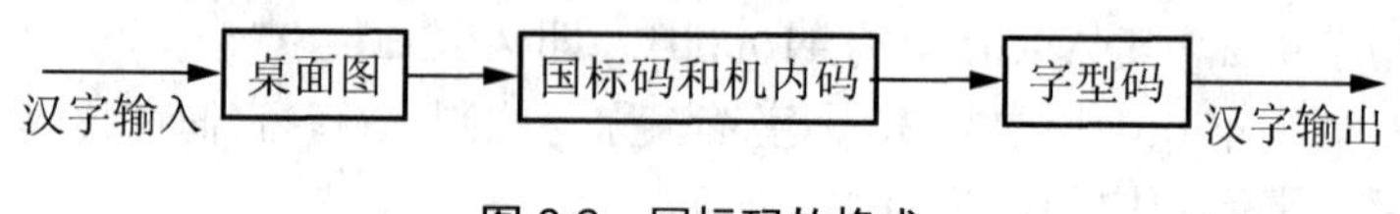

图 3.2　国标码的格式

1) 汉字输入编码

由于计算机最早是由西方国家研制开发的，最重要的信息输入工具——键盘是面向西文设计的，一个或两个西文字符对应着一个按键，非常方便。但汉字是大字符集，专用汉字输入键盘难以实现。汉字输入编码是指采用标准键盘上按键的不同排列组合来对汉字的输入进行编码，目前汉字的输入编码方案有几百种之多，目前常用的输入法大致分为两类。

① 拼音码。拼音码主要是以汉语拼音为基础的编码方案，如全拼、双拼、自然码、智能 ABC 输入法、紫光拼音输入法等，其优点是与中国人的习惯一致，容易学习。但由于汉字同音字很多，输入的重码率很高，因此在字音输入后还必须在同音字中进行查找选择，影响了输入速度。有些输入法词组输入和联想的功能，在一定程度上弥补了这方面的缺陷。

② 字形编码。字形编码主要是根据汉字的特点，按照汉字固有的形状，把汉字先拆分成部首，然后进行组合。代表性输入法有五笔字型输入法、郑码输入法等。五笔字型输入法需要记住字根、学会拆字和形成编码，使用熟练后可实现较高的输入速度，适合专业录入员，目前使用比较广泛。

一般来讲，能够被接受的编码方案应具有下列特点：易学习、易记忆、效率高(击键次数少)、重码少、容量大(包含汉字的字数多)等。到目前为止，还没有一种在所有方面都很好的编码方法。为了提高输入速度，输入方法走向智能化是目前研究的内容，未来的智能化方向是基于模式识别的语音输入识别、手写输入识别和扫描输入。

不管采用何种输入法，都是操作者向计算机输入汉字的手段，而在计算机内部，汉字都是以机内码的形式表示的。

2) 汉字国标码和机内码

国家标准汉字编码简称国标码。该编码集的全称是“信息交换用汉字编码字符集-基本集”，国家标准代号是 GB 2312—80，1980 年发布。

国标码中收集了二级汉字，共约 7445 个汉字及符号。其中，一级常用汉字 3755 个，汉字的排列顺序为拼音字典序；二级常用汉字 3008 个，排列顺序为偏旁序；还收集了 682 个图形符号。一般情况下，该编码集中的二级汉字及符号已足够使用。

为了编码，将汉字分成若干个区，每个区中有 94 个汉字，区号和位号构成了区位码。例如，“中”字位于第 54 区 48 位，区位码为 5448。为了与 ASCII 码兼容，将区号和位号各加 32 就构成国标码。

国标码规定：一个汉字用两个字节来表示，每个字节只用前 7 位，最高位均未作定义。国标码格式如图 3.3 所示。为了方便书写，常常用 4 位十六进制数来表示一个汉字。

b_7	b_6	b_5	b_4	b_3	b_2	b_1	b_0	b_7	b_6	b_5	b_4	b_3	b_2	b_1	b_0
0	×	×	×	×	×	×	×	0	×	×	×	×	×	×	×

图 3.3　国标码的格式

例如，汉字“大”的国标码是“3473”(十六进制数)，高字节是34H，低字节是73H。

国标码是一种机器内部编码，其主要作用是用于统一不同的系统之间所用的不同编码。通过将不同的系统使用的不同编码统一转换成国标码，不同系统之间的汉字信息就可以相互交换。

GB 2312广泛应用于我国通用汉字系统的信息交换及硬、软件设计中。例如，目前汉字字模库的设计都以GB 2312—1980为准，绝大部分汉字数据库系统、汉字情报检索系统等软件也都以GB 2312为基础进行设计。

国家标准GB/T 1988—1998《信息处理交换用的七位编码字符集》是非汉字代码标准，它仅能满足西文系统信息处理的需要。但是，许多汉字代码标准是在该标准的基础上扩充而来的，而且绝大多数汉字信息处理系统都是既处理汉字信息，又用这一标准处理西文或数字信息。GB 2312—1980《信息交换用汉字编码字符集(基本集)》是汉字大码标准，它与GB/T 1988—1998兼容，两者都是国家标准。

在计算机系统中，汉字是以机内码的形式存在的，输入汉字时允许用户根据自己的习惯使用不同的输入码，进入系统后再统一转换成机内码存储。所谓机内码是国标码的另外一种表现形式(每个字节的最高位置1，如图3.4所示，这种形式避免了国标码与ASCII码的二义性(用最高位来区别)，更适合在计算机中使用。

b_7	b_6	b_5	b_4	b_3	b_2	b_1	b_0	b_7	b_6	b_5	b_4	b_3	b_2	b_1	b_0
1	×	×	×	×	×	×	×	1	×	×	×	×	×	×	×

图3.4 机内码(变形国标码)的格式

例如，汉字“大”的机内码是“B4F3”(十六进制数)。

其他的汉字编码方法有Unicode编码、GBK编码、BIG5汉字编码等。Unicode是一个国际编码标准，采用双字节编码统一表示世界上的主要文字。GBK编码是我国制订的新的中文编码扩展标准，共收录2.7万个汉字，编码空间超过150万个码位，并与目标编码兼容，中文Windows能全面支持GBK内码。BIG5汉字编码是目前港台地区普遍使用的繁体汉字编码标准。

3) 汉字字型码

经过计算机处理后的汉字，如果需要在屏幕上显示出来或用打印机打印出来，则必须把汉字机内码转换成人们可以阅读的方块字形式，若输出的是内码，那么谁都无法看懂。

每一个汉字的字形都必须预先存放在计算机内，一套汉字(如GB 2312国际汉字字符集)的所有字符的形状描述信息集合在一起称为字形信息库，简称字库(font)。不同的字体(如宋体、仿宋、楷体、黑体等)对应着不同的字库。在输出每一个汉字的时候，计算机都要先到字库中去找到它的字形描述信息，然后把字形信息输出。

在计算机内汉字的字形主要有两种描述的方法：点阵字形和轮廓字形。前者用一组排成方阵(16×16、24×24、32×32 甚至更大)的二进制数字来表示一个汉字，1 表示对应位置处是黑点，0 表示对应位置处是空白。通常在屏幕上或打印机上输出的汉字或符号都是点阵表示形式。

点阵规模越大，字形越清晰美观，所占存储空间也越大。例如，16×16点阵每个汉字要占用32B(每字节可存放8个点信息)，字库的空间就更大，一般当显示输出时才检索字库，

输出字模点阵得到显示字形。点阵表示的汉字在字型放大后效果不佳，常出现锯齿。

轮廓字形表示方法比较复杂。它把汉字和字母、符号中的轮廓用矢量表示方法描述，当要输出汉字时，通过计算机的计算，由汉字字型描述生成所需大小和形状的点阵汉字。矢量化字型描述与最终汉字的大小、分辨率无关，可产生高精度的汉字输出。Windows 中使用的 TrueType 字库采用的就是典型的轮廓字形表示方法。点阵字形和轮廓字形这两种类型的字库目前都广泛使用。

3.2 进制及其相互转换

计算机内部所有的信息采用二进制编码表示。但在计算机外部，为了书写和阅读的方便，大都采用八、十或十六进制表示形式。因此，计算机在数据输入后或输出前都必须实现这些进位制数之间的转换。

3.2.1 任意进制转换成十进制

R 进制数转换成十进制数时，只要“按权展开”即可。即把要转换的数按位权展开，然后进行相加计算。

【例 3.1】把$(10111.101)_2$转换成十进制数。

$$\begin{aligned}(10111.101)_2 &= 1\times2^4+0\times2^3+1\times2^2+1\times2^1+1\times2^0+1\times2^{-1}+0\times2^{-2}+1\times2^{-3}\\ &=16+0+4+2+1+0.5+0.125\\ &=23.625\end{aligned}$$

【例 3.2】把$(245.6)_8$转换成十进制数。

$$\begin{aligned}(245.6)_8 &= 2\times8^2+4\times8^1+5\times8^0+6\times8^{-1}\\ &=128+32+5+0.75\\ &=165.75\end{aligned}$$

【例 3.3】把$(2FA.8)_{16}$转换成十进制数。

$$\begin{aligned}(2FA.8)_{16} &= 2\times16^2+15\times16^1+10\times16^0+8\times16^{-1}\\ &=512+240+10+0.5\\ &=762.5\end{aligned}$$

3.2.2 十进制转换成任意进制

任何一个十进制数转换成 R 进制数时，要将整数和小数部分分别进行转换，各自得出结果后用小数点连接。

(1) 整数部分的转换。整数部分的转换方法是“除基取余倒序法”。也就是说，用要转换的十进制整数去除以基数 R，将得到的余数保留作为结果数据中各位的数字，直到余数为 0 为止。上面的余数即最先得到的余数作为最低位，最后得到的余数作为最高位进行排列。

【例 3.4】把十进制数 245 转换成二进制数。

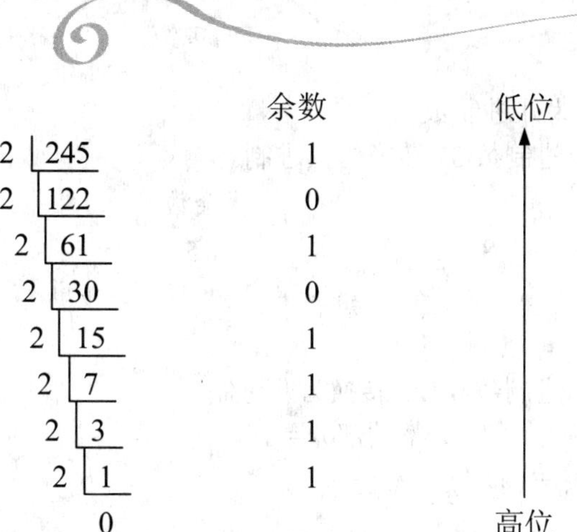

所以，$(245)_{10}=(11110101)_2$。

(2) 小数部分的转换。小数部分的转换方法是“乘基取整顺序法”，即用要转换的十进制小数去乘以基数 R，将得到的乘积的整数部分作为结果数据中各位的数字，余下的小数部分继续与基数 R 相乘。依此类推，直到某一步乘积的小数部分为 0 或已得到希望的位数为止。最后，将得到的整数部分最先得到的作为最高位，最后得到的作为最低位进行排列。

在进行转换过程中，可能有乘积的小数部分始终得不到 0 的情况，这是只要算到相应位数即可。

【例 3.5】把十进制小数 0.6875 转换成二进制数。

$0.6875\times2=1.375$	整数部分=1	高位
$0.375\times2=0.750$	整数部分=0	↓
$0.75\times2=1.5$	整数部分=1	
$0.5\times2=1.0$	整数部分=1	低位

所以，$(0.6875)_{10}=(0.1011)_2$。

【例 3.6】把十进制数 37.125 转换成二进制数和八进制数。

(1) 十进制转换为二进制数。

整数部分：将十进制数 37 转换为二进制。

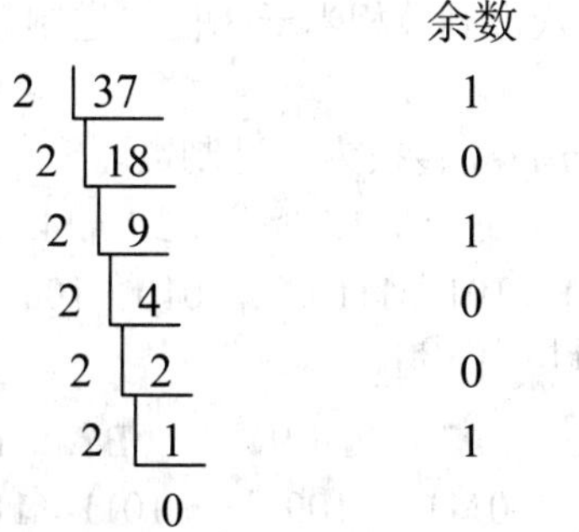

小数部分：将十进制数 0.125 转换为二进制。

$0.125\times2=0.25$	整数部分=0	高位
$0.25\times2=0.5$	整数部分=0	↓
$0.5\times2=1.0$	整数部分=1	低位

所以，$(37.125)_{10}=(100101.001)_2$。

(2) 十进制转换为八进制数。

整数部分：将十进制数 37 转换为八进制。

除数	被除数/商	余数	
8	37	5	低位 ↑
8	4	4	
	0		高位

小数部分：将十进制数 0.125 转换为八进制。

0.125×8＝1.0　　　　整数部分＝1

所以，$(37.125)_{10}=(45.1)_8$。

3.2.3　二进制与八进制、十六进制转换

1. 二进制转换为八、十六进制

二进制数转换成八进制数(或十六进制数)时，其整数部分和小数部分可以同时进行转换。其方法是，以二进制数的小数点为中心，分别向左、向右分组，每三位(或四位)分一组。对于小数部分，最低位一组不足三位(或四位)时， 必须在有效位右边补 0，使其足位。对于整数部分，最高位一组不足位时，可在有效位的左边补 0。然后，把每一组二进制数转换成对应的八进制(或十六进制)数，并保持原排序。

【例 3.7】把$(1010101010.1010101)_2$转换为八进制数和十六进制数。

001 010 101 010 . 101 010 100

1　2　5　2 . 5　2　4

所以，$(1010101010.1010101)_2=(1252.524)_8$。

0010 1010 1010 . 1010 1010

2　A　A . A　A

所以，$(1010101010.1010101)_2=(2AA.AA)_{16}$。

2. 八、十六进制转换为二进制

这个过程是上述的逆过程，1 位八进制数相当于 3 位二进制数，1 位十六进制数相当于 4 位二进制数。

【例 3.8】把$(1357.246)_8$和$(147.9BD)_{16}$转换为二进制数。

1　3　5　7　.　2　4　6

001　011　101　111　.　010　100　110

所以，$(1357.246)_8=(1011101111.01010011)_2$。

1　4　7 .　9　B　D

0001　0100　0111 .　1001　1011　1101

所以，$(147.9BD)_{16}=(101000111.100110111101)_2$。

3.2.4　十六进制转换成八进制

十六进制和八进制进行转换时，可先将十六进制转换成二进制，再将得到的二进制转换为八进制。

【例 3.9】把$(5A.4E)_{16}$转换为八进制数。

```
            5      A      .     4      E
          0101   1010     .   0100   1110
     001    011    010    .    010    011    100
       1      3      2    .      2      3      4
```

所以，$(5A.4E)_{16}=(132.234)_8$。

3.3　带符号数的二进制的表示

在日常生活中，人们习惯用正、负符号来表示正数、负数。如果采用正、负符号加二进制绝对值，则这种数值称为真值。

在计算机内部，数据是以二进制的形式存储和运算的。以一个字节为例，假设该字节表示无符号的正整数，那么，90的表示形式为

0	1	0	1	1	0	1	0

而要表示带符号的整数，则必须将正负符号表示出来。一般数的正负用高位字节的最高位来表示，定义为符号位，用“0”表示正数，“1”表示负数。例如，在机器中用8位二进制表示一个有符号整数+90，其格式为

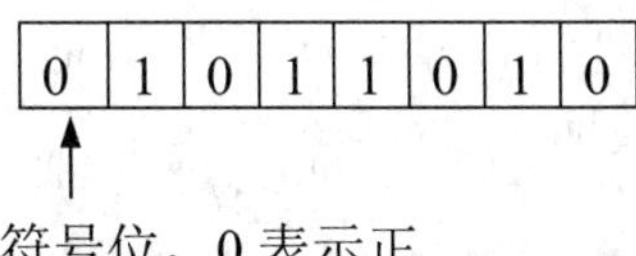

符号位，0表示正

而用8位二进制表示一个有符号整数−89，其格式为

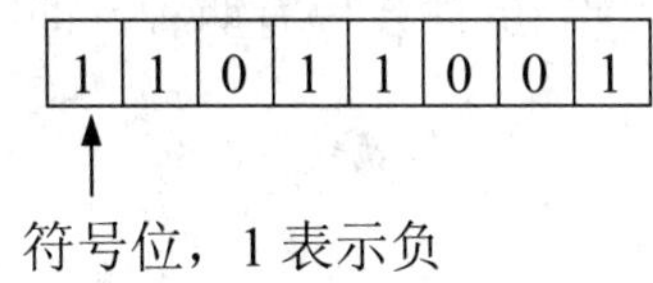

符号位，1表示负

在计算机内部，数字和符号都用二进制码表示，两者合在一起构成数的机内表示形式，称为机器数，而它真正表示的带有符号的数称为这个机器数的真值。机器数是二进制数在计算机内的表示形式。

可以看出，计算机中表示的数是有范围的。无符号整数中，所有二进制位全部用来表示数的大小，有符号整数用最高位表示数的正负号，其他位表示数的大小。如果用一个字节表示一个无符号整数，其取值范围是0～255(2^8-1)，表示一个有符号整数，则能表示的最大正整数为0 1111111 (最高位为符号位)，最大值为127，其取值范围−128～+127(-2^7～$+2^7-1$)。

运算时，若数值超出机器数所能表示的范围，就会产生异常而停止运算和处理，这种现象称为溢出。机器数在机内有3种不同的表示方法，这就是原码、反码和补码。

3.3.1 原码表示

用首位表示数的符号，0 表示正，1 表示负，其他位为数的真值的绝对值，这样表示的数就是数的原码。

例如，$X=(+105)$，$[X]_{原}=(01101001)_2$；$Y=(-105)$，$[Y]_{原}=(11101001)_2$。0 的原码有两种，即$[+0]_{原}=(00000000)_2$，$[-0]_{原}=(10000000)_2$。

原码的表示规律：正数的原码是它本身，负数的原码是真值取绝对值后，在最高位(左端符号位)填“1”。

原码简单易懂，与真值转换起来很方便。但是若两个相异的数相加和两个同号的数相减就要做减法，就必须判别这两个数哪一个的绝对值大，用绝对值大的数减绝对值小的数，运算结果的符号就是绝对值大的那个数的符号，这样操作比较麻烦，运算的逻辑电路实现起来比较复杂。

为了克服原码的上述缺点，引进了反码和补码表示法。补码的作用在于能把减法运算化成加法运算，现代计算机都是采用补码形式机器数的。

3.3.2 反码表示

反码使用得较少，它只是补码的一种过渡。所谓反码，就是对负数特别处理一下，将其原码除符号位外，逐位取反所得的数，而正数的反码则与其原码形式相同。用数学式来描述这段话，即为反码定义为

$$[X]_{反}=\begin{cases}X & 2^{n-1}>X\geqslant 0\\ 2^{n-1}-1-|X| & 0\geqslant X>-2^{n-1}\end{cases}$$

正数的反码与其原码相同，负数的反码求法是，符号位不变，其余各位按位取反，即 0 变成 1，1 变成为 0。例如，$[+65]_{原}=(01000001)_2$，$[+65]_{反}=(01000001)_2$；$[-65]_{原}=(11000001)_2$，$[-65]_{反}=(10111110)_2$。0 的反码有两种，即$[+0]_{反}=(00000000)_2$，$[-0]_{反}=(11111111)_2$。

3.3.3 补码表示

补码能够化减法为加法，实现类似于代数中的 $x-y=x+(-y)$运算，便于电子计算机电路的实现。对于 n 位计算机，某数 x 的补码定义为

$$[X]_{补}=\begin{cases}X & 2^{n-1}>X\geqslant 0\\ 2^{n}-|X| & 0\geqslant X>-2^{n-1}\end{cases}$$

即正数的补码等于正数本身，负数的补码等于模(即 2^n)减去它的绝对值，即用它的补数来表示。在实际中，补码可用如下规则得到：①若某数为正数，则补码就是它的原码；②若某数为负，则将其原码除符号位外逐位取反(即 0 变 1，1 变 0)，末位加 1。

【例 3.10】 对于 8 位二进制表示的整数，求+91、−91、+1、−1、+0、−0 的补码。

解： 8 位计算机，模为 2^8，即二进制数 100000000，相当于十进制数 256。

$X=(+91)_{10}=(+1011011)_2$　　　　$[X]_{补}=(01011011)_2$

$X=(-91)_{10}=(-1011011)_2$　　　　$[X]_{补}=100000000-01011011=(10100101)_2$

$X=(+1)_{10}=(+0000001)_2$　　$[X]_{补}=(00000001)_2$

$X=(-1)_{10}=(-0000001)_2$　　$[X]_{补}=100000000-0000001=(11111111)_2$

$X=(+0)_{10}=(+0000000)_2$　　$[X]_{补}=(00000000)_2$

$X=(-0)_{10}=(-0000000)_2$　　$[X]_{补}=(00000000)_2$

反过来，将补码转换为真值的方法是①若符号位为 0，则符号位后的二进制数就是真值，且为正；②若符号位为 1，则将符号位后的二进制序列逐位取反，末位加 1，所得结果即为真值，符号位为负。

【例 3.11】求$[11111111]_{补}$的真值。

解：第一步：除符号位外，每位取反，即 10000000。

第二步：再加 1，得到原码为$(10000001)_2$，则真值为$(-0000001)_2$。

在计算机中，补码运算遵循以下基本规则：

$$[x\pm y]_{补}=[x]_{补}\pm[y]_{补}$$

它的含义是①两个补码加减结果也是补码；②运算时，符号位同数值部分作为一个整体参加运算，如果符号有进位，则舍去进位。

【例 3.12】求$(32-10)_{10}$。

解：　$(32)_{10}=(+0100000)_2$　　$[32]_{补}=(00100000)_2$

$(-10)_{10}=(-0001010)_2$　　$[-10]_{补}=(11110110)_2$

$$\begin{array}{rr} [32]_{补} & 00100000 \\ +)[-10]_{补} & 11110110 \\ \hline & \boxed{1}00010110 \end{array}$$

自动丢弃

所以，$(32-10)_{10}=(00010110)_2=(+22)_{10}$。

3.3.4　移(增)码表示

移码也叫增码或偏码，常用于表示浮点数中的阶码。对于字长为 n 的计算机，若最高位为符号位，数值为 $n-1$ 位当偏移量取为 2^{n-1} 时，其真值 X 所对应的移码的表示公式为：

$$[X]_{移}=2^{n-1}+X \qquad (-2^{n-1}\leqslant X<2^{n-1})$$

移码和补码之间的关系如下。

当 $0\leqslant X<2^{n-1}$ 时，$[X]_{移}=2^{n-1}+X=2^{n-1}+[X]_{补}$。

当 $-2^{n-1}\leqslant X<0$ 时，$[X]_{移}=2^{n-1}+X=(2^n+X)-2^{n-1}=[X]_{补}-2^{n-1}$。

可见，$[X]_{移}$可由$[X]_{补}$求得，方法是把$[X]_{补}$的符号位取反，就得到$[X]_{移}$。

移码具有以下特点。

(1) 在移码中，最高一位为符号位，为 0 表示负数，最高位为 1 表示正数，这与原码、补码、反码的符号位取值正好相反。移码常用于表示浮点数的阶码，通常只使用整数。对移码一般只执行加减运算，在对两个浮点数进行乘除运算时，是尾数实现乘除运算，阶码执行加减运算。对阶码执行加减运算时，需要对得到的结果加以修正，修正量为 $2n-1$，即要对符号位的结果取反后，才得到移码形式的结果。

(2) 在移码的表示中，真值 0 有唯一的编码，即$[0]_{移}=1000\cdots0$，而且，机器零的形式为 $000\cdots000$，即当浮点数的阶码不大于-2^{n-1}时，不管尾数值的大小如何，都属于浮点数

下溢，被认为其值为 0。这时，移码表示的阶码值正好是每一位都为 0 的形式，与补码的 0 完全一致。这有利于简化机器中的判零线路。

(3) 移码为全 0 时所对应的真值最小，为全 1 时所对应的真值最大。因此，移码的大小直观地反映了真值的大小，这将有助于两个浮点数进行阶码大小比较。移码把真值映射到一个正数域，所以可将移码视为无符号数，直接按无符号数规则比较大小。同一数值的移码和补码除最高位相反外，其他各位相同。

3.3.5 定点数和浮点数表示

实数有整数部分也有小数部分。实数机器数小数点的位置是隐含规定的。若约定小数点位置是固定的，这就是定点表示法；若给定小数点的位置是可以变动的，则成为浮点表示法。它们不但关系到小数点的问题，而且关系到数的表示范围、精度以及电路复杂程度。

1. 定点数

对于带有小数的数据，小数点不占二进制位而是隐含在机器数里某个固定位置上，这样表示的数据称为定点数。通常采取两种简单的约定：一种是约定所有机器数的小数的小数点位置隐含在机器数的最低位之后，叫定点纯整机器数，简称定点整数。例如：

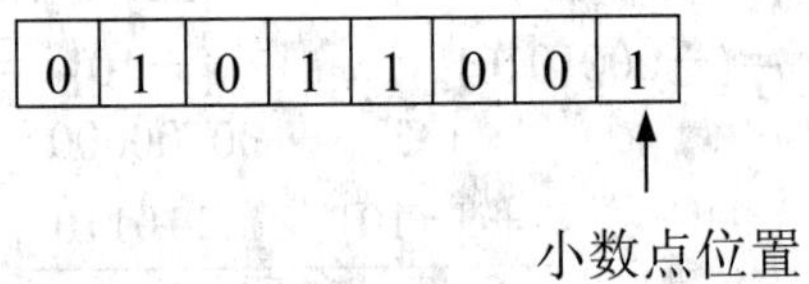

若有符号位，符号位仍在最高位。因小数点隐含在数的最低位之后，所以上数表示 ＋1011001B，另一种是约定所有机器数的小数点隐含在符号位之后、有效部分最高位之前，即定点纯小数机器数，简称定点小数，例如：

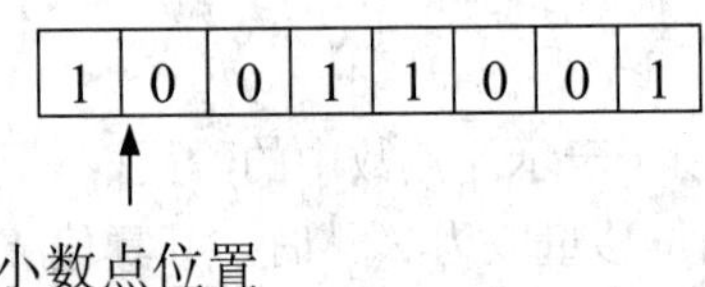

最高位是符号，小数点在符号位之后，所以上数表示－0.0011001B。

无论是定点整数，还是定点小数，都可以有原码、反码和补码 3 种形式。例如，定点小数

1	1	1	1	0	0	0	0

如果这是原码表示的定点小数，$[x]_{原}=(11110000)_B$，则 $x=(-0.1110000)_2=(-0.875)_{10}$，如这是补码表示的定点小数，$[x]_{补}=(11110000)_2$，则 $[x]_{原}=(10010000)_2$，则 $x=(-0.0010000)_2=(-0.125)_{10}$。

2. 浮点数

计算机多数情况下采用浮点数表示数值，它与科学计数法相似，把一个二进制数通过移动小数点位置表示成阶码和尾数两部分。

$$N=2^E\times S$$

其中，E 为 N 的阶码，是有符号的整数；S 为 N 的尾数，是数值的有效数字部分，一般规定取二进制定点纯小数形式。

例如，$(0011101)_2 = 2^{+5} \times 0.11101$，$(101.1101)_2 = 2^{+3} \times 0.1011101$，$(0.01011101)_2 = 2^{-1} \times 0.1011101$。

浮点数的格式如下。

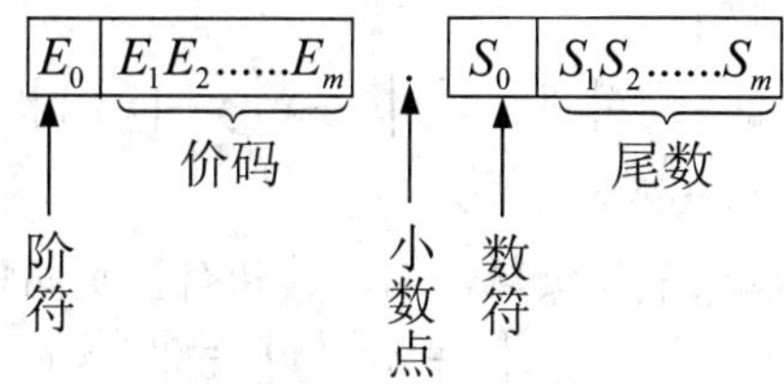

浮点数由阶码和尾数两部分组成，底数 2 在机器数中不出现，是隐含的。阶码的正负符号 E_0 在最前位。阶反映了数 N 小数点的位置，常用补码表示。二进制数 N 小数点每左移一位，阶增加 1。尾数是小数，常取补码或原码，码制不一定与阶码相同，数 N 的小数点右移一位，在浮点数中表现为尾数左移一位。尾数的长度决定了数 N 的精度。尾数符号叫尾符，是数 N 的符号，也占一位。

【例 3.13】写出二进制数$(-101.1101)_2$的浮点数形式，设阶码取 4 位补码，尾数是 8 位原码。

$$-101.1101 = -0.1011101 \times 2^{+3}$$

浮点形式为

阶码 0011　　尾数 11011101

补充解释：阶码 0011 中的最高位“0”表示指数的符号是正号，后面的“011”表示指数是“3”；尾数 11011101 的最高位“1”表明整个小数是负数，余下 1011101 是真正的尾数。

浮点数运算后结果必须化成规格化形式，所谓规格化，是指对于原码尾数来说，应使最高位数字 $S_1=1$，如果不是 1 且尾数不是全 0 时就要移动尾数直到 $S_1=1$，阶码相应变化，保证 N 值不变。

【例 3.14】计算机浮点数格式如下：阶码部分用 4 位(阶符占一位)补码表示；尾数部分用 8 位(数符占一位)规格化补码表示，写出 $x=(0.0001101)_2$ 的规格化形式。

解：

$$x = 0.0001101 = 0.1101 \times 10^{-3}$$

又$[-3]_{补} = [-011]_{补} = [1011]_{补} = (1101)_2$，

所以，规格化浮点数形式为

1	101	0	1101000

3.4　带符号定点数的二进制加减法运算

3.4.1　补码加法运算

定点补码运算性质：两数补码之和等于两数之和的补码。

公式为

$$[x]_{补}+[y]_{补}=[x+y]_{补} \tag{3.4.1}$$

下面以模为 2 定义的补码为例分 4 种情况加以证明。

(1) $x>0$，$y>0$，则$x+y>0$。

两个加数都是正数，因此其和也一定是正数。正数的补码和原码相同，根据数据补码定义可得：

$$[x]_{补}+[y]_{补}=x+y=[x+y]_{补}$$

(2) $x>0$，$y<0$，则$x+y>0$或$x+y<0$。

两个加数一个为正数，一个为负数，因此其和有正负两种可能。根据数据补码定义：

$$[x]_{补}=x，[y]_{补}=2^{n+1}+y$$

有$[x]_{补}+[y]_{补}=x+2^{n+1}+y=2^{n+1}+(x+y)=[x+y]_{补}$。

(3) $x<0$，$y>0$，则$x+y>0$或$x+y<0$。

这种情况和第 2 种情况一样，把 x 和 y 的位置调换即得证明。

(4) $x<0$，$y<0$，则$x+y<0$。

两个加数均为负数，因此其和为负数。根据数据补码定义：

$$[x]_{补}=2^{n+1}+x，[y]_{补}=2^{n+1}+y$$

有$[x]_{补}+[y]_{补}=2^{n+1}+x+2^{n+1}+y=2^{n+1}+\left(2^{n+1}+x+y\right)=[x+y]_{补}$。

至此证明在模 2^{n+1} 意义下，任意两个数的补码之和等于两个数和的补码。这是补码加法的理论基础。

【例 3.15】 设$x=+1000$，$y=+0011$，求$x+y$。

解：加数和被加数的数值位都是 4 位，在数值位之前加 1 位符号位。则$[x]_{补}=01000$，$[y]_{补}=00011$。

$$\begin{array}{lr} [x]_{补} & 0\,1\,0\,0\,0 \\ +\ [y]_{补} & 0\,0\,0\,1\,1 \\ \hline [x+y]_{补} & 0\,1\,0\,1\,1 \end{array}$$

所以，$x+y=+1011$。

【例 3.16】 设$x=+10110$，$y=-10100$，求$x+y$。

解：加数和被加数的数值位都是 5 位，在数值位之前加 1 位符号位。

则$[x]_{补}=010110$，$[y]_{补}=101100$。

$$\begin{array}{lr} [x]_{补} & 0\,1\,0\,1\,1\,0 \\ +\ [y]_{补} & 1\,0\,1\,1\,0\,0 \\ \hline [x+y]_{补} & \boxed{1}\,0\,0\,0\,1\,0 \end{array}$$

所以，$x+y=+00010$。

用补码做加法是数值位连同符号位一起参加运算的。同时补码加法是在模 2^{n+1} 的意义下相加的，超过模 2^{n+1} 的进位要丢掉，否则会出错。

3.4.2 补码减法运算

负数的加法要利用补码来实现，减法同样通过转变成加法来实现。这样可以和常规的加法运算使用同一个加法器电路来实现，进而达到简化计算机设计的目的。

减法公式为

$$[x]_{补}-[y]_{补}=[x-y]_{补}=[x]_{补}+[-y]_{补} \tag{3.4.2}$$

由于

$$\left[x+(-y)_{补}\right]=[x]_{补}+[-y]_{补}$$

所以要证明

$$[x]_{补}-[y]_{补}=[x]_{补}+[-y]_{补} \tag{3.4.3}$$

只要证明$[-y]_{补}=-[y]_{补}$，就可以证明利用补码将减法运算化为加法运算是可行的。现证明如下。

因为

$$[x+y]_{补}=[x]_{补}+[y]_{补}$$

所以

$$[y]_{补}=[x+y]_{补}-[x]_{补} \tag{3.4.4}$$

又

$$[x-y]_{补}=\left[x+(-y)\right]_{补}=[x]_{补}+[-y]_{补}$$

所以

$$[-y]_{补}=[x-y]_{补}-[x]_{补} \tag{3.4.5}$$

将式(3.44)与式(3.45)相加，得

$$\begin{aligned}[-y]_{补}+[y]_{补}&=[x+y]_{补}+[x-y]_{补}-[x]_{补}-[x]_{补}\\&=[x+y+x-y]_{补}-[x]_{补}-[x]_{补}\\&=[x+x]_{补}-[x]_{补}-[x]_{补}\\&=0\end{aligned}$$

因此

$$[-y]_{补}=-[y]_{补} \tag{3.4.6}$$

不难发现，只要通过$[y]_{补}$求得$[-y]_{补}$，就可以将补码的减法运算化为补码加法运算。已知$[y]_{补}$求$[-y]_{补}$的法则是对$[y]_{补}$包括符号位“求反且最末位加1”，即可得到$[-y]_{补}$。

【例3.17】 设$x=-0.1100$，$y=-0.0110$，求$x-y$。

解： $[x]_{补}=1.0100$，$[y]_{补}=1.1010$，$[-y]_{补}=0.01100$。

$$\begin{array}{lr}[x]_{补} & 1.\,0\,1\,0\,0\\ +\ [-y]_{补} & 0.\,0\,1\,1\,0\\ \hline [x-y]_{补} & 1.\,1\,0\,1\,0\end{array}$$

所以，$x-y=-0.0110$。

【例3.18】 设$x=+0.1101$，$y=+0.0110$，求$x-y$。

解： $[x]_{补}=0.1101$，$[y]_{补}=0.0110$，$[-y]_{补}=1.1010$。

$$
\begin{array}{lr}
 & [x]_{补} \quad 0.\ 1\ 1\ 0\ 1 \\
+ & [-y]_{补} \quad 1.\ 1\ 0\ 1\ 0 \\
\hline
 & [x-y]_{补} \quad \boxed{1}\ 0.\ 0\ 1\ 1\ 1
\end{array}
$$

所以，$x-y=+0.0111$。

3.4.3 加法运算的溢出处理方法

上面介绍了补码的加法和减法运算，获得正确结果的前提条件是在运算的结果不超过机器所能表示的数的范围。在定点整数机器数中，数的表示范围为$|x|<(2^n-1)$。在运算的过程中如果运算结果超过了机器所能表示的数值范围的现象，称为“溢出”。在定点机中，正常情况下溢出是不允许的。

【例 3.19】 设$x=+0.1101$，$y=+0.1001$，求$x+y$。

解： $[x]_{补}=0.1101$，$[y]_{补}=0.1001$。

$$
\begin{array}{lr}
 & [x]_{补} \quad 0.\ 1\ 1\ 0\ 1 \\
+ & [y]_{补} \quad 0.\ 1\ 0\ 0\ 1 \\
\hline
 & [x+y]_{补} \quad 1.\ 0\ 0\ 1\ 0
\end{array}
$$

所以，$x+y=-0.0010$。

两正数相加，结果为负，显然错误。

【例 3.20】 设$x=-0.1101$，$y=-0.1001$，求$x+y$。

解： $[x]_{补}=1.0011$，$[y]_{补}=1.0111$。

$$
\begin{array}{lr}
 & [x]_{补} \quad 1.\ 0\ 0\ 1\ 1 \\
+ & [y]_{补} \quad 1.\ 0\ 1\ 1\ 1 \\
\hline
 & [x+y]_{补} \quad 1\ 0.\ 1\ 0\ 1\ 0
\end{array}
$$

所以，$x+y=+0.1010$。

两负数相加，结果为正，显然这同样是错误的。

通过分析可以看到，当最高有效数值位的运算进位与符号位的运算进位不一致时，将产生运算“溢出”。当最高有效位产生进位而符号位无进位时，产生上溢；当最高有效位无进位而符号位有进位时，产生下溢。判断溢出的方法一般有如下两种，即双符号位法和进位判断法。

1. 双符号位法

双符号位法，又称变形补码或模 4 补码，可使模 2 补码所能表示的数的范围扩大一倍。一个符号位只能表明正、负两种情况，当产生溢出时，符号位将会产生混乱。若将符号位用两位表示，则从符号位上就可以很容易判明是否有溢出产生以及运算结果的符号是否正确。

具体方法是用两个相同的符号位表示一个数的符号，左边第一位为符号位第一符号位S_n，相邻的为第二符号位S_o。现定义双符号位的含义：00 表示正号；01 表示产生正向溢出；11 表示负号；10 表示产生负向溢出。采用双符号位后，可用逻辑表示式$V=S_n \oplus S_o$来判断溢出情况。若$V=0$，则无溢出；$V=1$，则有溢出。这样，如果运算结果的两个符号位相同，则没有溢出发生；如果运算结果的两个符号位不同，则发生了溢出，但第一符号位永远是结果的真正符号位。为了得到两数变形补码之和等于两数和的变形补码同样必须保证两个符号位都看做数码一样参加运算，同时两个数进行以 2^{n+2} 为模的加法，即最高符号位产生的进位要丢掉。

【例 3.21】 设$x=+0.1101$，$y=+0.0100$，求$x+y$。

解： $[x]_{补}=00.1101$，$[y]_{补}=00.0100$。

$$\begin{array}{lr} & [x]_{补} \quad 0\,0.\,1\,1\,0\,1 \\ + & [y]_{补} \quad 0\,0.\,0\,1\,0\,0 \\ \hline & [x+y]_{补} \quad 0\,1.\,0\,0\,0\,1 \end{array}$$

所以，$x+y=+0.1010$。

两符号位为 01，表示出现正向溢出。

【例 3.22】 设$x=-0.1101$，$y=+0.0111$，求$x-y$。

解： $[x]_{补}=11.0011$，$[y]_{补}=00.0111$，$[-y]_{补}=11.1001$。

$$\begin{array}{lr} & [x]_{补} \quad 1\,1.\,0\,0\,1\,1 \\ + & [-y]_{补} \quad 1\,1.\,1\,0\,0\,1 \\ \hline & [x-y]_{补} \quad \boxed{1}\,1\,0.\,1\,1\,0\,0 \end{array}$$

已超出模值，丢掉

两符号位为 10，表示出现负向溢出。

2. 进位判断法

进位判断法也称“单符号位法”。当最高有效位产生进位而符号位无进位时，产生上溢；当最高有效位无进位而符号位有进位时，产生下溢。故溢出逻辑表达式为

$$V=C_f \oplus C_o$$

其中，C_f 为符号位产生的进位，C_o 为最高有效位产生的进位。

此逻辑关系可用异或门方便地实现。在定点机中，当运算结果发生溢出时，机器通过逻辑电路自动检查出溢出故障，并进行中断处理。

3.5　带符号定点数的二进制乘法运算

在计算机中，实现乘、除运算的方法通常有 3 种。

(1) 软件方法实现。在低档微型计算机的指令系统中没有乘、除运算指令，所以只能用乘法和除法子程序来实现乘、除法运算。

(2) 在原有实现加减运算的运算器基础上增加一些逻辑线路，使乘除运算变换成加减和移位操作。指令系统中设有相应的乘、除指令。

(3) 运算器中设置专用的乘、除法器，指令系统中设有相应的乘、除指令。

不管采用什么方案实现乘，除法，其基本原理是相同的。

3.5.1　定点数一位乘法运算

1. 原码一位乘法算法

由于原码的数值部分与真值相同，所以，考虑原码一位乘法的运算规则或方法时，可

以从手算中得到一些启发。即用两个操作数的绝对值相乘，乘积的符号为两操作数符号的异或值(同号为正，异号为负)。

假设

$$[X]_{原}=X_0.\ X_1X_2\cdots X_n(X_0为符号)$$
$$[Y]_{原}=Y_0.\ Y_1Y_2\cdots Y_n(Y_0为符号)$$

则

$$\begin{aligned}[X\cdot Y]_{原}&=[X]_{原}\cdot[Y]_{原}\\&=(X_0\oplus Y_0)|(X_1X_2\cdots X_n)\cdot(Y_1Y_2\cdots Y_n)\end{aligned}\tag{3.5.1}$$

符号“|”表示把符号位和数值邻接起来。

【例 3.23】 设x=0.1101，y=0.0110，计算乘积$x\cdot y$。

解：列出手算乘法算式为

```
         0 . 1 1 0 1      被乘数
     ×   0 . 0 1 1 0      乘数
   -------------------------
             0 0 0 0
           1 1 0 1
         1 1 0 1
    +  0 0 0 0
   ---------------------
   0 .  0 1 0 0 1 1 1 0
```

所以，$x\cdot y$=0.01001110，符号为正。

在计算时，逐位按乘数每 1 位上的值是 1 还是 0 决定相加数取被乘数的值还是取零值，而且相加数逐次向左偏移 1 位，最后一起求积。

在计算机内部实现原码一位乘法的逻辑框图如图 3.5 所示。乘积的符号可以用异或门实现，异或门的两个输入为相乘两数的符号，输出即为乘积的符号。运算方法在人工计算的基础上做了一下修改。

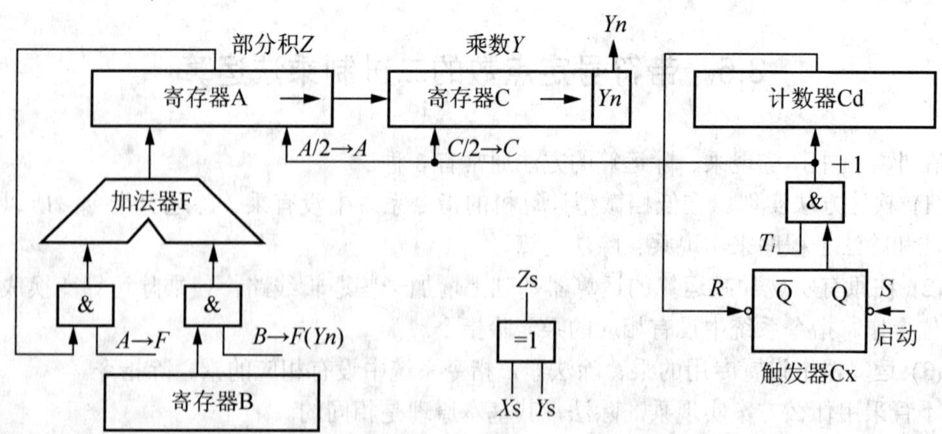

图 3.5　原码一位乘法的逻辑框图

主要组成部件有寄存器 A 存放计算的部分积 Z，具有自动移位功能；寄存器 B 存放被乘数 X；寄存器 C 存放乘数 Y，具有自动移位功能；加法器 F 进行部分积和被乘数相加；

计数器 Cd 用于控制逐位相乘的次数；控制信号 $A\to F$、$B\to F$ 分别通过与门控制部分积、被乘数送入加法器 F 进行相加；控制信号 $A/2\to A$、$C/2\to C$ 分别控制寄存器 A、C 自行右移一位。

(1) 在机器内一次加法操作只能求出两数之和，因此每求得一个相加数时，就得与上次部分积相加。

(2) 人工计算时，相加数逐次向左偏移一位，最后的乘积位数是乘数(或被乘数)的两倍。由于在求本次部分积时，前一次部分积的最低位不再参与运算，因此可将其右移一位。相加数可直送而不必偏移，于是用 N 位加法器就可实现两个 N 位数相乘。

(3) 部分积右移时乘数寄存器同时右移一位，这样可以用乘数寄存器的最低位控制相加数(取被乘数或零)，同时乘数寄存器的最高位可接收部分积右移出来的一位，因此，完成乘法运算后，寄存器 A 中保存乘积的高位部分，乘数寄存器 C 中保存乘积的低位部分。

【例 3.24】 设$x=+0.11010$，$y=+0.10110$，计算乘积$z=x\cdot y$。

解： $[x]_{原}=0.11010$，$[y]_{原}=0.10110$。

乘积的符号位 $z_0=0\oplus 0=0$，乘积为正数。

乘积的数值部分是两数的绝对值相乘。开始时，部分积为全“0”。

部分积	乘数 判别位		说明
0.00000	10110		判别位为0，加全0
+ 0.00000			
0.00000			
0.00000	01011	0 ← 丢掉	右移一位，判别位为1 部分积加X
+X 0.11010			
0.11010			
0.01101	00101	1 ← 丢掉	部分积、乘数一起右移1位 判别位为1，部分积加X
+X 0.11010			
1.00111			
0.10011	10010	1 ← 丢掉	部分积、乘数一起右移1位 判别位为0，加全0
+ 0.00000			
0.10011			再右移1位
0.01001	11001	0 ← 丢掉	判别位为1，部分积加X
+X 0.11010			
1.00011			
0.10001	11100	1 ← 丢掉	右移一位 判别位为0，加全0
+ 0.00000			
0.10001	11100		
0.01000	111100		最后一步部分积、乘数一起右移1位
高位积	低位积		

所以，$z=0.01000111100$。

乘法开始时，寄存器 A 被清零，作为初始部分积。被乘数存放在寄存器 B 中，乘数存放在寄存器 C 中。乘法开始时，“启动”信号使控制触发器 Cx 置“1”，于是开启时序脉冲 T。当乘数寄存器 C 最末位为“1”时，部分积 Z 和被乘数在加法器中相加，其结果输出至 A 寄存器的输入端。一旦控制脉冲 T 到来，控制信号 $A/2$ 使部分积右移一位，与此同时，寄存器 C 也在控制信号 $C/2$ 作用下右移一位，且计数器 Cd 计数一次。当计数器 Cd$=n$ 时，

计数器的溢出信号使触发器 Cx 置“0”，关闭时序脉冲 T，乘法宣告结束。若将寄存器 A 和 C 连接起来，乘法结束时乘积的高 n 位部分在 A，低 n 位部分在 C，C 中原来的乘数由于移位而全部丢失。

图 3.5 给出一个计数器 Cd，用于控制逐位相乘的次数。它的初值经常存放乘数位数的补码值，以后每完成一位乘法运算就执行 Cd+1，如果存放的是原码值，则执行 Cd−1，待计数到 0 时，给出结束乘法运算的信号。

2. 定点补码一位乘法

有的机器为方便加减法运算，数据以补码的形式存放。如采用原码乘法，存在的缺点是符号位需要单独运算，并要在最后给乘积冠以正确的符号，增加了操作步骤。为此，有不少计算机直接采用补码相乘。补码乘法是指采用操作数的补码进行乘法运算，最后乘积仍为补码，能自然得到乘积的正确符号。下面介绍两种常用的补码一位乘法的方法。

1) 校正法

假定被乘数 X 和乘数 Y 是用补码表示的纯小数(下面的讨论同样适用于纯整数)，分别为

$$[X]_{补}=X_0.\ X_{-1}X_{-2}\cdots X_{-(n-1)}$$

$$[Y]_{补}=Y_0.\ Y_{-1}Y_{-2}\cdots Y_{-(n-1)}$$

其中 X_0 和 Y_0 是它们的符号位，则校正法补码一位乘法的算法公式为

$$\begin{aligned}[X\cdot Y]_{补}&=[X]_{补}\left(-Y_0+0.\ Y_{-1}Y_{-2}\cdots Y_{-(n-1)}\right)\\&=[X]_{补}\left(-Y_0 2^0+Y_{-1}2^{-1}+Y_{-2}2^{-2}+\cdots+Y_{-(n-1)}2^{-(n-1)}\right)\end{aligned}\tag{3.5.2}$$

根据式(3.5.2)可以看出校正法的规则如下。

(1) 从补码表示的乘数最低位开始，若为 1 则价补码表示被乘数$[X]_{补}$，若为 0 则加 0。

(2) 部分积右移一位，再看乘数的下一位，若为 1 则价补码表示被乘数$[X]_{补}$，若为 0 则加 0。

(3) 重复(2)直到乘数各位(符号位除外)全部做完，获得结果。

(4) 最后，根据乘数的符号位 Y_0 的状态进行校正。若 $Y_0=1$，则在(3)的结果上加$[-X]_{补}$；若 $Y_0=0$，则(3)的结果就是计算的乘积。

2) 布斯法

在校正法中符号位参加运算，结果的符号由运算结果得出，重复执行 n 步右移操作进行相加。当乘数为负时，需进行 $n+1$ 步操作进行修正，控制起来要复杂一些。若希望有一个对正数和负数都一致的算法，即当被乘数 X 和乘数 Y 的符号都任意时，应该用布斯(Booth)法补码乘法。布斯法又称比较法，是由校正法导出的用两个补码直接相乘后就得到正确结果的方法。

布斯法的运算法则描述如下。

假定被乘数 X 和乘数 Y 是用补码表示的纯小数，分别为

$$[X]_{补}=X_0.\ X_{-1}X_{-2}\cdots X_{-(n-1)}$$

$$[Y]_{补}=Y_0.\ Y_{-1}Y_{-2}\cdots Y_{-(n-1)}$$

其中 X_0 和 Y_0 是它们的符号位，则布斯法补码一位乘法的算法公式为

$$[X\cdot Y]_{补}=[X]_{补}\begin{bmatrix}2^{0}(Y_{-1}-Y_{0})+2^{-1}(Y_{-2}-Y_{-1})+2^{-2}(Y_{-3}-Y_{-2})+\\ \cdots+2^{-(n-2)}\left(Y_{-(n-1)}-Y_{-(n-2)}\right)+2^{-(n-1)}\left(0-Y_{-(n-1)}\right)\end{bmatrix} \tag{3.5.3}$$

在这里只给出结论不做推导。由式(3.5.3)可以看出，两补码之积可用多项积之和来实现，而每一项中包含用补码表示的乘数相邻两位之差，即需要求出$Y_{i-1}-Y_i$的值。同时，在最后一项中需要附加一个 0。这种补码一位乘法方法中，被乘数和乘数连同它们的符号位一并参加运算。布斯补码一位乘法流程如图 3.6 所示。

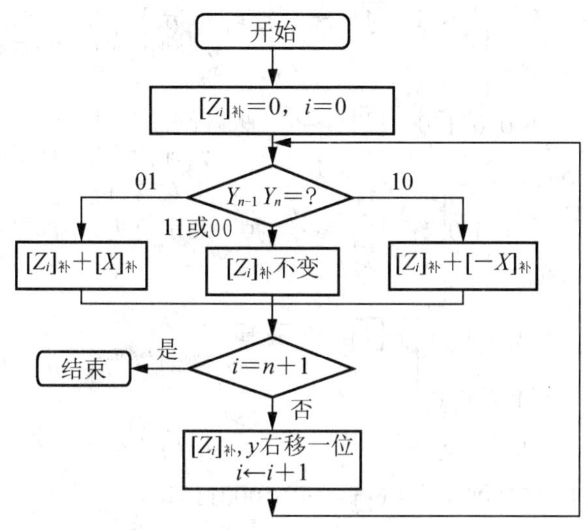

图 3.6　布斯补码一位乘法流程

由此，可以总结出比较法补码乘法的规则如下。

在做补码一位乘法时，在乘数的最末位后面再加一位附加位y_n。开始时，$y_n=0$，第一步运算根据y_{n-1}和y_n这两位的值判断后决定，然后再根据y_{n-2}和y_{n-1}这两位的值判断第二步该做什么运算，再根据y_{n-3}和y_{n-2}这两位的值判断第三步该做什么运算，如此等等。因为每运行一步，乘数都要右移一位，y_{n-2}和y_{n-1}就移到y_{n-1}和y_n位置上。做第三步时，原来的y_{n-3}和y_{n-2}移到了y_{n-2}和y_{n-1}位置上。所以每次只要判断y_{n-1}和y_n这两位的值就行。判断规则如表 3.3 所示。

表 3.3　乘法的相邻两位的操作规律

Y_i	Y_{i+1}	操　作
0	0	原部分积右移一位
0	1	原部分积加$X_{补}$后再右移一位
1	0	原部分积加$[-X]_{补}$后再右移一位
1	1	原部分积右移一位

【例 3.25】 已知$x=-0.1101$，$y=+0.1011$，利用布斯补码一位乘法计算$z=x\cdot y$。

解： $[x]_{补}=11.0011$，$[y]_{补}=0.1011$，$[-x]_{补}=00.1101$。

乘积的数值部分是两数的绝对值相乘。开始时，部分积为全“0”。布斯法求解过程如下。

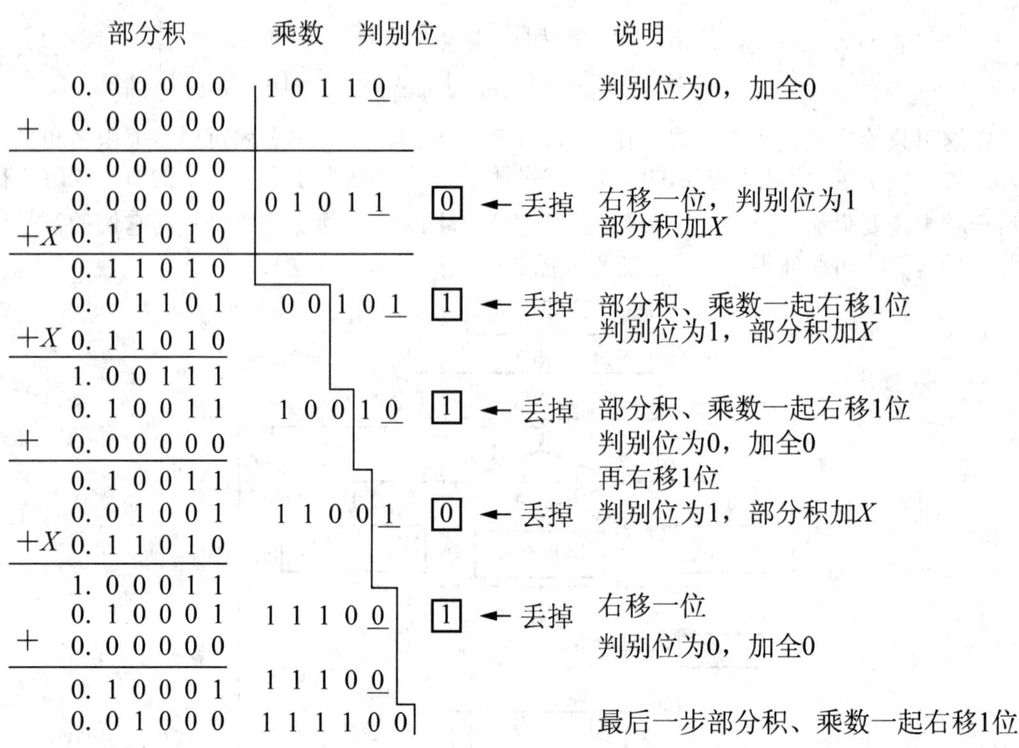

部分积	乘数	判别位	说明
0.00000	10110		判别位为0，加全0
+ 0.00000			
0.00000			
0.00000	01011	0 ← 丢掉	右移一位，判别位为1 部分积加X
+X 0.11010			
0.11010			
0.01101	00101	1 ← 丢掉	部分积、乘数一起右移1位 判别位为1，部分积加X
+X 0.11010			
1.00111			
0.10011	10010	1 ← 丢掉	部分积、乘数一起右移1位
+ 0.00000			判别位为0，加全0
0.10011			再右移1位
0.01001	11001	0 ← 丢掉	判别位为1，部分积加X
+X 0.11010			
1.00011			
0.10001	11100	1 ← 丢掉	右移一位
+ 0.00000			判别位为0，加全0
0.10001	11100		
0.01000	111100		最后一步部分积、乘数一起右移1位

所以，$[x\cdot y]_{补}=11.01110001$，$z=x\cdot y=-0.10001111$。

实现一位补码乘法的逻辑原理如图 3.7 所示。它与一位原码乘法的逻辑原理图有些相似，不同的地方有以下几点。

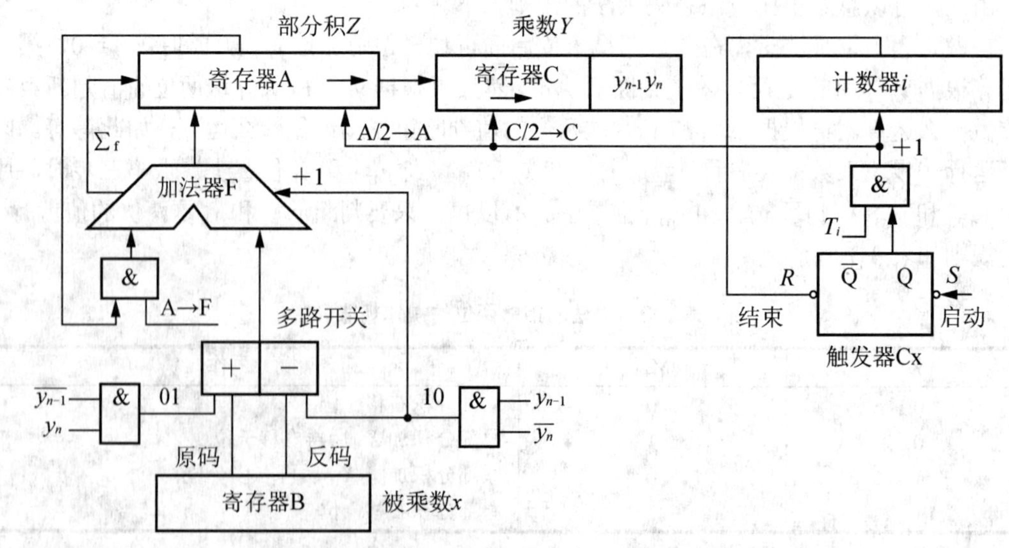

图 3.7 补码一位乘法的逻辑框图

(1) 被乘数和乘数的符号位参加运算。

(2) 乘数寄存器 C 有附加位 Y_n，其初始状态为“0”。当乘数和部分积每次右移时，部分积最低位移入寄存器 C 的首位位置，所以寄存器 C 必须是具有右移功能的寄存器。

(3) 被乘数寄存器 B 的每一位用原码或反码(可用触发器的 Q 端或端输出)经多路开关传送到加法器对应位的一个输入端，而多路开关的控制信号由 Y_{n-1}、Y_n 的输出译码器产生。当 $Y_{n-1}Y_n=01$ 时，送$[X]_{补}$；当 $Y_{n-1}Y_n=10$ 时，送$[-X]_{补}$，即送寄存器 B 内容的反码且在加法器末位加 1。

(4) 寄存器 A 用于保存部分积，该寄存器也应具有右移的功能，其符号位与加法器的符号位始终一致。

(5) 当计数器 $i=n+1$ 时，封锁 $A/2\to A$，$C/2\to C$ 控制信号，使最后一步不移位。

3.5.2　定点数二位乘法运算

1. 原码二位乘法

在原码一位乘法中，每次只考虑一位乘数位，对于 n 位乘数，则需要进行$(n-1)$次加法和右移。在使用常规双操作数加法器的前提下如何提高乘法速度呢？有种合乎逻辑的途径是可以考虑每步同时处理两位乘数。定点原码二位乘法是根据乘数中相邻两位数码的值来确定乘法的每一步做什么运算，从而在一步内求得与两位乘数对应的部分积，这种方法称为两位乘法。其运算速度相比一位乘法提高近一倍。

原码两位乘法的算法描述如下。

假定被乘数 X 和乘数 Y 是用原码表示的纯小数，分别为

$$[X]_{原}=X_0.\ X_{-1}X_{-2}\cdots X_{-(n-1)}$$

$$[Y]_{原}=Y_0.\ Y_{-1}Y_{-2}\cdots Y_{-(n-1)}$$

其中 X_0和Y_0是它们的符号位，两位乘法的判别位是 2 位，即 $y_{i+1}y_i$，共有 4 种可能，即 00、01、10、11，其操作方法如下所列：

$Y_{i+1}Y_i=00$，上次部分积右移 2 位；

$Y_{i+1}Y_i=01$，上次部分积$+|X|$，右移 2 位；

$Y_{i+1}Y_i=10$，上次部分积$+2|X|$，右移 2 位；

$Y_{i+1}Y_i=11$，上次部分积$+3|X|$，右移 2 位。

与前面的一位乘法相比，多出了$+2|X|$和$+3|X|$这两种情况。对于$+2|X|$，只要将$|X|$左移一位就是 $2|X|$，在机器内部很容易实现。可是$+3|X|$一般不能一次完成。如果通过两次操作完成势必要花更多的时间，这样也就失去了二位乘法的意义。

解决办法：用$(4X-X)$代替 $3|X|$进行运算，在本次操作中只执行一个$-|X|$，而$+4|X|$则归并到下一步执行，此时部分积已右移了两位，上一步欠下的$+4|X|$已变成$+|X|$。在实际的线路中需要用一个触发器 C 来记录是否欠下$+4|X|$，若是则 $1\to C$。因此实际的操作用 y_{i+1}，y_i 和 C 3 位来控制，运算规则如表 3.4 所示。

表 3.4　原码两位乘法规则

Y_{i+1}	Y_i	C	操　作
0	0	0	$+0$，右移 2 位，$C=0$
0	0	1	$+|X|$，右移 2 位，$C=0$
0	1	0	$+|X|$，右移 2 位，$C=0$
0	1	1	$+2|X|$，右移 2 位，$C=0$

续表

Y_{i+1}	Y_i	C	操　作
1	0	0	$+2\|X\|$，右移 2 位，$C=0$
1	0	1	$-\|X\|$，右移 2 位，$C=1$
1	1	0	$-\|X\|$，右移 2 位，$C=1$
1	1	1	$+0$，右移 2 位，$C=1$

原码两位乘法举例如下。

【例 3.26】已知$x=101011$，$y=001001$，利用原码二位计算$z=x\cdot y$。

解：以 X 为被乘数，Y 为乘数，其判别位 $Y_1Y_0=01$，$Y_3Y_2=10$，$Y_5Y_4=00$，其两位乘法的运算过程如下。

	部分积		判别位	说明
	00.000000			开始，部分积为 0
$+X$	00.101011		$Y_1Y_0=01$	判别位 01，部分积$+X$
	00.101011			右移 2 位
	00.001010	11	$Y_3Y_2=10$	判别位 01，
$+2X$	01.010110			部分积$+2X$
	01.100000	11		右移 2 位
	00.011000	0011	$Y_5Y_4=00$	判别位 00，右移 2 位
	00.000110	000011		得到结果

所以，$z=x\cdot y=0.000110000011$。

2. 补码二位乘法

为了提高运算速度，补码也可以采用两位乘法。进行定点补码两位乘法，要有 3 位判别位，3 位判别位的组合关系为$-2Y_i+Y_{i-1}+Y_{i-2}$。它们的组合值与相应的加法操作，如表 3.5 所示。

表 3.5　补码二位乘法的运算规则

Y_i Y_{i-1} Y_{i-2}	$-2Y_i+Y_{i-1}+Y_{i-2}$	操作
0 0 0	0	$+0$，右移 2 位
0 0 1	1	$+[X]_{补}$，右移 2 位
0 1 0	1	$+[X]_{补}$，右移 2 位
0 1 1	2	$+2[X]_{补}$，右移 2 位
1 0 0	-2	$+2[-X]_{补}$，右移 2 位
1 0 1	-1	$+[-X]_{补}$，右移 2 位
1 1 0	-1	$+[-X]_{补}$，右移 2 位
1 1 1	0	$+0$，右移 2 位

由此可以得出补码二位乘法的法则如下。

(1) 乘数与被乘数都要用补码表示，连同符号位一起参加运算。

(2) 乘数最低位后增加一个附加位，初始设定为 0。

(3) 从附加位开始，依据表 3.5 所示的运算规律，以此检测相邻三位决定具体的操作，并每次乘数右移 2 位。

(4) 当乘数(包括符号位)为偶数 n 时，右移两位的次数为 $n/2$ 次，最后一次只移动 1 位。当乘数(包括符号位)为奇数 n 时，可在乘数最后一位之后添加一个 0，使乘数变为偶数 $n+1$，右移次数为 $(n+1)/2$，且最后一次只右移 1 位；此时，也可以将乘数增加一个符号位，使乘数变为偶数 $n+1$，右移次数为 $[(n+1)/2-1]$。

【例 3.27】 已知 $x=-0.1101$，$y=-0.0110$，利用补码二位计算 $z=x\cdot y$。

解： $[x]_补=11.0011$，$[y]_补=11.1010$，$[-x]_补=00.1101$。

采用 2 位符号位，$[x\cdot y]_补$ 的补码二位乘法运算过程如下。

	部分积	乘数　附加位 ↓	判别位	说明
	00.0000	111010 0	100	
$+[-X]_补$	00.1101			组合值为−1，$+[-X]_补$
	00.1101	111010 0		右移 2 位
	00.0011	011110 1	101	
$+[-X]_补$	00.1101			组合值为−1，$+[-X]_补$
	00.1111	011110 1		右移 2 位
	00.0011	110111 1	111	
				组合值为 0，+0

所以，$[x\cdot y]_补=00.00111101$。

3.5.3 阵列乘法器

为了进一步提高乘法器运算速度，可采用类似人工计算的方法，用一个阵列乘法器完成 $X\cdot Y$ 乘法运算。阵列的每一行送入乘数 Y 的每一位数，而各行错开形成的每一斜列则送入被乘数的每一数位。每一个基本单元可用 1 个与门和 1 位全加器。该方案所用加法器数量较多，内部结构规则性强，适用超大规模集成电路实现，如图 3.8 所示。

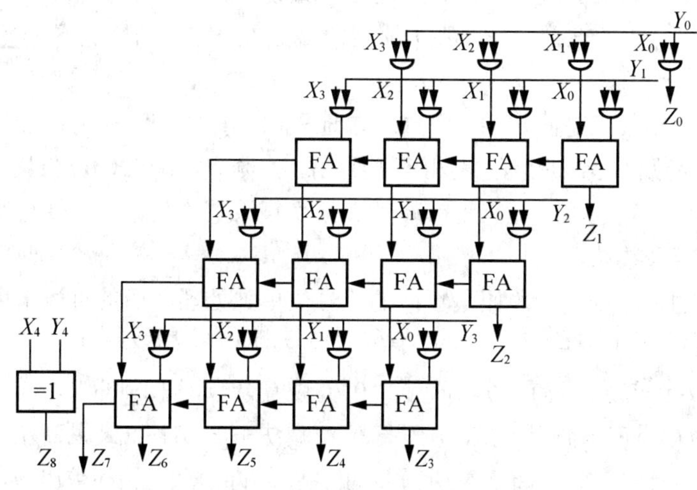

图 3.8　阵列乘法器

3.6 带符号定点数的二进制除法运算

3.6.1 定点数除法运算

同乘法运算一样，除法运算也是计算机的基本运算之一，在计算机中实现的方法有多种。原码除法的实质是两个无符号数相除，结果的符号式两个数的符号位异或运算的结果。一般地，在进行定点数除法时只考虑被除数小于除数的情况，因为在这种情况下，商的小数点就在最左边 1 位有效数子的前面，操作规范，常用的除法有两种：恢复余数法和加减交替法(不恢复余数法)。

1. 定点原码除法运算

1) 恢复余数法

【例 3.28】 已知x=0.1101，y=0.0101，求$z=x\div y$。

解：除法的人工计算过程如下。

```
               0.1100
0.0101 ) 0.1101
         0.0101
         ------
         0.1000
         0.0101
         ------
         0.0011
         0.0000
         ------
         0.0011
         0.0000
         ------
         0.0011
```

所以，$x\div y$=0.1100，商的余数为0.0011×2^{-4}，商的符号为 0。

可以看出，手工算法的过程就是不断地比较除数 Y 和 $2R_i$(R_i 为上次的余数)的过程，若 $2R_i>Y$，则够减，商 1；若 $2R_i<Y$，则不够减，商 0(在 $X<Y$ 的情况下，第一步是比较 $2X$ 与 Y)。

在计算机中，小数点是固定的，不能简单地采用手算的办法。为便于机器操作，除数 Y 固定不变，被除数和余数进行左移(相当于乘 2)。必须先作减法，若余数为正，才知道够减；若余数为负，才知道不够减。不够减时必须恢复原来的余数，以便再继续往下运算，这种方法称为恢复余数法。

恢复余数法的运算规则：原码运算商的符号位单独处理，商的符号采用符号采用异或 $S_f=S_x\oplus S_y$；除法的判别位使用的是余数(R)的符号的正和负来判别；在运算时第一步必须做减法($X\div Y$)开始；若余数(R)为负，商上“0”，恢复余数，+[y]补，左移一位，做减法+[$-y$]补；若余数(R)为正，商上“1”，左移一位做减法+[$-y$]补；结果商左移一位的个数与除数的尾数相同。计算时，先将运算所需要的[x]原、[y]补、[$-y$]补求出来，以便运算。余

数每次左移相当于乘以 2，在求得 n 位商后，相当于多乘了 $2n$，所以最后余数应乘以 2^{-n} 才是正确的值。

【例 3.29】已知x=0.1001，y=0.1011，求$x \div y$。

解：计算过程如下。

0 0. 1 1 0 1（商）	
0 0. 1 0 1 1) 0 0. 1 0 0 1	$x<y$，商 0
←0 1. 0 0 1 0	被除数左移一位，$2x>y$，商 1
+1 1. 0 1 0 1	减 y，即+$[-y]_补$
0 0. 0 1 1 1	第一次余数 r_1
←0 0. 1 1 1 0	r_1 左移一位，$2r_1>y$，商 1
+1 1. 0 1 0 1	减 y
0 0. 0 0 1 1	第二次余数 r_2
0 0. 0 1 1 0	r_2 左移一位，$2r_2<y$，商 0
←0 0. 1 1 0 0	r_3 左移一位，$2r_3=4r_2>y$，商 1
+1 1. 0 1 0 1	减 y
0 0. 0 0 0 1	第四次余数 r_4

$[-y]_补=11.0101$，取双符号位，$[-y]_补=11.0101$。

所以，$x \div y$=0.1101，余数=0.0001×2^{-4}。

要恢复原来的余数，只要当前的余数加上除数即可。但由于要恢复余数，使除法进行过

由于计算过程的步数不固定，因此控制比较复杂。实际中常用不恢复余数法，又称加减交替法。其特点是运算过程中如出现不够减，则不必恢复余数，根据余数符号可以继续往下运算，因此步数固定，控制简单。

2) 加减交替法

加减交替法是对恢复余数除法的一种修正。当运算过程中出现不够减的情况，不必恢复余数，而是根据余数的符号，继续往下运算求下一位商，但加上除数(+Y)的办法来取代(−Y)操作，其他操作依然不变。因此步数固定，控制简单。原理如下。

在用恢复余数法商至 i 位时，余数 R_i 为

$$R_i=2R_i+(-Y) \tag{3.6.1}$$

若 $R_i<0$，则商 0，同时恢复余数，即余数为 R_i+Y，然后再求下一步的数，即求

$$R_{i+1}=2(R_i+Y)+(-Y)=2R_i+Y \tag{3.6.2}$$

可见，当 $R_i<0$，商 0 时，R_{i+1} 可直接由 R_i 左移一位，再加 Y 得出，而不必恢复余数。

具体过程如下。

(1) 第一步用$|X|-|Y|$，当余数为负时商上 0，表示无溢出，然后做 $2R+|Y|$；若余数为正则表示溢出，则停机。

(2) 根据余数 R_i 符号来进行判断是否够减：R_i 为正，则上商 Q 为 1，再做 $2R-|Y|$；R_i 为负，上商 Q 为 0，再做 $2R+|Y|$。其中 $2R$ 表示左移 1 位。

(3) 重复做 $n-1$ 次，如有效数值位 n=4 位，连同第一步需共做 5 次加减运算。

(4) 若最后一步所得余数为负(即最后一次商上 0)，而又要得到正确余数，则应纠正余数，增加一次＋|Y|但不移位的操作。

(5) 最后应给商数和余数冠以正确符号。注意采用纠余后的余数符号应继续为负，而不是纠余后的符号。

【例 3.30】已知x=0.1001，y=0.1011，用加减交替法求$x \div y$。

解：$[x]_{补}$=00.1001，$[y]_{补}$=00.1011，$[-y]_{补}$=11.0101。

计算过程如下。

	被除数 x/余数 r	商	说明
	0 0. 1 0 0 1		
$+[-y]_{补}$	1 1. 0 1 0 1		$x-y$，商 0
	1 1. 1 1 1 0		余数 $r_0<0$
	←1 1. 1 1 0 0	0	商 0，r 和 q 左移一位
$+[y]_{补}$	0 0. 1 0 1 1		加 y
	0 0. 0 1 1 1		余数 $r_1>0$
	←0 0. 1 1 1 0	0.1	商 1，r 和 q 左移一位
$+[-y]_{补}$	1 1. 0 1 0 1		减 y
	0 0. 0 0 1 1		余数 $r_2>0$
	←0 0. 0 1 1 0	0.11	商 1，r 和 q 左移一位
$+[-y]_{补}$	1 1. 0 1 0 1		减 y
	1 1. 1 0 1 1		余数 $r_3<0$
	←1 1. 0 1 1 0	0.110	商 0，r 和 q 左移一位
$+[y]_{补}$	0 0. 1 0 1 1		加 y
	0 0. 0 0 0 1		余数 $r_4>0$
		0.1101	商 1，q 左移一位

所以，$x \div y$=0.1101，余数=0.0001×2^{-4}。

需要说明的是：如果最末 1 位商为 0，则需要在负余数上加除数才是真正的余数。这是因为如果把除法中间的每一步余数都看成是新的被除数，根据除法规则，新的被除数左移 1 位后应与除数做减法运算，如果商为 0，就意味着减数应当是 0。但计算机是先做减法，后上商，因此当发现商应当为 0 时，已经将除数减掉了，因此这一步得到的并不是正确的余数。真正的余数应当是余数加上余数。总之，被除数 X，除数 Y，商 Q 和余数 R 应当满足下面的关系

$$X = QY + R \tag{3.6.3}$$

2. 定点补码除法

定点补码除法(加减交替法)的规则比原码除法的规则复杂。被除数和除数都用补码表示，符号位参加运算，商和余数也用补码表示。运算规则如下。

(1) 第一步如果被除数 X 与除数 Y 同号，用 $X-Y$；若两数是异号，用 $X+Y$。如果所得余数 r 与除数 Y 同号则商上 1，若余数与除数异号，则商上 0，该商即为结果的符号位。

(2) 求商：如果上次商 1，将余数左移一位后减去除数，即 $2r-Y$；如果上次商 0，将余数左移一位后减加上除数，即进行 $2r+Y$ 操作。然后判断本次操作后的余数，如果所得余数 r 与除数 Y 同号则商上 1，若余数与除数异号，则商上 0，如此重复执行 $n-1$ 次(假设数值部分有 n 位)。

(3) 当两数能除尽时，如 Y 为正数，商不必加 2^{-n}；如 Y 为负，商需加 2^{-n}(商由反码变成补码)。当两数除不尽时若商为负，要在商的最低一位加 1，使商从反码值转变成补码值；若商为正最低位不需要加 1。

(4) 如最后余数与 X 异号，若则需要纠正余数时：X、Y 同号，用 $+Y$ 纠余；X、Y 异号，用 $-Y$ 纠余。

【例 3.31】 已知 $x=0.0100$，$y=-0.1000$，求 $[x \div y]_{补}$。

解： $[x]_{补}=00.0100$，$[y]_{补}=11.1000$，$[-y]_{补}=00.1000$。

	被除数 x/余数 r	商	说明
	00. 0100	0.0000	
$+[y]_{补}$	11. 1000		x，y 异号
	11. 1100	0.0001	r 与 Y 同号，末位上商 1
	←11. 1000		左移一位
$+[-y]_{补}$	00. 1000		上次商 1，$+[-y]_{补}$
	00. 0000	0.0010	r 与 Y 异号，末位上商 0
	←00. 0000	0.0100	左移一位
$+[y]_{补}$	11. 1000		上次商 0，$+[y]_{补}$
	11. 1000	0.0101	r 与 Y 同号，末位上商 1
	←11. 0000	0.1010	左移一位
$+[-y]_{补}$	00. 1000		上次商 1，$+[-y]_{补}$
	11. 1000	0.1011	r 与 Y 同号，末位上商 1
	←11. 0000	1.0110	左移一位
$+[-y]_{补}$	00. 1000		上次商 1，$+[-y]_{补}$
	11. 1000	1.0111	r 与 Y 同号，末位上商 1
$+[-y]_{补}$	00. 1000		因为 r 与 X 异号，故需纠余。另外
	00. 0000		X 与 Y 异号，所以 $+[-y]_{补}$

由于商值符号是 1，故需在其末位加 1，由反码变成补码。

所以，$[x \div y]_{补}=1.0111+0.0001=1.1000$，余数为 0，表示除尽。

【例 3.32】 已知 $x=0.1010$，$y=-0.0110$，求 $[x \div y]_{补}$。

解： $[x]_{补}=00.1010$，$[y]_{补}=11.1010$，$[-y]_{补}=00.0110$。

	被除数 x/余数 r	商	说明
	00.1010	0.0000	
$+[y]_{补}$	11.1010		x，y 异号
	00.0100	0.0000	r 与 Y 异号，末位上商 0
	←00.1000	0.0000	左移一位
$+[y]_{补}$	11.1010		上次商 0，$+[y]_{补}$
	00.0010	0.0000	r 与 Y 异号，末位上商 0
	←00.0100	0.0000	左移一位
$+[y]_{补}$	11.1010		上次商 0，$+[y]_{补}$
	11.1110	0.0001	r 与 Y 同号，末位上商 1
	←11.1100	0.0010	左移一位
$+[-y]_{补}$	00.0110		上次商 1，$+[-y]_{补}$
	00.0010	0.0010	r 与 Y 异号，末位上商 0
	←00.0100	0.0100	左移一位
$+[y]_{补}$	11.1010		上次商 0，$+[y]_{补}$
	11.1110	0.0101	r 与 Y 同号，末位上商 1
$+[-y]_{补}$	00.0110		因为 r 与 X 异号，故需纠余。另外
	00.0100		X 与 Y 异号，所以 $+[-y]_{补}$

商值为正，商不必末位加 1；余数与 X 同号，不必进行纠余；商值为正，商不必末位加 1。

所以，$[x \div y]_{补}=0.0101$，余数为 0.01×2^{-4}。

最后得出补码除法(加减交替算法)规则如表 3.6 所示。商一般采用末位恒置“1”法。如果要提高精度，按上述规则多求一位，再按如下方法进行处理。

两数能除尽：除数为正，商不必加 2^{-n}，除数为负，商加 2^{-n}。

两数除不尽：商为正，商不必加 2^{-n}，商为负，商加 2^{-n}。

表 3.6 补码除法规则

$[r_i]_{补}$ 为余数，数值部分共 n 位

$X_{补}$ $Y_{补}$ 符号	最终商符	第一步操作	$r_{补}$ $Y_{补}$ 符号	上商	下一步操作
同号	0	$X-Y$	同号(够减)	1	$2[r_i]_{补}-Y_{补}$
			异号(不够减)	0	$2[r_i]_{补}+Y_{补}$
异号	1	$X+Y$	同号(不够减)	1	$2[r_i]_{补}-Y_{补}$
			异号(够减)	0	$2[r_i]_{补}+Y_{补}$

3.6.2 除法运算方法举例

1. 跳 0 跳 1 除法

提高规格化小数绝对值相除速度的算法，可根据余数前几位代码值再次求得几位同为

0或1的商。其规则如下。

(1) 如果余数 $R \geqslant 0$，且 R 的高 K 个数位均为0，那么本次直接得商1，后跟 $K-1$ 个0。R 左移 K 位后，减去除数 Y，得新的余数。

(2) 如果余数 $R<0$，且 R 的高 K 个数位均为1，那么本次直接得商0，后跟 $K-1$ 个1。R 左移 K 位后，减加上除数 Y，得新的余数。

(3) 不满足上述规则的，按一位除法运算。

【例 3.33】 已知 $x=0.1010000$，$y=0.1100011$，求 $x \div y$。

解： $[-y]_{补}=1.0011101$。

	被除数 x/余数 r	商	说明
	0. 1 0 1 0 0 0 0		$-y$
$+[-y]_{补}$	1. 0 0 1 1 1 0 1		
	1. 1 1 0 1 1 0 1	01	$R<0$，符号后有2个1，商01
←	1. 0 1 1 0 1 0 0	0100	左移2位
$+[y]_{补}$	0. 1 1 0 0 0 1 1		$+y$
	0. 0 0 1 0 1 1 1	0110	$R>0$，符号后有2个0，商10
←	0. 1 0 1 1 1 0 0	011000	左移2位
$+[-y]_{补}$	1. 0 0 1 1 1 0 1		$-y$
	1. 1 1 1 1 0 0 1	01100111	$R<0$，符号后有4个1，商0111

所以，$x \div y=0.1100111$。

2. 除法运算通过乘法操作来实现

在计算机的运行过程中，执行乘法的机会比较多，有些CPU一般没有专用的除法器，而是设置专门的乘法器。在这种情况下，通过乘法来完成除法运算，这样还可以提高运算速度。

设被除数为 X，除数为 Y，完成除法 $X \div Y$ 按下式完成。

$$\frac{X}{Y}=\frac{X \cdot F_0 \cdot F_1 \cdots \cdot F_i \cdots F_r}{Y \cdot F_0 \cdot F_1 \cdots \cdot F_i \cdots F_r} \tag{3.6.4}$$

式中，$F_i(0 \leqslant i \leqslant r)$ 为迭代系数，如果迭代几次后，可以使分母 $Y \times F_0 \times F_1 \times \cdots \times F_r \to 1$，则分子即为商：

$$X \cdot F_0 \cdot F_1 \cdots \cdot F_i \cdots F_r$$

因此，问题是如何找到一组迭代系数，使分母很快趋近于1。

如果被除数 X，除数 Y 为规格化正小数二进制代码，可写为

$$Y=1-\delta\left(0<\delta \leqslant \frac{1}{2}\right)$$

如果取 $F_0=1+\delta$，则第一次迭代结果为

$$Y_0=Y \cdot F_0=(1-\delta)(1+\delta)=1-\delta^2$$

取 $F_1=1+\delta^2$，则第二次迭代结果为

$$Y_1=(1-\delta^2)(1+\delta^2)=1-\delta^4$$

$$\cdots$$

取 $F_i=1+\delta^{2^i}$，则第 $i+1$ 次迭代结果为

$$Y_i = Y_{i-1} \cdot F_i = (1-\delta^{2^i})(1+\delta^{2^i}) = 1-\delta^{2^{i+1}}$$

可见当 i 增加时，Y 将很快趋近于 1，其误差为 $\delta^{2^{i+1}}$ 。

实际上求得 F_i 的过程很简单，即

$$F_i = 1+\delta^{2^i} = 2-1+\delta^{2^i} = 2-(1-\delta^{2^i}) = 2-Y_{i-1}$$

即 F_i 就是$(-Y_{i-1})$的补码$(0\leqslant i\leqslant r)$ 。

【例 3.34】已知$X=0.1000$，$Y=0.1011$，求$X\div Y$。

解：$\delta=1-Y=0.0101$，$F_0=1+\delta=1.0101$。

$\dfrac{X_0}{Y_0}=\dfrac{X\cdot F_0}{Y\cdot F_0}=\dfrac{0.1000\cdot 1.0101}{0.1011\cdot 1.0101}=\dfrac{0.1011}{0.1110}$(分子分母分别进行乘法运算)

$F_1=2-Y_0=2-0.1110=1.0010$

$\dfrac{X_1}{Y_1}=\dfrac{X_0\cdot F_1}{Y_0\cdot F_1}=\dfrac{0.1011\cdot 1.0010}{0.1110\cdot 1.0010}=\dfrac{0.1100}{0.1111}$(分母趋近于 1)

所以，$\dfrac{X}{Y}\backsimeq\dfrac{X_1}{Y_1}\backsimeq X_1=0.1100$。

3.7 带符号浮点数的二进制运算

定点数的表示数据范围太小，为此引入浮点数和相应的浮点算术运算。浮点数的表示形式(以 2 为底)：

$$N=\pm D\cdot 2^{\pm E}$$

其中，D 为浮点数的尾数，尾数一般为绝对值小于 1 的规格化二进制小数，用原码或补码形式表示；E 为浮点数的阶码，一般是用移码或补码表示的整数。

浮点运算的规则可以归结为定点运算规则，需要增加一个阶码的定点运算及运算结果的规格化操作。一台计算机究竟采用浮点运算还是定点运算是由具体使用对象对计算机的实际要求决定的。微型计算机、某些专用机及某些小型机往往采用定点运算，其浮点运算可通过软件或增加扩展硬件来实现。通用型计算机采用浮点运算或同时采用定点、浮点两种运算，由使用者自由选择。为了使表示浮点数具有唯一性，使每一级计算的尾数能获得最大的有效数字，以及程序处理的方便性，往往把浮点数表示为规格化的浮点数，并采用规格化浮点数的运算。

3.7.1 浮点数的加减运算

设两个浮点数 X 和 Y 分别为

$$X=S_x\cdot 2^{Ex}$$

$$Y=S_y\cdot 2^{Ey}$$

其中，E_x、E_y 分别是 X 和 Y 的阶码，S_x 和 S_y 是 X 和 Y 的尾数。假定它们都是规则化的数，即其尾数绝对值总小于 1(用补码表示，允许为 1)，浮点加减运算的运算步骤如下。

1. 对阶：小阶向大阶看齐

一般情况下，两个浮点数的解码不会相同，也就是说两个数的小数点没有对齐。同十

进制小数加减运算一样，在进行加减运算前需要将小数点对齐。这就是对阶。只有当$\Delta E=0$时才能进行加减运算。

对阶的原则是采用“小阶向大阶看齐”的方法，即小阶的尾数右移ΔE位，小阶的阶码增加ΔE与大阶相等。尾数右移时，对原码表示的尾数，符号位不参加移位，尾数数值部分的高位补0；对于用补码表示的尾数，符号位参加右移，并保持原符号位不变。

2. 尾数的加减运算

对阶完成后，就按定点加减运算求两数的尾数之和或差。

3. 规格化

进行加减运算后，其结果可能是一个非规格化的数据，这时进行规格化操作。规格化操作的目的是使尾数部分的绝对值尽可能以最大值的形式出现。

(1) 对于定点小数，其规格化数为

00.1××…×

11.0××…×　　　　(原码表示法)

(2) 对于负数的补码表示法，规格化定义有所不同。

根据规格化浮点数的定义可知，规格化的尾数应满足：

$$S>0\text{ 时 }\frac{1}{2}\leqslant S<1$$

$$S<0\text{，用补码表示时}\qquad -\frac{1}{2}>S\geqslant -1$$

理论上，S等于$-1/2$，但$[-1/2]_{补}=11.100\cdots0$，为了便于判别是否是规格化数，不把$-1/2$列为规格化数，而把-1列入规格化数。

由此可知补码规格化的规则如下。

(1) 若和或差的尾数两符号位不等，即01.××…×或10.××…×形式，表示尾数求和(差)结果绝对值大于1，向左破坏了规格化。此时应该将和(差)的尾数右移1位，阶码加1，即进行向右规格化。

(2) 若和或差的尾数两符号位相等且与尾数第一位相等，则需向左规格化，即将和或差的尾数左移，每移一位，和或差的阶码减一，直至尾数第一位与尾符不等时为止。

4. 舍入

在对阶及规格化时，需要将尾数右移，右移将丢掉尾数的最低位，这就出现舍入的问题。在进行舍入时，通常可以采用下面的方法。

(1) “0舍1入”法，即右移时丢掉的最高位为0，则舍去；是1，则将尾数的末位加1(相当于进入)。

(2) “恒置1”法，即不管移掉的是0还是1，都把尾数的末位置1。

(3) 截(尾)断法

这种方法最简单，就是将需丢弃的尾数低位丢弃。

5. 判断阶码是否溢出

阶码溢出表示浮点数溢出。在规格化和舍入时都可能发生溢出，若阶码不溢出，则加

减运算正常结束。若阶码下溢，则置运算结果置为机器零(阶码和尾数全部置“0”)；若上溢则置溢出标志。

【例 3.35】已知$X=2^{010}\cdot 0.110011$，$Y=2^{100}\cdot(-0.101100)$，求$X+Y$。

解：X和Y在机器中的浮点表示形式为(均采用双符号位)。

	阶符	阶码	数符	尾数
X:	0 0	0 1 0	0 0	1 1 0 0 1 1
Y:	0 0	1 0 0	1 1	0 1 0 1 0 0

计算过程如下。

(1) 对阶。$\Delta E=E_x-E_y=00010+11100=11110$，即$\Delta E<0$，表示$X$的阶码$E_x$小于$Y$的阶码$E_y$，阶差为$-2$，所以应使$X$的尾数右移 2 位，阶码加 2，则$[x]_{补}=00\ 00\ 1100\ 11$，保留阶码$E=00100$，这时$\Delta E=0$，对阶完毕。

(2) 尾数求和。X和Y对阶后的尾数分别为$[S_x]_{补}=00.001100\ 11$，$[S_y]_{补}=11.010100$，$[S_x]_{补}=00.001100$，$[S_y]_{补}=11.010100$。

则$[S_x]_{补}+[S_y]_{补}=00.001100\ 11+11.010100=11.100000\ 11$。

所以，$[X+Y]_{补}=11.100000$。

(3) 规格化和的尾数的两符号位相等，但小数点后的第一位也与符号位相等，不是规格化数，需要进行左规，即向左规格化：尾数左移一位，阶码减 1，就可得到规格化的浮点数结果。

结果为 11.000001 10；阶码为-1，$E=00011$。

(4) 舍入。附加位最高位为 1，在所得结果的最低位$+1$，新结果为

$$[X+Y]_{补}=11.000010,\quad X+Y=-0.111110$$

(5) 是否溢出。阶码符号位为 00，故不溢出，最终结果为$X+Y=2^{011}\cdot(-0.111110)$。

假定两个浮点数X和Y相加(或相减)的结果为浮点数Z，浮点数加(减)法流程图如图 3.9 所示。

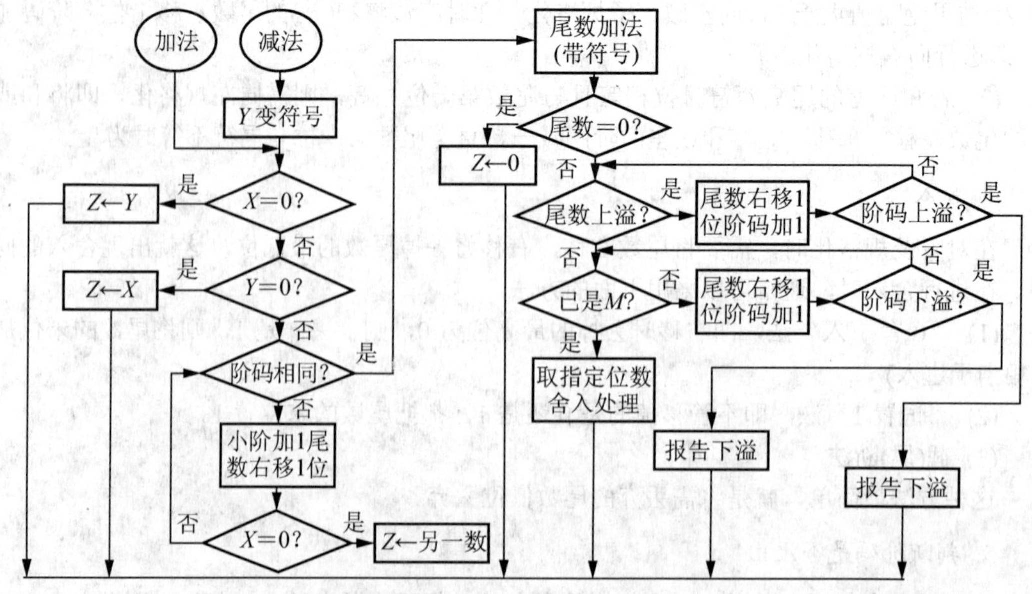

图 3.9 浮点加(减)法运算流程

3.7.2　浮点数的乘除运算

两浮点数相乘，其乘积的阶码为相乘两数阶码相加求得，乘积的尾数等于相乘两数的尾数之积。两个浮点数相除，商的阶码为被除数的阶码减去除数的阶码得到的差，尾数为被除数的尾数除以除数的尾数所得的商。参加运算的两个数都为规格化浮点数，乘除运算都可能出现结果不满足规格化要求的问题，因此也必须进行规格化、舍入和判断溢出等操作。在规格化时要进行修改阶码的操作。

1. 浮点数的乘法运算

设有两个浮点数 X 和 Y：

$$X=S_x \cdot 2^{Ex}$$

$$Y=S_y \cdot 2^{Ey}$$

则这两个浮点数的乘积 $Z=\left(S_x \cdot S_y\right) \cdot 2^{(Ex+Ey)}$。在具体实现中，两数阶码的求和运算可在阶码加法器中进行，两个尾数的乘法运算，就是定点数的乘法运算。

浮点乘法运算过程如下。

(1) 参见乘法运算的两个浮点数一定是规格化数，即 E_x、E_y 分别是 X 和 Y 的阶码，S_x 和 S_y 是 X 和 Y 的尾数，尾数绝对值总小于 1(用补码表示，允许为 1)，且不为 0。只要有一个乘数为 0，则乘积必为 0。

(2) 求乘积的阶码，即 $E_z=E_x+E_y$。同时要判断阶码是否溢出。

当乘积的阶码小于所定义的浮点数最小阶码时，则出现下溢出。当乘积的阶码大于所定义的浮点数最大阶码时，则出现上溢出。一旦发生上溢出，则乘积将无法表示；发生下溢出时，乘积可以用 0 表示。当发生溢出时，尤其是上溢出时，应当重新定义浮点数或对两乘数做出限定。

(3) 两乘数的尾数相乘。两尾数相乘可参照定点数的乘法运算规则。

(4) 乘积尾数的规格化。假定尾数为 n 位补码(其中包含 1 为符号)，其规格化正数范围为 $+1/2 \sim +(1-2^{-(n-1)})$；而规格化负数的范围为 $-(1/2+2^{-(n-1)}) \sim -1$。

两乘数的尾数均为规格化数，根据规格化数的范围，两者之间积的绝对值一般大于等于 1/4,，因此乘积尾数如需左规，只需左移 1 次。同样，乘积可能为＋1，即两个－1 相乘。因为＋1 不是规格化数，因此，乘积的位数需要右规，也只需右移 1 次，便可使尾数变为规格化数。

(5) 舍入。浮点数的运算结果常常超出给定的位数，因此需要进行舍入处理。处理的原则是尽量减小本次运算所产生的误差，以及按此原则所产生的累计误差。

第一种办法是无条件的丢掉正常尾数最低位后的全部数值。这种方法也就是前面提到的截断法。

第二种常用舍入处理是 0 舍 1 入法(相当于十进制中的四舍五入)。具体指当丢掉的最高位为 0 时，舍掉丢弃的各位的值；当丢掉的最高位为 1 时，把这个 1 加到最低位数值位上进行修正。若采用双倍字长乘积时，没有舍入问题。

【例 3.36】已知$X=2^{-5}\cdot 0.1110011$，$Y=2^{3}\cdot(-0.1110010)$，求$X\cdot Y$。阶码 4 位(移码)，尾数 8 位(补码，含一符号位)，阶码以 2 为底。运算结果取 8 位尾数，运算过程中阶码取双符号位。

解：(1) 求乘积的阶码。(为两阶码之和)。

$$[E_x+E_Y]_{移}=[E_x]_{移}+[E_y]_{移}=00011+00011=00110$$

(2) 两位数相乘(运算过程略)。

$[X\cdot Y]_{补}=1.0011001$　　1001010　(尾数部分)

高位部分　　低位部分

(3) 规格化处理。尾数已经是规格化数，不需再处理。

(4) 舍入。根据 0 舍 1 法，尾数乘积低位部分的最高位为 1，需 1 入，在乘积高位部分的最低位加 1，所以，$[X\cdot Y]_{补}=1.0011010$(尾数部分)。

(5) 判溢出。阶码未溢出，故结果正确。

$X\cdot Y$:	0110	1.0011010
	阶码(移码)	尾数(补码)

所以，$X\cdot Y=2^{-2}\cdot(-0.1100110)$。

2. 阶码的底为 8 或 16 的浮点数乘法运算

之前的讨论，都是以阶码值的底为 2 来进行的。为了能够用相同位数的阶码表示更大范围的浮点数，在有些计算机中也有选用阶码的底为 8 或 16 的。此时浮点数 N 被表示为

$$N=8^{E}\cdot M或N=16^{E}\cdot M$$

阶码 E 和尾数 M 还都是用二进制表示的，其运算规则与阶码以 2 为底基本相同，但关于对阶和规格化操作有新的相应规定。

当阶码以 8 为底时，只要尾数满足 $1/8\leqslant M<1$ 或 $-1\leqslant M<-1/8$ 就是规格化数。执行对阶和规格化操作时，每当阶码的值增或减 1，尾数要相应右移或左移三位。

当阶码以 16 为底时，只要尾数满足 $1/16\leqslant M<1$ 或 $-1\leqslant M<-1/16$ 就是规格化数。执行对阶和规格化操作时，阶码的值增或减 1，尾数必须移 4 位。

判别为规格化数或实现规格化操作，均应使数值的最高三位(以 8 为底)或四位(以 16 为底)中至少有一位与符号位不同。

3. 浮点数除法运算步骤

浮点除法运算的规则如下。

设有两个浮点数 X 和 Y：

$$X=S_x\cdot 2^{Ex}$$
$$Y=S_y\cdot 2^{Ey}$$

则这两个浮点数的商$Z=(S_x\div S_y)\cdot 2^{(Ex-Ey)}$，即商的尾数是相除两数的尾数之商，商的阶码是相除两数的阶码之差。(也有规格化和舍入等步骤，不再详细讨论)。

3.8　计算机的运算部件

3.8.1　定点运算器

定点运算部件是数据的加工处理部件，是 CPU 的重要组成部分，由算术逻辑运算部件 ALU、若干个寄存器、移位电路、计数器、门电路等组成。ALU 部件主要完成加减法算术运算及逻辑运算，其中还应包含有快速进位电路。

3.8.2　浮点运算器

通常由阶码运算部件和尾数运算部件两部分组成。

阶码运算器是一个定点运算部件。它的功能包含阶码大小的比较、执行加减法运算、调整其增量或减量。

尾数部分是一个定点小数运算部件。它的功能包含左移、右移、尾数加减乘除运算。为加速移位过程，有的机器设置了可移动多位的电路。

3.9　常用的数据校验方法

在计算机系统中，数据在读写、存取和传送的过程中可能会产生错误。产生错误的原因可能有很多种，如设备的临界工作状态、外界的高频干扰、收发设备中的间歇性故障等。为减少和避免错误，一方面是通过精心设计各种电路，提高计算即机硬件的可靠性；另一方面是在数据编码上找出路。

数据校验码是指那些能够发现错误或者能够自动纠正错误的数据编码，又称为检错纠错编码。这里用到一个码距的概念。码距指的是一种码制中任意两个码之间的不同位数，有几个位数不同则码距是几。例如，在 101100 和 101101 两个二进制数中，仅有一位不同，称其码距为 1。例如，用四位二进制表示 16 种状态，则 16 种编码都用到了，此时码距为 1，即两个码字之间最少仅有一个二进制位不同。码距为 1 码制，即不能查错也不能纠错。码距越大的码制，查错、纠错能力越强。

具有检错、纠错能力的数据校验码的实质是采用冗余校验方法，即在基本的有效数据外，再扩充部分位，增加部分(冗余部分)被称为校验位。将校验位与数据位一起按某种规则编码，写入存储器或向外发送。当从存储器读出或接收到外部传入的代码时，再按相应的规则进行判读。若约定的规则被破坏，则表示出现错误。根据错误的特征进行修正恢复。常用的数据校验码有奇偶校验码、海明码和循环冗余校验码。

3.9.1　奇偶校验

奇偶校验是一种最简单的数据校验码。奇偶校验法使数据的码距为 2，因而可检出数据传送过程中一位错误(或奇数个数位出错)的情况。实际中两位同时出错的概率极低，奇偶校验法简便可靠易行，但它只能发现错误，却不知错在何处，因而不能自动纠正。但还是一种应用最广的校验方法。常用于存储器读、写检查或 ASCII 字符传送过程中的检查。

奇偶校验码的构成规则是，在每个传送码的左边或右边加上 1 位奇偶校验位“0”或“1”，若是奇校验位，就把每个编码中 1 的个数凑成奇数；若是偶校验位，就把每个编码中 1 的个数凑成偶数。奇偶校验码如图 3.10 所示。

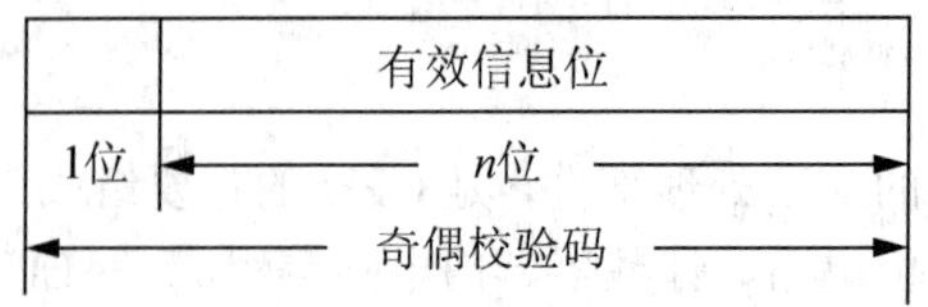

图 3.10 奇偶校验码

奇偶校验码的编码和校验是由专门的电路实现的，常见的并行奇偶统计电路，如图 3.11 所示。这是一个由若干个异或门电路组成的结构，同时给出“奇形成”、“偶形成”、“奇校验出错”和“偶校验出错”等信号。

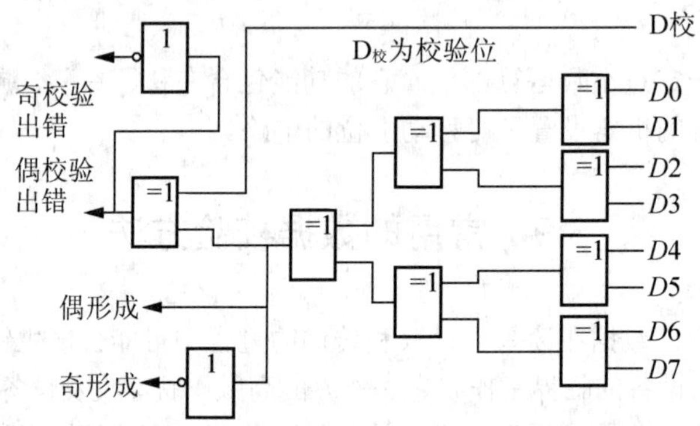

图 3.11 奇偶校验码形成电路及校验码电路

如果采用奇校验，奇校验位形成公式为

$$C=D_7 \oplus D_6 \oplus D_5 \oplus D_4 \oplus D_3 \oplus D_2 \oplus D_1 \oplus D_0$$

如果采用偶校验，偶校验位形成公式为

$$C=D_7 \oplus D_6 \oplus D_5 \oplus D_4 \oplus D_3 \oplus D_2 \oplus D_1 \oplus D_0$$

偶校验出错$=D_{校} \oplus D_7 \oplus D_6 \oplus D_5 \oplus D_4 \oplus D_3 \oplus D_2 \oplus D_1 \oplus D_0$

奇校验出错$=D_{校} \oplus D_7 \oplus D_6 \oplus D_5 \oplus D_4 \oplus D_3 \oplus D_2 \oplus D_1 \oplus D_0$

3.9.2 海明校验

海明码是一种比较常用的纠错码，是 Richard Hamming 于 1950 年提出的。主存的 ECC(Error Correcting Code)采用的就是这类校验码。它实际上是一种多重奇偶校验码。其基本思想是将被检验码分成多个组，每组配备一个奇偶校验位完成该组的奇偶校验位的功能。当被校验码中某一位出错时，将会有相关的多个小组出现奇偶校验错，根据这些组的出错情况便可将错误定位到某一位上从而即可纠正过来。

海明码校验方法以奇偶校验法为基础，其校验位不是一个而是一组。海明码校验方法能够检测出具体错误并纠正。海明码的最低目标是能纠正一位错，因此要求海明码的码距大于或等于 3。

本书只能检测和自动校正一位错，并能发现两位错的海明码的编码原理。此时校验位

的位数 K 和信息位数 N 的关系应满足下列关系：$2^{K-1} \geq N+K+1$。校验位 K 和信息位 N 置的关系如表 3.7 所示。

表 3.7 校验位 *K* 和信息位 *N* 置的关系

N 值	最小 *K* 值
1～3	4
4～10	5
11～25	6
26～56	7
57～119	8

其组成原理是在相应的被传送的数据中加入 r 个校验位，将数据的码距按照一定规则拉长。其中能进行一位纠错形式中的 r 个校验位可以表示 $2r$ 个信息，除一个表示无误信息外，其余 $2r-1$ 个信息可以用来标明错误的具体位置，但由于校验位本身也可能在传送中出错，所以只有 $2r-1-r$ 个信息可用，即 r 位校验码只可表明 $2r-1-r$ 个错误信息或 $2r \geq k+r+1$，k 是被传送数据的位数。

例如，用 4 个校验位能可靠传输 24－1－4＝11 位信息；而要校验 32 位数据则需至少 6 个校验位。

若海明码的最高位号位 m，最低位号位 1，即 $H_m\ H_{m-1}\ \cdots\ H_2\ H_1$，则此海明码的编码规则如下。

(1) 校验位和信息诶之和为 m，每个校验位 P_i 在海明码中被分到位号 2^{i-1} 的位置上，其余各位为信息位。

(2) 海明码的每一位码 H_i(包括数据位和校验位)由多个校验位校验，其关系是被校验的每一位位号要等于校验它的各校验位的位号之和。这样，得到的校验码的结果能正确反映出出错位的位号。

(3) 在增大码距时，应使所有编码的码距尽量均匀地增大，以保证对所有代码的检测能力平衡地提高。

按照以上原则，讨论对一个字节信息进行海明编码和校验的过程。

1. 纠查一位错的编码方法

以 4 个校验位说明纠查一位错的编码方法。

4 个校验位最多可以校验 11 位数据。

设 $D_{10} D_9 D_8 D_7 D_6 D_5 D_4 D_3 D_2 D_1 D_0$ 为 11 个数据位，$P_4 P_3 P_2 P_1$ 分别为 4 个校验码，则编码规则如下。

(1) 海明码的总位数 H 等于数据位与校验位之和。

(2) 每个校验位 P_i 排放在 2^{i-1} 的位置，如 P_4 排放在第 $2^{4-1}=8$ 位，其余数据位依序排列。即

$H_{15}\ H_{14}\ H_{13}\ H_{12}\ H_{11}\ H_{10}\ H_9\ H_8\ H_7\ H_6\ H_5\ H_4\ H_3\ H_2\ H_1$

$D_{10}\ D_9\ D_8\ D_7\ D_6\ D_5\ D_4\ P_4\ D_3\ D_2\ D_1\ P_3\ D_0\ P_2\ P_1$

海明码的每一位用多个校验位一起进行校验，被校验的位号等于校验它的各校验位位号和；各校验位的值为它参与校验的数据位的异或。

各校验位形成公式为

$$P_1 = D_0 \oplus D_1 \oplus D_3 \oplus D_4 \oplus D_6 \oplus D_8 \oplus D_{10} \quad (1)$$
$$P_2 = D_0 \oplus D_2 \oplus D_3 \oplus D_5 \oplus D_6 \oplus D_9 \oplus D_{10} \quad (2)$$
$$P_3 = D_1 \oplus D_2 \oplus D_3 \oplus D_7 \oplus D_8 \oplus D_9 \oplus D_{10} \quad (3)$$
$$P_4 = D_4 \oplus D_5 \oplus D_6 \oplus D_7 \oplus D_8 \oplus D_9 \oplus D_{10} \quad (4)$$

按上述方式 P_i 的取值是采用偶校验时的取值，当采用奇校验时，P_i 则取反。这样 P_i 连同数据位一起形成了海明码的各位。

例如，对一个 8 位的字节组成的数据，如果要能发现 2 位错，并发现和纠正 1 位错，则查表 3.6 可知校验位需要有 5 位，即整个海明码为 13 位，可以表示为 $H_{13}H_{12}H_{11}\cdots H_1$。

5 位校验位 P_5～P_1 对应的海明码位号分别是 H_{13}、H_8、H_4、H_2 和 H_1。(P_5 只能用 H_{13} 表示，因为它已经是海明码的最高位了)。也就是说，按上述规则(1)，海明编码中，校验位和数据位的关系是 $P_5\,D_8\,D_7\,D_6\,D_5\,P_4\,D_4\,D_3\,D_2\,P_3\,D_1\,P_2\,P_1$

校验位 $P_i(i=1\sim4)$的偶校验的结果为

$$P_1 = D_1 \oplus D_2 \oplus D_4 \oplus D_5 \oplus D_7$$
$$P_2 = D_1 \oplus D_3 \oplus D_4 \oplus D_6 \oplus D_7$$
$$P_3 = D_2 \oplus D_3 \oplus D_4 \oplus D_8$$
$$P_4 = D_5 \oplus D_6 \oplus D_7 \oplus D_8$$

在上面的 4 个式子中，不同信息为出现在 P_i 中的次数是不一样的，其中 D_1、D_2、D_3、D_5、D_6、D_8 出现了两次，D_4、D_7 出现了 3 次，这样使不同代码的海明码的码距不一样，为此，再补充一位校验位 P_5，使得

$$P_5 = D_1 \oplus D_2 \oplus D_3 \oplus D_5 \oplus D_6 \oplus D_8$$

这样，每一位信息为均匀地出资按在 3 个 P_i 值的形成关系中。当任何一位信息位发生变化时，将会引起 3 个 P_i 值的变化。

2. 检查纠错

海明码数据传送到接收方后，再将各校验位的值与它所参与校验的数据位的异或结果进行异或运算。 运算结果称为校验和。以 4 个校验位进行说明，校验和共有 4 个。

对偶校验来说，如果校验和不为零则传输过程中间有错误。而错误的具体位置则由 4 个校验和依序排列后直接指明。如果 4 个校验和 $S_4S_3S_2S_1$ 依序排列后等于$(1001)_2=(9)_{10}$时，就表明海明码的第 9 位也就是 D_4 发生了错误，此时只要将 D_4 取反，也就纠正了错误。

校验和 S_i 的表达式为

$$S_1 = D_0 \oplus D_1 \oplus D_3 \oplus D_4 \oplus D_6 \oplus D_8 \oplus D_{10} \oplus P_1$$
$$S_2 = D_0 \oplus D_2 \oplus D_3 \oplus D_5 \oplus D_6 \oplus D_9 \oplus D_{10} \oplus P_2$$
$$S_3 = D_1 \oplus D_2 \oplus D_3 \oplus D_7 \oplus D_8 \oplus D_9 \oplus D_{10} \oplus P_3$$
$$S_4 = D_4 \oplus D_5 \oplus D_6 \oplus D_7 \oplus D_8 \oplus D_9 \oplus D_{10} \oplus P_4$$

当采用偶校验方式传送数据正确时，校验和 S_1～S_4 的值分别都为 0；当采用奇校验方式传送数据正确时，校验和 S_1～S_4 的值分别都为 1。如果校验和不为上述值时，传送就发生了错误。传送正确时校验和的值为 0，如果不等于 0，则是几就是第几位出错，是 7 则是第 7 位出错，此时将其取反即可纠正错误。

【例 3.37】设有一个 8 位的信息 10101100，试求海明编码的生成和校验过程。

解：编码生成。

校验码长度为 5，按偶校验有：

$$P_1=0\oplus0\oplus1\oplus0\oplus0=1$$
$$P_2=0\oplus1\oplus1\oplus1\oplus0=1$$
$$P_3=0\oplus1\oplus1\oplus1=1$$
$$P_4=0\oplus1\oplus0\oplus1=0$$
$$P_5=0\oplus0\oplus1\oplus0\oplus1\oplus1=1$$

以此的二进制表示的海明码为

1　1　0　1　0　0　1　1　0　1　0　1　1

校验码在海明码中的位置由下画线表示。

3. 校验

若上述海明码的(D_7)位在传输后发生了错误，原码发生了变化变为

1　1　1　1　0　0　1　1　0　1　0　1　1

出错，此时只要将 D_7 取反，也就纠正了错误。

错误码：1　1　1　1　0　0　1　1　0　1　0　1　1

↓

纠正后：1　1　0　1　0　0　1　1　0　1　0　1　1

纠错的过程很简单，就是将接收到的码重新进行偶校验得 4 个校验和 $S_5S_4S_3S_2S_1$ 为 01011，$(01011)_2=(11)_{10}$，即 $H_{11}(D_7)$出错。

3.9.3　循环冗余校验

循环冗余校验码(CRC Cyclic Redundancy Check)是除了奇偶校验和海明码外，目前在计算机网络、同步通信系统中广泛采用的一种校验码。

循环冗余校验码由两部分组成，左边是信息位，右边是校验位；若信息位是 k 位，校验位就占 r 位，则总的循环冗余校验码的长度为 $n=k+r$ 位。故该校验码也称(n，k)码。附加校验位是由信息码产生的，校验位越长，校验能力越强。循环冗余校验码的编码格式如图 3.12 所示。

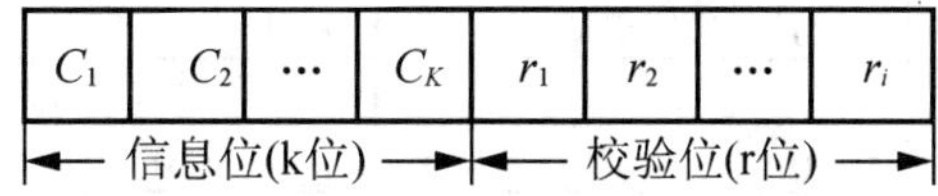

图 3.12　循环冗余校验码的编码格式

1. CRC 码的编码方法

假设被传送的 k 位有效二进制信息位用 $C(x)$表示， 系统选定的生成多项式用 $G(X)$表示，将 $C(x)$左移 $G(X)$的最高次幂(即等于需要添加的校验位的位数 r)，写作 $C(x)\cdot 2^r$，然后将其 $C(x)\cdot 2^r$ 除以生成多项式 $G(x)$，所得商用 $Q(x)$表示，余数用 $R(x)$表示。则

$$C(x)\cdot 2^r / G(x)=Q(x)+R(x)/G(x)$$

两边同时乘以 $G(x)$并左移 $R(x)$得到：

$$C(x)\cdot 2^r - R(x) = Q(x)\cdot G(x)$$

由于 CRC 编码采用的加、减法是按位加减法，即不考虑进位与借位，运算规则为

$$0\pm0=0,\ 0\pm1=1,\ 1\pm0=1,\ 1\pm1=0$$

故有

$$C(x)\cdot 2^r + R(x) = Q(x)\cdot G(x)$$

上式中，等式左边即为所求的 n 位 CRC 码，其中余数表达式 $R(x)$就是校验位(r 位)。且等式两边都是 $G(x)$的倍数。

发送信息时将等式左边生成的 n 位 CRC 码送给对方。当接收方接到 n 位编码后，同样除以 $G(x)$，如果传输正确则余数为 0，否则则可以根据余数的数值确定是哪位数据出错。

【例 3.38】 有一个(7，4)码(即 CRC 码为 7 位，信息码为 4 位)，已确定生成多项式为 $G(X)=X^3+X^1+1=1011$，被传输的信息 $C(x)=1001$，求 $C(x)$的 CRC 码。

解：$C(x)$左移 $r=n-k=3$ 位得 1001000，**即** $C(X)\cdot 2^r=1001\cdot 2^3=1001000$。

将上式模 2 采用除法，除以给定的 $G(x)=1011$：

$$1001000/1011=1010+110/1011$$

得到余数表达式

$$R(x)=110$$

所求 CRC 码为

$$C(X)\cdot 2^3+R(X)=1001000+110=1001110$$

2. CRC 的译码与纠错

将收到的循环校验码用约定的生成多项式 $G(x)$去除，如果码字无误则余数应为 0，如有某一位出错，则余数不为 0，不同位数出错余数不同。通过例 3.38 求出其出错模式如表 3.8 所示、更换不同的待测码字可以证明：余数与出错位的对应关系是不变的，只与码制和生成多项式有关，因此表 3.8 给出的关系可作为(7，4)码的判别依据对于其他码制或选用其他生成多项式，出错模式将发生变化。

表 3.8　(7，4)CRC 码出错模式

生成多项式 $G(x)=1011$

CRC	A_7	A_6	A_5	A_4	A_3	A_2	A_1	余数	出错
正确	1	0	0	1	1	1	0	000	
某一位出错	1	0	0	1	1	1	1	001	A_1
	1	0	0	1	1	0	0	010	A_2
	1	0	0	1	0	1	0	100	A_3
	1	0	0	0	1	1	0	011	A_4
	1	0	1	1	1	1	0	110	A_5
	1	1	0	1	1	1	0	111	A_6
	0	0	0	1	1	1	0	101	A_7

如果循环码有一位出错，用 $G(x)$做模 2 除将得到一个不为 0 的余数。如果对余数补 1 个 0 继续除下去，将发现一个现象，各次余数将按表 3.8 顺序循环。例如，第 7 位出错，余数将为 001，补 0 后再除，第二次余数为 010，以后依次为 100，011……反复循环，这是一个有价值的特点。如果在求出余数不为 0 后，一边对余数补 0 继续做模 2 除，同时让

被检错的校验码字循环左移。表 3.7 说明当出现余数 101 时，出错位也移到 A_1 位置。可通过异或门将它纠正后在下一次移位时送回 A_1。继续移满一个循环(对 7，4 码共移 7 次)，就得到一个纠正后的码字。这样就不必像海明校验那样用译码电路对每一位提供纠正条件。当位数增多时循环码校验能有效地降低硬件代价。

表 3.7 详细说明了 CRC 码 1001110 在传送时某一位出错后的判断与纠正方法[$C(x)$=1001、$G(x)$=1011]。

3. 生成多项式 $G(x)$的确定

$G(x)$是一个约定的除数，用来产生校验码。从检错和纠错的要求出发，它并不是随意选择的，它应满足下列要求。

(1) 任何一位发生错误都应使余数不为 0。

(2) 不同位发生错误应使余数不同。

(3) 余数继续模 2 除，应使余数循环。

在计算机和通信系统中，广泛使用下述两种标准。

国际电报电话咨询委员会 CCITT 推荐：

$$G(X)=X^{16}+X^{15}+X^{2}+1$$

美国电气和电子工程师协会 IEEE 推荐：

$$G(X)=X^{16}+X^{12}+X^{5}+1$$

本 章 小 结

计算机中的数据分为数值型数据和非数值数据，数值包括十进制、二进制、八进制、十六进制等，非数值数据主要包括 ASCII 码，汉字的编码。在数值数据中各进制数据之间比较大小关系可以通过转换成同一进制进行比较。

数的真值变成机器码时有 4 种表示方法：原码表示法、反码表示法、补码表示法和移码表示法。其中移码表示法主要用在表示浮点数的阶码 E，以利于比较两个指数的大小和对阶操作。

实数有整数部分也有小数部分，有定点表示法和浮点表示法两种。实数机器数的小数点的位置是隐含规定的。若约定小数点的位置是固定的，这就是定点表示法；若给定小数点的位置是可以变动的，则成为浮点表示法。

在运算方法中带符号数的二进制定点、浮点算术运算通常采用补码加、减法，原码乘除或补码乘除法，为提高运算速度采用阵列乘法的技术。

计算机系统中，数据在读写、存取和传送的过程中可能会产生错误。为减少和避免错误可采用一定的编码方式加以纠错。常用的数据校验码有奇偶校验码、海明码和循环冗余校验码。

习 题

一、选择题

1. 下列数中最小的数是________。

A. $(1010010)_2$　　B. $(00101000)_B$　　C. $(512)_8$　　D. $(235)_{16}$

2. 某机字长16位，采用定点整数表示，符号位为1位，尾数为15位，则可表示的最小负整数为________。

A. $+(2^{15}-1)$，$-(2^{15}-1)$　　B. $+(2^{15}-1)$，$-(2^{16}-1)$

C. $+(2^{14}-1)$，$-(2^{15}-1)$　　D. $+(2^{15}-1)$，$-(1-2^{15})$

3. 若$[x]_反$=1.1011，则x=(　　)。

A. −0.0101　　B. −0.0100　　C. 0.1011　　D. −0.1011

4. 两个补码数相加，采用1位符号位，当________时表示结果溢出。

A. 符号位有进位

B. 符号位进位和最高数位进位异或结果为0

C. 符号位为1

D. 符号位进位和最高数位进位异或结果为1

5. 运算器的主要功能时进行________。

A. 逻辑运算　　B. 算术运算

C. 逻辑运算和算术运算　　D. 只作加法

6. 运算器虽有许多部件组成，但核心部件是________。

A. 数据总线　　B. ALU　　C. 多路开关　　D. 累加寄存器

7. 在定点二进制运算中，减法运算一般通过________来实现。

A. 原码运算的二进制减法器

B. 补码运算的二进制减法器

C. 补码运算的十进制加法器

D. 补码运算的二进制加法器

8. 下面浮点数运算器的描述中正确的是________。

A. 浮点运算器可用阶码部件和尾数部件实现

B. 阶码部件可实现加减乘除四种运算

C. 阶码部件只进行阶码加减和比较操作

D. 尾数部件只进行乘法和减法运算

二、填空题

1. 补码加减法中，符号位作为数的一部分参加运算，________要丢掉。

2. 用ASCII码表示一个字符通常需要________位二进制数码。

3. 为判断溢出采用双符号位补码，此时正数的符号用________表示，负数的符号用________表示。

4. 采用单符号位进行溢出检测时，若加数与被加数符号相同，而运算结果的符号与操作数的符号________，则表示溢出；当加数与被加数符号不同时，相加运算的结果________。

5. 在减法运算中，正数减负数可能产生溢出，此时的溢出为________溢出；负数减________可能产生溢出，此时的溢出为________溢出。

6. 原码一位乘法中，符号位与数值位________，运算结果的符号位等于________。

7. 一个浮点数，当其补码尾数右移一位时，为使其值不变，阶码应该________。

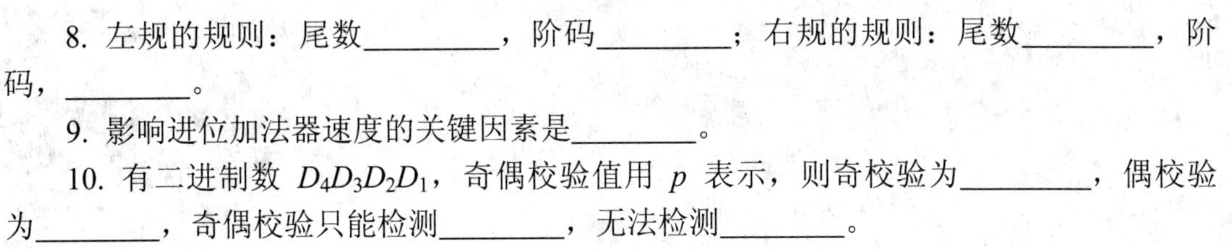

8. 左规的规则：尾数________，阶码________；右规的规则：尾数________，阶码，________。

9. 影响进位加法器速度的关键因素是________。

10. 有二进制数 $D_4D_3D_2D_1$，奇偶校验值用 p 表示，则奇校验为________，偶校验为________，奇偶校验只能检测________，无法检测________。

三、计算题

1. 两浮点数相加，$X=2^{010}\cdot 0.11011011$，$Y=2^{100}\cdot(-0.10101100)$，求 $X+Y$。

2. 设阶码取 3 位，尾数取 6 位(均不包括符号位)，按浮点补码运算规则

计算 $\left[2^5\times\frac{9}{16}\right]+\left[2^4\times(-\frac{11}{16})\right]$。

3. 将十进制数＋107/128 化成二进制数、八进制数和十六进制数

4. 已知 $X=-0.01111$，$Y=+0.11001$，求$[X]_补$，$[-X]_补$，$[Y]_补$，$[-Y]_补$，$X+Y$，$X-Y$。

5. 有两个浮点数 $x=2^{(+01)_2}\times(-0.111)_2$　　$Y=2^{(+01)_2}\times(+0.101)_2$，设阶码 2 位，阶符 1 位，数符 1 位，尾数 3 位，用补码运算规则计算 $x-y$ 的值

6. 已知被校验的数据为 101101，求其海明校验码。

提示：先决定校验位的位数 $r=4$，然后根据编码规则决定海明校验位的位置和数据位的位置，最后用偶校验法求出校验位的值。答案应为 1011100100。

7. 已知被检信息为 1010，选择的生成多项式是 $G(x)$为 x^3+x+1，求 CRC 校验码，并求循环余数，说明其校验原理。

四、简答题

1. 试比较定点带符号数在计算机内的 4 种表示方法。

2. 试述浮点数规格化的目的和方法。

3. 在检错码中，奇偶校验法能否定位发生错误的信息位？是否具有纠错功能？

4. 简述循环冗余码(CRC)的纠错原理。

5. 说明海明码能实现检错纠错的基本原理，为什么能发现并改正一位错、也能发现二位错？校验位和数据位在位数上应满足什么条件？

主 存 储 器

学习目标

了解存储器的发展历史、存储器的应用领域。
了解存储器的发展趋势和理论知识。
掌握存储器的定义、分类和功能。
掌握半导体存储系统的组成。
理解半导体存储系统的各级结构。

知识结构

本章知识结构如图 4.1 所示。

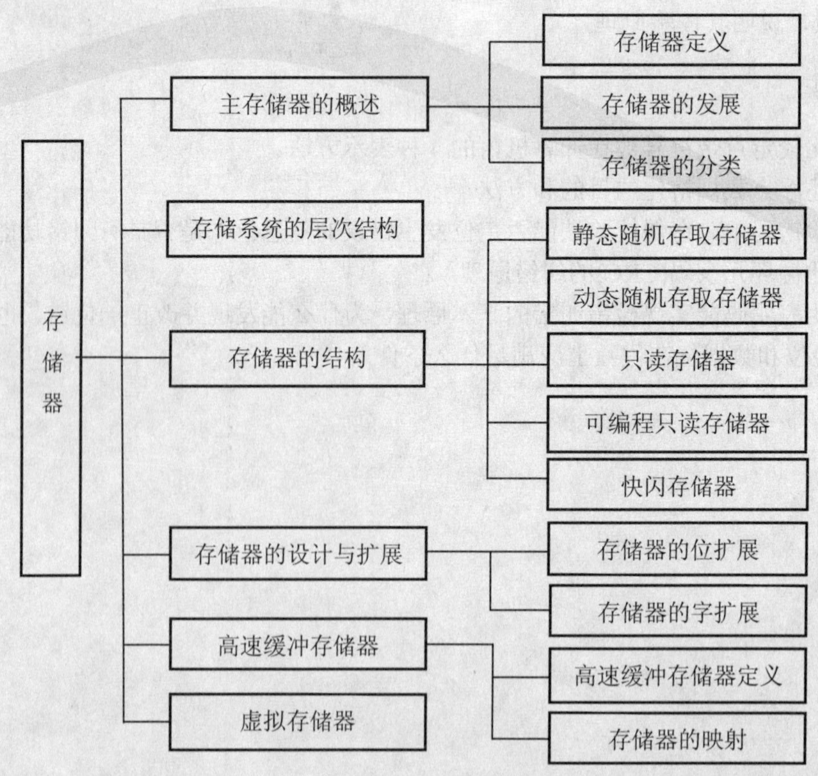

图 4.1 主存储器知识结构

导入案例

手机存储器及未来发展趋势

随着彩色手机、照相手机的普及，手机上所附加的多媒体应用越来越多。在多媒体部分，一开始为彩色图像桌面、和弦铃声到相机拍照后的照片；在动态影音部分有 JAVA 游戏、影音短片(Video Clips)、影音串流(Video Streaming)等，手机上的多媒体应用越来越多，使得储存这些影音资料的存储器需求也就越来越大。以存储器在手机用半导体产值比重来看，在 2005 年，存储器约占整体手机晶片产值的 18.3%，到了 2008 年，存储器占整体手机晶片产值增长至 21.6%，为手机用半导体增长比例最高者。而目前手机上的存储器正向着大容量、高速度、低耗能、低成本、小体积五大方向发展。

1. 各类型存储器容量的推测

手机存储器容量的大小与手机所提供的多媒体应用息息相关，若手机仅提供语音功能，存储器仅需搭配 1 ~ 2MB Low Power SRAM 和 8MB NOR Flash。随着 SMS、MMS 资料的增加，在 Low Power SRAM 及 NOR Flash 的容量上也逐渐扩大；彩色手机、照相手机必须提供多媒体的储存，存储器的搭配则需要达到 16 ~ 32MB Low Power SRAM 和 64 ~ 128MB NOR Flash；而音乐手机、电视手机的存储器需求更高，除了 32～64MB Low Power SRAM 及 128M ~ 256MB NOR Flash 之外，还会再加入 Pseudo SRAM 和 NAND Flash。

2. 低成本的技术

在挥发性存储器上，Low Power SRAM 为 6 个电晶体结构，体积大、成本高，尤其高容量产品的单价过高；而非挥发性存储器则可通过编程改进、降低存储器的成本。因此，在相同硅制工程技术下，生产相同容量的存储器，用 MLC 技术所生产的产品单价会比用 SLC 技术所生产的产品单价要低。

3. 小体积的技术

随着手机多媒体的应用使得手机上存储器的需求逐渐扩大，但手机本身的设计趋向于轻薄短小，多晶片封装(Multi-Chip Packaging; MCP)可以缩小手机上存储器的体积，达到节省空间的效果。存储器多晶片封装主要是节省存储器的大小，对于成本的影响不大。过去手机存储器必须储存手机开机时的程序及暂存资料，存储器需求为 NOR Flash 及 Low Power RAM，但随着多功能手机的普及，手机多媒体应用的增加，使手机开机时必须更快地读取更多东西，储存更多的影音档案，需要更大的暂存空间，因此 NOR Flash 的容量不断增大、NAND Flash 也开始以内建或外插卡的方式加入手机中、缓冲体容量增大，使 Pseudo SRAM 的需求逐渐进入 Low Power SRAM 的市场。

而手机用存储器的发展趋势最重要的莫过于多晶片封装，多晶片封装符合手机轻薄短小的发展，但多晶片封装必须有稳定的存储器特性，对存储器品质要求也较高。

4.1 主存储器的概述

存储器(Memory)是计算机系统中用来存放程序和数据的记忆部件。主存储器(Main memory)

简称主存，是计算机硬件系统中的一个重要部件。其作用是存放指令和数据，并由中央处理器(CPU)直接进行存取。

在当代计算机系统中，存储器处于中心地位，其根本原因有以下几点。

(1) 由于计算机正在执行的程序和数据均由存储器存放，CPU 直接从存储器取指令或取操作数。

(2) 随着计算机系统设备数量的增多，为了加快数据的传送速度，采用直接存取存储器(DMA)技术和输入输出通道(IOP)技术，在内存与输入输出(I/O)系统之间实现直接、快速、大容量的传送数据。

(3) 通过共享存储器处理机操作可以实现存储器存放程序和数据，并在处理机之间实现通信，从而加强存储器作为全机中心的作用。

由于中央处理器(CPU)都是由高速器件组成，不少指令的执行速度基本上由主存的速度决定。因此，提高计算机执行能力、丰富系统软件的应用范围，都与主存的技术发展密切相关。CPU 通过使用 AR(地址寄存器)、DR(数据寄存器)和总线与主存进行数据传送。为了从存储器中取一个信息字，CPU 必须指定存储器字地址并进行“读”操作。CPU 需要把信息率的地址送到 AR，经地址总线送往主存；同时，CPU 应用控制线 read 发一个“读”请求；此后，CPU 等待从主存发来的回答信号通知 CPU“读”操作完成、主存通过 ready 线做出回答，若 ready 信号为“1”，说明存储器的内容已经读出，并放在数据总线上，送入 DR，这时“取”数操作完成。

为了“存”一个字到主存，CPU 先将信息在主存中的地址经 AR 送到地址总线，并将信息字送入 DR，同时发出“写”命令，CPU 等待写操作完成信号；主存从数据总线接收到信息字并按地址总线指定的地址存储，然后经 ready 控制线发回存储器操作完成信号、这时“存”数操作完成。主存的原理结构如图 4.2 所示。

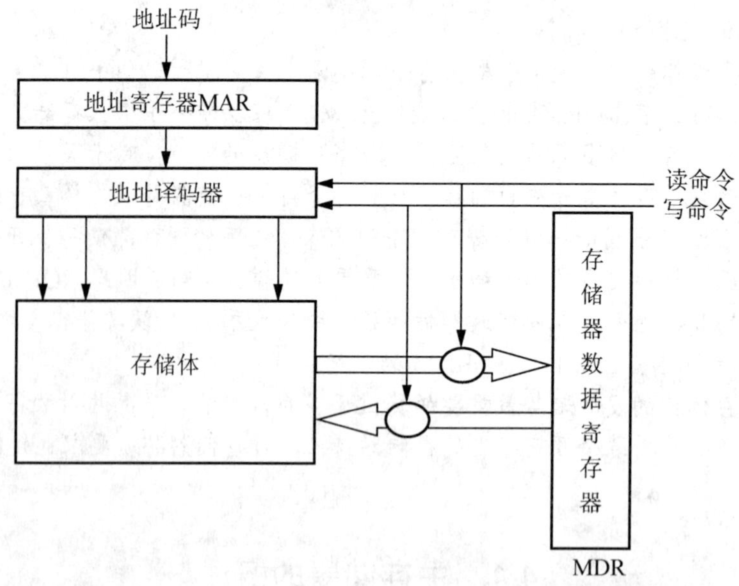

图 4.2　主存原理结构

4.2 主存储器分类与层次结构

随着计算机的发展，存储器在系统中的地位越来越重要。由于超大规模集成电路的制作技术使 CPU 的速率变得惊人，而存储器的存数和取数的速度与它很难适配，这使计算机系统的运行速度在很大程度上受到存储器速度的制约。存储器是信息存放的载体，是计算机系统的重要组成部分。只有通过存储器，才能把计算机要进行处理和计算的数据以及程序存入计算机，使计算机能脱离人的直接干预自动工作。

4.2.1 存储器的分类

存储器一般分为内存储器(内存)和外存储器(外存)。内存的种类是非常多的，如从能否写入的角度来看，就可以分为 RAM(Random Access Memory，随机存取存储器)和 ROM(Read Only Memory，只读存储器)这两大类。其中 RAM 的特点是开机时操作系统和应用程序的所有正在运行的数据和程序都会放置其中，并且随时可以对存放在里面的数据进行修改和存取。它的工作需要由持续的电力提供，一旦系统断电，存放在里面的所有数据和程序都会自动清空，并且无法恢复。

1. 随机存取存储器

随机存取存储器(RAM)：既能读出又能写入的半导体存储器。随机存储器(又称读写存储器)指通过指令可以随机地、个别地对各个存储单元进行访问，访问所需时间一般基本固定，与存储单元地址无关。在计算机系统中，不论是大、中、小型及微型计算机的主存主要都采用随机存储器。根据组成元件的不同，RAM 内存又分为以下 18 种。

(1) DRAM(Dynamic RAM，动态随机存取存储器)：最普通的 RAM，一个电子管与一个电容器组成一个位存储单元，DRAM 将每个内存位作为一个电荷保存在位存储单元中，用电容的充放电来完成储存动作，但因电容本身有漏电问题，因此必须每几微秒就要刷新一次，否则数据会丢失。存取时间和放电时间一致，约为 2～4ms。因为成本比较便宜，通常都用做计算机内的主存。

(2) SRAM(Static RAM 静态随机存取存储器)：内存里面的数据可以长驻其中而不需要随时进行存取。用 6 个电子管组成一个位存储单元，因为没有电容器，因此无须不断充电即可正常运作，它可以比一般的动态随机处理内存处理速度更快更稳定，往往用来做高速缓冲存储器。

(3) VRAM(Video RAM，视频内存)：主要功能是将显示卡的视频数据输出到数模转换器中，有效降低绘图显示芯片的工作负担。它采用双数据口设计，其中一个数据口是并行式的数据输出入口，另一个是串行式的数据输出口。多用于高级显卡中的高档内存。

(4) FPM DRAM(Fast Page Mode DRAM，快速页切换模式动态随机存取存储器)：改良版的 DRAM，大多数为 72Pin 或 30Pin 的模块。传统的 DRAM 在存取一位数据时，必须送出行地址和列地址各一次才能读写数据。而 FRM DRAM 在触发了行地址后，如果 CPU 需要的地址在同一行内，则可以连续输出列地址而不必再输出行地址。由于一般的程序和数

据在内存中排列的地址是连续的，这种情况下输出行地址后连续输出列地址就可以得到所需要的数据。FPM 将记忆体内部隔成许多页数(pages)，从 512B 到几 KB 不等，在读取一连续区域内的数据时，就可以通过快速页切换模式来直接读取各页内的资料，从而大大提高读取速度。在 1996 年以前，在 486 时代和 Pentium 时代的初期，FPM DRAM 被大量使用。

(5) BEDO DRAM(Burst Extended Data Out DRAM，爆发式延伸数据输出动态随机存取存储器)：改良型的 EDO DRAM，在芯片上增加了一个地址计数器来跟踪下一个地址。它是突发式的读取方式，也就是当一个数据地址被送出后，剩下的 3 个数据每一个都只需要一个周期就能读取，因此一次可以存取多组数据，速度比 EDO DRAM 快。但支持 BEDO DRAM 内存的主板可谓少之又少，只有极少几款提供支持(如 VIA、APOLLO、VP2)，因此很快就被 DRAM 取代了。

(6) EDO DRAM(Extended Data out DRAM，延伸数据输出动态随机存取存储器)：继 FPM 之后出现的一种存储器，一般为 72Pin、168Pin 的模块。它不需要像 FPM DRAM 那样在存取每一位数据时必须输出行地址和列地址并使其稳定一段时间，然后才能读写有效的数据，而下一个位的地址必须等待这次读写操作完成才能输出。因此可大大缩短等待输出地址的时间，其存取速度一般比 FPM 模式快 15%左右。它一般应用于中档以下的 Pentium 主板标准内存，后期的 486 系统开始支持 EDO DRAM，到 1996 年后期，EDO DRAM 开始执行。

(7) MDRAM(Multi-Bank DRAM，多插槽动态随机存取存储器)：MoSys 公司提出的一种内存规格，其内部分成数个类别不同的小储存库(BANK)，即由数个独立的小单位矩阵所构成，每个储存库之间以高于外部的资料速度相互连接，一般应用于高速显示卡或加速卡中，也有少数主机用于 L2 高速缓冲存储器中。

(8) WRAM(Window RAM，窗口随机存取存储器)：Samsung 公司开发的内存模式，是 VRAM 内存的改良版，不同之处是它的控制线路有数十组的输入/输出控制器，并采用 EDO 的资料存取模式，因此速度相对较快，另外还提供了区块搬移功能，可应用于专业绘图工作上。

(9) RDRAM(Rambus DRAM，高频动态随机存取存储器)：Rambus 公司独立设计完成的一种内存模式，速度一般可以达到 500～530MB/s，是 DRAM 的 10 倍以上。但使用该内存后内存控制器需要作相当大的改变，因此它们一般应用于专业的图形加速适配卡或者电视游戏机的视频内存中。

(10) SDRAM(Synchronous DRAM，同步动态随机存取存储器)：一种与 CPU 实现外频时钟同步的内存模式，一般都采用 168Pin 的内存模组，工作电压为 3.3V。所谓时钟同步是指内存能够与 CPU 同步存取资料，这样可以取消等待周期，减少数据传输的延迟，因此可提升计算机的性能和效率。

(11) SGRAM(Synchronous Graphics RAM，同步绘图随机存取存储器)：SDRAM 的改良版，它以区块 Block，即每 32bit 为基本存取单位，个别地取回或修改存取的资料，减少内存整体读写的次数，另外还针对绘图需要而增加了绘图控制器，并提供区块搬移功能，效率明显高于 SDRAM。

(12) SB SRAM(Synchronous Burst SRAM，同步爆发式静态随机存取存储器)：一般的SRAM是非同步的，为了适应CPU越来越快的速度，需要使它的工作时序与系统同步，这就是SB SRAM产生的原因。

(13) PB SRAM(Pipeline Burst SRAM，管线爆发式静态随机存取存储器)：CPU外频速度的迅猛提升对与其相搭配的内存提出了更高的要求，管线爆发式SRAM取代同步爆发式SRAM成为必然的选择，因为它可以有效地延长存取时钟脉冲，从而有效提高访问速度。

(14) DDR SDRAM(Double Data Rate，二倍速率同步动态随机存取存储器)：作为SDRAM的换代产品，它具有两大特点，其一是速度比SDRAM有一倍的提高，其二是采用了DLL(Delay Locked Loop，延时锁定回路)提供一个数据滤波信号。这是目前内存市场上的主流模式。

(15) SLDRAM (Synchronize Link，同步链环动态随机存取存储器)：一种扩展型SDRAM结构内存，在增加了更先进同步电路的同时，还改进了逻辑控制电路，不过由于技术限制，投入应用的难度较大。

(16) CDRAM(Cache DRAM，同步缓存动态随机存取存储器)：三菱电气公司首先研制的存储器，它是在DRAM芯片的外部插针和内部DRAM之间插入一个SRAM作为二级缓冲存储器使用。当前，几乎所有的CPU都装有一级缓冲存储器来提高效率，随着CPU时钟频率的成倍提高，缓冲存储器不被选中对系统性能产生的影响将会越来越大，而CDRAM所提供的二级缓冲存储器正好用以补充CPU一级缓冲存储器之不足，因此能极大地提高CPU效率。

(17) DDRII (Double Data Rate Synchronous DRAM，第二代同步双倍速率动态随机存取存储器)：DDR原有的SLDRAM联盟于1999年解散后将既有的研发成果与DDR整合之后的未来新标准。DDRII的详细规格目前尚未确定。

(18) DR DRAM (Direct Rambus DRAM)：下一代的主流内存标准之一，由Rambus公司所设计发展出来，是将所有的引脚都连接到一个共同的Bus，这样不但可以减少控制器的体积，也可以增加资料传送的效率。

2. 只读存储器

只读存储器(ROM)所存储的内容是固定不变的，是只能读出而不能写入的半导体存储器。它通常用于存放固定不变的程序、字符、汉字字型库及图形符号等。由于它和读写存储器共享主存的相同地址空间，因此仍属于主存的一部分。ROM是线路最简单的半导体电路，通过掩模工艺，一次性制造，在元器件正常工作的情况下，其中的代码与数据将永久保存，并且不能够进行修改。一般应用于微型计算机系统的程序码、主机板上的BIOS(Basic Input/Output System，基本输入/输出系统)等。它的读取速度比RAM慢很多。根据组成元件的不同，ROM内存又分为以下5种。

(1) MASK ROM(掩模型只读存储器)：制造商为了大量生产ROM内存，需要先将有原始数据的ROM或EPROM作为样本，然后再大量复制，这一样本就是MASK ROM，而刻录在MASK ROM中的资料永远无法做修改。它的成本比较低。

(2) PROM(Programmable ROM，可编程只读存储器)：可以用刻录机将资料写入的 ROM 内存，但只能写入一次，所以也被称为“一次可编程只读存储器(One Time Programming ROM，OTP-ROM)”。PROM 在出厂时，存储的内容全为 1，用户可以根据需要将其中的某些单元写入数据 0(部分的 PROM 在出厂时的数据全为 0，则用户可以将其中的部分单元写入 1)，以实现对其“编程”的目的。

(3) EPROM(Erasable Programmable，可擦可编程只读存储器)：具有可擦除功能，擦除后即可进行再编程的 ROM 内存，写入前必须先把里面的内容用紫外线照射它的 IC 卡上的透明视窗的方式来清除掉。这一类芯片比较容易识别，其封装中包含有“石英玻璃窗”，一个编程后的 EPROM 芯片的“石英玻璃窗”一般使用黑色不干胶纸盖住，以防止遭到阳光直射。

(4) EEPROM(Electrically Erasable Programmable，电可擦除可编程只读存储器)：功能与使用方式与 EPROM 一样，不同之处是清除数据的方式，它是以约 20V 的电压来进行清除的。另外它还可以用电信号进行数据写入。这类 ROM 内存多应用于即插即用接口中。

(5) Flash Memory：可以直接在主机板上修改内容而不需要将 IC 卡拔下的内存，当电源关掉后储存在里面的资料并不会流失，在写入资料时必须先将原本的资料清除掉，然后才能再写入新的资料，缺点为写入资料的速度太慢。

3. 存储器的功能

(1) 存取方式：随机存储器与存取时间和存储单元的物理位置无关。对信息的存取包括两个逻辑操作，直接指向整个存储器的一个区域(磁道或磁头)，接着对这一小部分区域顺序存取，如磁表面存储器的磁盘存储器。如果只能按某种顺序来存取，与存取时间和存储单元的物理位置有关，这种存储器称为顺序存储器。顺序存取存储器是完全的串行访问存储器，信息以顺序存取的方式从存储器的起始端开始写入(或读出)，如磁带。

(2) 存储介质：目前主要采用半导体器件和磁性材料。半导体存储器是用半导体器件组成的存储器；磁表面存储器是用磁性材料做成的存储器。

(3) 系统中的作用：存储器可分为外部存储器、内部存储器；又可分为主存储器、高速缓冲存储器(缓存)、控制存储器、辅助存储器(辅存)。主存速度高、容量小、价格高。辅存速度慢、容量大、价格低。缓存则处于两个工作速度不同的部件之间，在交换信息的过程中起到缓冲作用。

(4) 信息易失性：断电后信息消失的存储器，称为易失性存储器。断电之后仍保存信息的，成为非易失性存储器。

4.2.2 存储器分级

1. 存储器的体系组成

计算机对存储器的基本要求是容量大、速度快、成本低，出错少，平均无故障间隔时间要长。但是要想实现在一个存储器中同时兼顾这些指标是很困难的。为了解决存储器的容量、速度和价格之间的矛盾，人们除了不断研制新的存储器件和改进存储性能外，还从存储系统体系上研究合理的结构模式，如图 4.2 所示。如果把多种类型的存储器有机地组成存储体系，就能很好地解决以上问题。存储体的分级结构如图 4.3 所示。

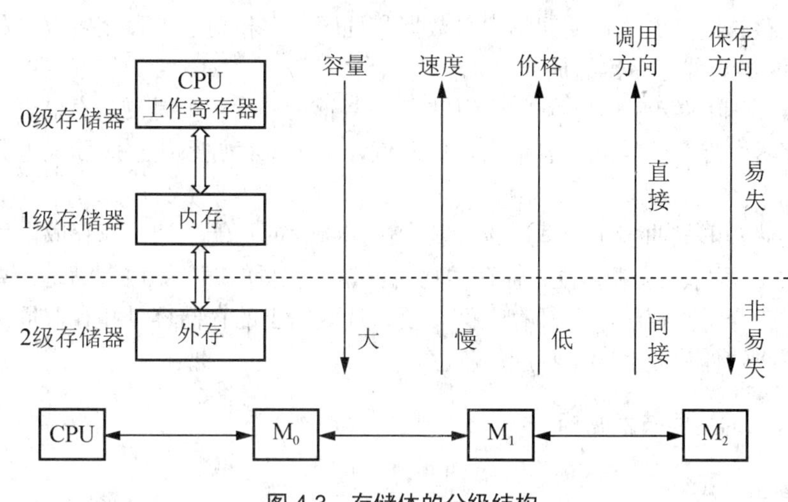

图 4.3 存储体的分级结构

2. 存储系统的多级层次结构

在计算机系统中通常采用多级存储器。目前，在计算机系统中常采用三级层次结构来构成存储系统，主要由主存、缓存和辅存组成。存储系统的多级层次结构如图 4.4 所示。

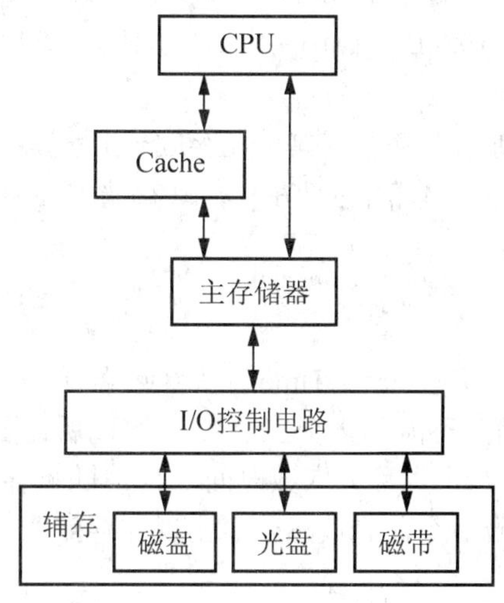

图 4.4 存储系统的多级层次结构

主存—辅存的层次结构解决了存储器的容量要求和成本之间的矛盾。在速度方面，由于计算机的主存和 CPU 始终保持大约一个数量级的差距。为了缩短差距，仅采用一种单一工艺制造的存储器是远远不够的，必须从计算机系统组织和结构方面进行研究。缓存是解决存取速度的关键技术。在 CPU 和主存之间设置缓存，实现主存—高速缓存层次，要求解决 CPU 与缓存之间速度的匹配问题。

CPU 可以直接访问内存，包括高速缓存和主存。CPU 不能直接访问外存储器，外存储器的信息必须通过内存储器才能被 CPU 接收并处理。

高速缓存是半导体小容量的存储器。在计算机系统中，为了提高计算机的处理速度，利用高速缓存高速存取指令和数据。和主存相比，它具有存取速度快，容量接近于主存的优点。

主存用于存放计算机运行期间的大量数据和程序。它和高速缓存交换数据和指令。主存储器由 MOS 半导体存储器组成。

外存储器(或辅助存储器)简称外存或(辅存)。目前的外存主要是磁盘存储器、磁带存储器和光盘存储器。外存的特点是容量大，成本低，常用来存放系统程序和大型数据文件及数据库。

以上是存储器形成的多级管理结构。其中高速缓存的功能强调快速存取，以便达到存取速度和 CPU 的运算速度相匹配；辅存的功能强调大容量的存储，用于满足计算机的存储容量要求；主存介于高速缓存与辅存之间，要求选取适当的存储容量和存取周期，使它能处理系统的核心软件和较多的用户应用程序。

4.2.3 主存储器的主要技术指标

1. 存储容量

存储容量是指一个功能完备的存储器所能容纳的二进制位信息的总容量，即可存储多少位二进制信息代码。

存储容量＝存储字数×字长数

存储字节数的计算：若主存按字节编址即每个存储单元有 8 位，则相应地用字节数表示存储容量的大小。1KB＝1024B，1MB＝1K×1KB＝1024×1024B，1GB＝1KMB＝1024×1024×1024B。

字长数：若主存按字编址，即每个存储单元存放一个字，字长超过 8 位，则存储容量用单元数×位数来计算。例如，机器字长 16 位，其存储容量为 2MB，若按字编址，那么它的存储容量可表示成 1MW。

2. 存储器速度

(1) 存储器取数时间(Memory Access Time)：从存储器写出/读入一个存储单元信息或从存储器写出/读入一次信息(信息可能是一个字节或一个字)所需要的平均时间，称为存储器的存数时间/取数时间，记为 T_A，也称为取数时间，T_A 对随机存储器一般是指从 CPU 的地址寄存器输出端开始发出读数命令，到读出信息出现在存储器输出端为止，这期间所需要花费的时间值。

(2) 存储器存取周期(Memory Cycle Time)：存储器启动一次完整的读写操作所需要的全部时间，称为存取周期。存取周期又称读写周期或访问周期。它是指存储器进行一次读写操作所需的全部时间，即连续两次访问存储器操作之间所需要的最短时间，用 T_M 表示。

$$T_M = T_A + \text{复原时间}$$

破坏性读出方式：$T_M = 2T_A$。

非破坏性读出：$T_M = T_A + \text{稳定时间}$。

3. 数据传输率

单位时间可写入存储器或从存储器取出的信息的最大数量，称为数据传输率或称为存储器传输带宽 BM，

$$BM = W/T_M$$

其中，存储周期的倒数 $1/T_M$ 是单位时间(每秒)内能读写存储器的最大次数。W 表示存储器一次读取数据的宽度，即位数，也就是存储器传送数据的宽度。

4. 可靠性

存储器的可靠性是指规定时间内存并无故障发生的情况，一般用平均无故障时间 MTBF 来衡量。为了提高存储器的可靠性，必须对存储器中存在的特殊问题，采取合适的处理方法。

(1) 断电后信息会丢失：采用中断技术或备用电源进行转存。

(2) 对于破坏性读出的存储器：设置缓冲寄存器进行存储。

(3) 动态存储：定期不断地充电进行刷新。

5. 价格

价格又称成本，它是衡量存储器经济性能的重要指标。设 M 是存储容量为 S 位的整个存储器以元计算的价格，可定义存储器成本 M 为 $M=(M/S)$元/位。

衡量存储器性能还有一些其他性能指标，如功耗、重量、体积和使用环境等。

4.3 SRAM 及 DRAM 存储器的工作原理

内存通常由半导体存储器构成。通用微型计算机的主存包含只读存储器 ROM 和随机存取存储器 RAM。其中 ROM 支持基本的监控和输入输出管理，RAM 则面向用户。现在的 RAM 多为 MOS 型半导体电路，它分为静态(SRAM)和动态(DRAM)两种。静态 RAM 是靠双稳态触发器来记忆信息的；动态 RAM 是靠 MOS 电路中的栅极电容来记忆信息的。由于电容上的电荷会泄漏，需要定时给予补充，所以动态 RAM 需要设置刷新电路。但动态 DRAM 比静态 SRAM 集成度高、功耗低，从而成本也低，适于做大容量存储器。所以内存通常采用动态 RAM，而高速缓冲存储器则使用静态 RAM。另外，内存还应用于显卡，声卡及 CMOS 等设备中，用于充当设备缓存或保存固定的程序及数据。

4.3.1 SRAM 存储器

1. RAM 存储器的基本结构

图 4.5(a)示出了六管静态 SRAM 存储电路图，它是由两个 MOS 反相器交叉耦合而成的双稳态触发器。一个存储单元存储一位二进制代码，如果一个存储单元为 8 位(一个字节)，则需由 8 个存储元共同构成一个存储单元。

图 4.5(b)中，图中 T_1～T_4 是一个由 MOS 晶体管组成的触发器基本电路，T_5、T_6 如同一个开关，受到行地址选择信号控制。由 T_1～T_6 共同构成一个六管 MOS 基本单元电路。T_7、T_8 受到列地址选择控制，分别与位线 A 和 A'相连，它们并不包含在基本单元电，而是由芯片内同一列的各个基本单元电路所共有的。

假设触发器一端已经存有“1”信号，即 A 点为高电平。当进行读出时，令行地址和列地址选择信号均有效，则使 T_5、T_6、T_7、T_8 均导通，A 点高电平通过 T_6 后，再由位线 A

通过 T_8 作为读出放大器的输入信号，在读选择有效时，将“1”信号读出。由于静态 RAM 是触发器存储信息，因此即使信息读出后，它仍保持其原状态，不需要再生。但电源掉电时，原存信息丢失，因此属于易失性半导体存储器。

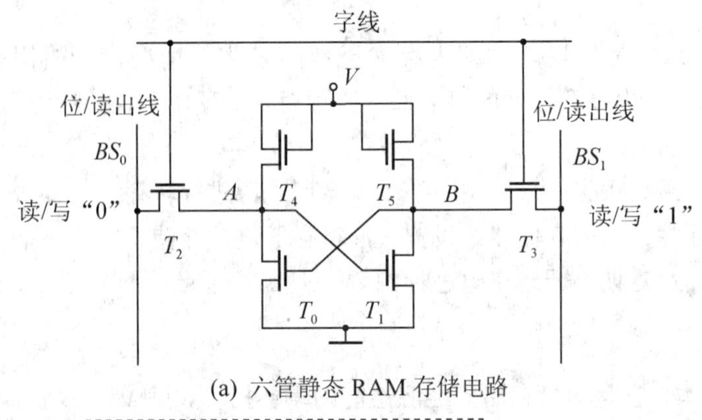

(a) 六管静态 RAM 存储电路

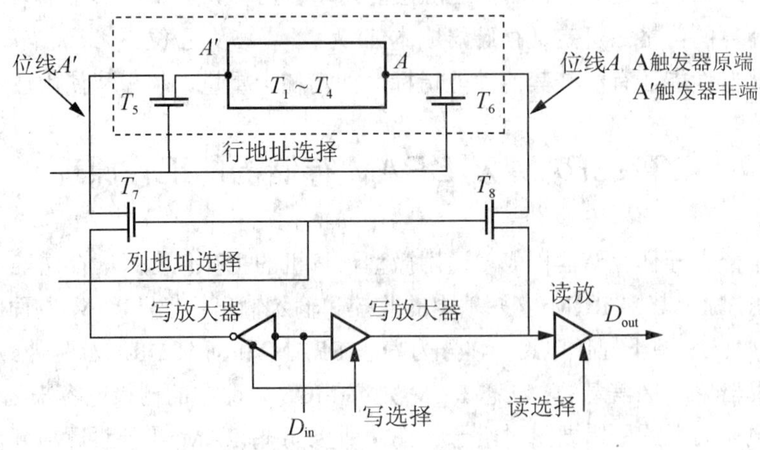

(b) 六管 SRAM 存储元的电路图

图 4.5　六管 SRAM 存储器

写入时可以不管触发器原来状态如何，只要将写入代码送至 D_{in} 端，在写选择线有效时，经两个写放大器，使两端输出为相反电平。当行、列地址选择有效时，使 T_5、T_6、T_7、T_8 导通，并使 A 与 A'点置成完全相反的电平。这样，就把欲写入的信号写入到该单元电路中。如欲写入“1”，即 $D_{in}=1$，经两个写放大器使位线 A 为高电平，位线 A'为低电平，结果使 A 点为高，A'点为低，即写入了“1”信息。

基本存储元——六管静态 MOS 存储元的工作原理分析如下。

(1) 写操作：在字线上加一个正电压的字脉冲，使 T_2、T_3 管导通。若要写入“0”，无论该位存储元电路原存何种状态，只需使写入“0”的位线 BS_0 电压降为地电位(加负电压的位脉冲)，经导通的 T_2 管，迫使节点 A 的电位等于地电位，就能使 T_1 管截止而 T_0 管导通。写入 1，只需使写入“1”的位线 BS_1 降为地电位，经导通的 T_3 管传给节点 B，迫使 T_0 管截止而 T_1 管导通。写入过程是字线上的字脉冲和位线上的位脉冲相重合的操作过程。

(2) 读操作：只需字线上加高电位的字脉冲，使 T_2、T_3 管导通，把节点 A、B 分别连到位线。若该位存储电路原存“0”，节点 A 是低电位，经一外加负载而接在位线 BS_0 上的外加电源，就会产生一个流入 BS_0 线的小电流(流向节点 A 经 T_0 导通管入地)。“0”位线上 BS_0 就从平时的高电位 V 下降一个很小的电压，经差动放大器检测出“0”信号。若该位原存“1”，就会在“1”位线 BS_1 中流入电流，在 BS_1 位线上产生电压降，经差动放大器检测出读“1”的信号。

读出过程中，位线变成了读出线。读取信息不影响触发器原来状态，故读出是非破坏性的读出。若字线不加正脉冲，说明此存储元没有选中，T_2，T_3 管截止，A、B 节点与位/读出线隔离，存储元存储并保存原存信息。

(3) 基本存储元—八管静态 MOS 存储元的工作原理分析如下。

目的：改进的地址双重译码进行字线和位线的选择，字线分为 X 选择线与 Y 选择线。

实现：需要在六管 MOS 存储元的 A、B 节点与位线上再加一对地址选择控制管 T_7、T_8，形成八管 MOS 存储元，如图 4.6 所示。

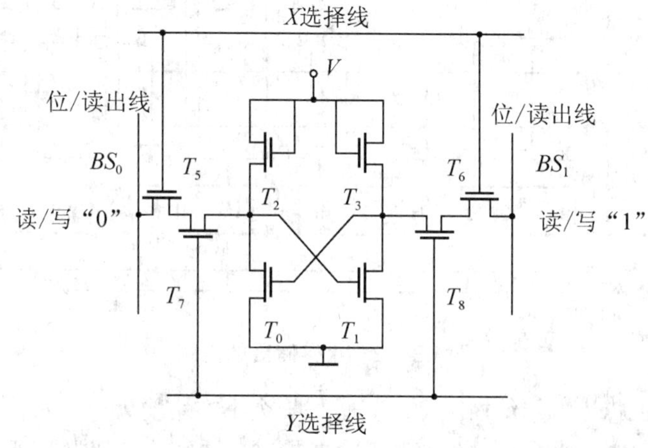

图 4.6 八管 MOS 存储电路

八管 MOS 存储元是在六管静态 MOS 存储元基础上的改进，在纵向一列上的六管存储元共用一对 Y 选择控制管 T_6、T_7，这样存储体晶体管增加不多，但仍是双向地址译码选择，如图 4.7 所示。因为对 Y 选择线所选中的一列只是一对控制管接通，只有 X 选择线也被选中，该位才被重合选中。

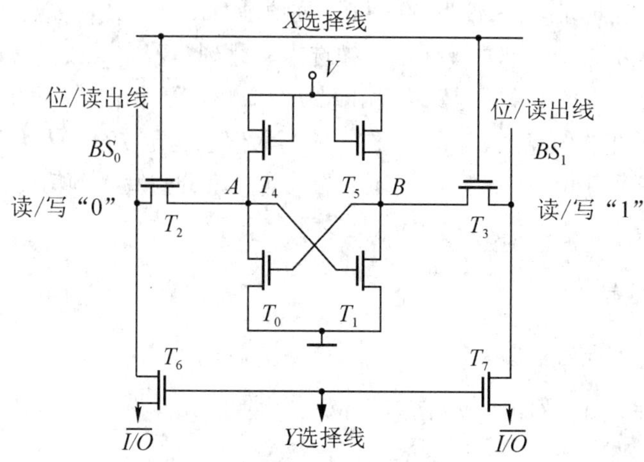

图 4.7 六管双向选择 MOS 存储电路

2. 静态 RAM 芯片举例。

Intel 2114 芯片的外特性如图 4.8 所示。2114 的容量为 1K×4 位。图 4.8 中 A_9～A_0 为地址输入端；I/O_1～I/O_4 为数据输入/输出端。

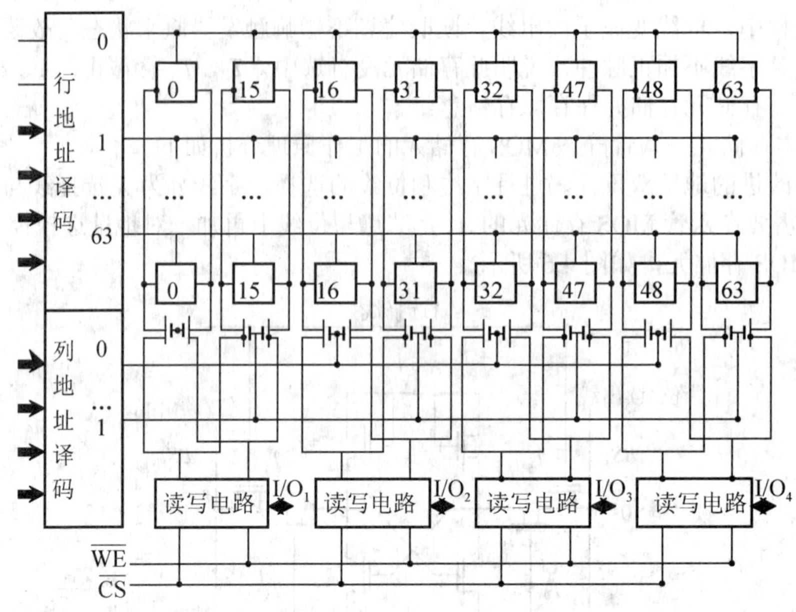

图 4.8　2114 存储器的电路

图 4.8 为 2114 芯片内的结构示意。其中每一个小方块均为一个六管 MOS 触发器基本单元电路，排列成 64×64 矩阵，64 列对应 64 对 T_7、T_8 管；又将 64 列分成 4 组，每组包含 16 列，并与一个读写电路相连，读写电路受到写信号和片选信号控制，4 个读写电路对应 4 根数据线 I/O_1～I/O_4。由图可见，行地址经译码后可选中某一行；列地址经译码后可选中 4 组中的对应列。

当对某个基本单元电路进行读/写操作时，必须被行、列地址共同选中。例如，当 A_9～A_0 为全 0 时，对应行地址 A_8～A_3 为 000000，列地址 A_9、A_2、A_1、A_0 也为 0000，则第 0 行的第 0、16、32、48 这 4 个基本单元电路被选中。此刻，若完成读操作，则片选信号为低电平，写信号为高电平，在读写电路的输出端 I/O_1～I/O_4 便输出第 0 行的第 0、16、32、48 这 4 个单元电路所存的信息。若做写操作，将写入信息送至 I/O_1～I/O_4 端口，并使片选信号为低电平、写信号为低电平，同样这 4 个输入信息将分别写入到第 0 行的第 0、16、32、48 4 个单元之中。

4.3.2　DRAM 存储器

1. 动态 MOS 存储元电路

动态 MOS 存储器电路如图 4.9 所示。

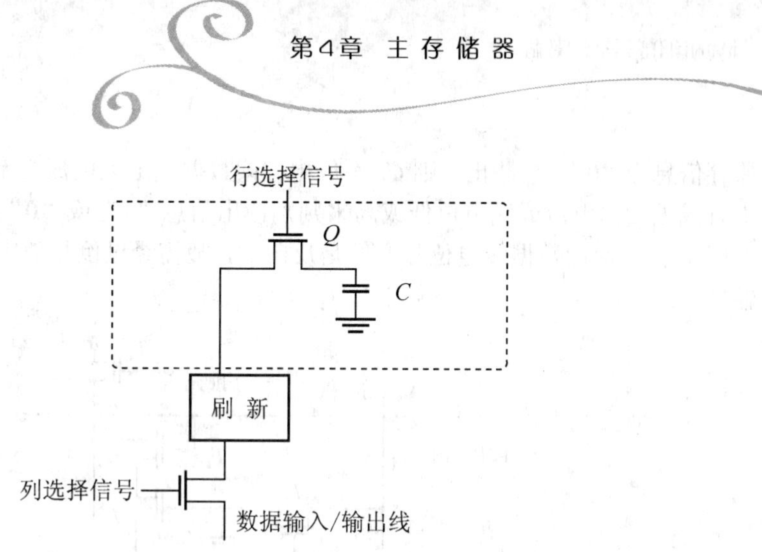

图 4.9 动态 MOS 存储器电路

2. 六管静态存储元电路

在六管静态存储元电路中，信息存于 T_0、T_1 管栅极电容上，由负载管 T_4，T_5 经外电源给 T_0、T_1 管栅极电容不断地进行充电以补充电容电荷。维持原有信息所需的电荷量。

由于 MOS 的栅极电阻很高，栅极电容经栅漏(或栅源)极间的泄漏电流很小，在一定的时间内(如 2ms)，存储的信息电荷可以维持住。为了减少晶体管以提高集成度。可以去掉补充电荷的负载管和电源，变成四管动态存储元，如图 4.10 所示。

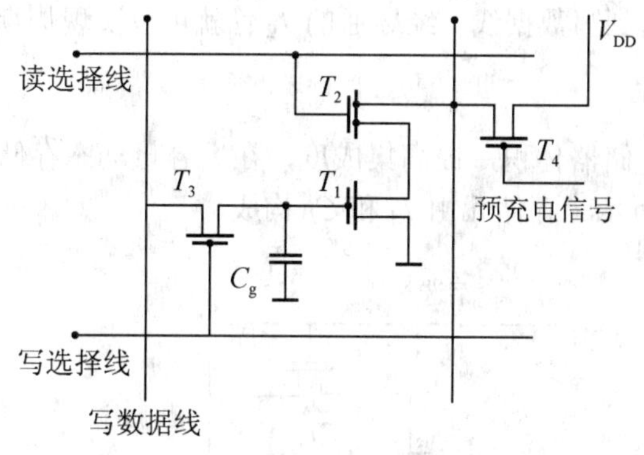

图 4.10 四管动态存储器的基本单元电路

3. 三管 MOS 动态存储元电路

由于四管 MOS 的动态存储元电路 T_0、T_1 管的状态总是相反的，因此完全可以只用一个 MOS 晶体管(如 T_1)的截止或导通来表示 0 或 1，这样就可以变成三管动态 MOS 存储元电路以进一步提高集成度。三管动态 RAM 芯片的基本单元电路如图 4.11 所示。

三管 MOS 动态存储元电路的工作原理如下。

(1) 写入操作：当写选择线为“1”，打开 T_2 管，欲写入的信息经写数据线送入，通过 T_2 管存到 T_1 管的栅极电容 C_1 上。如写数据线为“1”，则对 C_1 进行充电；如写数据线为“0”，则 C_1 放电。

(2) 读出操作：首先预充电脉冲使 T_4 管导通，电源先对读出数据线上的寄生电容 C_D 进行充电(升高 V_D)，当读出选择线为“1”时，T_3 管导通，若原存信息为“1”，T_1 导通，则 C_D 经 T_3、T_1 管进行放电(注意：不是 C_1 放电)。读数据线上有读出电流，线电位有 ΔV 降落；

若原存信息为“0”，T_1截止，则C_D不放电，读数据线上无电流、无电压降。可用读出数据线上有或无读出电流或线电位低或高来判别读出信息“1”或“0”。当C_1上充有电荷，存储“1”信息，而读数据线电位却变低是反向的，故需经过倒相放大器后才能保证正确的数据输出。

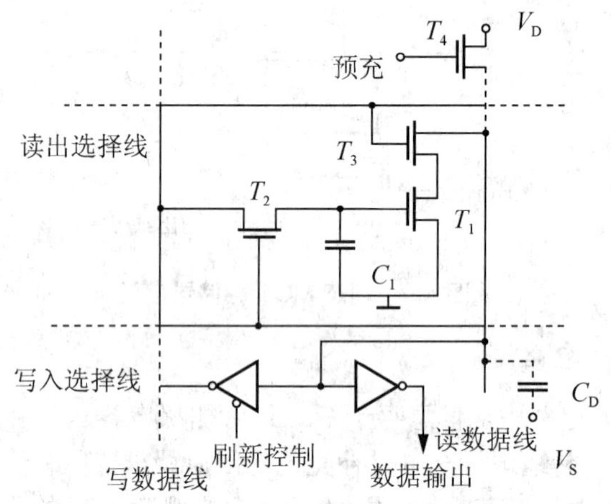

图 4.11　三管动态 RAM 芯片的基本单元电路

(3) 刷新操作：按一定周期地进行读出操作，但不向外输出。读出信息经刷新控制信号控制的倒相放大器送到写数据线，经导通的T_2管就可以实现周期性对C_1进行补充电荷。

4. 单管动态存储元

为了进一步缩小存储器体积，提高集成度，在大容量动态存储器中都采用单管动态存储元电路，如图 4.12 所示。存储元由T_1和C_D构成。

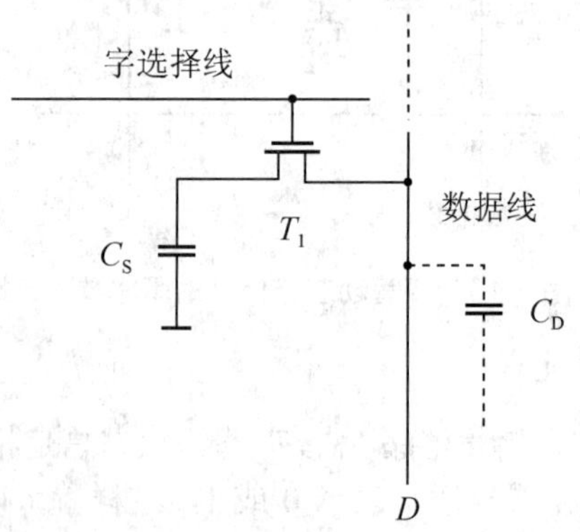

图 4.12　单管动态存储电路图

写入时，字选择线加上高电平，使T_1管导通，写入信息由数据线D(位线)存入电容C_S中；读出时，首先要对数据线上的分布电容C_D预充电，再加入字脉冲，使T_1管导通，C_S与C_D上电荷重新分配以达到平衡。根据动态平衡的电荷数多少来判断原存信息是 0 或 1，因此，每次读出后，存储内容就被破坏。是破坏性读出，必须采取措施，以便再生原存信息。

动态 MOS 随机存储芯片的组成大体与静态 MOS 随机芯片相似，由存储体和外围电路组成，但外围电路由于再生操作要复杂得多。

5. 刷新

动态随机存取存储器是通过把电荷充积到MOS晶体管的栅极电容或专门的MOS电容中来实现存储信息的。由于电容电阻的存在，导致随着时间的增加，其电荷会逐渐漏掉，从而使存储的信息丢失。为了保证存储的信息不遭破坏，必须在电荷漏掉以前就对电容进行充电，以恢复原来的电荷。这一充电过程称为再生或刷新。对于动态RAM，刷新一般应在小于或等于2ms的时间内进行一次。静态随机存取存储器则不同，由于静态RAM是以双稳态触发电路为存储单元的，因此它不需要刷新。

动态RAM采用“读出”方式进行再生。接在单元数据线上的读放是一个再生放大器，在读出的同时，读放又使该单元的存储信息自动得以恢复。因此，只要依次改变存储单元的行地址，轮流对存储矩阵的每一行所使用的存储单元同时进行读出，当把所有行全部读出一遍，就完成了对存储器的刷新(这种刷新称行地址刷新)。

典型RAM芯片介绍。

下面介绍一种典型 SRAM 存储器芯片 HM6116。HM6116芯片的存储容量为2KB，片内有16384(即16K)个存储单元，排列成128×128的矩阵，构成2K个字，字长8位，可构成2KB的内存。该芯片有11条地址线，分成7条行地址线A_4～A_0，4条列地址线A_0～A_3，一个11位地址码选中一个8位存储字，需有8条数据线D_0～D_7与同一地址的8位存储单元相连，由这8条数据线进行数据的读出与写入。SRAM6116引脚如图4.13所示。

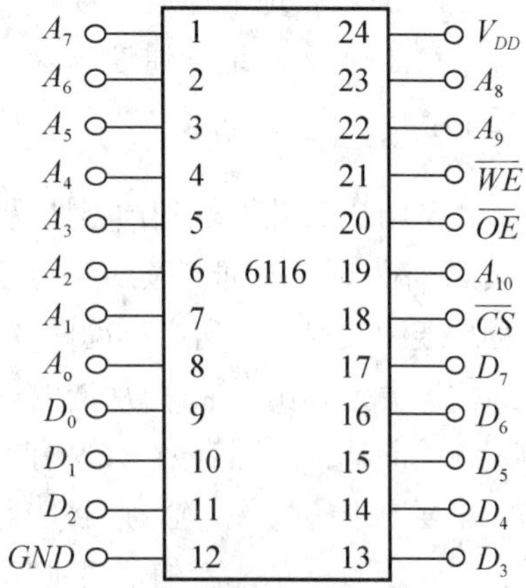

图4.13　SRAM 6116引脚排列图

图中所示是2K×8位静态CMOS RAM6116的引脚排列图。6116的24个引脚中除11条地址线(A_0～A_{10})、8条数据线(D_0～D_7)、1条电源线V_{DD}和1条接地线GND外，还有3条控制线——片选信号$\overline{CS}$、写允许信号$\overline{WE}$和输出允许信号$\overline{OE}$。

(1) HM6116是一种2048×8位的高速静态CMOS随机存取存储器，它的特征是速度高；存取时间为100ns/120ns/150ns/200ns(分别以6116-10、6116-12、6116-15、6116-20为标志)；功耗低，运行时为150mW，空载时为100mW；与TTL兼容；管脚引出与标准的2KB的芯片(如2716芯片)兼容；完全静态，无需时钟脉冲与定时选通脉冲；存储容量为2K×8位，该芯片有11条地址线，8条数据线。

(2) 芯片工作方式和控制信号之间的关系：表4.1所列是6116的工作方式与控制信号之间的关系，读出和写入线是分开的，而且写入优先。

表4.1　SRAM6116工作方式与控制信号之间的关系

$\overline{CS}$	$\overline{OE}$	$\overline{WE}$	A_0～A_{10}	D_0～D_7	工作状态
1	×	×	×	高阻态	低功耗维持
0	0	1	稳定	输出	读
0	×	0	稳定	输入	写

4.3.3 存储器周期时序图

1. SRAM 芯片的控制信号

ADD：地址信号，在芯片手册中通常表示为 A_0，A_1，A_2…

$\overline{CS}$：芯片选择，低电平时表示该芯片被选中。

$\overline{WE}$：写允许，低电平表示写操作，高电平表示读操作。

D_{out}：数据输出信号，在芯片手册中通常表示为 D_0，D_1，D_2…

D_{in}：数据输入信号。

$\overline{OE}$：数据输出允许信号。

2. DRAM 芯片增加的控制信号

*RAS**：行地址选通信号。

*CAS**：列地址选通信号。

3. SRAM 时序

从给出有效地址到读出所选中单元的内容在外部数据总线上稳定地出现，其所需的时间 t_A 称为读出时间。读周期与读出时间是两个不同的概念，读周期 t_{RC} 表示存储芯片进行两次连续读操作时所必须间隔的时间，它总是大于或等于读出时间。片选信号 $\overline{CS}$ 必须保持到数据稳定输出，t_{CO} 为片选的保持时间。

读周期：地址有效→*CS* 有效→数据输出→*CS* 复位→地址撤销，如图 4.14(a)所示。

要实现写操作，必须要求片选 $\overline{CS}$ 和写命令 $\overline{WE}$ 信号都为低。

要使数据总线上的信息能够可靠地写入存储器，要求 $\overline{CS}$ 信号与 $\overline{WE}$ 信号相“与”的宽度至少应为 t_W。为了保证在地址变化期间不会发生错误写入而破坏存储器的内容，$\overline{WE}$ 信号在地址变化期间必须为高。为了保证 $\overline{CS}$ 和 $\overline{WE}$ 变为无效前能把数据可靠地写入，要求数据线上写入的数据必须在 t_{DS} 以前已经稳定。

写周期：地址有效→*CS* 有效→数据有效→*CS* 复位(数据输入)→地址撤销，如图 4.14(b)所示。

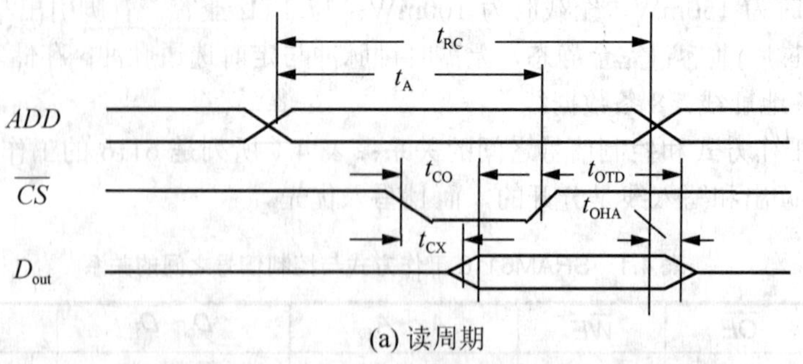

(a) 读周期

图 4.14 静态存储器的读写周期

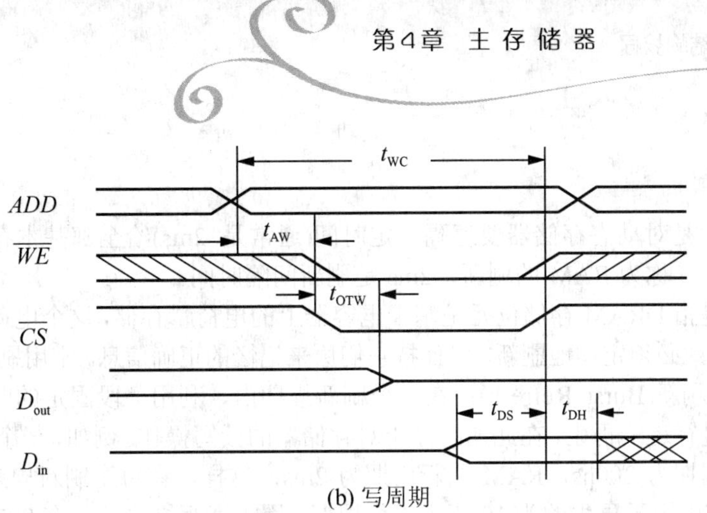

(b) 写周期

图 4.14　静态存储器的读写周期(续)

4. DRAM 时序

读周期：行地址有效→行地址选通→列地址有效→列地址选通→数据输出→行选通、列选通及地址撤销，如图 4.15(a)所示。

写周期：行地址有效→行地址选通→列地址、数据有效→列地址选通→数据输入→行选通、列选通及地址撤销，如图 4.15(b)所示。

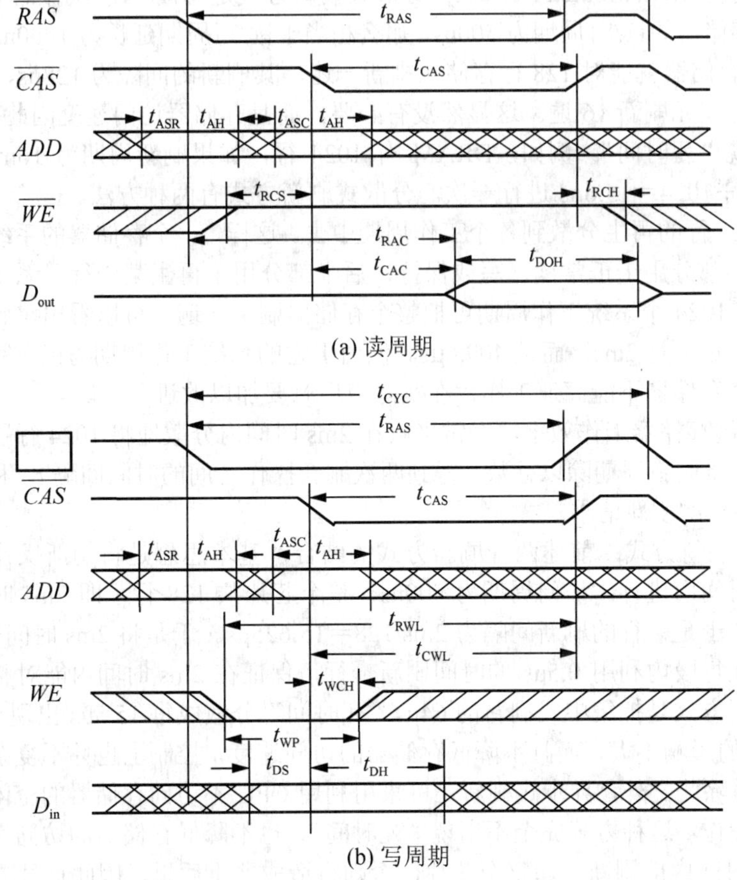

(b) 写周期

图 4.15　动态存储器的读写周期

5. 刷新控制

刷新的概念是对动态存储器要每隔一定时间(通常是 2ms)给全部基本存储元的存储电容补充一次电荷，称为 RAM 的刷新，2ms 是刷新间隔时间。

刷新周期是指 DRAM 存储位元是基于电容器上的电荷量存储，这个电荷量随着时间和温度而减少，因此必须定期地刷新，以保持它们原来记忆的正确信息。常用刷新方式有 3 种。

(1) 集中式刷新(Burst Refresh)：在一个刷新周期内，利用一段固定的时间，依次对存储器的所有行进行逐一再生，在此期间停止对存储器的读写操作。例如，一个存储器有 1024 行，系统工作周期为 200ns，RAM 刷新周期为 2ms，这样，在每个刷新周期内共有 10000 个工作周期，其中用于再生的为 1024 个工作周期，用于读写操作的共有 8976 个工作周期。

集中式刷新的缺点是期间不能访问存储器，所以这种刷新方式多适用于高速存储器。例如，刷新周期为 8ms 的内存来说，所有行的集中式刷新必须每隔 8ms 进行一次。为此将 8ms 时间分为两部分：前一段时间进行正常的读/写操作，后一段时间(8ms 至正常读/写周期时间)作为集中刷新操作时间。

以 2116 芯片为例，假定读/写周期为 500 ns，那么刷新 128 行所需时间为 500×128×10-3＝64μs，如果采用集中式刷新方式，那么必须在 2 ms 的时间内集中用 64μs 的时间对存储器进行刷新操作，在此期间不允许 CPU 或其他处理机访问存储器。

(2) 分散式刷新(Distributed Refresh)：分散式刷新方式是每读/写一次存储器就刷新一行存储元，假定存储器的读/写周期为 500ns，那么相当于读/写周期延长为 1000ns。这就是说，每读/写 128 次存储器就能对 128 行存储元刷新一遍，其刷新的间隔为 128μs，在 2ms 时间内，能对每个存储元刷新 16 遍。这显然没有必要，而且存储器访问速度因此而降低一半。其优点是不出现“死时间”。例如，DRAM 有 1024 行，如果刷新周期为 16ms，则每一行必须每隔 16ms÷1024＝15.6μs 进行一次。分散式刷新方式有两种方法。

① 把对每一行的再生分散到各个工作周期中去。这样，一个存储器的系统工作周期分为两部分：前半部分用于正常读、写或保持，后半部分用于再生某一行。系统工作周期增加到 400ns，每 1024 个系统工作周期可把整个存储器刷新一遍。可以看出，整个存储器的刷新周期缩短，它不是 2ms，而是 409.6μs。但由于它的系统工作周期为读、写所需周期的一倍，因此，使存储器不能高速工作，在实际应用时要加以改进。

② 为了提高存储器工作效率，经常采取在 2ms 时间内分散地将 1024 行刷新一遍的方法，具体做法是将刷新周期除以行数，得到两次刷新操作之间的时间间隔 t，利用逻辑电路每隔时间 t 产生一次刷新请求。

(3) 异步式刷新方式：前述两种刷新方式的结合，基本思想是将刷新操作平均分配到整个刷新间隔时间内进行。访问周期为 500ns，整个芯片共 128 行，即 2ms 时间内，只要求刷新 128 次，于是每行的刷新间隔为 2ms/128＝15.625μs。于是将 2ms 时间分成 128 段，每段 15.5μs，在每段内利用 0.5μs 的时间刷新一行，保证在 2ms 时间内能对整个芯片刷新一遍。这种刷新方式是把集中式刷新的 64μs“死时间”分散成每 15.5μs 出现 0.5μs 的死时间，这对 CPU 的影响不大，而且不降低存储器的访问速度，控制上也并不复杂，是一种比较实用的方式。除此之外，异步式刷新还可采用利用 CPU 不访问存储器的空闲时间，对存储器进行刷新操作，这种方式完全不出现“死时间”，也不降低存储器的访问速度，但是必须保证在 2ms 时间内能刷新一遍整个芯片，否则将造成严重后果，因此这种方式控制比较复杂，实现起来比较困难。动态存储器不同刷新方式的刷新周期如图 4.16 所示。

RAS only：刷新行地址有效→*RAS* 有效→刷新行地址和 *RAS* 撤销。

CAS before *RAS*：*CAS* 有效→*RAS* 有效→*CAS* 撤销→*RAS* 撤销。

hidden：(在访存周期中)*RAS* 撤销→*RAS* 有效。

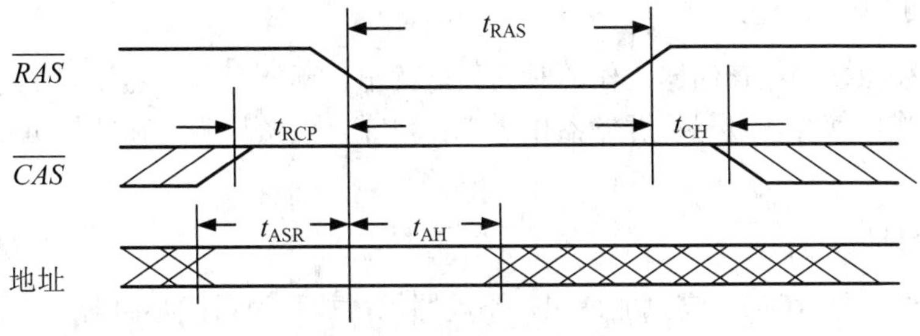

(a) 只用 *RAS**的刷新

RAS only：刷新行地址有效→*RAS* 有效→刷新行地址和 *RAS* 撤销。

CAS before *RAS*：*CAS* 有效→*RAS* 有效→*CAS* 撤销→*RAS* 撤销。

hidden：(在访存周期中)*RAS* 撤销→*RAS* 有效。

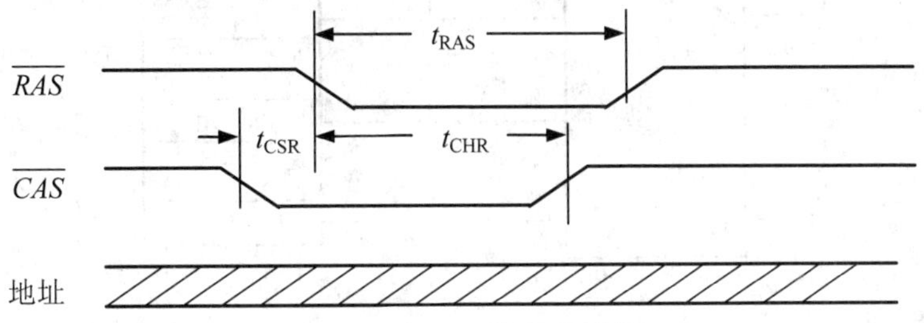

(b) *CAS**在 *RAS**之前的刷新

RAS only：刷新行地址有效→*RAS* 有效→刷新行地址和 *RAS* 撤销。

CAS before *RAS*：*CAS* 有效→*RAS* 有效→*CAS* 撤销→*RAS* 撤销。

hidden：(在访存周期中)*RAS* 撤销→*RAS* 有效。

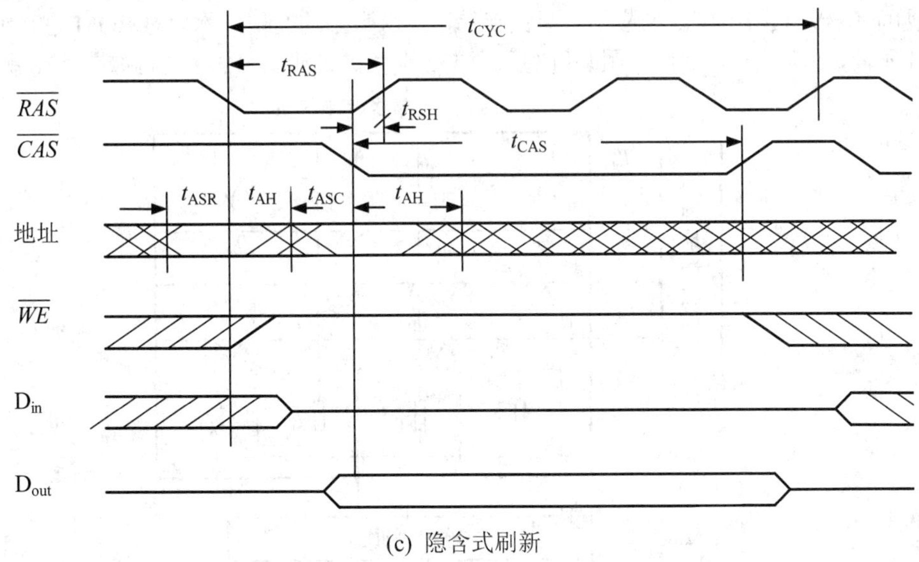

(c) 隐含式刷新

图 4.16 动态存储器的刷新周期

4.4 只读存储器和 Flash 存储器

4.4.1 只读存储器

只读存储器(ROM)在存储器工作的时候只能读出，不能写入。然而其中存储的原始数据必须在它工作以前写入。只读存储器由于工作可靠，保密性强，在计算机系统中得到广泛的应用。

1. ROM 的结构

只读存储器简称 ROM，它只能读出，不能写入，故称为只读存储器，如图 4.17 所示。工作时，将一个给定的地址码加到 ROM 的地址码输入端，此时，便可在它的输出端得到一个事先存入的确定数据。

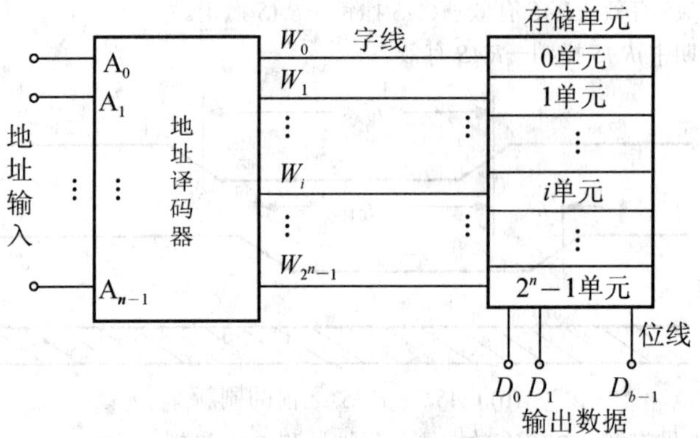

图 4.17　ROM 的内部结构图

只读存储器的最大优点是具有不易失性，即使供电电源切断，ROM 中存储的信息也不会丢失。因而 ROM 获得了广泛的应用。只读存储器存入数据的过程，称为对 ROM 进行编程。与 RAM 不同，ROM 一般需由专用装置写入数据。典型的二极管 ROM 结构如图 4.18 所示。

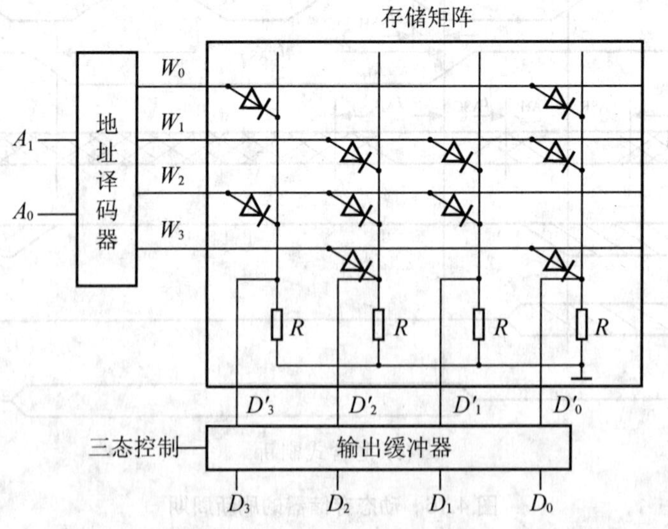

图 4.18　二极管 ROM 结构图

2. ROM 典型芯片介绍

EPROM 2764 的引脚排列和功能如图 4.19 所示。

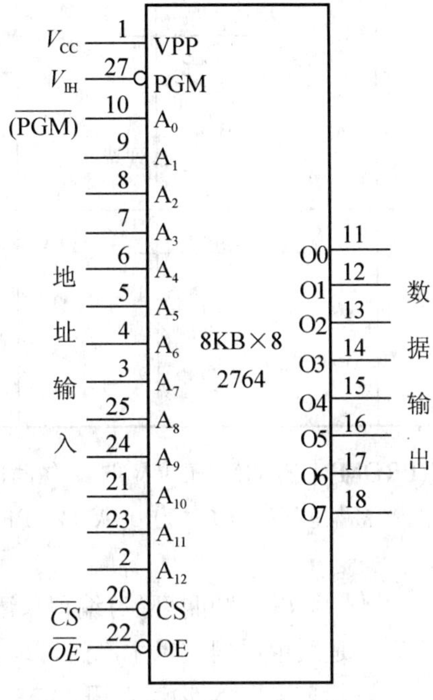

图 4.19 标准 28 脚双列直插 EPROM 2764 引脚

在正常使用时，V_{CC}=+5V、V_{ih}为高电平，即 V_{PP} 引脚接+5V、$\overline{PGM}$ 引脚接高电平，数据由数据总线输出。在进行编程时，$\overline{PGM}$ 引脚接低电平，V_{PP} 引脚接高电平(编程电平+25V)，数据由数据总线输入。

$\overline{OE}$：输出使能端，用来决定是否将 ROM 的输出送到数据总线上去，当 $\overline{OE}=0$ 时，输出可以被使能，当 $\overline{OE}=1$ 时，输出被禁止，ROM 数据输出端为高阻态。

$\overline{CS}$：片选端，用来决定该片 ROM 是否工作，当 $\overline{CS}=0$ 时，ROM 工作，当 $\overline{CS}=1$ 时，ROM 停止工作，且输出为高阻态(无论 $\overline{OE}$ 为何值)。

ROM 输出能否被使能决定于 $\overline{CS}+\overline{OE}$ 的结果，当 $\overline{CS}+\overline{OE}=0$ 时，ROM 输出使能，否则将被禁止，输出端为高阻态。另外，当 $\overline{CS}=1$ 时，还会停止对 ROM 内部的译码器等电路供电，其功耗降低到 ROM 工作时的 10%以下。这样会使整个系统中 ROM 芯片的总功耗大大降低。

3. ROM 的分类

按照数据写入方式特点不同，ROM 可分为以下几种。

(1) 固定 ROM，也称掩膜 ROM，如表 4.2 所示。这种 ROM 在制造时，厂家利用掩膜技术直接把数据写入存储器中，ROM 制成后，其存储的数据也就固定不变了，用户对这类芯片无法进行任何修改。

表 4.2 掩膜 ROM

	二极管 ROM	双极型 ROM	MOS ROM
1 单元	行选 列选	行选 V_{DD} 列选	行选 列选
0 单元	行选 列选	行选 列选	行选 列选

(2) 一次性可编程 ROM(PROM)。PROM 在出厂时，存储内容全为 1(或全为 0)，用户可根据自己的需要，利用编程器将某些单元改写为 0(或 1)。PROM 一旦进行了编程，就不能再修改了，如图 4.20 所示。

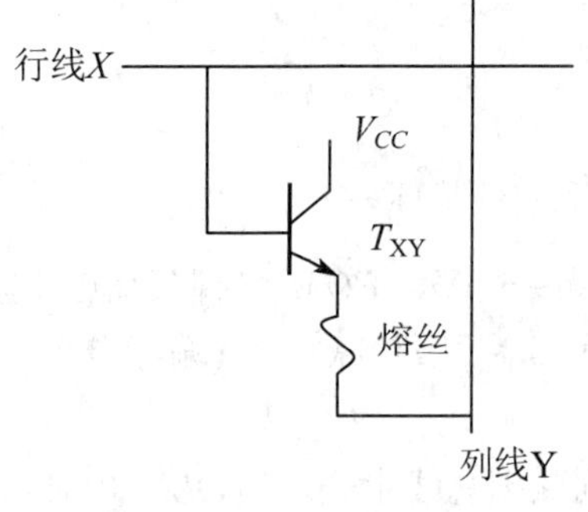

图 4.20 PROM 熔丝存储器结构

(3) 光可擦除可编程只读存储器(EPROM)。EPROM 是采用浮栅技术生产的可编程只读存储器，它的存储单元多采用 N 沟道叠栅 MOS 晶体管，信息的存储是通过 MOS 晶体管浮栅上的电荷分布来决定的，编程过程就是一个电荷注入过程。编程结束后，尽管撤除了电源，但是，由于绝缘层的包围，注入到浮栅上的电荷无法泄漏，因此电荷分布维持不变，EPROM 也就成为非易失性存储器件了。

当外部能源(如紫外线光源)加到 EPROM 上时，EPROM 内部的电荷分布才会被破坏，此时聚集在 MOS 晶体管浮栅上的电荷在紫外线照射下形成光电流被泄漏掉，使电路恢复到初始状态，从而擦除了所有写入的信息。这样 EPROM 又可以写入新的信息，如图 4.21 所示。

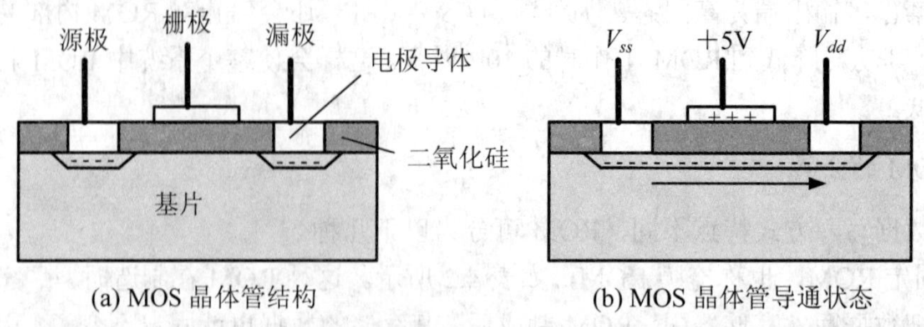

图 4.21 MOS 晶体管与 EPROM 单元的两种工作状态

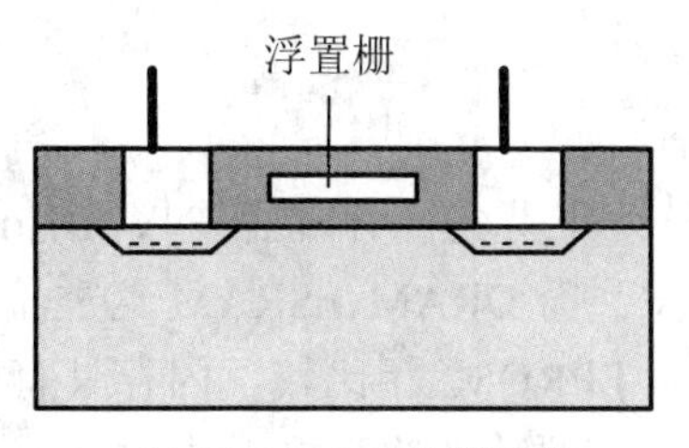

(c) EPROM 晶体管结构

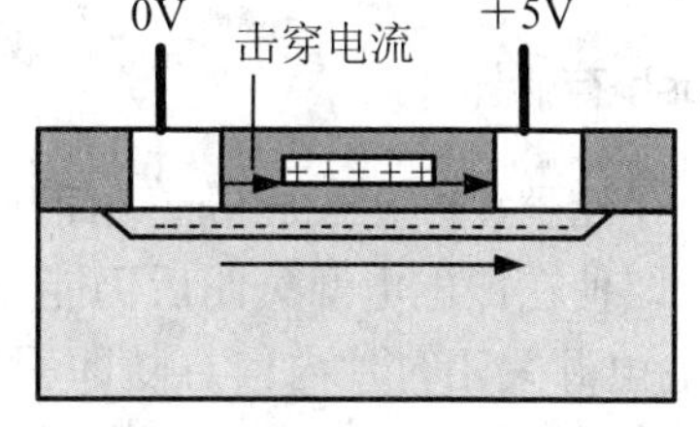

(d) EPROM 晶体管导通状态

图 4.21　MOS 晶体管与 EPROM 单元的两种工作状态(续)

(4) 电可擦除可编程只读存储器(E^{2}PROM)。E^{2}PROM 也是采用浮栅技术生产的可编程 ROM，但是构成其存储单元的是隧道 MOS 晶体管，隧道 MOS 晶体管也是利用浮栅是否存有电荷来存储二进制数据的，不同的是隧道 MOS 晶体管是用电进行擦除的，并且擦除的速度要快的多(一般为毫秒数量级)。

E^{2}PROM 的电擦除过程就是改写过程，它具有 ROM 的非易失性，又具备类似 RAM 的功能，可以随时改写操作(可重复擦写 1 万次以上)。目前，大多数 E^{2}PROM 芯片内部都备有升压电路。因此，只需提供单电源供电，便可进行读、写、擦除等操作，这为数字系统的设计和在线调试提供了极大方便。

(5) Flash 存储器(Flash Memory)。Flash 存储器的存储单元也是采用浮栅型 MOS 晶体管，存储器中数据的擦除和写入是分开进行操作的，数据写入方式与 EPROM 相同，需要输入一个较高的电压，因此要为芯片提供两组电源。Flash 存储器是在 EPROM 与 E^{2}PROM 基础上发展起来的，它与 EPROM 一样，用单管存储一位信息，它与 E^{2}PROM 相同之处是用电来擦除。但是它只能擦除整个区域或整个器件。Flash 存储器兼有 ROM 和 RAM 两者的性能，又有 ROM、DRAM 一样的高密度。目前价格已略低于 DRAM，芯片容量已接近于 DRAM，是唯一具有大存储量、非易失性、低价格、可在线改写和高速度(读)等特性的存储器。它是近年来发展很快很有前途的存储器。

半导体存储器的特点如表 4.3 所示。

表 4.3　半导体存储器的特点一览表

种类		存取速度	存储电路	集成度	功耗	成本	特点	代表
可读写	双基型 BRAM	ECL：10ns TTL：25ns	晶体管的触发器	较低于 MOS	大	高	—	
	静态 SMOS	200～450ns	六管构成的触发器	居中 16K	较高	居中	易用电池作后备不需刷新电路	2114
	动态 DMOS	150～350ns	单管电路-电容	较高 256K	较低	较低	需刷新电路维持每 2ms 刷新一次	2116
只读	掩模		MOS 晶体管		—	较低	存储的信息不是易失的，可保持	
	可编程 PROM		MOS 晶体管		—		可一次写入	
	可擦写 EPROM	350～450ns	P 沟道增强型 MOS 晶体管	16K 较高 256K	—		紫外线可擦出可多次擦写	2716 27256

4.4.2 Flash 存储器

Flash 存储器(Flash Memory，简称闪存)是一类非易失性存储器 NVM(Non-Volatile Memory)，即使在供电电源关闭后仍能保持芯片信息；而 DRAM、SRAM 这类易失性存储器，当供电电源关闭时片内信息随即丢失。闪存与 EPROM 相比较，闪存具有明显的优势——在系统实现电可擦除和可重复编程操作，而不需要特殊的高电压(某些第一代闪速存储器也要求高电压来完成擦除或编程操作)；与 E^2PROM 相比较，闪存具有成本低、密度大的特点。其独特的性能使其广泛地运用于各种领域，包括嵌入式系统，如微型计算机及外设、蜂窝电话、电信交换机、仪器仪表和汽车器件、网络互联设备，同时还包括新兴的图像、语音、数据存储类产品，如数字相机、数字录音机和个人数字助理(PDA)。

闪存的技术分类如下。

(1) NOR 技术：NOR 技术(也称 Linear 技术)闪存是最早出现的闪存，目前仍是多数供应商支持的技术架构。它源于传统的 EPROM 器件，与其他闪存技术相比，具有可靠性高、随机读取速度快的优势，在擦除和编程操作较少而直接执行代码的场合，尤其是纯代码存储的应用中广泛使用，如微型计算机中的 BIOS 固件、移动电话、硬盘驱动器的控制存储器等。

Intel 公司的 StrataFlash 家族中的最新成员——28F128J3，是迄今为止采用 NOR 技术生产的存储容量最大的闪存，达到 128MB，对于要求程序和数据存储在同一芯片中的主流应用是一种较理想的选择。该芯片采用 0.25μm 制造工艺，同时采用了支持高存储容量和低成本的 MLC 技术。所谓 MLC 技术(多级单元技术)是指通过向多晶硅浮栅极充电至不同的电平来对应不同的阈电压，代表不同的数据，在每个存储单元中设有 4 个阈电压(00/01/10/11)，因此可以存储 2bit 信息；而传统技术中，每个存储单元只有 2 个阈电压(0/1)，只能存储 1bit 信息。在相同的空间中提供双倍的存储容量，是以降低写性能为代价的。Intel 通过采用称为 VFM(虚拟小块文件管理器)的软件方法将大存储块视为小扇区来管理和操作，在一定程度上改善了写性能，使之也能应用于数据存储中。

(2) DINOR 技术：DINOR(Divided bit-line NOR)技术是 Mitsubishi 与 Hitachi 公司发展的专利技术，从一定程度上改善了 NOR 技术在写性能上的不足。DINOR 技术闪存和 NOR 技术一样具有快速随机读取的功能，按字节随机编程的速度略低于 NOR，而模块擦除速度快于 NOR。这是因为 NOR 技术闪存编程时，存储单元内部电荷向晶体管阵列的浮栅极移动，电荷聚集，从而使电位从 1 变为 0；擦除时，将浮栅极上聚集的电荷移开，使电位从 0 变为 1。而 DINOR 技术闪存在编程和擦除操作时电荷移动方向与前者相反。DINOR 技术闪存在执行擦除操作时无须对页进行预编程，且编程操作所需电压低于擦除操作所需电压，这与 NOR 技术相反。

尽管 DINOR 技术具有针对 NOR 技术的优势，但由于自身技术和工艺等因素的限制，在当前闪存市场中，它仍不具备与发展数十年，技术、工艺日趋成熟的 NOR 技术相抗衡的能力。目前 DINOR 技术闪存的最大容量达到 64MB。Mitsubishi 公司推出的 DINOR 技术器件——M5M29GB/T320，采用 Mitsubishi 和 Hitachi 的专利 BGO 技术，将闪存分为 4 个存储区，在向其中任何一个存储区进行编程或擦除操作的同时，可以对其他 3 个存储区中的一个进行读操作，用硬件方式实现了在读操作的同时进行编程和擦除操作，而无须外接

EEPROM。由于有多条存取通道，因而提高了系统速度。该芯片采用 0.25μm 制造工艺，不仅快速读取速度达到 80ns，而且拥有先进的省电性能。对于功耗有严格限制和有快速读取要求的应用，如数字蜂窝电话、汽车导航和全球定位系统、掌上电脑和顶置盒、便携式计算机、个人数字助理、无线通信等领域中可以一展身手。

(3) NAND 技术：Samsung、TOSHIBA 和 Fujitsu 支持 NAND 技术闪存。这种结构的闪存适合于纯数据存储和文件存储，主要作为 Smart Media 卡、CompactFlash 卡、Pcmcia Ata 卡、固态盘的存储介质，并正成为闪速磁盘技术的核心。

(4) UltraNAND 技术：AMD 与 Fujistu 共同推出的 UltraNAND 技术，称之为先进的 NAND 闪存技术。它与 NAND 标准兼容；拥有比 NAND 技术更高等级的可靠性；可用来存储代码，从而首次在代码存储的应用中体现出 NAND 技术的成本优势；它没有失效块，因此不用系统级的查错和校正功能，能更有效地利用存储器容量。

与 DINOR 技术一样，尽管 UltraNAND 技术具有优势，但在当前的市场上仍以 NAND 技术为主流。UltraNAND 家族的第一个成员是 AM30LV0064，采用 0.25μm 制造工艺，没有失效块，可在至少 104 次擦写周期中实现无差错操作，适用于要求高可靠性的场合，如电信和网络系统、个人数字助理、固态盘驱动器等。研制中的 AM30LV0128 容量达到 128MB，而在 AMD 的计划中 UltraNAND 技术闪存将突破每兆字节 1 美元的价格限制，更显示出它对于 NOR 技术的价格优势。

(5) AND 技术：AND 技术是 Hitachi 公司的专利技术。Hitachi 和 Mitsubishi 共同支持 AND 技术的闪存。AND 技术与 NAND 一样采用“大多数完好的存储器”概念，目前，在数据和文档存储领域中是另一种占重要地位的闪速存储技术。

Hitachi 和 Mitsubishi 公司采用 0.18μm 的制造工艺，并结合 MLC 技术，生产出芯片尺寸更小、存储容量更大、功耗更低的 512MB AND 闪存，再利用双密度封装技术 DDP(Double Density Package Technology)，将 2 片 512MB 芯片叠加在 1 片 TSOP48 的封装内，形成一片 1GB 芯片。HN29V51211T 具有突出的低功耗特性，读电流为 2mA，待机电流仅为 1μA，同时由于其内部存在与块大小一致的内部 RAM 缓冲区，使得 AND 技术不像其他采用 MLC 的闪存技术那样写入性能严重下降。Hitachi 公司用该芯片制造 128MB 的 MultiMedia 卡和 2MB 的 PC-ATA 卡，用于智能电话、个人数字助理、掌上电脑、数码照相机、便携式摄像机、便携式音乐播放机等。

(6) 由 EEPROM 派生的闪存：E^2PROM 具有很高的灵活性，可以单字节读写(不需要擦除，可直接改写数据)，但存储密度小，单位成本高。部分制造商生产出另一类以 E^2PROM 做闪存阵列的闪存，如 ATMEL、SST 的小扇区结构闪存(Small Sector Flash Memory)和 ATMEL 的海量存储器(Data-Flash Memory)。这类器件具有 E^2PROM 与 NOR 技术闪存二者折中的性能特点：①读写的灵活性逊于 E^2PROM，不能直接改写数据，在编程之前需要先进行页擦除，但与 NOR 技术闪存的块结构相比其页尺寸小，具有快速随机读取和快编程、快擦除的特点；②与 E^2PROM 比较，具有明显的成本优势；③存储密度比 E^2PROM 大，但比 NOR 技术闪存小，如 Small Sector 闪存的存储密度可达到 4MB，而 32MB 的 Data 闪存芯片有试用样品提供。正因为这类器件在性能上的灵活性和成本上的优势，使其在如今闪存市场上仍占有一席之地。

Data Flash Memory 是 ATMEL 的专利产品，采用 SPI 串行接口，只能依次读取数据，

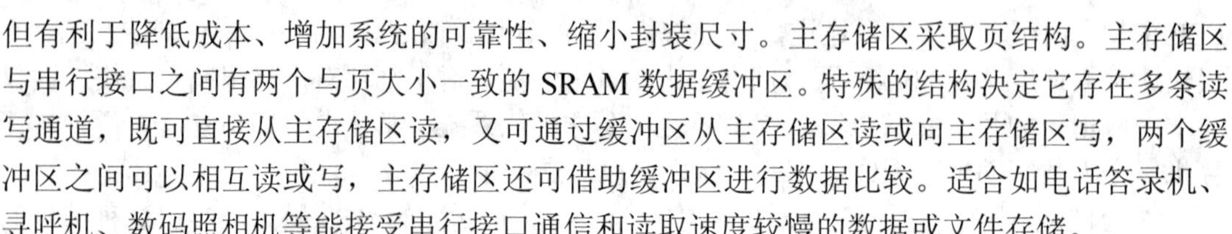

但有利于降低成本、增加系统的可靠性、缩小封装尺寸。主存储区采取页结构。主存储区与串行接口之间有两个与页大小一致的 SRAM 数据缓冲区。特殊的结构决定它存在多条读写通道，既可直接从主存储区读，又可通过缓冲区从主存储区读或向主存储区写，两个缓冲区之间可以相互读或写，主存储区还可借助缓冲区进行数据比较。适合如电话答录机、寻呼机、数码照相机等能接受串行接口通信和读取速度较慢的数据或文件存储。

4.5 高速缓冲存储器

4.5.1 高速缓冲存储器基本原理

对大量的典型程序的运行情况的分析结果表明，在一个较短的时间间隔内，地址往往集中在存储器逻辑地址空间的很小范围内。指令分布比数据分布更集中，但对数组的访问和存储以及对工作单元的选择都可以使存储器相对集中。这种对局部范围存储器地址的频繁访问，对范围以外的地址访问甚少的现象称为程序访问的局部性。

根据局部性原理，可以在 CPU 和主存之间设置一个小容量高速存储器，如果当前正在执行的程序和数据存放在高速存储器中，当程序运行的时候，不必从主存取指令和数据，而访问这个高速存储器即可，从而提高了程序的运行速度，这个存储器称为缓冲存储器(缓存)。其逻辑结构如图 4.22 所示。

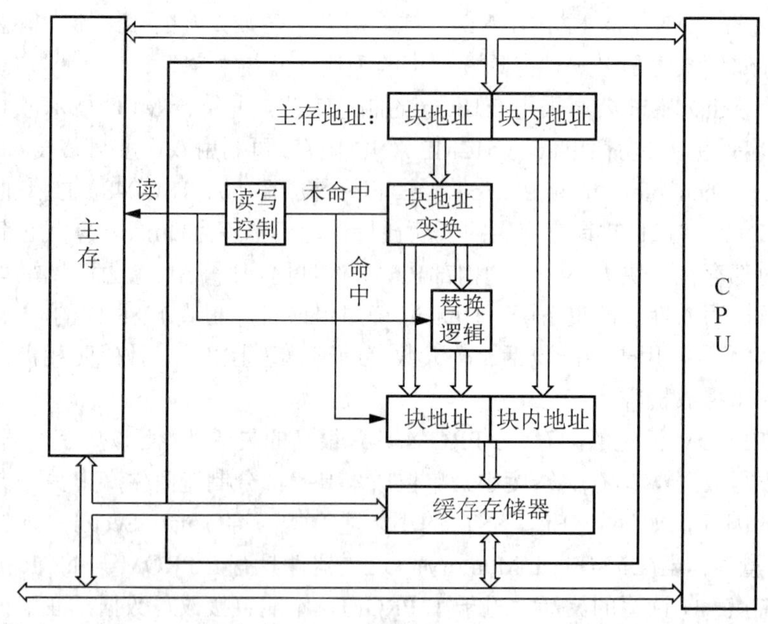

图 4.22 缓存的逻辑结构

缓存是为了解决 CPU 和主存之间速度匹配问题而采用的一项重要技术。缓存是一块专门的存储区域，采用高速的存储器件构成，介于 CPU 和主存之间。它将 CPU 对内存的读取改为先读缓存，如果缓存中没有所需的数据，再到内存中去找，但读取的信息同时进入缓存，当下一次读取该信息时就只需从缓存中读取即可。由于缓存比内存速度要快得多，所以在使用缓存后计算机的速度有明显提高。把 CPU 最近最可能用到的少量信息(数据或指令)从主存复制到缓存中，当 CPU 下次再用到这些信息时，它就不必访问慢速的主存，而直接从快速的缓存中得到，从而提高了速度。缓存介于 CPU 和主存之间，它的工作速度数倍于主存，全部功能由硬件实现，并且对程序员是透明的。

为了解决主存和 CPU 处理速度不匹配的问题，在两者之间增加了一级缓存。缓存一般用与制作 CPU 相同的半导体工艺做成，其存取速度可同 CPU 相匹配，属于同一个量级。但是从制造成本上考虑，一般为 1K～256KB 不等，它有以下特点。

(1) 高速：存取速度比主存快，以求与 CPU 匹配。由高速的 SRAM 组成，全部功能由硬件实现，保证了高速度。

(2) 容量小：因价格高，所以容量较小，一般为几百 KB，作为主存的一个副本可分为片内缓存和片外缓存。

随着技术的提高，缓存的容量有所增加。缓存的设计利用的是程序访问的局部性原理，如磁盘缓存，它在主存中开辟了一小块空间来存放经常访问的磁盘中的数据块。

4.5.2 主存与缓存的地址映像

地址映像的功能是把 CPU 发送来的主存地址转换成缓存的地址。当信息按这种方式装入缓存中后，执行程序时，应将主存地址变换为缓存地址，这个变换过程叫做地址变换。地址映像方式通常采用直接映像、全相联映像、组相联映像 3 种。

地址映像：为了把信息放到缓存中，必须应用某种函数把主存地址映像到缓存中定位，称作地址映像。

地址变换：在信息按这种映像关系装入缓存后，执行程序时，应将主存地址变换成缓存地址。这个变换过程叫做地址变换。地址映像和变换是密切相关的。

1. 直接映像

假设主存空间被分为 $2m$ 个页，其页号分别为 0、1…i…$2m-1$，每页大小为 $2b$ 个字，缓存存储空间被分为 $2c$ 个页(页号为 0、1…j…$2c-1$)，每页大小同样为 $2b$ 个字，($c<m$)，如图 4.23 所示。

(1) 直接映像函数定义为 $j=i \bmod 2c$。

其中，j 是缓存的页面号，i 是主存的页面号。显然，主存的第 0 页、$2c$ 页、$2c+1$ 页…只能映像到缓存的第 0 块(共 $2t$ 个页)。主存的第 1 页，第 $2c+1$ 页，… (共 $2t$ 个页)只能映像到缓存的第 1 页…其中，图中的主存页面标记(t 位)用来表明主存对应同一个缓存页面的 $2t$ 个页面中，究竟是哪一个页面存放到缓存中。

(2) 主存地址：最后 b 位是页内地址，中间 c 位是缓存的页面地址，高 $t(=m-c)$位是主存的页面标记，用来标明主存的 $2t$ 个页面中究竟哪个页面已在缓存中。

直接映像是一种最简单的地址映像方式，它的地址变换速度快，而且不涉及其他两种映像方式中的替换策略问题。但是这种方式的块冲突概率较高，当程序往返访问两个相互冲突的块中的数据时，缓存的命中率将急剧下降，因为这时即使缓存中有其他空闲块，也因为固定的地址映像关系而无法应用。例如，一个缓存的大小为 2KB 字，每个块为 16 字，这样缓存中共有 128 个块。假设主存的容量是 256KB 字，则共有 16384 个块。主存的地址码将有 18 位。在直接映像方式下，主存中的第 1～128 块分别映像到缓存中的第 1～128 块，第 129 块则映像到缓存中的第 1 块，第 130 块映像到缓存中的第 2 块，依此类推。

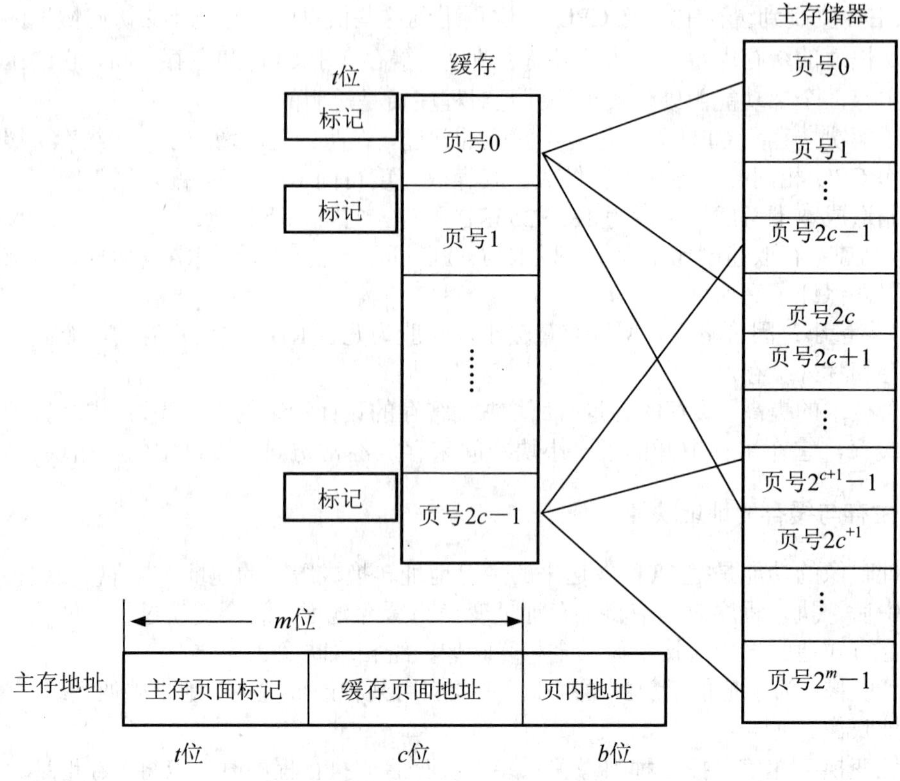

图 4.23　页面地址的直接映像方式

(3) 工作过程：地址变换部件在收到 CPU 送来的主存地址后，只需根据中间 c 位字段找到缓存页面号，然后检查标记是否与主存地址高 t 位相符合，如果符合，则可根据页号地址和低 b 位地址访问缓存，如果不符合，就要从主存读入新的页面来替换旧的页面，同时修改缓存标记。

直接映像的缺点是不够灵活，因为每个主存块只能固定地对应某个缓存块，即使缓存内还空着许多位置也不能占用，使缓存的存储空间得不到充分的利用。此外，如果程序恰好要重复访问对应同一缓存位置的不同主存块，就要不停地进行替换，从而降低了命中率。直接映像的地址变换方法如图 4.24 所示。

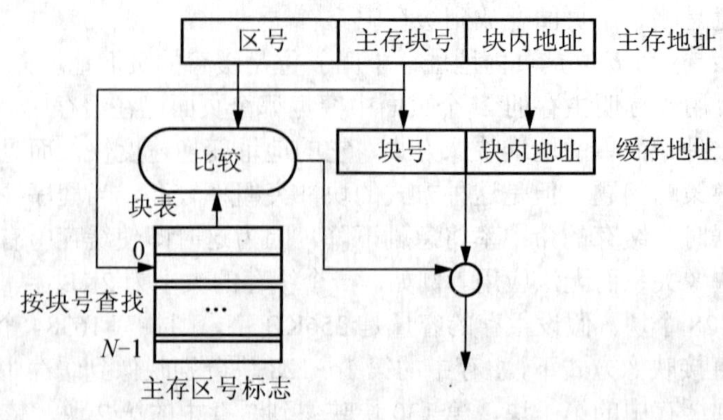

图 4.24　直接映像的地址变换方法

2. 全相联映像

主存中的每一个字块可映像到缓存任何一个字块位置上，这种方式称为全相联映像。这种方式只有当缓存中的块全部装满后才会出现块冲突，所以数据块冲突概率较低，可达到很高的缓存命中率，但实现很复杂。当访问一个块中的数据时，块地址要与缓存块表中的所有地址标记进行比较以确定是否命中。在数据块调入的时候存在着比较复杂的替换问题，即决定将数据块调入缓存中什么位置，将缓存中哪一块数据调出主存。为了达到较高的速度，全部比较和替换都要用硬件实现。

全相联映像方式是最灵活但成本最高的一种方式，如图 4.25 所示。它允许主存中的每一个字块映像到缓存的任何一个字块位置上，也允许从已被占满的缓存中替换出任何一个旧数据块。这是一个理想的方案。实际上由于它的成本太高而不便采用。不只是它的标记位数从 t 位增加到 $t+c$ 位，使缓存标记容量增大，主要问题是在访问缓存时，需要和缓存的全部标记进行“比较”才能判断出所访问主存地址的内容是否已在缓存中，由于缓存速度要求高，所以全部“比较”操作都要用硬件实现，通常由相联存储器完成。所需逻辑电路甚多，以致无法用于缓存中，实际的缓存组织则是采用各种措施来减少所需比较的地址数目。

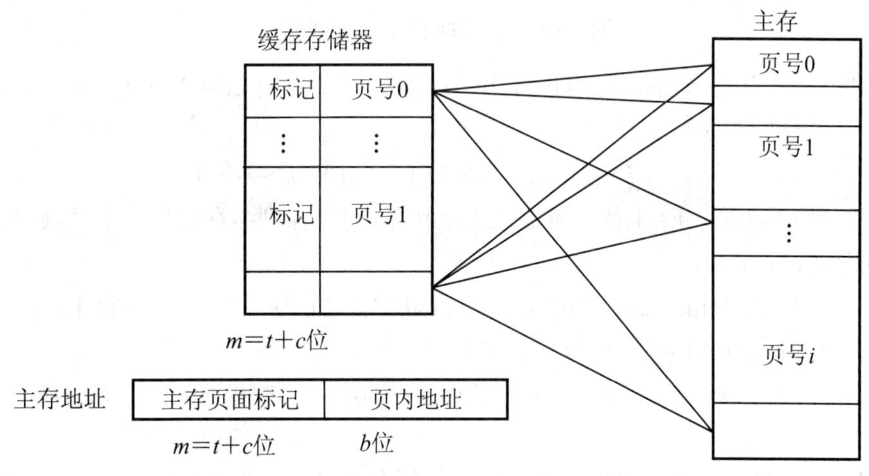

图 4.25　全相联映像方式

全相联方法在缓存中的块全部装满后才会出现块冲突，而且可以灵活地进行块的分配，所以块冲突的概率低，缓存的利用率高。但全相联缓存中块表查找的速度慢，控制复杂，需要一个用硬件实现的替换策略，实现起来比较困难。为了提高全相联查表的速度，地址映像表可用相联存储器实现。但相联存储器的容量一般较低，速度较慢。所以全相联的缓存一般用于容量比较小的缓存中。全相联映像方式组织结构如图 4.26 所示。

3. 组相联映像

组相联映像方式是直接映像和全相联映像的一种折中方案。这种方法将存储空间分为若干组，各组之间是直接映像，而组内各块之间则是全相联映像。它是上述两种映像方式的一般形式，如果组的大小为 1，即缓存空间分为 2n 组，就变为直接映像；如果组的大小为缓存整个的尺寸，就变为了全相联映像。组相联方式在判断块命中及替换算法上都要比全相联方式简单，块冲突的概率比直接映像的低，其命中率也介于直接映像和全相联映像方式之间。

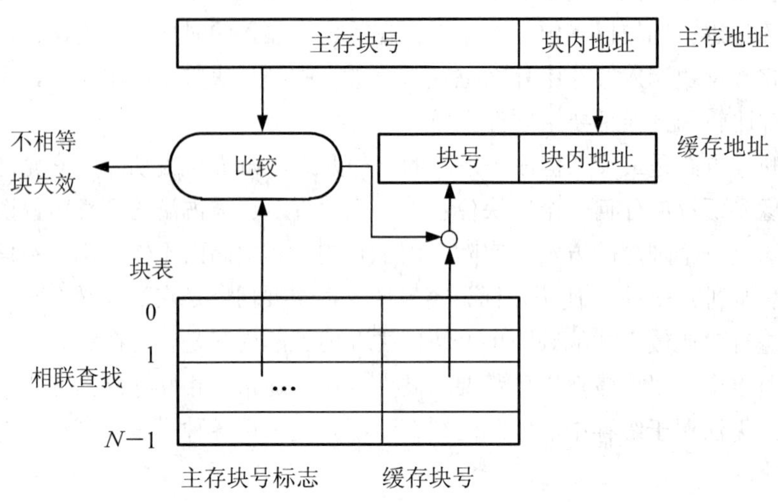

图 4.26　全相联映像方式组织结构

(A)将缓存分为 2n 个组，每组包含 2r 个页面，缓存共有 2c=2n+r 个页面。其映像关系为

$$j=(i \bmod 2\,n)\times 2r+k \quad (0\leqslant k\leqslant 2r-1)$$

例如，设 $n=3$ 位，$r=1$ 位，考虑主存字块 15 可映像到缓存的哪一个字块中。

根据公式，可得：

$$j=(i \bmod 2n)\times 2r+k=(15 \bmod 23)\times 21+k=7\times 2+k=14+k$$

又因为 $0\leqslant k\leqslant 2r-1=1$，所以，$k=0$ 或 1。

代入后得 $j=14(k=0)$或 $15(k=1)$。所以主存模块 15 可映像到缓存字块 14 或 15，在第 7 组。

根据主存地址的“缓存组地址”字段访问缓存，并将主存字块标记(t 位+r 位)与缓存同一组的 2^r 个字块标记进行比较，并检查有效位，以确定是否命中。当 r 不大时，需要同时进行比较的标记数不大，这个方案还是比较现实的。组相联映像如图 4.27 和图 4.28 所示。

组相联映像相对于直接映像的优越性随缓存容量的增大而下降，分组的效果随着组数的增加而下降。实践证明，全相联缓存的失效率只比 8 路组相联缓存的稍微低一点。全相联和组相联地址映像方法尽管可以提高命中率，但随之增加的复杂性和降低的速度也是不容忽视的。因此，一般在容量小的缓存中可采用组相联映像或全相联映像方法，而在容量大的缓存中则可以采用直接映像的缓存。在速度要求较高的场合采用直接映像，而在速度要求较低的场合采用组相联或全相联映像。

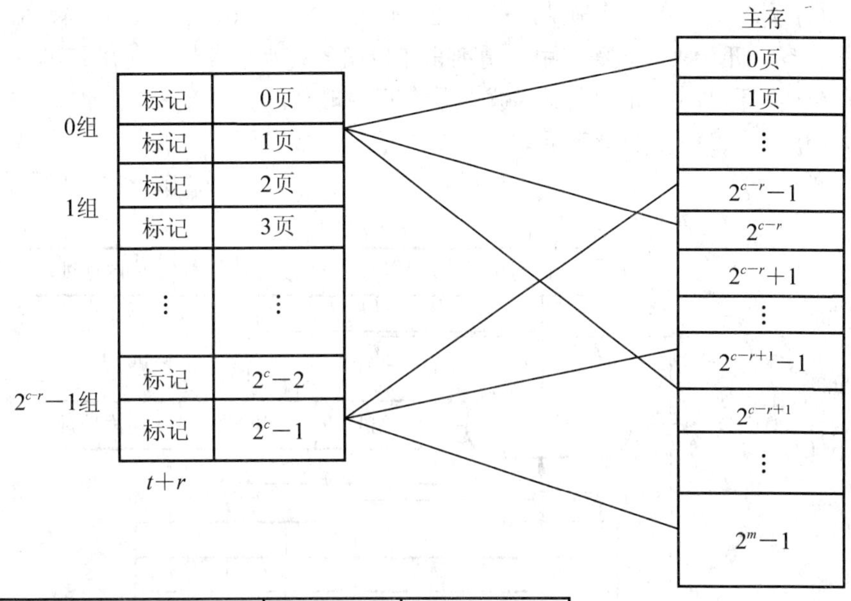

图 4.27　页面地址的组相联映像

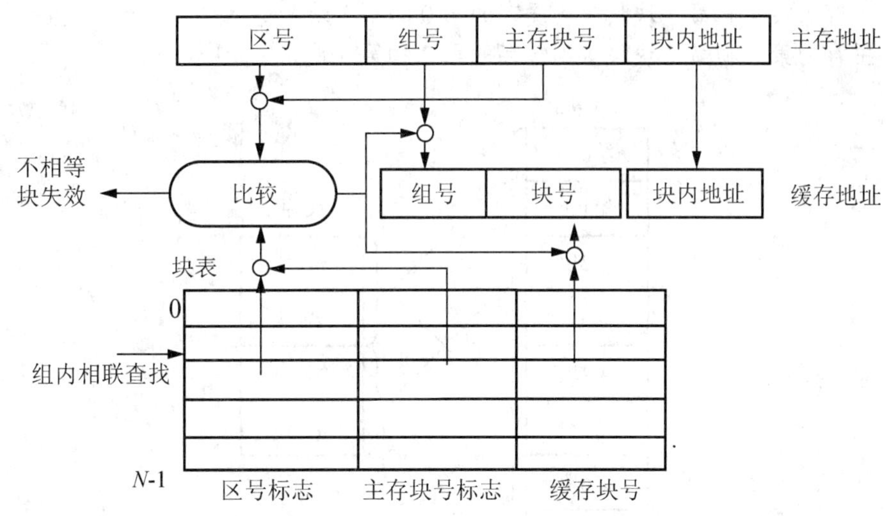

图 4.28　组相联映像的地址变换方法

案例

有一个“缓存—主存”存储层次。主存共分 8 个块(0～7)，缓存为 4 个块(0～3)，采用组相联映像，组内块数为 2 块，替换算法为近期最少使用法(LRU)。

(1) 画出主存、缓存地址的各字段对应关系。

(2) 画出主存、缓存空间块的映像对应关系的示意图。

(3) 对于如下主存块地址流：1、2、4、1、3、7、0、1、2、5、4、6、4、7、2，如主存中内容一开始未装入缓存中，请列出随时间的缓存中各块的使用状况。

(4) 对于(3)，指出块失效又发生块争用的时刻。

(5) 对于(3)，求出此期间缓存之命中率。

解：(1)

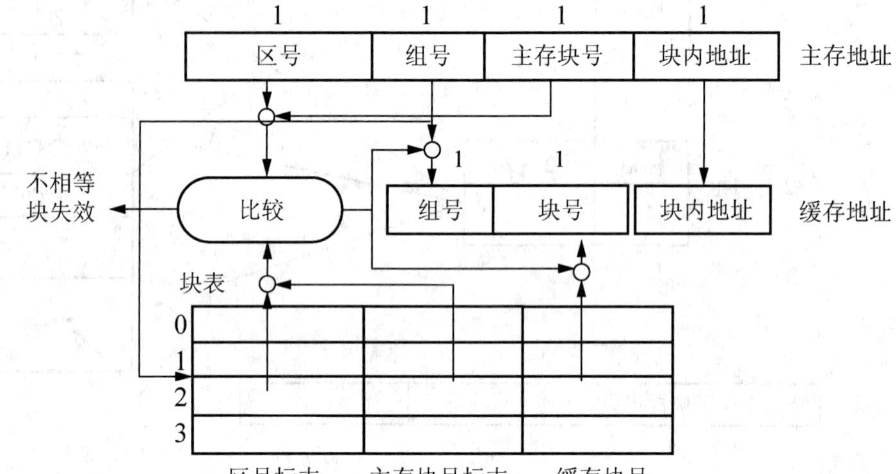

(2) 主存的第 0 和第 1 块映像到缓存的第 0 和第 1 块。
主存的第 2 和第 3 块映像到缓存的第 2 和第 3 块。
主存的第 4 和第 5 块映像到缓存的第 0 和第 1 块。
主存的第 6 和第 7 块映像到缓存的第 2 和第 3 块。

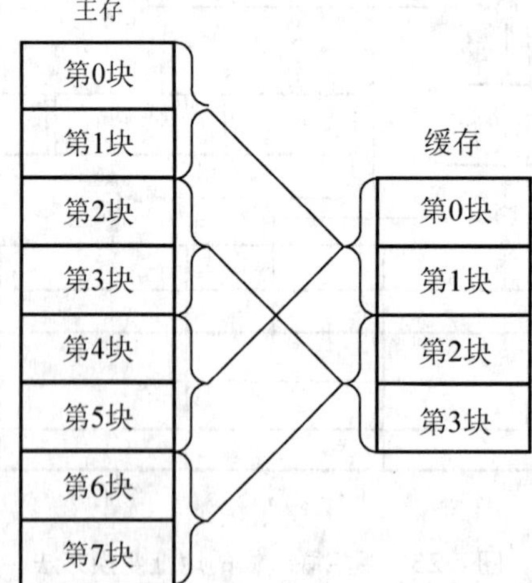

(3)

1	2	4	1	3	7	0	1	2	5	4	6	4	7	2
1	1	1	1	1	1	1	1	1	1	4	4	4	4	4
—	—	4	4	4	4	0	0	0	5	5	5	5	5	5
—	2	2	2	2	7	7	7	7	7	7	6	6	6	2
—	—	—	—	3	3	3	3	2	2	2	2	2	7	7

(4) 6，7，9，10，11，12，14，15。

(5) h＝3/15＝0.2。

4.5.3 主存与缓存的替换策略

缓存和存储器一样具有两种基本操作，即读操作和写操作。当 CPU 发出读操作命令时，根据它产生的主存地址分为两种情形：一种是需要的数据已在缓存中，那么只需直接访问缓存，从对应单元中读取信息到数据总线；另一种是需要的数据尚未装入缓存，CPU 需从主存中读取信息的同时，应将从主存中取出的内容放到缓存中。若缓存中尚有空闲的块，则可将新的内容写入；若缓存中的块都已装满，则需进行替换。替换机构是按替换算法设计的，其作用是指出应该替换的块号。替换算法与缓存的命中率相关，替换机构由硬件实现。常见的替换策略有两种。

1. 先进先出策略

先进先出策略(First In First Out，FIFO)总是把最先调入的缓存字块替换出去，它不需要随时记录各个字块的使用情况，较容易实现；缺点是经常使用的块，如一个包含循环程序的块也可能由于它是最早的块而被替换掉。

2. 最近最少使用策略

最近最少使用策略(Least Recently Used，LRU)是把当前近期缓存中使用次数最少的那块信息块替换出去，这种替换算法需要随时记录缓存中字块的使用情况。LRU 的平均命中率比 FIFO 高，在组相联映像方式中，当分组容量加大时，LRU 的命中率也会提高。

地址流:	1	0	2	2	1	7	6	7	0	1	2	0	3	0	4	5	1	5	2	4	5	6	7	6	7	2	4	2	7	3
页面:	1	1	1	1	1	1	1	1	1	1	1	1	1	1	4	4	4	4	4	4	4	4	4	4	4	2	2	2	2	2
	—	0	0	0	0	0	6	6	6	6	2	2	2	2	2	5	5	5	5	5	5	5	5	5	5	5	4	4	4	4
	—	—	2	2	2	2	2	2	0	0	0	0	0	0	0	0	0	0	2	2	2	2	7	7	7	7	7	7	7	7
	—	—	—	—	—	7	7	7	7	7	7	7	3	3	3	3	1	1	1	1	1	6	6	6	6	6	6	6	6	3
命中:	n	n	n	y	y	n	n	y	n	y	n	y	n	y	n	n	n	y	n	y	y	n	n	y	y	n	n	y	y	n

因此，命中率＝13/30≈43.3%。

案例：替换算法

一个两级存储器系统有 8 个磁盘上的虚拟页面需要映射到主存中的 4 个页框架中。某程序生成以下访存页号序列：1，0，2，2，1，7，6，7，0，1，2，0，3，0，4，5，1，5，2，4，5，6，7，6，7，2，4，2，7，3。画出每个页号访问请求之后存放在主存中的位置，采用 LRU 替换策略，计算主存的命中率，假定初始时主存为空。

4.5.4 缓存的写操作

缓存写操作时的情况要比读操作更复杂，因为写入缓存的数据如果不写入主存，这时主存中的数据和缓存中的相应数据就不一致；由于缓存的内容只是主存部分内容的复制，它应当与主存内容保持一致。而 CPU 对缓存的写入更改了缓存的内容。如果将写入缓存的数据同时写入主存，则写操作的时间将是访问主存的时间，缓存就不能提高写操作的速度了。处理这种情况采用的方法就是更新策略。当出现写操作，如何与主存内容保持一致，可选用如下写操作策略。

全写法(写直达法)：写命中时，缓存与内存一起写。这种方法使得写访问的实践为主存的访问时间，但块更新时不需要将调出的块写回主存。

写回法：写缓存时不写主存，而当缓存数据被替换出去时才写回主存。写回法的缓存中的数据会和主存中的不一样。为了区别缓存中的数据是否与主存一致，缓存中的每一块要增加一个记录信息位。根据此信息进行换出时，对行的修改位进行判断，决定是写回还是舍掉。

当出现写操作缓存不命中时，有一个在写主存是否将数据读取到缓存中的问题，对应的更新策略如下。

按写分配：当缓存写不命中时把该地址相对应的块从主存调入缓存。

不按写分配：当缓存写不命中时把该地址相对应的块不从主存调入缓存。

这两种方法对不同的缓存命中时的更新策略效果不同，但是命中率差别不大。一般写回法采用按写分配法，写直达法则采用不按写分配法，如图 4.29 和图 4.30 所示。

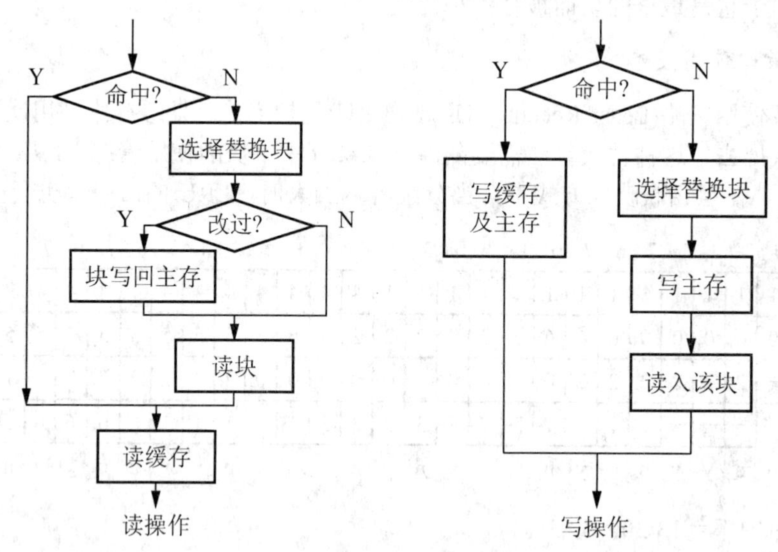

图 4.29　按写分配的缓存写操作流程

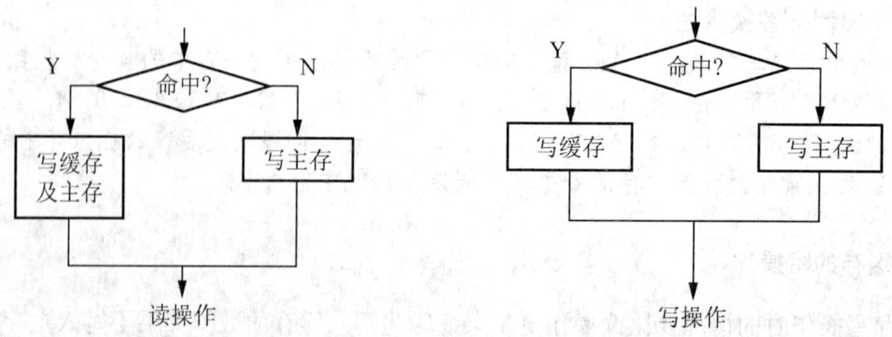

图 4.30　不按写分配的缓存写操作流程

对于有多个处理器的系统，各自都有独立的缓存，且都共享主存，这样又出现了新问题，即当一个缓存中数据修改时，不仅主存中相对应的字无效，连同其他缓存中相对应的字也无效(当然恰好其他缓存也有相应的字)。即使通过写直达法改变了主存的相应字，而其他缓存中数据仍然无效。显然，解决系统中缓存一致性的问题很重要。

缓存刚出现时，典型系统只有一个缓存，近年来普遍采用多个缓存。其含义有两方面：一是增加缓存的级数：二是将统一的缓存变成分开的缓存。

(1) 单一缓存和两级缓存。单一缓存即在 CPU 和主存之间只设一个缓存。随着集成电路逻辑密度的提高，又把这个缓存直接与 CPU 制作在同一个芯片内，故又叫片内缓存(片载缓存)。片内缓存可以提高外部总线的利用率，因为缓存做在芯片内，CPU 直接访问缓存不必占用芯片外的总线(外部总线)，而且片内缓存与 CPU 之间的数据通路很短，大大提高了存取速度，外部总线又可更多地支持 I/O 设备与主存的信息传输，增强了系统整体效率。可是，由于片内缓存制在芯片内，其容量不可能很大，这就可能致使 CPU 欲访问的信息不在缓存内，势必再通过外部总线访问主存，访问次数多了，整机速度就会下降。如果在主存与片内缓存之间，再加一级缓存，称为片外缓存，而且它是由比主存动态 RAM 和 ROM 存取速度更快的静态 RAM 组成，那么，从片外缓存调入片内缓存的速度就能提高，而 CPU 占用外部总线的时间也就大大下降，整机工作速度有明显改进。这种由片外缓存和片内缓存组成的缓存，叫做两级缓存，并称片内缓存为第一级，片外缓存为第二级。

(2) 统一缓存和分开缓存。统一缓存是指指令和数据都存放在同一缓存内的缓存；分开缓存是指指令和数据分别存放在两个缓存中，一个称为指令缓存，一个称为数据缓存。两种缓存的选用主要考虑如下两个因素：①它与主存结构有关，如果计算机的主存是统一的(指令、数据存在同一主存内)，则相应的缓存就采用统一缓存；如果主存采用指令、数据分开存放的方案：则相应的缓存就采用分开缓存；②它与机器对指令执行的控制方式有关。当采用超前控制或流水线控制方式时，一般都采用分开缓存。

所谓超前控制是指在当前指令执行过程尚未结束时，就提前将下一条准备执行的指令取出，即超前取指或叫指令预取。所谓流水线控制实质上是多条指令同时执行，又可视为指令流水。当然，要实现同时执行多条指令，机器的指令译码电路和功能部件也需多个。超前控制和流水线控制特别强调指令的预取和指令的并行执行，因此，这类机器必须将指令缓存和数据缓存分开，否则可能出现取指和执行过程对统一缓存的争用。如果此刻采用统一缓存，则在执行部件向缓存发出取数请求时，一旦指令预取机构也向缓存发出取指请求，那么统一缓存只有先满足执行部件请求，将数据送到执行部件，让取指请求暂时等待，显然达不到领取指令的目的，从而影响指令流水的实现。

4.6 半导体存储器的组成与控制

1. 半导体存储器的基本组成

半导体存储器(RAM)的基本组成包括以下几个部分。

(1) 储存信息的存储体。

(2) 信息的寻址机构，即读出和写入信息的地址选择机构，包括地址寄存器(MAR)和地址译码器。

(3) 存储器数据寄存器 MDR。

(4) 写入信息所需的能源，即写入线路、写驱动器等。

(5) 读出所需的能源和读出放大器，即读出线路、读驱动器和读出放大器。

(6) 存储器控制部件。无论是读或写操作，都需要由一系列明确规定的连续操作来完成，因此需要主存时序线路、时钟脉冲线路、读逻辑控制线路，写或重写逻辑控制线路以及动态存储器的定时刷新线路等，这些线路总称为存储器控制部件。

RAM 的阵列结构如图 4.31 所示。

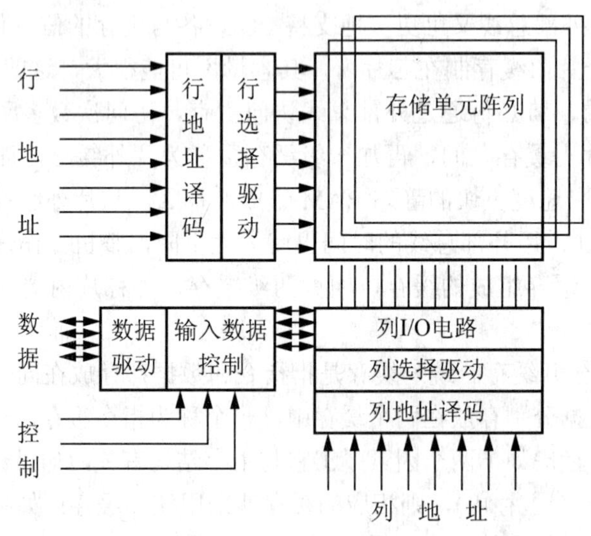

图 4.31 RAM 的阵列结构

2. RAM 结构与地址译码—字结构或单译码方式

字结构：同一芯片存放一个字的多位，如 8 位。优点是选中某个单元，其包含的各位信息可从同一芯片读出，缺点是芯片外引线较多，成本高，适合容量小的静态 RAM。

位结构：同一芯片存放多个字的同一位。优点是芯片的外引线少，缺点是需要多个芯片组和工作，适合动态 RAM 和大容量静态 RAM。

(1) 结构：储容量 $M=W$ 行×b 列； 阵列的每一行对应一个字，有一根公用的字选择线W；每一列对应字线中的一位，有两根公用的位线 BS_0 与 BS_1。存储器的地址不分组，只用一组地址译码器。

(2) 字结构是 2 度存储器，只需使用具有两个功能端的基本存储电路：字线和位线。

(3) 优点：结构简单，速度快，适用于小容量 M。

(4) 缺点：外围电路多、成本昂贵，结构不合理。

字结构或单译码方式的 RAM 如图 4.32 所示。

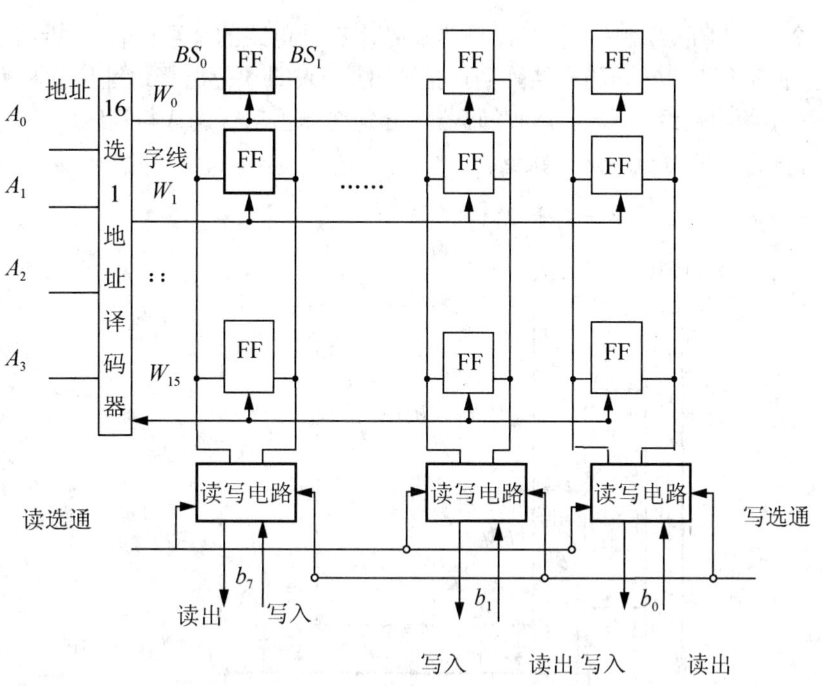

图 4.32　字结构或单译码方式的 RAM

3. RAM 结构与地址译码—位结构或双译码方式

(1) 结构：采用双译码结构可以减少选择线的数目，如图 4.33 所示。

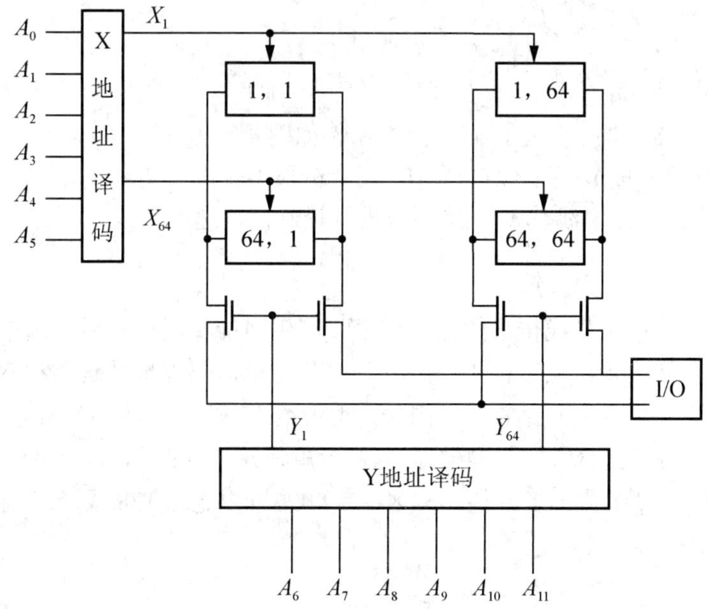

图 4.33　位结构或双译码方式的 RAM

(2) 容量：N(字)×b(位)的 RAM，把每个字的同一位组织在一个存储片上，每片是 N×1；再把 b 片并列连接，组成一个 N×b 的存储体，就构成一个位结构的存储器。

在每一个 $N\times1$ 存储片中，字数 N 被当做基本存储电路的个数。若把 $N=2n$ 个基本存储电路排列成 Nx 行与 Ny 列的存储阵列，把 CPU 送来的 n 位选择地址按行和列两个方向划分成 nx 和 ny 两组，经行和列方向译码器，分别选择驱动行线 X 与列线 Y。

(3) 该译码方式的特点是速度快。

4. RAM 结构与地址译码—字段结构

字段结构 RAM 如图 4.34 所示。

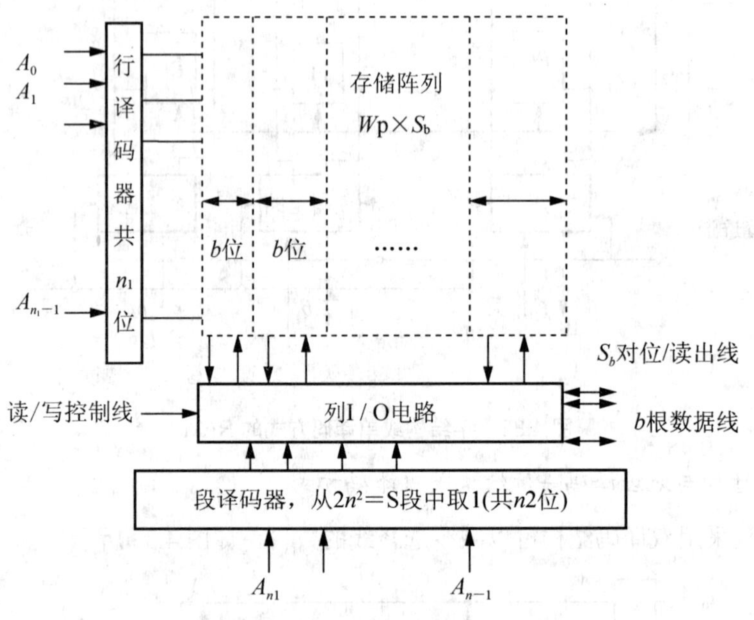

图 4.34　字段结构 RAM

(1) 结构：RAM 结构与地址译码—字段结构如图 4.34 所示。

(2) 容量：存储容量 W(字)$\times B$(位)，$W\geqslant b$：分段 $Wp(=W/S)\times S_b$

(3) 字线分为两维，位线有 S_b 对采用双地址译码器，速度快。

5. 地址译码器

地址译码器接收系统总线传来的地址信号，产生地址译码信号后，选中存储矩阵中的某个或几个基本存储单元，从结构类型上分类可分为单译码地址译码器和双译码地址译码器。单译码方式适合小容量的存储器。例如，地址线 12 根，对应 4096 个状态，需要 4096 根译码线。双译码方式适合大容量存储器(也称为矩阵译码器)，分 X、Y 两个方向译码。例如，地址线 12 根，X、Y 方向各 6 根，$64\times64=4096$ 个状态，128 根译码线。

4.6.1　存储器的扩展

存储器与 CPU 的连接包括存储器与数据总线、地址总线和控制总线的连接。由于存储芯片的容量有限，在构成实际的存储器时，单个芯片往往不能满足存储器位数(数据线的位数)或字数(存储单元的个数)的要求，需要用多个存储芯片进行组合，以满足对存储容量的要求。这种组合称为存储器的扩展，通常有位扩展、字扩展和字位扩展 3 种方式。

在微型计算机中，存储器的大小通常是按字节来度量的。如果一个存储芯片不能同时提供8位数据，就必须把几块芯片组合起来使用，这就是存储器芯片的“位扩展”。现在的微型计算机可以同时对存储器进行64位的存取，这就需要在8位的基础上再次进行“位扩展”。位扩展把多个存储芯片组成一个整体，使数据位数增加，但单元个数不变。经位扩展构成的存储器，每个单元的内容被存储在不同的存储器芯片上。

以SRAM Intel 2114芯片为例，其容量为1KB×4位，数据线为4根，每次读写操作只能从一块芯片中访问到4位数据；而计算机要用2114芯片构成1KB的内存空间，需两块该芯片，在位方向上进行扩充。在使用中，将这两块芯片看做是一个整体，它们将同时被选中，共同组成容量为1KB的存储器模块，称这样的模块为芯片组。

位扩展构成的存储器在电路连接时采用的方法是将每个存储器芯片的数据线分别接到系统数据总线的不同位上，地址线和各种控制线(包括选片信号线、读/写信号线等)则并联在一起。

4.6.2 案例：扩展例题

1. 位扩展

范例：位扩展例题

用1K×4的2114芯片构成lK×8的存储器系统。

由于每个芯片的容量为1KB，故满足存储器系统的容量要求。但由于每个芯片只能提供4位数据，故需用2片这样的芯片，它们分别提供4位数据至系统的数据总线，以满足存储器系统的字长要求。电路的设计如下。

(1) 每个芯片的10位地址线按引脚名称一一并联，按次序接到系统地址总线的低10位。

(2) 数据线按芯片编号连接，1号芯片的4位数据线依次接至系统数据总线的D_0～D_3，2号芯片的4位数据线依次接至系统数据总线的D_4～D_7。

(3) 两个芯片的端并联，接到系统控制总线的存储器写信号。例如，CPU为8086/8088，可由/M或/IO的组合来承担。

(4) 片选信号并联后接至地址译码器的输出端，而地址译码器的输入则由系统地址总线的高位来承担。具体连线如图4.35所示。

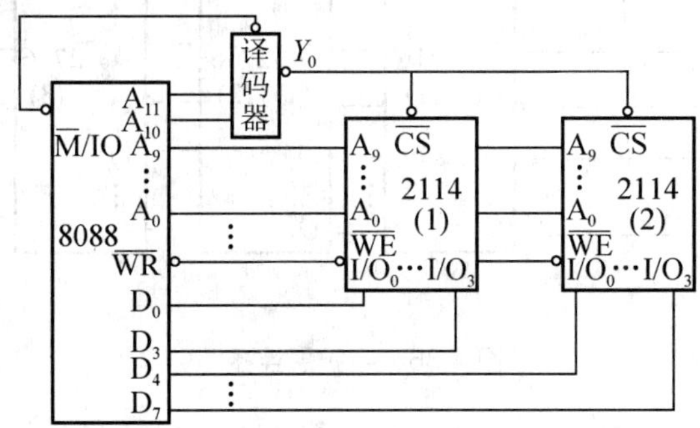

图4.35 位扩展连接

从图中可以看出，存储器每个存储单元的内容都存放在不同的存储芯片中。1号芯片存放的是存储单元的低4位，2号芯片存放的是存储单元的高4位。而总的存储单元个数

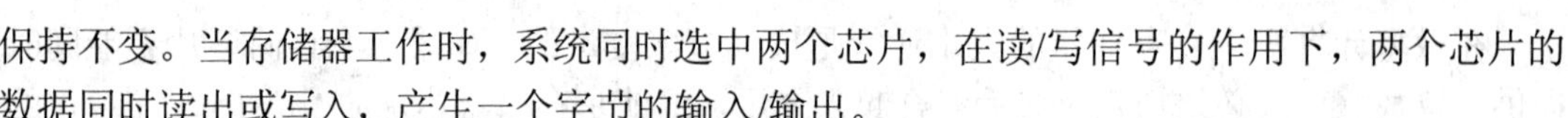

保持不变。当存储器工作时，系统同时选中两个芯片，在读/写信号的作用下，两个芯片的数据同时读出或写入，产生一个字节的输入/输出。

2. 字扩展

字扩展是对存储器容量的扩展。存储器芯片的字长符合存储器系统的要求，但其容量太小，即存储单元的个数不够，需要增加存储单元的数量。

例如，用 16K×8 的 EPROM 2716 A 存储器芯片组成 64K×8 的存储器系统。由于每个芯片的字长为 8 位，故能满足存储器系统的字长要求。但每个芯片只能提供 16KB 个存储单元，故需用 4 片这样的芯片，以满足 64K 存储器系统的容量要求。

字扩展构成的存储器在电路连接时采用的方法是将每个存储芯片的数据线、地址线、读写等控制线与系统总线的同名线相连，仅将各个芯片的片选信号分别连到地址译码器的不同输出端，用片选信号来区分各个芯片的地址。

案例：字扩展例题

用 2K×8 的 2716A 存储器芯片组成 8K×8 的存储器系统。

由于 2716A 芯片的字长为 8 位，故满足存储器系统的字长要求。但由于每个芯片只能提供 2KB 个存储单元，所以要构成容量为 8KB 的存储器，需要 8KB/2KB＝4 片 2716A，以满足存储器系统的容量要求。电路的设计如下。

(1) 每个芯片的 11 位地址线按引脚并联，然后按次序与系统地址总线的低 11 位相连。

(2) 每个芯片的 8 位数据线依次接至系统数据总线的 D_0～D_7。

(3) 4 个芯片并联后接到系统控制总线的存储器读信号，它们的引脚分别接至地址译码器的输出端，地址译码器的输入则由系统地址总线的高位来承担。硬件连线如图 4.36 所示。

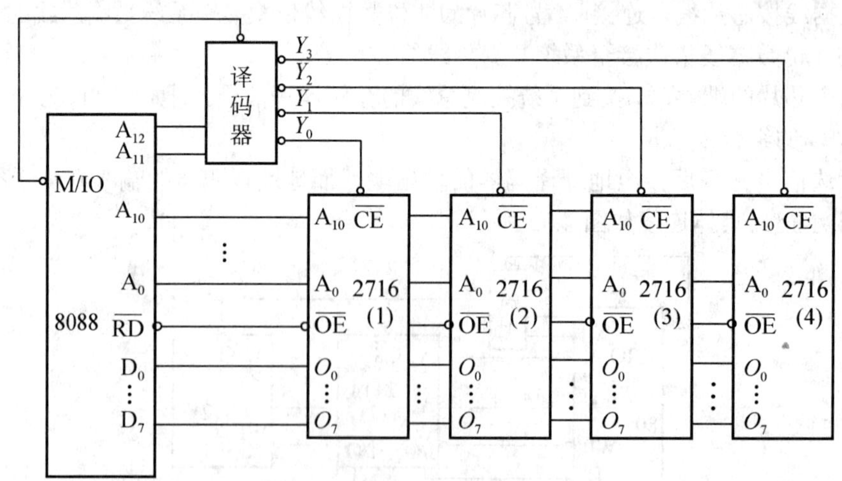

图 4.36 字扩展连接

3. 字位扩展

字位扩展是从存储芯片的位数和容量两个方面进行扩展。在构成一个存储系统时，如果存储器芯片的字长和容量均不符合存储器系统的要求，此时需要用多个芯片同时进行位扩展和字扩展，以满足系统的要求。进行字位扩展时，通常是先做位扩展，按存储器字长要求构成芯片组，再对这样的芯片组进行字扩展，使总的存储容量满足要求。

一个存储器的容量假定为 $M\times N$ 位，若使用 $l\times k$ 位的芯片($l<M$，$k<N$)需要在字向和位向同时进行扩展。此时共需要$(M/l)\times(N/k)$个存储器芯片。其中，M/l 表示把 $M\times N$ 的空间分成 M/l 个部分(称为页或区)，每页 N/k 个芯片。

案例：字位扩展例题

用 Intel 2114 芯片构成容量为 2KB×8 的存储器系统。

由于 Intel 2114 芯片的容量为 1K×4，字长为 4 位，因此首先要采用位扩展的方法，用两片芯片并联组成 1K×8 的芯片组，再对芯片组采用字扩展的方法来扩充容量，需要 2 组芯片组串联构成 2KB 的容量。硬件连线如图 4.37 所示。在图 4.37 中，4 片 2114 分为 2 组，每组芯片的 4 位数据线分别接到数据总线 D_7～D_0 的高低 4 位，地址线和读写线按信号名称并联在一起。每组芯片的片选端 *CE* 并联起来分别与译码器的输出端连接。

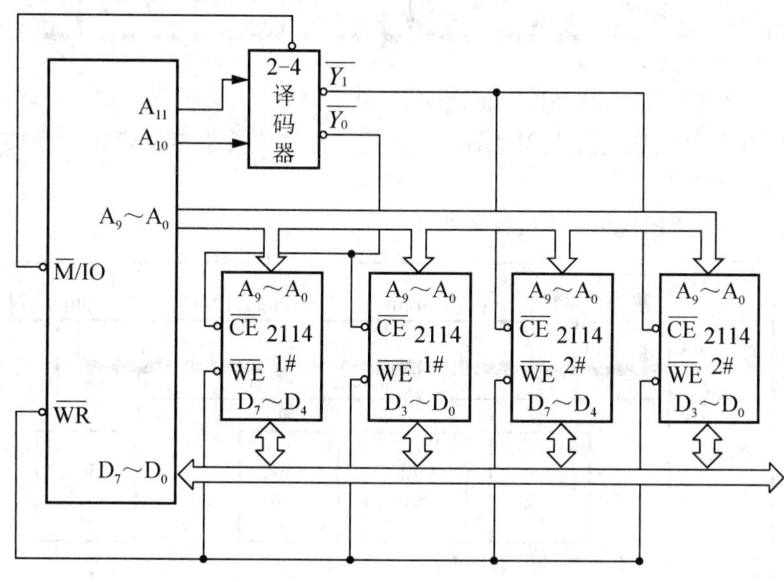

图 4.37 字位扩展结构连接

案例：字位扩展应用例题

【例 4.1】设有 32 片 256K×1 的 SRAM 芯片，问:

(1) 采用位扩展方法可构成多大容量的存储器?

(2) 该存储器需要多少字节地址位?

(3) 画出该存储器与 CPU 连接的结构图，设 CPU 的接口信号有地址信号、数据信号、控制信号 *MREQ#*和 *R/W#*。

解：32 片 256K×1 的 SRAM 芯片可构成 256K×32 的存储器。

如果采用 32 位的字编址方式，则需要 18 条地址线，因为 2^{18}=256K。

因为存储容量为 256K×32=1024KB，所以 CPU 访存最高地址位为 A19。

【例 4.2】设有若干片 256K×8 的 SRAM 芯片，问:

(1) 采用字扩展方法构成 2048KB 的存储器需要多少片 SRAM 芯片？

(2) 该存储器需要多少字节地址位？

(3) 画出该存储器与 CPU 连接的结构图，设 CPU 的接口信号有地址信号、数据信号、控制信号 *MREQ#*和 *R/W#*。

(4) 写出译码器逻辑表达式。

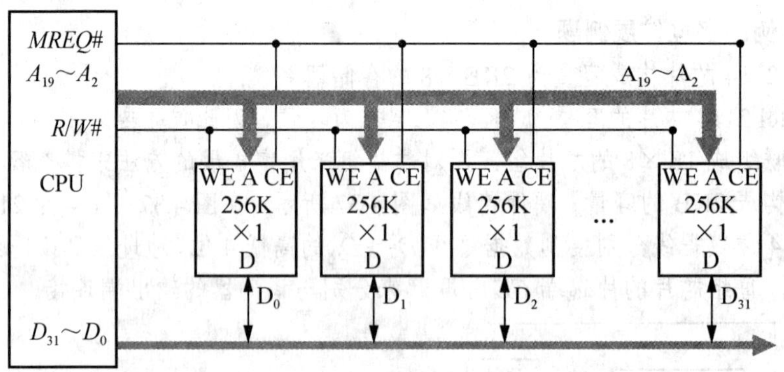

解：(1) 该存储器需要 2048K/256K＝8 片 SRAM 芯片；

(2) 需要 21 条地址线，因为 21＝2048K，其中高 3 位用于芯片选择，低 18 位作为每个存储器芯片的地址输入。

(3) 该存储器与 CPU 连接的结构图如下。

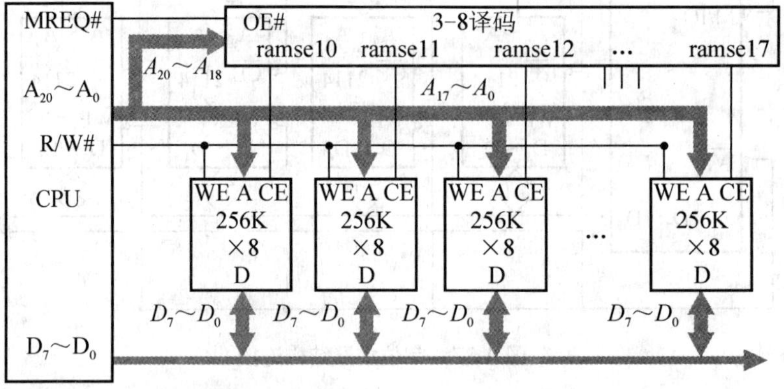

(4) 译码器的输出信号逻辑表达式为

$$ramsel0=\overline{A_{20}} * \overline{A_{19}} * \overline{A_{18}} * \overline{MREQ\#}$$

$$ramsel1=\overline{A_{20}} * \overline{A_{19}} * A_{18} * \overline{MREQ\#}$$

$$ramsel2=\overline{A_{20}} * A_{19} * \overline{A_{18}} * \overline{MREQ\#}$$

$$ramsel3=\overline{A_{20}} * A_{19} * A_{18} * \overline{MREQ\#}$$

$$ramsel4=A_{20} * \overline{A_{19}} * \overline{A_{18}} * \overline{MREQ\#}$$

$$ramsel5=A_{20} * \overline{A_{19}} * A_{18} * \overline{MREQ\#}$$

$$ramsel6=A_{20} * A_{19} * \overline{A_{18}} * \overline{MREQ\#}$$

$$ramsel7=A_{20} * A_{19} * A_{18} * \overline{MREQ\#}$$

【例 4.3】设有若干片 256K×8 的 SRAM 芯片，问：

(1) 如何构成 2048K×32 的存储器?

(2) 需要多少片 RAM 芯片?

(3) 该存储器需要多少字节地址位?

(4) 画出该存储器与 CPU 连接的结构图，设 CPU 的接口信号有地址信号、数据信号、控制信号 *MREQ#*和 *R/W#*。

解：采用字位扩展的方法，(2048K×32 位)/(256K×8 位)＝32，需要 32 片 SRAM 芯片。所需位线 32 条，字线 21 条。

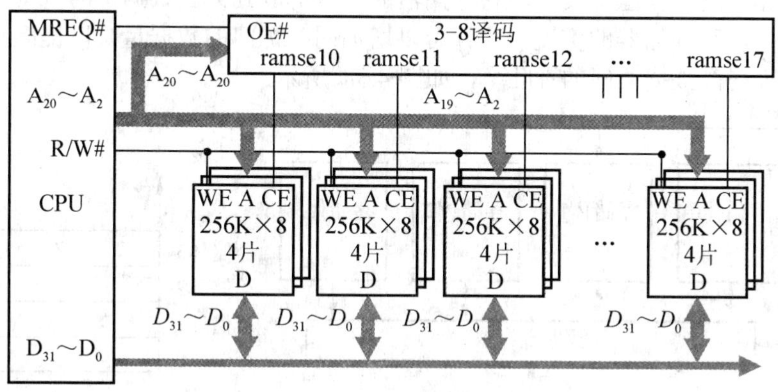

4. 存储器接口设计应考虑的问题

在进行存储器接口设计时，要考虑以下 4 个问题。

(1) CPU 总线的负载能力：CPU 的总线驱动能力是有限的，8086/8088 微处理器输出线的直流负载能力一般为 5 个 TTL 或 10 个 CMOS 逻辑器件。现在的存储器一般都为 MOS 电路，直流负载很小，故在小型系统中，CPU 可以直接与存储器相连。而在较大的系统中，由于 CPU 的接口电路较多，存储芯片容量较大，此时不仅要考虑直流负载，还要考虑交流负载(主要是电容负载)，若 CPU 的负载能力不能满足要求，则用缓冲器输出所带来的负载也要考虑。对单向传送的地址和控制总线，可采用三态锁存器和三态单向驱动器等来加以锁存和驱动，对双向传送的数据总线，可以采用三态双向驱动器来加以驱动。

(2) 存储器的地址分配和片选：内存通常分为 RAM 和 ROM 两大部分，而 RAM 又分为系统区(即机器的监控程序或操作系统占用的区域)和用户区，用户区又要分成数据区和程序区，ROM 的分配也类似，所以内存的地址分配是一个重要问题。另外，目前生产的存储器芯片，片的容量仍然是有限的，通常总是要由许多片才能组成一个存储器，这里就存在一个如何产生片选信号的问题。

(3) CPU 时序和存储器存取速度之间的配合：CPU 在对存储器读或写操作时，是有固定时序的，CPU 在发出地址和读写控制信号后，存储器必须在规定时间内读出或写入数据。存储器的读取速度必须满足 CPU 的时序要求，否则要考虑加入等待周期 TW，甚至是更换存储器芯片。

(4) 控制信号的连接：CPU 在与存储器交换信息时，通常有以下几个控制信号(对 8088/8086 来说，CPU 有 40 条引脚)：M/IO、WR、RD、HOLD、HLDA、INTA、READY、RESET 以及 WAIT 等。这些信号与存储器要求的控制信号相连，以实现所需的控制功能。

4.7 多体交叉存储器

选定了存储器芯片之后，进一步提高存储器性能的措施是从结构上提高存储器的宽度。这种结构上的措施主要是增加存储器的数据宽度和采用多体交叉存储技术。

4.7.1 增加存储器的数据宽度

增加数据宽度即在位扩展中，将存储器的位数扩展到大于数据字的宽度，它包括增加数据总线的宽度和存储器的宽度，这样可以增加同时访问的数据量，以提高存储器操作的并行性，从而提高数据访问的吞吐率，如图 4.38 所示。

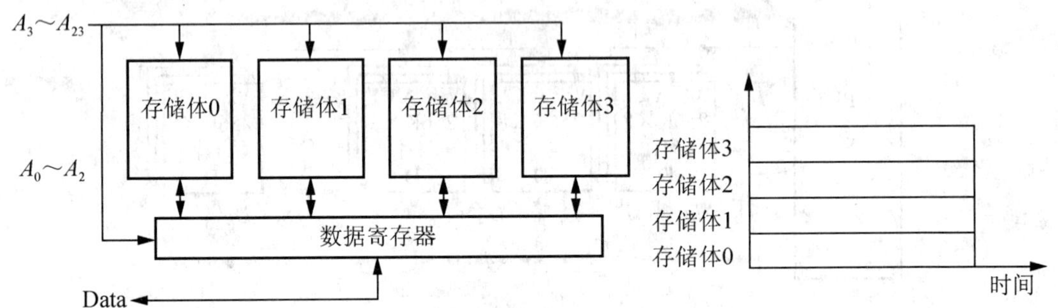

图 4.38 宽行存储器

这种方法主要是提高 CPU 访问存储器连续地址时的存储器的数据流通量。但对于非连续访问的情况，则不能提高存储器的数据流通量。这时需要采用多体交叉存储器。

4.7.2 多体交叉存储器应用

多体交叉存储器(Interleaved Memory)有多个相互独立、容量相同的存储模块(存储体)构成。每个模块都有各自的读写线路、地址寄存器和数据寄存器，各自以等同的方式与 CPU 传递信息。CPU 访问多个存储体一般是在一个存储周期内分时访问每个存储体。当存储体为 4 个时，只要连续访问的存储单元位于不同的存储体中，则每个 1/4 周期就可以启动一个存储体的访问，各存储体的读写过程重叠进行。这样对每个存储体来说，存储周期没有变，而对 CPU 来说则可以在一个存储周期内连续访问 4 个存储体。在多体交叉的存储器中，各存储体的地址分配对于存储器的总体性能是一个关键的因素。两种典型的方法如图 4.39 和图 4.40 所示。

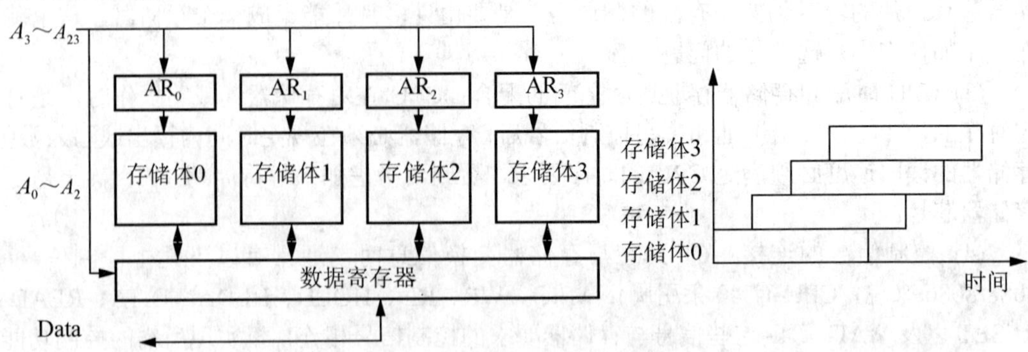

图 4.39 低位多体交叉存储器结构

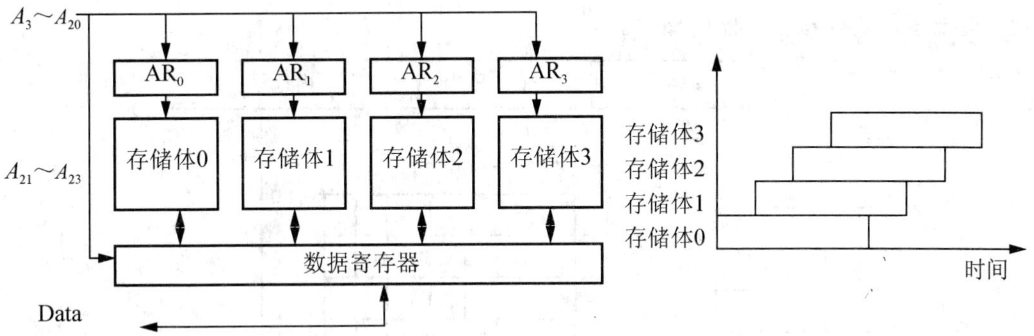

图 4.40 高位多体交叉存储器结构

在多体交叉存储器中，存储体的数量也是影响其性能的一个重要因素。在低位交叉的结构中，存储体的个数必须是 2 的 k 次幂，否则就需要复杂的地址转换电路。在高位交叉的存储器中则比较灵活，可采用最多是 2 的 k 次幂的任意数量的存储体数，而且很容易扩充。低位交叉的另一个问题是可靠性较差，多个存储体如果有一个出现故障就会影响到整个存储器的工作。

4.8 虚拟存储器

4.8.1 虚拟存储器的概念

虚拟存储器位于“主存—辅存”层次。根据程序运行的局部性原理，一个程序运行时，在一小段时间内，只会用到程序和数据的一小部分，仅把这些程序和数据装入主存即可，更多的部分可以在用到时随时从磁盘调入主存，这是提出虚拟存储器的核心依据。虚拟存储器所追求的目标是摆脱主存容量的限制，降低存储一定信息所用的成本。

虚拟存储器通常是指高速磁盘上的一块存储空间，其功能是通过硬件、软件的办法，可以将其作为主存的扩展的存储空间来使用，这就使得程序设计人员能够使用比主存实际容量大得多的存储空间来设计和运行程序。

虚拟存储器中经常使用 3 种基本管理技术：页式存储管理、段式虚拟存储器和段页式虚拟存储器。

4.8.2 页式存储管理

1. 地址映像变换

图 4.41 给出了页式存储器管理的地址变换过程。这一地址变换过程是用虚地址中的虚页号与页表基地址相加，求出对应该虚页的页表表目在主存中的实际地址，从该表目的实页号字段取出实页号再拼上虚地址中的页内地址，就得到读主存数据用的实存地址。

当需要把一页从虚存调入主存时，操作系统从主存的空闲区找出一页分配给这一页，把该页的内容写入主存，把主存的实际页号写进表的相应表目的实页号字段，写装入位为 1。

页式管理在存储空间较大时，由于页表过大，工作效率将降低。当页面数量很多时，页表本身占用的存储空间将很大，对这样的页表可能又要分页管理了。为了解决这个问题，人们提出了段式虚拟存储器的概念。

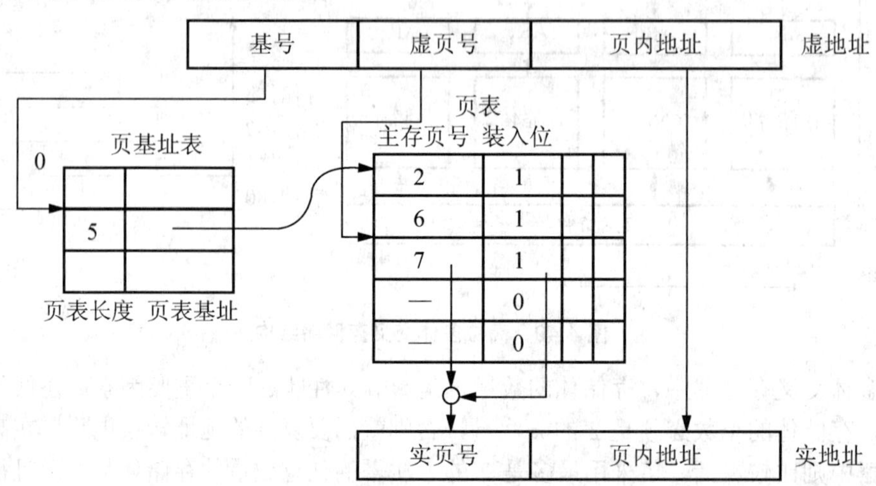

图 4.41 页式地址映像方法

2. 页和页表

页式存储管理是另一种经常用到的虚拟存储器管理技术。它的主要思路是把逻辑地址空间和主存实际地址空间都分成大小相等的页，并规定页的大小为 2 的整数幂个字，则所有地址都可以用页号拼接页内地址的形式来表示。虚拟地址用虚页号和页内地址给出，主存实际地址用实页号和页内地址给出。在页式管理中，操作系统在建立程序运行环境时建立所有的页框架，在页表中记录各页的存储位置。当内存页面占满时，操作系统必须选择一个页，将其替换出去。通常采用的替换算法如 LRU 等。在虚拟存储器中进行地址变换时，通过页表将虚页号变换成主存中实页号。当页表中该页对应的装入位为 1 时，表示该页在内存中，可按主存地址访问主存；如果装入位为 0 时，表示该页不在内存中，就从外存中调页。先通过外部地址变换，一般通过查外页表，将虚地址变换为外存中的实际地址，然后通过输入输出接口将该页调入内存。

4.8.3 段式存储管理

1. 段的概念

在程序设计过程中，通常会把在逻辑上有一定的独立性的程序段落单独划分成一个独立的程序单位，供主程序或其他程序部分调用，一个完整的程序是由许多程序经过连接组成的，而每个程序就是一个程序段，可采用用段名或段号指明程序段，每个段的长度是随意的，由组成程序段的指令条数决定。把主存按段分配的存储管理方式称为段式管理，采用段式管理的虚拟存储器称为段式虚拟存储器。段的长度可以任意设定，并可以放大和缩小。段式管理是一种模块化的存储管理方式，在段式管理的系统中，操作系统给每一个运行的用户程序分配一个或几个段，每个运行的程序只能访问分配给该程序的段对应的主存空间，每个程序都以段内地址访问存储器，即每个程序都按各自的虚拟地址访存。系统运行时，每个程序都有一个段标识符，不同的程序中的地址被映像到不同的段中，因此也可以将段标识符作为虚拟地址的最高位段，即基号。在段式虚拟存储器中，程序中的逻辑地址由基号、段号和段内地址 3 部分组成。

虚拟存储器中允许一个段映像到主存中的任何位置。为了寻找段的位置，系统中通常有一个段表指明各段在主存中的位置。段表驻留在内存中，可根据虚拟地址找到。段表包括段基址、装入位和段长等。段号是查找段表项的序号，段基址是指该段在主存中的起始位置，装入位表示该段是否已装入主存，段长是该段的长度，用于检查访问地址是否越界。段表还可包括访问方式字段，如只读、可写和只能执行等，以提供段的访问方式保护。在处理和运行这样的程序时，把段作为基本信息单位，实现在主存—辅存之间传送和定位是合理的。为此，必须把主存按段进行分配与管理，这种管理方式被称为段式存储管理。

2. 段式存储地址变换

段式存储管理的核心问题是变逻辑地址中的逻辑页号为主存中的一个存储区域的起始地址，这是通过在系统中设置一个段表完成的。段表也是一个特定的段，通常被保存在主存中。为访问段表，段表在主存中的起始地址被写入到一个被称为段表基地址寄存器的专用的寄存器中。从表中查出段表的起始地址，然后用段号从段表中查找该段在内存中的起始地址，同时判断该段是否装入内存。如果该段已装入内存，则从段表中取出段起始地址，与段内地址相加构成被访问数据的物理地址。段表本身也存放在一个段中，一般常驻主存。因为段的长度是可变的，所以必须将段长信息存储在段表中，一般段长都有一个上限。分段方法能使大程序分模块编制，独立运行，容易以段为单位实现存储保护和数据共享，如图 4.42 所示。

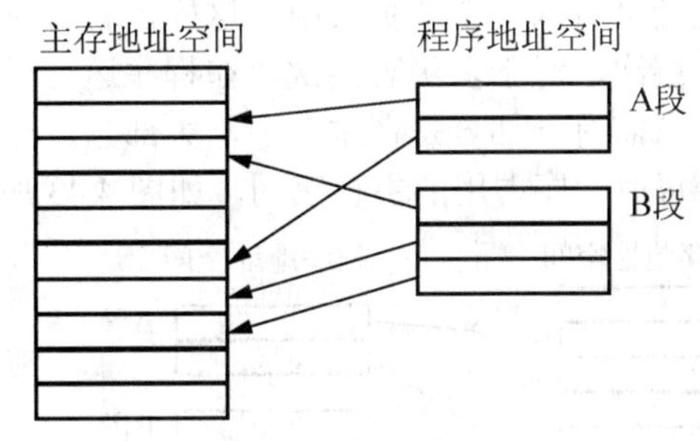

(a) 地址映象关系

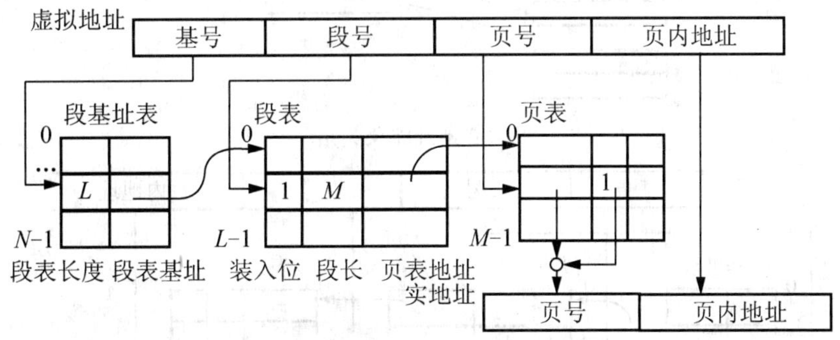

(b) 地址变换

图 4.42 段式存储器管理的地址变换

3. 优点

段式管理的优点是用户地址空间分离，段表占用存储器空间数量少，管理简单。缺点是整个段必须一起调入或调出，这样使得段长不能大于内存容量。而建立虚拟存储器的初

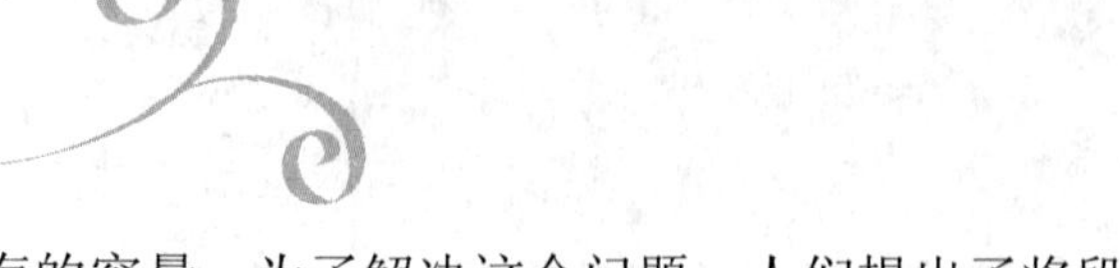

衷是希望程序里地址空间大于内存的容量。为了解决这个问题，人们提出了将段式管理与页式管理相结合的管理方法，这就是段页式虚拟存储器。

4.8.4 段页式存储管理

1. 段页式存储管理

段页式虚拟存储器是段式虚拟存储器和页式虚拟存储器的结合。在这种方式中，把程序按逻辑单位分段以后，再把每段分成固定大小的页。程序对主存的调入调出是按页面进行的，但它又可以按段实现共享和保护。因此，它可以兼备页式和段式系统的优点。其缺点是在地址映像过程中需要多次查表。在段页式虚拟存储系统中，每道程序通过一个段表和一组页表来进行定位的。段表中的每个表目对应一个段，每个表目有个指向该段的页表起始地址(页号)及该段的控制保护信息。由页表指明该段各页在主存中的位置以及是否已装入、已修改等状态信息。计算机中一般都采用这种段页式存储管理方式。

2. 段页式存储地址变换

存储系统由虚拟地址向实地址的变换至少需要两次表(段表与页表)。段、页表构成表层次。表层次不只段页式有，页表也会有，这是因为整个页表是连续存储的。当一个页表的大小超过一个页面的大小时，页表就可能分成几个页，分存于几个不连续的主存页面中，然后，将这些页表的起始地址又放入一个新页表中。这样，就形成了二级页表层次。一个大的程序可能需要多级页表层次。对于多级表层次，在程序运行时，除了第一级页表需驻留在主存之外，整个页表中只需有一部分是在主存中，大部分可存于外存，需要时再由第一级页表调入，从而可减少每道程序占用的主存空间，如图 4.43 所示。

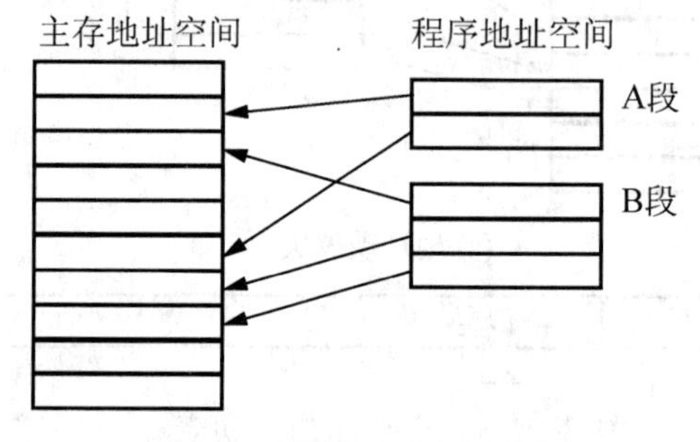

(a) 地址映象关系

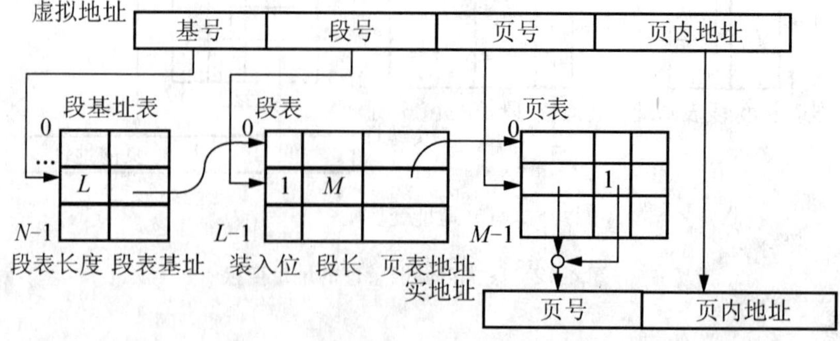

(b) 地址变换

图 4.43 段页式地址映像方式

段页式管理在地址变换时需要查两次表，即段表和页表。每个运行的程序通过一个段表和相应的一组页表建立虚拟地址与物理地址映像关系。段表中的每一项对应一个段，其中的装入位表示该段的页表是否已装入主存。若已装入主存，则地址项指出该段的页表在主存中的起始地址，段长项指示该段页表的行数。页表中还包含装入位、主存页号等信息。

本章小结

(1) 对存储器的要求是容量大、速度快、成本低。为了解决了这 3 方面的矛盾，计算机采用多级存储体系结构，即缓存、主存和外存。CPU 能直接方问内存(缓存、主存)，但不能直接访问外存。存储器的技术指标有存储容量、存取时间、存储周期、存储器带宽。

(2) 广泛使用的 SRAM 和 DRAM 都是半导体随机读写存储器，前者速度比后者快，但集成度不如后者高。二者的优点是体积小，可靠性高，价格低廉，缺点是断电后不能保存信息。

(3) ROM 和闪存正好弥补了 SRAM 和 DRAM 的缺点，即使断电也仍然保存原先写入的数据。特别是闪存能提供高性能、低功耗、高可靠性以及移动性，是一种全新的存储器体系结构。

(4) 缓存是为了解决 CPU 和主存之间速度不匹配而采用的一项重要的硬件技术，并且发展为多级缓存体系，指令缓存与数据缓存分设体系。要求缓存的命中率接近于 1。主存与缓存的地址映射有直接、全相联、组相联 3 种方式。其中组相联方式是前二者的折中方案，适度地兼顾了二者的优点又尽量避免其缺点，从灵活性、命中率、硬件投资来说较为理想，因而得到了普遍采用。

习　题

一、选择题

1. 存储器是计算机系统的记忆设备，它主要用来________。
   A. 存放数据　　B. 存放程序
   C. 存放数据和程序　　D. 存放微程序
2. EPROM 是指________。
   A. 读写存储器　　B. 只读存储器
   C. 可编程的只读存储器　　D. 可擦除可编程的只读存储器
3. 一个 256KB 的 DRAM 芯片，其地址线和数据线总和为________。
   A. 16　　B. 18　　C. 26　　D. 30
4. 某计算机字长 32 位，存储容量是 16MB，若按双字编址，它的寻址范围是________。
   A. 0～256KB-1　　B. 0～512KB-1
   C. 0～1MB-1　　D. 0～2MB-1

二、填空题

1. 存储器中用________来区分不同的存储单元。

2. 半导体存储器分为________、________、只读存储器(ROM)和相联存储器等。

3. 计算机的主存容量与________有关。

4. 内存容量为 6KB 时，若首地址为 00000H，那么末地址的十六进制表示是________。

5. 主存一般采用________存储器件，它与外存比较存取速度________、成本________。

三、简答题

1. ROM 与 RAM 两者的差别是什么？

2. 设有一个 1MB 容量的存储器，字长为 32 位，问：

(1) 按字节编址，地址寄存器、数据寄存器各为几位？编址范围为多大？

(2) 按半字编址，地址寄存器、数据寄存器各为几位？编址范围为多大？

(3) 按字编址，地址寄存器、数据寄存器各为几位？编址范围为多大？

3. 某主存容量为 256KB，用 256K×1 位/每片 RAM 组成，应使用多少片？采用什么扩展方式？应分成几组？每组几片？

4. 一台计算机的主存容量为 1MB，字长为 32 位，缓存的容量为 512 字节。确定下列情况下的地址格式。

(1) 直接映像的缓存，块长为 1 字节；

(2) 直接映像的缓存，块长为 4 字节；

(3) 组相联映像的缓存，块长为 1 字节，组内 8 块。

5. 一个组相联映像缓存由 64 个存储块构成，每组包含 4 个存储块。主存包含 4096 个存储块，每块由 128 字组成。访存地址为字地址。

(1) 求一个主存地址有多少位？一个缓存地址有多少位？

(2) 计算主存地址格式中，区号、组号、块号和块内地址字段的位数。

6. CPU 的存储器系统由一片 6264(8K×8SRAM)和一片 2764(8K×8EPROM)组成。6264 的地址范围是 8000H～9FFFH、2764 的地址范围是 0000H～1FFFH。画出用 74LS138 译码器的全译码法存储器系统电路(CPU 的地址宽度为 16)。

四、分析设计题

用 16K×16 位的 DRAM 芯片构成 64K×32 位存储器。试问：

(1) 数据寄存器多少位？

(2) 地址寄存器多少位？

(3) 共需多少片 DRAM?

(4) 画出此存储器组成框图。

指 令 系 统

学习目标

了解指令系统的发展历史。
了解指令系统的格式和理论知识。
掌握掌握指令系统的定义、分类和功能。
掌握指令系统的组成和寻址方式。
理解指令系统的结构。

知识结构

本章知识结构如图 5.1 所示。

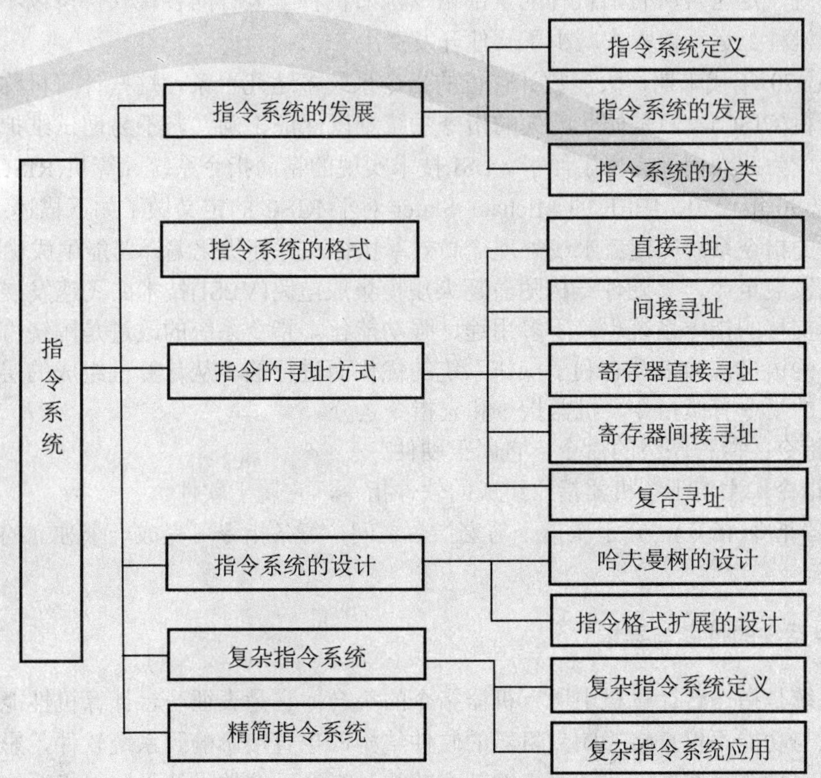

图 5.1　指令系统知识结构

5.1 指令系统的发展

指令系统是指一台计算机所能执行的全部指令的集合，它描述了计算机内全部的控制信息和逻辑判断能力。不同计算机的指令系统包含的指令种类和数目也不同。一般均包含算术运算型、逻辑运算型、数据传送型、判定和控制型、输入和输出型等指令。指令系统是表征一台计算机性能的重要因素，它的格式与功能不仅直接影响到机器的硬件结构，而且也直接影响到系统软件和机器的适用范围。

5.1.1 指令系统的发展过程

20 世纪 50 年代到 60 年代早期，由于计算机采用分立器件(电子管或晶体管)，其体积庞大，价格昂贵。因此，大多数计算机的硬件结构比较简单，所支持的指令系统一般只有定点加减、逻辑运算、数据传送和转移等十几至几十条最基本的指令，而且寻址方式简单。

20 世纪 60 年代中期到 60 年代后期，随着集成电路的出现，计算机的价格不断下降，硬件功能不断增强，指令系统也越来越丰富。增加了乘除运算、浮点运算、十进制运算、字符串处理等指令，指令数目多达一二百条，寻址方式也趋多样化。60 年代后期开始出现系列计算机(指基本指令系统相同、基本体系结构相同的一系列计算机)，一个系列往往有多种型号，它们在结构和性能上有所差异。同一系列的各机种有共同的指令级，新推出的机种指令系统一定包含所有旧机种的全部指令，旧机种上运行的各种软件可以不加任何修改便可在新机种上运行，大大减少了软件开发费用。

20 世纪 70 年代末期，大多数计算机的指令系统多达几百条，这些计算机称为复杂指令系统计算机(CISC)。但是如此庞大的指令系统难以保证正确性，不易调试维护，造成硬件资源浪费。为此人们又提出了便于 VLSI 技术实现的精简指令系统计算机(RISC)。

20 世纪 90 年代初，IEEE 的 Michael Slater 对于 RISC 的定义做了如下描述：RISC 处理器所设计的指令系统应使流水线处理能高效率执行，并使优化编译器能生成优化代码。

计算机发展至今，其硬件结构随着超大规模集成电路(VLSI)技术的飞速发展而越来越复杂化，所支持的指令系统也趋于多用途、强功能化。指令系统的改进是围绕着缩小指令与高级语言的语义差异以及有利子操作系统的优化而进行的。从计算机组成的层次结构来说，计算机的指令有微指令、机器指令和宏指令之分。

(1) 微指令：微程序级的命令，它属于硬件。

(2) 宏指令：由若干条机器指令组成的软件指令，它属于软件。

(3) 机器指令(指令)：介于微指令与宏指令之间，每条指令可完成一个独立的算术运算或逻辑运算。

5.1.2 指令系统的性能与要求

指令系统是指一台计算机中所有机器指令的集合，它是表征一台计算机性能的重要因素，其格式与功能不仅直接影响到机器的硬件结构，也直接影响到系统软件，影响到机器的适用范围。指令系统决定了计算机的基本功能，指令系统的设计是计算机系统设计的一个核心问题。它不仅与计算机的硬件设计紧密相关，而且直接影响到系统软件设计的难易程度。完善的计算机的指令系统应具备以下特征。

1. 完备性

一台计算机中最基本的、必不可少的指令构成了指令系统的完备性。

2. 有效性

有效性指利用该指令系统所提供的指令编制的程序能够产生高效率。高效率主要表现在空间和时间方面，即占用存储空间小、执行速度快。

3. 规整性

规整性包括指令操作的对称性和匀齐性，指令格式与数据格式的一致性。

(1) 对称性：在指令系统中，所有寄存器和存储单元都可同等对待，这对简化程序设计，提高程序的可读性非常有用。

(2) 匀齐性：一种操作性质的指令可以支持各种数据类型。

(3) 一致性：指令的格式与数据格式的一致性，指令长度与数据长度有一定关系，以方便存取和处理。

4. 兼容性

兼容性一般是指计算机的体系结构设计基本相同，机器之间具有相同的基本结构、数据表示和共同的基本指令集合。

计算机的指令格式与机器的字长、存储器的容量及指令的功能密切相关。

5.2 指令格式

计算机的指令格式与机器的字长、存储器的存量及指令的功能都有很大的关系。从便于程序设计、增加基本操作的并行性、提高指令功能的角度来看，指令中所包含的信息以多为宜，但在有些指令中，其中一部分信息可能无意义，这将浪费指令所占的存储空间，从而增加了访存次数，也许反而会影响速度。因此，如何合理、科学地设计指令格式，使指令既能给出足够的信息，其长度又尽可能地与机器的字长相匹配，以使节省存储空间，缩短取指时间，提高机器的性能仍然是指令格式设计中的一个重要问题。

5.2.1 指令格式介绍

计算机是通过执行指令来处理各种数据的。为了指出数据的来源、操作结果的去向及所执行的操作，一条指令必须包含下列信息：

操作码字段 OC	地址码字段 AC

1. 指令操作码及作用

操作码是指明指令操作性质的命令码。它提供指令的操作控制信息。一台计算机可能有几十条至几百条指令，每一条指令都有一个相应的操作码，计算机通过识别该操作码来完成不同操作。

(1) 每条指令都要求它的操作码必须是独一无二的位组合。

(2) 指令系统中指令的个数 N 与操作码的位数 n，必须满足关系式：

$$N \leqslant 2n$$

2. 操作数地址码

(1) 地址码：用来描述该指令的操作对象。CPU 通过该地址就可以取得所需的操作数。

(2) 指令字长＝操作码的位数＋(操作数地址个数)×(操作数地址码位数)。

(3) 操作结果的存储地址：把对操作数的处理所产生的结果保存在该地址中，以便再次使用。

(4) 下一条指令的地址：当程序顺序执行时，下条指令的地址由程序计数器(PC)指出，仅当改变程序的运行顺序(如转移、调用子程序)时，下条指令的地址才由指令给出。

从上述分析可知，一条指令实际上包括两种信息即操作码和地址码。操作码(Operation Code)用来表示该指令所要完成的操作(如加、减、乘、除、数据传送等)，其长度取决于指令系统中的指令条数；地址码用来描述该指令的操作对象，或者直接给出操作数或者指出操作数的存储器地址或寄存器地址(即寄存器名)。

典型的指令格式如下。

操作码 OP：指明操作性质的命令码，提供指令的操作控制信息。

操作对象 A：说明操作数存放的地址，有时则就是操作数本身。

3. 指令格式分类

(1) 零地址指令格式。

操作码OC

这是一种没有操作数地址部分的指令格式。例如：NOP 、HLT，也叫无操作数指令。

这种指令有两种可能：①无需任何操作数，如空操作指令、停机指令等；②所需的操作数是默认的堆栈。

(2) 一地址指令格式。

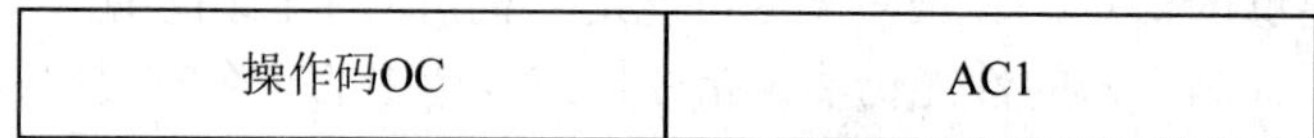

例如，递增、移位、取反，INC AX、NOT BX。指令中给出的一个地址即是操作数的地址，又是操作结果的存储地址。如加 1、减 1 和移位等单操作数指令。

在某些计算机中，指令中提供的一个地址提供一个操作数，另一个操作数是由机内硬件寄存器“隐含”地自动提供的。所谓“隐含”是指此操作数在指令中不出现，而是按照事先约定由寄存器默认提供，运算结果仍送到寄存器中。因为这个寄存器在连续运算时，保存着多条指令连续操作的累计结果，故称为累加器(AC)。

在某些字长较短的微型计算机中(如早期的 Z80、Intel8080、MC6800 等)，大多数算术逻辑运算指令也采取这种格式，第一个源操作数由地址码 A 给出，第二个源操作数在—个默认的寄存器中。运算结果仍送回到这个寄存器中，替换了原寄存器内容，通常把这个寄存器称为累加器。

(3) 二地址指令格式。

操作码字段 OC	AC	AC2

把保存操作前原来操作数的地址称为源点地址(SS)，把保存指令执行结果的地址称为终点地址或目的地址(DD)。将源点与终点操作数进行操作码规定的操作后，将结果存入终点地址。通常二地址指令又称为双操作数指令。例如，双操作数加法指令“ADD　R0，R1”表示将R0寄存器的内容和R1寄存器的内容相加以后，将结果存入R1寄存器中。又如“ADD (R0)，R1”“表示将R0寄存器的内容作为地址，到内存中取出该地址所指向的单元内容作为源点操作数，并作为终点操作数的R1寄存器的内容相加以后，将结果存入R1寄存器中。

(4) 三地址指令格式。

操作码字段 OC	AC1	AC2	AC3

其操作是对 AC1、AC2 指出的两个操作数进行操作码所规定的操作，并将结果存入AC3中。例如，“ADD　X　Y　Z”含义为(X)＋(Y)→Z，即X单元内容加上Y单元内容，结果送Z单元中。

(5) 多地址指令格式。例如，四地址指令格式“ADD　X　Y　Z　W”含义为A、(X)＋(Y)→Z；B、(W)→下一条指令地址。其特点是直观明了，程序执行的流向明确，操作数和结果可以分散在内存各处，但是指令字长度太长。

4. 指令格式设计准则

指令格式设计准则如下。

(1) 指令字长要短，以得到时间和空间上的优势。

(2) 指令字长必须有足够的长度。

(3) 指令字长一般应是机器字符长度的整数倍以便存储系统的管理。若机器中字符码长是L位，则机器字长最好是L、2L、4L、8L等。

(4) 指令格式的设计还与如何选定指令中操作数地址的位数有关。例如，对同一容量(如64KB)的存储器，则：①若取存储单元为一字节长，则需要16位地址码；②若存储单元长度为32位，则只需14位地址码。

以上所述的几种指令格式只是一般情况，并非所有的计算机都具有。零地址、一地址和二地址指令具有指令短、执行速度快、硬件实现简单等特点，多为结构较简单，字长较短的小型、微型机所采用；而二地址、三地址和多地址指令具有功能强，便于编程等特点，多为字长较长的大、中型机所采用。但也不能一概而论，因为还与指令本身的功能有关，如停机指令不需要地址，不管是什么类型计算机，都是这样的指令格式。

5.2.2 指令操作码的扩展技术

指令操作码的长度决定了指令系统中完成不同操作的总指令条数。若某机器的操作码长度为k位，则它最多只能有2^k条不同的指令。指令操作码通常有两种编码格式，一种是固定格式，即操作码长度固定且集中存放在指令字的一个字段中。这种格式对于简化硬件

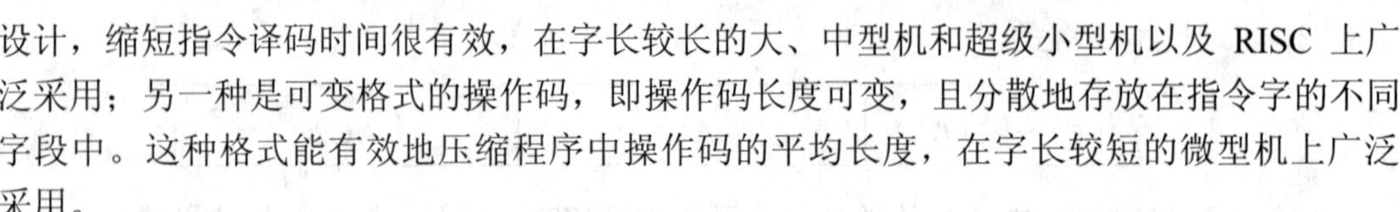

设计，缩短指令译码时间很有效，在字长较长的大、中型机和超级小型机以及 RISC 上广泛采用；另一种是可变格式的操作码，即操作码长度可变，且分散地存放在指令字的不同字段中。这种格式能有效地压缩程序中操作码的平均长度，在字长较短的微型机上广泛采用。

操作码长度的不固定将增加指令译码和指令分析的难度，使控制器的硬件设计复杂化，因此对操作码的编码至关重要。一般是在指令字中用一个固定长度的字段来表示基本操作码，而对于一部分不需要某个地址码的指令，把它们的操作码扩充到该地址字段，这样既能充分地利用指令字的各个字段，又能在不增加指令长度的情况下扩展操作码的长度，使其能够表示更多的指令。例如，设某机器的指令长度为 16 位，包括 4 位基本操作码字段和 3 个 4 位地址字段，其格式如图 5.2 所示。4 位基本操作码有 16 种组合，若全部用于表示三地址指令，则只有 16 条。但是，若三地址指令仅需 15 条，两地址指令需 15 条，一地址指令需 15 条，零地址指令需 16 条，共 61 条指令，应如何安排操作码？显然，只有 4 位基本操作码是不够的，必须将操作码的长度向地址码字段扩展。

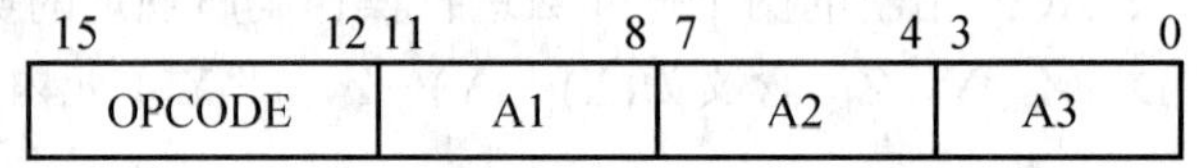

图 5.2　指令格式

案例分析：假设一台计算机指令字长 16 位，操作码与地址码都为 4 位，分析固定格式，则最多可以设计 16 条三地址指令。扩展操作码，具体方法如下。

(1) 4 位 OC 中用 0000～1110 定义 15 条三地址指令，留编码 1111 作为扩展标志与下一个 4 位组成一个 8 位操作码，引出二地址指令。

(2) 若将 AC1 全部用做二地址指令的 OC，能再定义 16 条二地址指令。

(3) 8 位 OC 中用 11110000～11111110 定义 15 条二地址指令，剩下的一个编码 11111111 与下一个 4 位组成一个 12 位的操作码，引出一地址指令。

(4) 选 11110000～11111101 共 14 条二地址指令，留 11111110，11111111 为扩展标志，再与 AC2 组合，以此类推。

(5) 若选(4)，则可定义 31 条 1 地址指令，留一个编码 111111111111 为扩展标志，与下一个 4 位组成 16 位操作码，引出 16 条零地址指令。

扩展操作码的另一个变化是用操作码中的某一位或某几位来说明指令的格式与长度，或是说明操作数的特征。由此可见，操作码扩展技术是一项重要的指令优化技术，它可以缩短指令的平均长度，减少程序的总值数以及增加指令字所能表示的操作信息。当然，扩展操作码比固定操作码译码复杂，使控制器的设计难度增大，且需更多的硬件的支持。

5.2.3　指令长度与字长的关系

指令的长度主要取决于操作码的长度、操作数地址的长度和操作数地址的个数。由于操作码的长度、操作数地址的长度及指令格式不同，各指令的长度不是固定的，但也不是任意的。为了充分地利用存储空间，指令的长度通常为字节的整数倍，如 Intel 8086 的指令的长度为 8、16、24、32、40 和 48 位 6 种。

指令的长度与机器的字长没有固定的关系，它既可以小于或等于机器的字长，也可以大于机器的字长。前者称为短格式指令，后者称为长格式指令，一条指令存放在地址连续的存储单元中。在同一台计算机中可能既有短格式指令又有长格式指令，但通常是把最常用的指令(如算术逻辑运算指令、数据传送指令)设计成短格式指令，以便节省存储空间和提高指令的执行速度。

字长是指计算机能直接处理的二进制数据的位数，它与计算机的功能和用途有很大的关系，是计算机的一个重要技术指标。首先，字长决定了计算机的运算精度，字长越长计算机的运算精度越高。高性能的计算机字长较长，而性能较差的计算机字长相对要短一些。其次，地址码长度决定了指令直接寻址能力，若地址码长度为 n 位，则给出的 n 位直接地址寻址为 2^n 字节。这对于字长较短(8 位或 16 位)的微型计算机来说，远远满足不了实际需要。扩大寻址能力的方法，一是通过增加机器字长来增加地址码的长度；二是采用地址码扩展技术，把存储空间分成若干段，用基地址加位移量的方法来增加地址码的长度。为了便于处理字符数据和尽可能地充分利用存储空间，一般机器的字长都是字节长度(即 8 位)的 1、2、4 或 8 倍，也就是 8、16、32 或 64 位。

在可变长度的指令系统的设计中，到底使用何种扩展方法有一个重要的原则，就是使用频度(即指令在程序中的出现概率)高的指令应分配短的操作码；使用频度低的指令相应地分配较长的操作码。这样不仅可以有效地缩短操作码在程序中的平均长度，节省存储器空间，而且缩短了经常使用的指令的译码时间，因而可以提高程序的运行速度。

5.3 指令的类型

计算机的指令系统通常有几十条至几百条指令，根据所完成的功能可分为算术逻辑运算指令、移位操作指令、字符串处理指令、十进制运算指令、向量运算指令、数据传送类指令、转移指令、堆栈操作指令、输入输出指令等。指令的访存类型分为堆栈型、累加器型、通用寄存器型、寄存器-寄存器型、寄存器存储器型、存储器-存储器型。比较如表 5.1 所示。

表 5.1 在不同结构中完成 $z=x+y$ 操作的代码序列

堆栈结构	累加器结构	寄存器/存储器结构	存储器－存储器型结构	存取型结构
PUSH A PUSH B SUB POP C	LOAD A SUB B STORE C	LOAD R1,A SUB R1,B STORE C,R1	ADD C,A,B	LOAD R1,A LOAD R2,B SUB R3,R1,R2 STORE C,R3

下面说明指令的功能分类。

1. 算术运算和逻辑运算指令

一般计算机都具有这类指令。早期的低端微型机，要求价格便宜，硬件结构比较简单，支持的算术运算指令就较少，一般只支持二进制加、减法、比较和求补码(取负数)等最基本的指令；而其他计算机，由于要兼顾性能和价格两方面因素，还设置乘、除法运算指令。

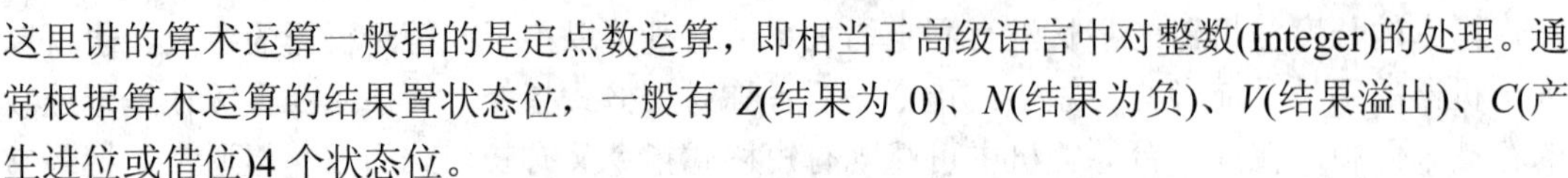

这里讲的算术运算一般指的是定点数运算，即相当于高级语言中对整数(Integer)的处理。通常根据算术运算的结果置状态位，一般有 *Z*(结果为 0)、*N*(结果为负)、*V*(结果溢出)、*C*(产生进位或借位)4 个状态位。

通常计算机只有对两个数进行与、或、非(求反)、异或(按位加)等操作的逻辑运算指令。有些计算机还设置有位操作指令，如位测试(测试指定位的值)、位清除(把指定位清零)、位求反(取某位的反值)指令等。常见的算术运算指令(8086/8088 为例)如下。

1) 加法和减法指令

(1) 不带进位/借位的加、减法指令 ADD/SUB。

(2) 带进位/借位的加减法指令 ADC/SBB。

(3) 加 1/减 1 指令 INC/DEC；交换加法指令 XADD；变补指令 NEG；比较指令 CMP；比较交换指令 CMPXCHG。

2) 乘法和除法指令

(1) 无符号数的乘/除法指令 MUL/DIY。

① MUL 指令产生的结果是乘数(OP)的双倍长度，因此对无符号数而言不会产生溢出/进位问题。但是，当乘积的有效数字超过一倍长度时，将使标志位 OF 置 1；否则 OF 值 0。

② 当 DIV 指令的被除数不是除数的双倍长度时，则应将其扩展成双倍长度。

③ 当除数为零或商超过了允许的数值范围(超过保存商的累加器的容量)，将会出现溢出，产生一个零型中断，CPU 会进入错误处理程序。

(2) 有符号数的乘/除法指令 IMUL/IDIV。

3) 逻辑运算指令

逻辑与指令：AND　OP1，OP2。

逻辑或指令：OR　OP1，OP1。

逻辑非指令：NOT　OP1。

逻辑异或指令：XOR　OP1，OP2。

测试指令：TEST　OP1，OP2。

2. 移位操作数

移位操作指令分为算术移位、逻辑移位和循环移位 3 种，可以将操作数左移或右移若干位，如图 5.3 所示。算术移位与逻辑移位很类似，但由于操作对象不同而移位操作有所不同。它们的主要差别在于右移时，填入最高位的数据不同。算术右移保持最高位(符号位)不变，而逻辑右移最高位补零。循环移位按是否与“进位”位 *C* 一起循环，还分为小循环(即自身循环)和大循环(即和进位位 *C* 一起循环)两种。它们一般用于实现循环式控制、高低字节互换或与算术、逻辑移位指令一起实现双倍字长或多倍字长的移位。

算术逻辑移位指令还有一个很重要的作用，就是用于实现简单的乘除运算。算术左移或右移 *n* 位，分别实现对带符号数据乘以 2^n 或整除以 2^n 的运算；同样，逻辑左移或右移 *n* 位，分别实现对无符号数据乘以 2^n 或整除以 2^n 的运算。移位指令的这个性质，对于无乘除运算指令的计算机特别重要。移位指令的执行时间比乘除运算的执行时间短。因此采用移位指令来实现上述乘法、除法运算可取得较高的速度。

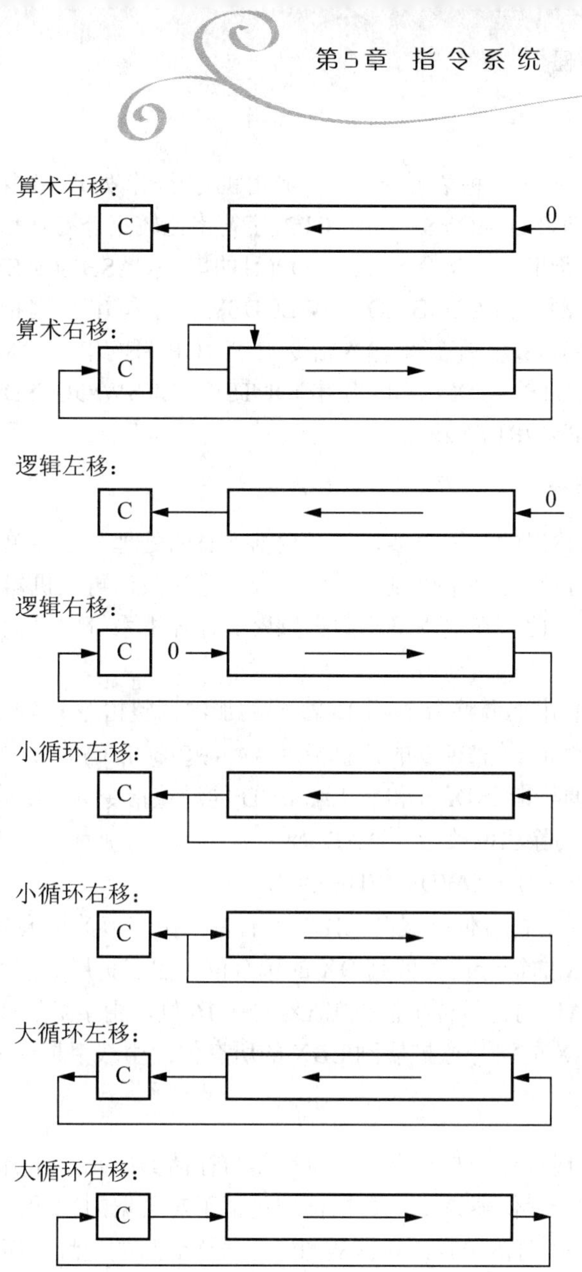

图 5.3 移位循环

3. 字符串处理指令

早期的计算机主要用于科学计算和工业控制，指令系统的设置侧重于数值运算，只有少数大型计算机才设有非数值处理指令。随着计算机的不断发展，应用领域不断扩大，计算机更多地应用于信息管理、数据处理、办公室自动化等领域，这就需要有很强的非数值处理能力。因此、现代计算机越来越重视非数值指令的设置，如 Intel 8086 微处理器都配置了这种指令，使它能够直接用硬件支持非数值处理。

字符串处理指令就是一种非数值处理指令，一般包括字符串传送、字符串比较、字符串查询、字符串转换等指令。其中“字符串传送”指的是数据块从主存储器的某区传送到另一区域；“字符串比较”是一个字符串与另一个字符串逐个进行比较，以确定其是否相等；“字符串查询”是查找在字符串中是否含有某一指定的字符；“字符串转换”指的是从一种

数据表达形式转换成另一种表达形式。常用的字符串处理指令有字符串传送指令MOVSB/MOVSW/MOVSD/MOVS OP1,OP2;字符串比较指令CMPS OP1,OP2/CMPSB/CMPSW/CMPSD; 字符串扫描指令SCAS OP(目的串)/SCASB/SCASW/SCASD; 字符串装入指令 LODS OP(源本)/LODSB/LODSW/LODSW; 字符串存储指令 STOS OP(目的串)/STOSB/STOSW/STOSD; 字符串输入指令 INS OP(目的串), DX/INSB/INSW/INSD; 字符串输出指令 OUTS DX, OP(源串)OUTSB/OUTSW/OUTSD; 字符串重复前缀REP/REPZ/REPE/REPNE/REPNZ。

4. 十进制运算指令

虽然计算机输入输出的数据很多，但对数据本身的处理却很简单。在某些具有十进制运算指令的计算机中，首先将十进制数据转换成二进制数，再在机器内运算；而后又转换成十进制数据输出。因此，在输入输出数据频繁的计算机系统中设置十进制运算指令能提高数据处理的速度。

(1) BCD码(十进制数)调整指令:①BCD码的加法调整指令DAA/AAA,包括压缩BCD码的调整指令DAA和非压缩BCD的调整指令AAA;②BCD码的减法调整指令DAS/AAS,包括压缩BCD码的调整指令DAS和非压缩BCD的调整指令AAS；③BCD码的乘法调整指令AAM；④BCD码除法调整指令AAD。

(2) 符号扩展指令CBW/CWD/CWDE/CDQ。

① CBW：将AL的符号位扩展到AH的所有位，由字节数扩展成字。

② CWD：将AX的符号位扩展到DX的所有位，由字扩展成双字。

③ CWDE：将AX的符号位扩展到EAX的高16位，由字扩展成双字。

④ CDQ：将EAX的符号位扩展到EDX的所有位，由双字扩展成四字。

5. 数据传送指令

这类指令用以实现寄存器与寄存器，寄存器与存储器单元，存储器单元与存储器单元之间的数据传送。对于存储器来讲，数据传送包括了对数据的读(相当于取数指令)或写(相当于存数指令)操作。数据传送时，数据从源地址传送到目的地址，而源地址中的数据保持不变，因此实际上是数据复制。

数据传送指令一次可以传送一个数据或一批数据，如Intel 8086的MOVS指令，一次传送一个字或字节，而当加上重复执行前缀(REP)后，一次可以把多达64KB的数据块从存储器的一个区域传送到另一个区域。

有些机器设置了数据交换指令，完成源操作数与目的操作数互换，实现双向数据传送。

(1) MOV指令：

```
MOV  OPRD1,OPRD2
```

其中，MOV是操作码，OPRD1和OPRD2分别是目的操作数和源操作数。该指令可把一个字节或一个字操作数从源地址传送到目的地址。

源操作数可以是累加器、寄存器、存储器以及立即操作数，而目的操作数可以是累加器、寄存器和存储器。数据传送方向示意如图5.4所示。

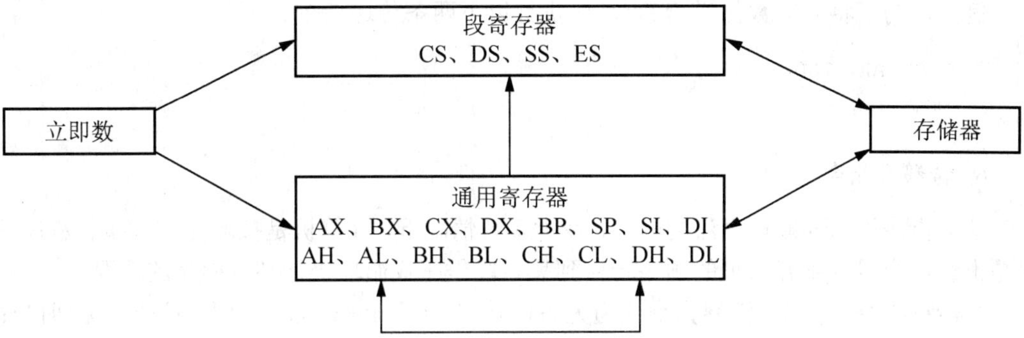

段寄存器
CS、DS、SS、ES

立即数

存储器

通用寄存器
AX、BX、CX、DX、BP、SP、SI、DI
AH、AL、BH、BL、CH、CL、DH、DL

图 5.4 MOV 的数据传送方向

(2) 各种数据传送指令举例如下。

① 在 CPU 各内部寄存器之间传送数据。

```
MOV  AL,BL;8 位数据传送指令(1 个字节)
MOV  AX,DX;16 位数据传送指令(1 个字)
MOV  SI,BP;16 位数据传送指令(1 个字)
```

② 立即数传送至 CPU 的通用寄存器(即 AX、BX、CX、DX、BP、SP、SI、DI)。

```
MOV  CL, 4 ; 8 位数据传送(1 个字节)
MOV  AX, 03FFH; 16 位数据传送(1 个字)
```

③ CPU 内部寄存器(除了 CS 和 IP 以外)与存储器(所有寻址方式)之间的数据传送，可以传送一个字节也可以传送一个字。

④ 在 CPU 的通用寄存器与存储器之间传送数据。

```
MOV  AL, BUFFER
MOV  [DI], CX
```

⑤ 在 CPU 寄存器与存储器之间传送数据。

```
MOV  DS, DATA [SI+BX]
MOV  DEST [BP+DI], ES
```

使用中需要注意以下几点。

① MOV 指令不能在两个存储器单元之间进行数据直接传送。

② MOV 指令不能在两个段寄存器之间进行数据直接传送。

③ 立即数不能直接传送给段寄存器。

④ 目的操作数不能为 CS、IP。

其中，①～③的传送可用通用寄存器作为中介，用两条传送指令完成。

例如，为了将在同一个段内的偏移地址为 AREA1 的数据传送到偏移地址为 AREA2 单元中去，可执行以下两条传送指令。

```
MOV  AL, AREA1
MOV  AREA2, AL
```

例如，为了将立即数传送给 DS，可执行以下两条传送指令。

```
MOV  AX，1000H
MOV  DS，AX
```

6. 转移类指令

这类指令用以控制程序流的转移，在大多数情况下，计算机是按顺序方式执行程序的，但是也经常会遇到离开原来的顺序转移到另一段程序或循环执行某段程序的情况。

按转移指令的性质，转移指令分为无条件转移、条件转移、过程调用与返回、陷阱(Trap)等几种。

(1) 无条件转移与条件转移：无条件转移指令不受任何条件约束，直接把程序转移到指令所规定的目的地，在那里继续执行程序，在本书中以 Jump 表示无条件转移指令。条件转移指令则根据计算机处理结果来决定程序如何执行。它先测试根据处理结果设置的条件码，然后根据所测试的条件是否满足来决定是否转移，本书中用 Branch 表示条件转移指令。条件码的建立与转移的判断可以在一条指令中完成，也可以由两条指令完成。前者通常在转移指令中先完成比较运算，然后根据比较的结果来判断转移的条件是公成立，如条件为“真”则转移，如条件为“假”则顺序执行下一条指令。在第二种情况中，由转移指令前面的指令来建立条件码，转移指令根据条件码来判断是否转移，通常用算术指令建立的条件码 N、Z、V、L 来控制程序的执行方向，实现程序的分支。

有的计算机还设置有奇偶标志位 P。当运算结果有奇数个 1 时，置 $P=1$。

转移指令的转移地址一般采用相对寻址和直接寻址两种寻址方式来确定。若采用相对寻址方式，则称为相对转移，转移地址为当前指令地址(即当前 PC 的值)和指令地址码部分给出的位移量之和，即 PC←(PC)+位移量；若采用直接寻址方式，则称为绝对转移，转移地址由指令地址码部分直接给出，即 PC←目标地址。

无条件转移指令是指不受任何条件限制，直接把程序转移到指令所规定的地方，在该地方继续执行程序，以 JUMP 表示无条件转移指令。其指令形式为

```
JUMP  OP
```

条件转移指令是指根据计算机处理结果来决定程序该如何执行，即要满足一定条件时进行相对转移。具体操作为先进行测试，然后根据处理结果设置的条件码，再根据所测试的条件是否满足来决定是否转移。

判断 A 内容是否为 0 转移指令为

```
JZ rel
JNZ rel
```

第一指令的功能是：如果(A)=0，则转移，不按次序执行（执行本指令的下一条指令），即转移到标号处。例如：

```
MOV A,R0
JZ L1
MOV R1,#00H
```

```
    AJMP L2
L1: MOV R1,#0FFH
L2: SJMP L2
    END
```

在执行上面这段程序前，如果R0中的值是0的情况，就转移到L1执行，因此最终的执行结果是R1中的值为0FFH。而如果R0中的值不等于0，则次序执行。也就是执行 MOV R1，#00H指令。最终的执行结果是R1中的值等于0。

(2) 调用子程序和返回指令：调用子程序指令的格式为

```
CALL  子程序名/Reg/Mem
```

子程序的调用指令分为近(near)调用和远(far)调用。如果被调用子程序的属性是近的，那么，CALL指令将产生一个近调用，它把该指令之后地址的偏移量(用一个字来表示的)压栈，把被调用子程序入口地址的偏移量送给指令指针寄存器IP，即可实现执行程序的转移。

还可以采用以下4种调用形式。

① 段内直接调用：

```
CALL  NEAR  N_PROC
```

② 段内间接调用：

```
CALL  REG/MEM
```

③ 段间直接调用：

```
CALL  F_PROC
CALL  FAR PTR PROC
```

④ 段间间接调用：

```
CALL  MEM
```

返回指令格式为

```
RET
RET  n
```

(3) 调用指令与返回指令：在编写程序过程中，常常需要编写一些经常使用的、能够独立完成某一特定功能的程序段，在需要时能随时调用，而不必多次重复编写，以便节省存储器空间和简化程序设计。这种程序段就称为子程序或过程。

除了用户自己编写的子程序以外，为了便于各种程序设计，系统还提供了大量通用子程序，如申请资源、读写文件、控制外部设备等。需要时，也只需直接调用即可，而不必重新编写。通常使用调用(过程调用/系统调用/转子程序)指令来实现从一个程序转移到另一个程序的操作，在本书中用Call表示调用指令。Call指令与Jump指令、Branch指令的主要差别是需要保留返回地址，也就是说当执行完被调用的程序后要回到原调用程序，继续执行Call指令的下一条指令。返回地址一般保留于堆栈中，随同保留的还有一些状态寄存器或通用寄存器内容。保留寄存器有两种方法。

① 由调用程序保留从调用程序返回后要用到的那部分寄存器内容，其步骤是先由调用程序将寄存器内容保存在堆栈中，当执行完被调用程序后，再从堆栈中取出并恢复寄存器内容。

② 由被调用程序保留本程序要用到的那些寄存器内容，也是保存在堆栈中。

这两种方法的目的都是为了保证调用程序继续执行时寄存器内容的正确性。

调用(Call)与返回(Return)是一对配合使用的指令，返回指令从堆栈中取出返回地址，继续执行调用指令的下一条指令。

(4) 陷阱指令：在计算机运行过程中，有时可能出现电源电压不稳、存储器校验出错、输入输出设备出现故障、用户使用了未定义的指令或特权指令等种种意外情况，使得计算机不能正常工作。这时若不及时采取措施处理这些故障，将影响到整个系统的正常运行。因此，一旦出现故障，计算机就发出陷阱信号，并暂停当前程序的执行(称为中断)，转入故障处理程序进行相应的故障处理。

陷阱实际上是一种意外事故中断，它中断的主要目的不是为了请求 CPU 的正常处理，而是通知 CPU 已出现了故障，并根据故障情况，转入相应的故障处理程序。

在一般计算机中，陷阱指令作为隐含指令(即指令系统中不提供的指令，其所完成的功能是隐含的)不提供给用户使用，只有在出现故障时才由 CPU 自动产生并执行。也有此计算机设置可供用户使用的陷阱指令或“访管”指令，利用它来实现系统调用和程序请求。例如，IBM PC(Intel 8086 的软件中断指令实际上就是一种直接提供给用户使用的陷阱指令，用它可以完成系统调用过程。

7. 堆栈及堆栈操作指令

堆栈(stack)是由若干个连续存储单元组成的存储区，本着先进后出的顺序，第一个送入堆栈中的数据存放在栈底，最后送入堆栈中的数据存放在栈顶。栈底是固定不变的，而栈顶却是随着数据的压栈和出栈在不断变化。为了表示栈顶的位置，有—个寄存器或存储器单元用于指出栈顶的地址，这个寄存器或存储路单元就称为堆栈指针(Stack Point)。任何堆栈操作只能在栈顶进行。

在堆栈结构的计算机中，堆栈是用来提供操作数和保存运算结果的主要存储区，大多数指令(包括运算指令)通过访问堆栈来获得所需的操作数或把操作结果存入堆栈中。而在一般计算机中，堆栈主要用来暂存中断和子程序调用时现场数据及返回地址，用于访问堆栈的指令只有压栈和出栈两种，它们实际上是一种特殊的数据传送指令。压入指令(PUSH)是把指定的操作数送入堆栈的栈顶，而出栈指令(POP)的操作刚好相反，是把栈顶的数据取出，送到指令所指定的目的地，堆栈从高地址向低地址扩展，即栈底的地址总是大于或等子栈顶的地址(也有少数计算机刚好相反)。当执行压入操作时，首先把堆栈指针(SP)减量(减量的多少取决子压人数据的字节数，若压入一个字节，则减 1；若压入两个字节，则减 2，依此类推)，然后把数据送入 SP 所指定的单元；当执行弹出操作时，首先把 SP 所指定的单元(即栈顶)的数据取出，然后根据数据的大小(即所占的字节数)对 SP 增量。

堆栈操作指令中的操作数可以是段寄存器(除 CS)的内容、16 位的通用寄存器(标志寄存器有专门的出栈入栈指令)以及内存的 16 位字。例如：

```
MOV  AX, 8000H
```

```
MOV  SS, AX
MOV  SP, 2000H
MOV  DX, 3E4AH
PUSH DX
PUSH AX
```

当执行完两条压入堆栈的指令时，堆栈中的内容如图 5.5 所示。

地址	内容
	:
8000：1FFCH	00H
8000：1FFDH	80H
8000：1FFEH	4AH
8000：1FFFH	3E

图 5.5 堆栈操作示意

压入堆栈指令 PUSHDX 的执行过程为

① SP－1→SP;
② DH→(SP);
③ SP－1→SP;
④ DL→(SP)。

弹出堆栈指令 POPAX 的过程与此刚好相反：

① (SP)→AL；
② SP＋1→SP；
③ (SP)→AH；
④ SP＋1→SP。

8. 输入/输出指令

计算机所处理的一切原始数据和所执行的程序(除了固化在 ROM 中的以外)均来自外部设备的输入，处理结果需通过外部设备输出。

有些计算机采用外部设备与存储器统一编址的方法把外部设备寄存器看成是存储器的某些单元，任何访问存储器的指令均可访问外部设备，因此不再专设输入/输出(I/O)指令。

5.4 指令和数据的寻址方式

5.4.1 计算机指令的寻址方式

在程序执行过程中，操作数可能在运算部件的某个寄存器中或存储器中，也可能就在指令中。组成程序的指令代码一般是在存储器中的。所谓寻址方式指的是确定本条指令的数据地址及下一条要执行的指令地址的方法，它与计算机硬件结构紧密相关，而且对指令格式和功能有很大影响。从程序员角度来看，寻址方式与汇编程序设计的关系极为密切；与高级语言的编译程序设计也同样密切。不同的计算机有不同的寻址方式，但其基本原理是相同的。有的计算机寻址种类较少，因此在指令的操作码中表示出寻址方式；而有的计算机采用多种寻址方式，此时在指令中专设—个字段表示一个操作数的来源或去向。在这里仅介绍几种被广泛采用的基本寻址方式。在一些计算机中，某些寻址方式还可以组合使用，从而形成更复杂的寻址方式。

1. 立即寻址方式

操作数以常数的形式直接存放在指令中，紧跟操作码之后，所需的操作数由指令直接给出，它作为指令的一部分存放在指令操作码之后的存储单元中，这种操作数称为立即数。

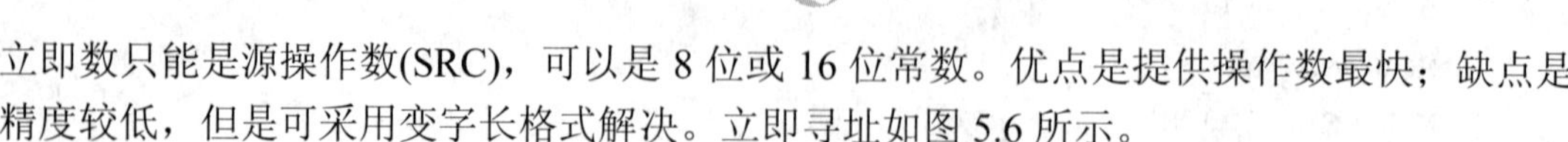

立即数只能是源操作数(SRC)，可以是 8 位或 16 位常数。优点是提供操作数最快；缺点是精度较低，但是可采用变字长格式解决。立即寻址如图 5.6 所示。

例如：

```
MOV  AX，1234H    ；指令执行后，(AX)＝1234H。
MOV  AL，5H       ；指令执行后，(AL)＝05H。
```

立即寻址通常还称为立即数(或直接数)寻址方式。所需的操作数由指令的地址码部分直接给出。这种方式的特点是取指令时，操作码和一个操作数同时被取出，不需要再次访问存储器，提高了指令的执行速度。但是由于这一操作数是指令的一部分，不能修改，而一般情况下，指令所处理的数据都是在不断变化的(如上条指令的执行结果作为下条指令的操作数)，故这种方式只能适用于操作数固定的情况。通常用于给某一寄存器或存储器单元赋初值或提供一个常数等。

2. 直接寻址方式

地址字段直接指明操作数在存储器内的位置的寻址方法，即形式地址等于有效地址。也就是说指令中的地址码就是操作数的有效地址，按这个地址可直接在存储器中存入或取得操作数。当有多个地址时，情况类似，不再重复，该指令的寻址方式由操作码表示。直接寻址方式中指令字长限制了一条指令所能够访问的最大主存空间，可以使用可变字长指令格式来解决此局限性。利用扩大了的操作数地址码就能全部访问主存的所有的存储单元。直接寻址如图 5.7 所示。

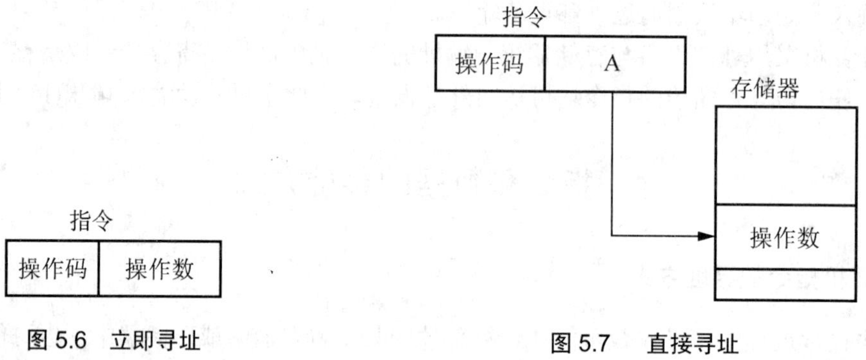

图 5.6　立即寻址

图 5.7　直接寻址

例如，在 IBM-PC 指令系统中

```
MOV  AX，[3000H]
```

3. 间接寻址方式

在寻址时，指令的地址码所给出的内容既不是操作数，也不是下条要执行的指令，而是操作数的地址或指令的地址，这种方式称为间接寻址，简称间址。根据地址码指定的是寄存器地址还是存储器地址，间接寻址又可分为寄存器间接寻址和存储器间接寻址两种方式。对于间接寻址来说，需要两次访问存储器才能取得数据，第一次从存储器读出操作数地址，第二次读出操作数。这给编程带来较大的灵活性。灵活性表现在当操作数地址改变时，只需修改间接地址指示器的单元内容，而不必修改指令，原指令的功能照样实现。这给程序编制带来很大方便。但是多次访问内存，增加了指令的执行时间；占用主存单元多。存储器间接寻址如图 5.8 所示。

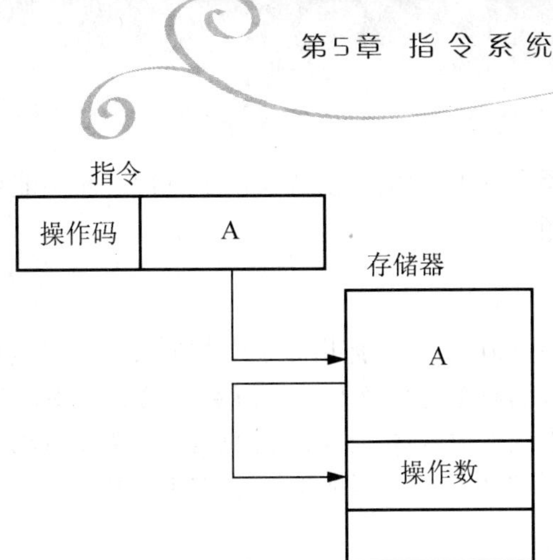

图 5.8 存储器间接寻址

例如，在 IBM-PC 指令系统中

```
MOV  AX, [BX]
```

4. 基址寻址方式

基址寄存器主要用于为程序或数据分配存储区，对浮动程序很有用，实现从浮动程序的逻辑地址到存储器的物理地址的转换。有效地址$(EA)=A+X$。其中，X 是基址 R，A 是偏移量。基址寻址方式主要用以解决程序在存储器中的定位和扩大寻址空间等问题。与变址寻址的区别是基址寄存器，由系统软件管理控制程序使用特权指令来管理，用户程序无权操作和修改。

在计算机中设置一个专用的基址寄存器，或由指令指定一个通用寄存器为基址寄存器。操作数的地址由基址寄存器的内容和指令的地址码 A 相加得到，如图 5.9 所示。在这种情况下，地址码 A 通常被称为位移量(Disp)。也可用其他方法获得位移量。

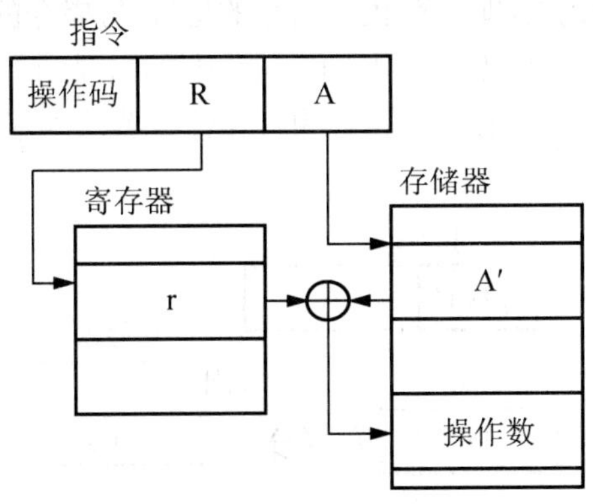

图 5.9 基址寻址

当存储器的容量较大，由指令的地址码部分直接给出的地址不能直接访问到存储器的所有单元时，通常把整个存储空间分成若干个段，段的首地址存放于基址寄存器中，位移量由指令提供。存储器的物理地址由基址寄存器的内容与段内位移量的内容之和组成，这样修改基址寄存器的内容就可以访问存储器的任一单元。

综上所述，基址寻址主要解决程序在存储器中的定位和扩大寻址空间等问题。通常基

址寄存器中的值只能由系统程序设定，由特权指令执行，而不能被一般用户指令所修改，因此确保了系统的安全性。

5. 变址寻址方式

变址寻址的过程如图 5.10 所示，把指令字中的形式地址 A 与地址修改量 X 自动相加，X 可正可负，形成操作数的有效地址 EA，即 $EA=A+X$。其中，与形式地址相加的数 X 是一个地址修改量，称为“变址值”，保存变址值的设备称为变址器。当计算机中还有基址寄存器时，在计算有效地址时还要加上基址寄存器内容。例如，在 IBM-PC 指令系统中，

```
MOV  AX, COUNT[SI]
```

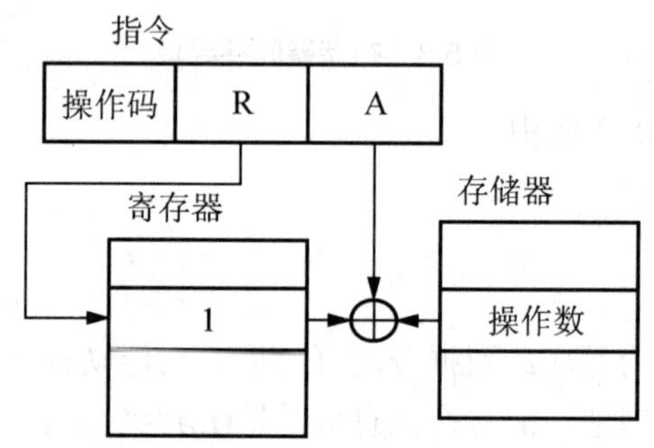

图 5.10　变址寻址

某些计算机的指令系统(如 Intel 8086 等)的变址寄存器有自动增量和自动减量功能，每存取一个数据，根据数据长度(即所占的字节数)自动增量或自动减量，以便指向下一单元，为存取下一数据作准备。

6. 相对寻址方式

把程序计数器 PC 的内容(即当前执行指令的地址)与指令的地址码部分给出的位移量(Disp)之和作为操作数的地址或转移地址，称为相对寻址。相对寻址主要用于转移指令。执行本条指令后，将转移到(PC)＋Disp，(PC)为程序计数器的内容，如图 5.11 所示。相对寻址有两个特点。

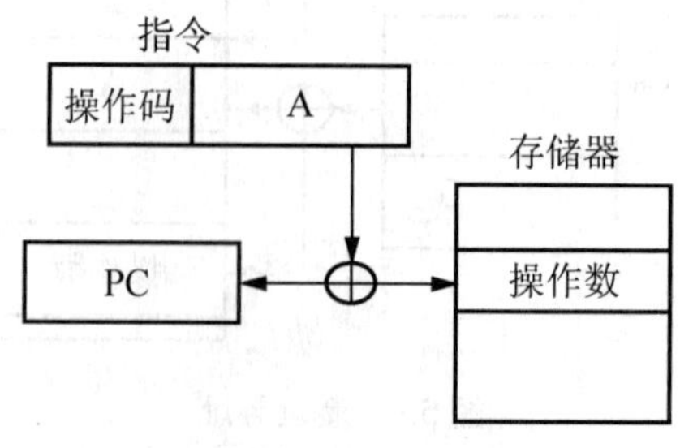

图 5.11　相对寻址

(1) 转移地址不是固定的，它随着 PC 值的变化而变化，并且总是与 PC 相差一个固定值 Disp，因此无论程序装入存储器的任何地方，均能正确运行，对浮动的程序很适用。

(2) 位移量可为正、为负，通常用补码表示。如果位移量为 n 位，则这种方式的寻址范围在(PC)$-2^{(n-1)}$到(PC)$+2^{(n-1)}-1$ 之间。

当前计算机的程序和数据一般是分开存放的，程序区在程序执行过程中不允许被修改。在程序与数据分区存放的情况下，不用相对寻址方式来确定操作数地址。

假如用户用高级语言编程，根本不用考虑寻址方式，因为这是编译程序的事，但若用汇编语言编程，则应对它有确切的了解，才能编出正确而又高效率的程序。此时应认真阅读指令系统的说明书，因为不同计算机采用的寻址方式是不同的，即使是同一种寻址方式，在不同的计算机中也有不同的表达方式或含义。

7. 寄存器寻址方式

计算机的中央处理器一般设置有一定数量的通用寄存器，用以存放操作数、操作数的地址或中间结果。假如指令地址码给出某一通用寄存器地址，而且所需的操作数就在这一寄存器中，则称为寄存器寻址。通用寄存器的数量一般在几个至几十个之间，比存储单元少很多。因此地址码短，而且从寄存器中存取数据比从存储器中存取快得多，所以这种方式可以缩短指令长度、节省存储空间、提高指令的执行速度，在计算机中得到广泛应用，如图 5.12 所示。其优点是有效压缩指令字长、加快存取速度、编程灵活。指令指定寄存器的符号，指令所要的操作数存放在某寄存器中。寄存器寻址方式是在指令中直接给出寄存器名，寄存器中的内容即为所需操作数。在寄存器寻址方式下，操作数存在于指令规定的 8 位、16 位寄存器中。寄存器可用来存放源操作数，也可用来存放目的操作数。

8. 寄存器间接寻址方式

存储器操作数所在的存储单元的偏移地址放在指令给出的寄存器中。寄存器间接寻址方式是指操作数的有效地址 EA 在指定的寄存器中，这种寻址方式是在指令中给出寄存器，寄存器中的内容为操作数的有效地址，如图 5.13 所示。

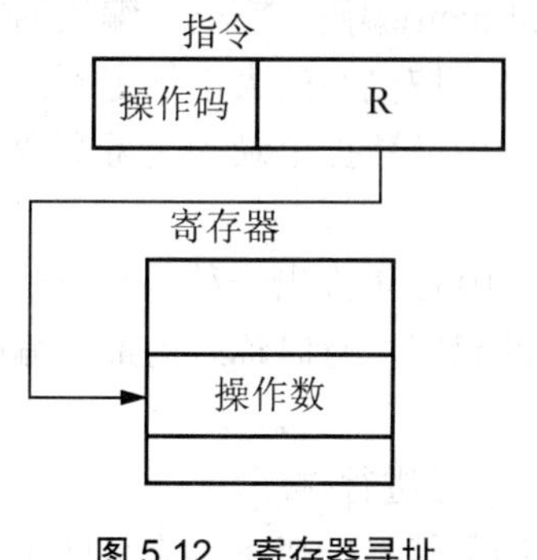

图 5.12　寄存器寻址

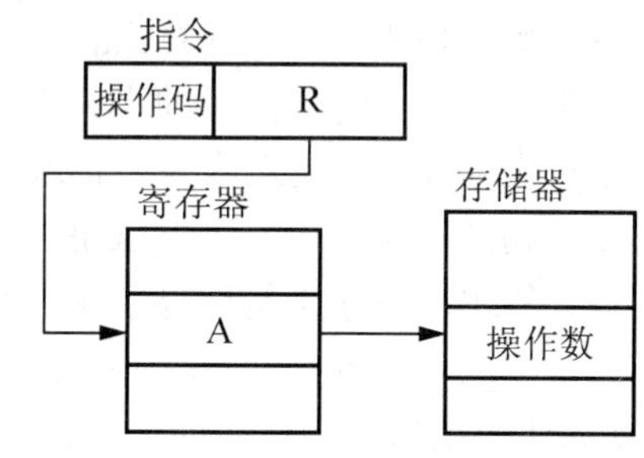

图 5.13　寄存器间接寻址

9. 复合寻址方式

基址加变址寻址方式是将形式地址取间接变换$(A)=N$，然后把 N 和变址寄存器的内容 X 相加，得到操作数的有效地址。故操作数的有效地址为 $EA=N+X=(A)+X$。

基址寄存器可以采用 BX 或 BP，变址寄存器可以用 SI 或 DI，有效地址是通过将基址寄存器中的值、变址寄存器中的值和位移量这三项相加而求得的。

例如，INC 8(PC＋R1)。相对基址加变址寻址方式如图 5.14 所示。

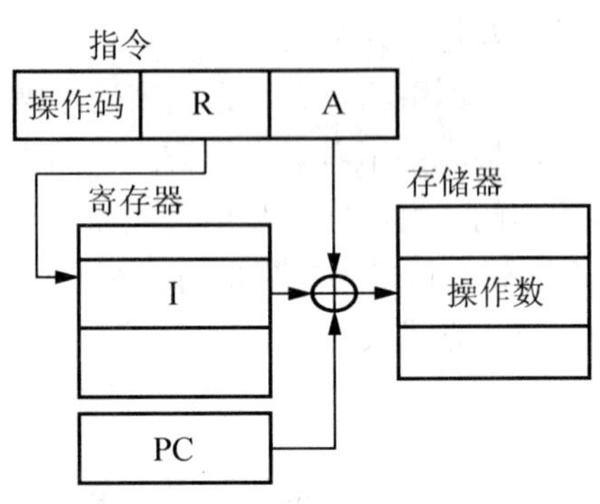

图 5.14 相对基址加变址寻址方式

10. 分页寻址方式

若计算机中欲采用直接寻址方式，但由于其访问的内存地址空间受指令中地址码字段长度的制约，若内存空间较大，则可采用分页寻址方式来解决。将指令中操作数地址码可以访问到的内存地址空间称为一页，则整个内存空间可以按页的大小分为多个页面。

例如，设内存容量为 64KB 存储单元，而指令中地址码长度为 9 位，则每一页有 512 个单元，可将内存空间划分为 64KB/512＝128 页。为访问 128 页，需要 7 位代码来表示页号。若预先将页号送入页号寄存器，把页号寄存器的内容与指令寄存器中形式地址两者拼接起来，就能获得一个可以访问整个内存空间的有效地址。

5.4.2 操作码的设计

霍夫曼(Huffman)在 1952 年根据香农(Shannon)在 1948 年和范若(Fano)在 1949 年阐述的编码思想提出了一种不定长编码的方法，也称霍夫曼(Huffman)编码。霍夫曼编码的基本方法是先对图像数据扫描一遍，计算出各种像素出现的概率，按概率的大小指定不同长度的唯一码字，由此得到一张该图像的霍夫曼码表。编码后的图像数据记录的是每个像素的码字，而码字与实际像素值的对应关系记录在码表中。

霍夫曼编码是可变字长编码(VLC)的一种。霍夫曼于 1952 年提出一种编码方法，该方法完全依据字符出现概率来构造异字头的平均长度最短的码字，有时称之为最佳编码，一般就称霍夫曼编码。基本算法步骤如下。

(1) 初始化，根据符号概率的大小按由大到小顺序对符号进行排序。

(2) 把概率最小的两个符号组成一个新符号(节点)，即新符号的概率等于这两个符号概率之和。

(3) 重复第(2)步，直到形成一个符号为止(树)，其概率最后等于 1。

(4) 从编码树的根开始回溯到原始的符号，并将每一下分枝赋值为 1，上分枝赋值为 0。

范例应用：扩展霍夫曼树

【例 5.1】某计算机有 10 条指令，它们的使用频率分别为

0.30, 0.20, 0.16, 0.09, 0.08, 0.07, 0.04, 0.03, 0.02, 0.01

(1) 用霍夫曼编码对它们的操作码进行编码，并计算平均代码长度。

解：霍夫曼树如下。

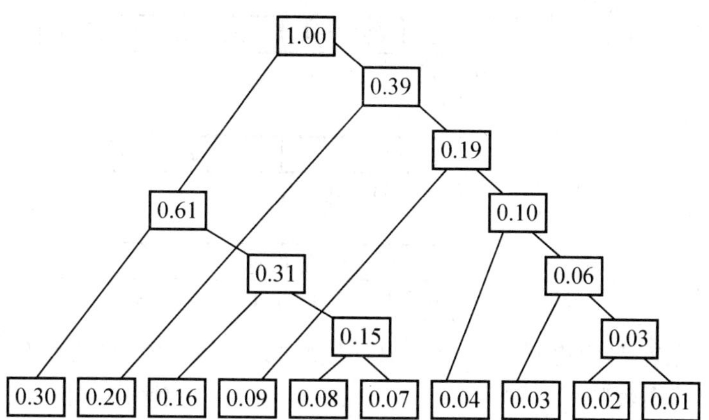

霍夫曼编码的结果以及各编码的长度如下。

0.30	0.20	0.16	0.09	0.08	0.07	0.04	0.03	0.02	0.01
11	01	101	001	1001	1000	0001	00001	000001	000000
2	2	3	3	4	4	4	5	6	6

平均代码长度为

$(0.30+0.20)\times2+(0.16+0.09)\times3+(0.08+0.07+0.04)\times4+0.03\times5+(0.02+0.01)\times6$
$=1+0.75+0.76+0.15+0.18=2.84$

(2) 用扩展霍夫曼编码法对操作码进行编码，限两种操作码长度，并计算平均代码长度。

解：采用长度为 2 和长度为 4 两种编码。

0.30	0.20	0.16	0.09	0.08	0.07	0.04	0.03	0.02	0.01
00	01	1000	1001	1010	1011	1100	1101	1110	1111

平均代码长度为

$(0.30+0.20)\times2 + (1-0.30-0.20)\times4 = 3.0$

5.4.3 地址码的设计

根据指令进行调整，综合考虑操作码与地址码(根据地址码数量调整操作码的长度)保证指令长度为字长或字节的整数倍。

【例 5.2】若某计算机要求有如下形式的指令：三地址指令 8 条，二地址指令 126 条，单地址指令 32 条(不要求有零地址指令)。设指令字长为 16 位，每个地址码长为 4 位，试用扩展操作码为其编码。

解：在三地址指令中 3 个地址字段占 3×4=12 位，剩下 16−12=4 位作为操作码，8 条指令的操作码分别为 0000，0001，…，0111。

在二地址指令中，操作码可以扩展到 8 位，其中前 4 位的代码是上述 8 个操作码以外的 8 个编码，即首位为 1。编码范围是 1×××××××，共有 2^7=128 个编码，取其前 126 个，10000000～11111101。剩下两个作为扩展用。

对于单地址指令，操作码扩展到 12 位，其中前 8 位剩下两个编码与后 4 位的 16 个编码正好构成 32 个操作码。

三种指令的编码结果：

三地址指令

操作码	地址码1	地址码2	地址码3

0000～0111

二地址指令

操作码	地址码1	地址码2

10000000～11111101

单地址指令

操作码

111111100000～111111111111

【例 5.3】一条双字长的 load 指令存储在地址为 200 和 201 的存储位置，该指令将地址码指定的存储器内容装入累加器 AC。指令的第一个字指定操作码和寻址方式，第二个字是地址部分。PC 寄存器的值是 200，通用寄存器 R1 的值是 400，变址寄存器 XR 的内容是 100，如图 5.15 所示。指出在各种寻址方式访问的数据。

解：指令的寻址方式字段可指定任何一种寻址方式。

(1) 在直接寻址方式下，有效地址是指令中的地址码部分内容 500，装入 AC 的操作数是 800。

(2) 在立即数寻址方式下，指令的地址码部分就是操作数而不是地址，所以将 500 装入 AC。

(3) 在间接寻址方式下，操作数的有效地址存储在地址为 500 的单元中，由此得到有效地址 800，操作数是 300。

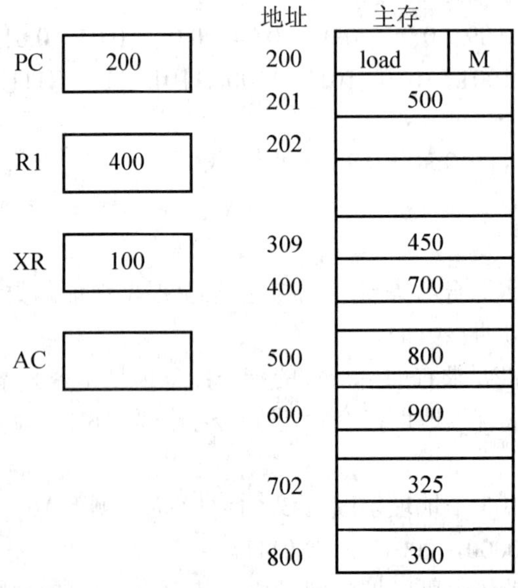

图 5.15 load 指令存储方式

(4) 在相对寻址方式下，有效地址是 500＋202＝702，所以操作数是 325。这里要注意的是，在该指令的执行阶段，PC 寄存器的内容已经更新为下一条指令的地址 202。

(5) 在变址寻址方式下，有效地址是 *XR*＋500＝100＋500＝600，操作数是 900。在寄存器寻址方式下，R1 的内容 400 放入 AC。在寄存器间接寻址方式下，有效地址是 R1 的内容 400，放入 AC 的操作数是 700。

【例 5.4】一条双字长的指令存储在地址为 W 的存储器中。指令的地址字段位于地址为 $W+1$ 处，用 Y 表示。在指令执行中使用的操作数存储在地址为 Z 的位置。在一个变址寄存器中包含 X 的值。试叙述 Z 是怎样根据其他地址计算得到的，假定寻址方式为(1) 直接寻址；(2) 间接寻址；(3) 相对寻址；(4) 变址寻址。

解：根据题意画出示意图，如图 5.16 所示。

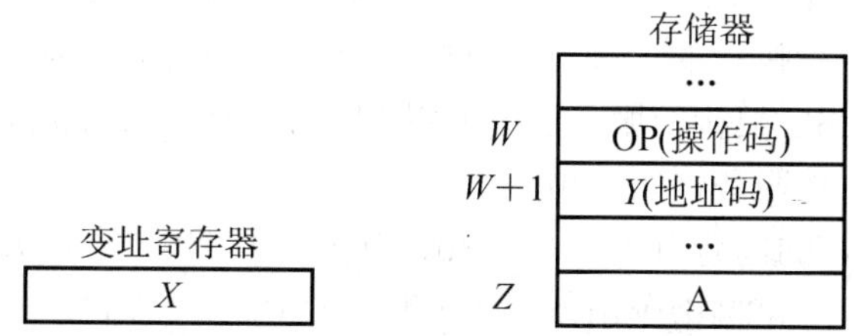

图 5.16 双字长指令存储

(1) 在直接寻址方式下，指令中存放的就是操作数的地址。即操作数的地址 Z 在地址为 $W+1$ 处，Z 从指令中得到，所以有 $Z=Y$。

(2) 在存储器间接寻址方式下，操作数的地址在某一个存储单元中，其地址在指令中。Z 根据 Y 访存后得到，所以有 $Z=(Y)$。

(3) 在相对寻址方式下，操作数的地址为 PC 的值(取完指令后 PC 的值为 $W+2$)加上 Y 得到，所以有 $Z=W+Y+2$。

(4) 在变址寻址方式下，操作数的地址为变址寄存器的值加上 Y 得到，所以有 $Z=X+Y$。

5.5 CISC 和 RISC 计算机

5.5.1 复杂指令系统计算机(CISC)及其特点

复杂指令集计算机(Complex Instruction Set Computer，CISC)早期的计算机部件比较昂贵，主频低，运算速度慢。为了提高运算速度，人们不得不将越来越多的复杂指令加入到指令系统中，以提高计算机的处理效率，这就逐步形成复杂指令集计算机体系。为了在有限的指令长度内实现更多的指令，人们又设计了操作码扩展。然后，为了达到操作码扩展的先决条件——减少地址码，设计师又发现了各种寻址方式，如基址寻址、相对寻址等，以最大限度地压缩地址长度，为操作码留出空间。Intel 公司的 X86 系列 CPU 是典型的 CISC 体系的结构，从最初的 8086 到后来的 Pentium 系列，每出一代新的 CPU，都会有自己新的指令，而为了兼容以前的 CPU 平台上的软件，旧的 CPU 的指令集又必须保留，这就使指令的解码系统越来越复杂。复杂指令系统增加硬件复杂性，降低机器运行速度。经实际分析发现：①各种指令使用频率相差悬殊，80%指令使用很少；②指令系统的复杂性带来系统结构的复杂性，增加了设计时间和售价，也增加了 VLSI 设计负担，不利于微型计算机向高档机器发展；③复杂指令操作复杂、运行速度慢。

由此可见，控制字的数量及时钟周期的数目对于每一条指令都可以是不同的。因此在CISC中很难实现指令流水操作。另外，速度相对较慢的微程序存储器需要一个较长的时钟周期。由于指令流水和短的时钟周期都是快速执行程序的必要条件，因此 CISC 体系结构对于高效处理器而言不太合适的。

从计算机诞生以来，人们一直沿用 CISC 指令集方式。早期的桌面软件是按 CISC 设计的，并一直沿用。桌面计算机流行的 x86 体系结构即使用 CISC。CPU 厂商一直在走 CISC 的发展道路，包括 Intel、AMD，还有其他一些现在已经更名的厂商，如 TI(德州仪器)、Cyrix 以及 VIA(威盛)等。在 CISC CPU 中，程序的各条指令是按顺序串行执行的，每条指令中的各个操作也是按顺序串行执行的。顺序执行的优点是控制简单，但计算机各部分的利用率不高，执行速度慢。CISC 架构的服务器主要以 IA-32 架构(Intel Architecture，英特尔架构)为主，而且多数为中低档服务器所采用。

CISC 指令系统存在的问题有①20%与 80%规律，的 CISC 中，大约 20%的指令占据了80%的处理机时间，其余 80%指令由使用频度只占 20%的处理机运行时间，复杂指令用微程序实现与用简单指令组成的子程序实现没有多大区别，由于 VLSI 的集成度迅速提高，使得生产单芯片处理机成为可能；②软硬件的功能分配问题，复杂的指令使指令的执行周期大大加长，一般 CISC 处理机的指令平均执行周期都在 4 以上，有些在 10 以上 CISC 增强了指令系统功能，简化了软件，但硬件复杂了，设计周期加长。

5.5.2 精简指令系统计算机(RISC)及其特点

精简指令系统(RISC)提高了 CPU 的效率，但需要更复杂的外部程序。RISC 系统通常比 CISC 系统要快，它的 80/20 规则促进了 RISC 体系结构的开发。

大多数台式计算机的 CPU 方案如 Intel 和 Motorola 芯片都采用 CISC 方案；工作站处理器加 MIDS 芯片 DEC Alpha 和 IBM RS 系列芯片均采用 RISC 体系结构。当前和将来的处理器方案似乎更倾向于 RISC。

1. RISC 技术的主要特征

(1) 简化的指令系统表现在指令数较少、基本寻址方式少、指令格式少、指令字长度一致。

(2) 以寄存器－寄存器方式工作。

(3) 以流水方式工作，从而可在一个时钟周期内执行完毕。

(4) 使用较多的通用寄存器以减少访存，不设置或少设置专用寄存器。

(5) 采用由阵列逻辑实现的组合电路控制器，不用或少用微程序。

(6) 采用优化编译技术，保证流水线畅通，对寄存器分配进行优化。

2. RISC 技术使计算机的结构更加简单合理

RISC 不是简单地简化指令系统，而是通过简化指令使计算机的结构更加简单合理，从而提高运算速度。

(1) 仅选择使用频率高的一些简单指令和很有用但不复杂的指令，指令条数少。

(2) 指令长度固定，指令格式少，寻址方式少。

(3) 只有取数/存数指令访问存储器，其余指令都在寄存器中进行，即限制内存访问。

(4) CPU 中通用寄存器数量相当多；大部分指令都在一个机器周期内完成。

(5) 以硬布线逻辑为主，不用或少用微程序控制。

(6) 特别重视编译工作，以简单有效的方式支持高级语言，减少程序执行时间。

5.6 指令系统举例

下面通过几种类型计算机的简介来增加对指令系统的认识，这些计算机(或处理器)是 Sun 微系统公司的 SPARC(RISC)、IBM360/370 系列(CISC)、PDP11/VAX11(CISC)系列。

5.6.1 SPARC 的指令系统

SPARC 指令字长 32 位，有 3 种指令格式、6 种指令类型

1. SPARC 的指令类型

(1) 算术运算/逻辑运算/移位指令。

加法(ADD)指令 4 条:ADD、ADDCC、ADDX、ADDXCC。

减法(SUB)指令 4 条：SUB、SUBCC、SUBX、SUBXCC。

检查标记的加法指令 2 条：TADDCC、TADDCCTV。

检查标记的减法指令 2 条：TSUBCC、TSUBCCTV。

逻辑运算(AND、OR、XOR)指令共 12 条：AND、ANDCC、ANDN、ANDNCC；OR、ORCC、ORN、ORNCC；XOR、XORCC、XORN、XORNCC。

移位指令 3 条：SLL(逻辑左移)、SRL(逻辑右移)、SRA(算术右移)。

其他还有乘法、SETHI、SAVE、RESTORE。最后两条指令分别将现行窗口指针减 1 和加 1。

下面对 4 条加法指令作以说明。

以 CC 结尾的加法指令表示除了进行加法运算以外还要根据运算结果置状态触发器 N、Z、V、C；X 表示加进位信号；XCC 表示加进位信号并置状态触发器 N、Z、V、C。

(2) LOAD/STORE 指令：取/存字节(LDSB/STB)、半字、字、双字共 20 条指令，其中一半是特权指令。SPARC 结构将存储器分成若干区，其中有 4 个区分别为用户程序区、用户数据区、系统程序区和系统数据区，并规定在执行用户程序时，只能从用户程序区取指令,在用户数据区存取数据；而执行系统程序时则可使用特权指令访问任一区。

另外还有两条供多处理机系统使用的数据交换指令 SWAP 和读后置字节指令 LDSTUB。

(3) 控制转移指令 5 条。

(4) 读/写专用寄存器指令 8 条。

(5) 浮点运算指令。

(6) 协处理器指令。

由于 SPARC 为整数运算部件(IU)，所以当执行浮点运算指令或协处理器指令时，将给浮点运算器或协处理器处理，当机器没有配置这种部件时，将通过子程序实现。

2. 各类指令的功能及寻址方式

下面把第 1 类到第 4 类指令做简单介绍。

(1) 算术逻辑运算指令。

功能：(rsl)OP(rs2)→rd (当 $i=0$ 时)；(rs1)OP Simm13→rd (当 $i=1$ 时)。

本指令将 rsl、rs2 的内容(或 Simm13)按操作码所规定的操作进行运算后将结果送入 rd。RISC 的特点之一是所有参与算术逻辑运算的数均在寄存器中。

(2) LOAD/STORE 指令(取数/存数指令)。

功能：LOAD 指令将存储器中的数据送入 rd 中；STORE 指令将 rd 的内容送入存储器中。

存储器地址的计算(寄存器间址寻址方式)：

当 $i=0$ 时，存储器地址＝(rsl)十(rs2)；

当 $i=1$ 时，存储器地址＝(rsl)十 Simm13。

在 RISC 中，只有 LOAD/STORE 指令访问存储器。

(3) 控制转移类指令。

此类指令改变 PC 值，SPARC 有五种控制转移指令：

① 条件转移(Branch)，根据指令中的 Cond 字段(条件码)决定程序是否转移，转移地址由相对寻址方式形成。

② 转移并连接(JMPL)，采用寄存器间址方式形成转移地址，并将本条指令的地址(即 PC 值)保存在以 rd 为地址的寄存器中，以备程序返回时用。

③ 调用(CALL)，采用相对寻址方式形成转移地址，为了扩大寻址范围，本条指令的操作码只取两位，位移量有 30 位。

④ 陷阱(Trap)，采用寄存器间址方式形成转移地址。

⑤ 从 Trap 程序返回(RETT)，采用寄存器间址方式形成返回地址。

(4) 读/写专用寄存器指令。

SPARC 有 4 个专用寄存器(PSR、Y、WIM、TBR)，其中 PSR 称为程序状态寄存器。几乎所有机器都设置 PSR 寄存器(有的计算机称为程序状态字 PSW)。PSR 的内容反映并控制计算机的运行状态，比较重要，所以读/写 PSR(RDPSR、WRPSR)指令一般为特权指令。

在 SPARC 中，有一些指令没有设置，但很容易用一条其他指令来替代，这是因为 SPARC 约定 RD 的内容恒为零，而且立即数可以作为一个操作数处理。当然有时可能需要连续执行几条指令才能完成另一条指令的功能。所以计算机中软、硬件功能的分工不是一成不变的。

5.6.2 向量指令举例

有些大型机、巨型机还设置向量运算指令，可直接对整个向量或矩阵进行求和、求积等运算，有关向量处理的问题可参考本书第 11 章。在这里通过举例简单介绍一下向量指令的格式和向量指令的类型。CYBER-205 是由美国 CDC 公司设计与制造，于 1981 年交付使用的向量处理机。CYBER-205 的基本向量指令格式由 8 个信息段组成，每个信息段占用 8 位，指令字长 64 位。

向量指令在执行以前必须先设置网量参数寄存器的内容，为此增加一些访问存储器的操作，这就需要一段辅助操作时间，称为建立时间(Setup Time)。

向量指令译码后，根据指令中向量参数寄存器的内容，计算出每个向量的起始地址和向量的有效长度，然后就可以顺序地取出源向量的每个元素，送入浮点部件进行运算，直到向量的有效长度等于“0”为止。

CYBER-205的向量指令通常对存储在连续的存储单元中一组有序的数据进行操作，其结果也存在连续的存储单元中。

CYBER-205设置有基本向量指令、稀疏向量指令、向量宏指令和位串、字符中运算指令。

基本向量指令包括向量加、减、乘、除、平方根，64位和32位浮点数之间的转换，浮点数的尾数和阶码的装配和拆卸等指令。控制位向量的每一位用来控制结果向量的相应元素是否应该存进存储器。当控制位向量的某一位为“1”时，结果向量的相应元素应存进存储器中；当它为“0”时，则不存。

5.7 计算机机器语言、汇编语言、高级语言特点分析

程序设计语言是专门为计算机编程所配置的语言。一台计算机能够直接识别并执行的语言并不是任何一种高级语言，而是一种用二进制码表示的、由一系列指令组成的机器语言。因此，任何问题不管使用哪一种计算机语言(汇编语言或某种高级语言)描述，都必须通过翻译程序转换成相应的机器语言后才能执行。

机器语言存在着可读性差、不易编程和不易维护等许多缺陷，这就给编写程序造成许多困难。然而，可以用预先规定的符号来分别替代二进制码表示的操作码、操作数或地址，用便于记忆的符号而不是二进制码来编写程序就要方便得多。机器语言(Machine Language)是由0，1二进制代码书写和存储指令与数据，它的特点是能被机器直接识别与执行；程序所占内存空间较少。其缺点是难认、难记、难编、易错。

例如，ADD表示加法操作；SUB表示减法操作；MUL表示乘法操作；DIV表示除法操作；MOV表示传送操作；A表示累加器；R表示通用寄存器。

这种用助记符来表示二进制码指令序列的语言，称为汇编语言(Assembly Language)，它基本上是与机器语言一一对应的。汇编语言(Assembly Language)是用指令的助记符、符号地址、标号等书写程序的语言，简称符号语言。它的特点是易读、易写、易记。其缺点是不能为计算机所直接识别。

由汇编语言写成的语句，必须遵循严格的语法规则，现将与汇编语言相关的几个名词介绍如下。

汇编源程序：按严格的语法规则用汇编语言编写的程序，称为汇编语言源程序，简称为汇编源程序或源程序。

汇编(过程)：将汇编源程序翻译成机器码目标程序的过程称为汇编过程或简称汇编。

手工汇编与机器汇编：前者由人工进行汇编，而后者由计算机进行汇编。

汇编程序：为计算机配置的担任把汇编源程序翻译成目标程序的一种系统软件。

驻留汇编：又称本机自我汇编，在小型机上配置汇编程序，并在译出目标程序后在本机上执行。

交叉汇编：多用户终端利用某一大型机的汇编程序进行它机汇编，然后在各终端上执行，以共享大型机的软件资源。

显然，用汇编语言编写的程序，计算机不能直接识别，必须将它翻译成机器语言后才

能执行。翻译过程是把用助记符表示的操作码、操作数或地址用相应的二进制码替代，通常由计算机执行汇编程序(Assembler)完成。

用汇编语言编写程序，对程序员来说虽然比用机器语言方便得多，它的可读性较好，出错也便于检查和修改，但它同计算机的硬件结构、指令系统的设置关系非常密切。因此，汇编语言仍然是一种面向计算机硬件的语言，程序员使用它编写程序必须十分熟悉计算机硬件结构的配置、指令系统和寻址方式，这就对程序员有很高的要求。概括起来，汇编语言主要存在如下 3 个缺陷。

(1) 汇编语言的基本操作简单(主要是简单的算术/逻辑运算、数据传送和转移)，描述问题的能力差，用它编写程序工作量大，源程序较长。

(2) 用汇编语言编写的程序与问题的描述相差甚远，其可读性仍然不好。

(3) 汇编语言依赖于计算机的硬件结构和指令系统，而不同的机器有不同的结构和指令，因而用它编写的程序不能在其他类型的机器上运行，可移植性差。

总之，用汇编语言编写程序仍然有许多不便。

高级语言(High Language)就是为了克服汇编语言的这些缺陷而发展起来的。高级语言与计算机的硬件结构及指令系统无关，表达方式比较接近于自然语言，描述问题的能力强，通用性、可读性和可维护性都很好。此外，用高级语言编写程序，无需考虑机器的字长、寄存器、状态、寻址方式和内存单元地址等，因而，要比用汇编语言容易得多。高级语言是脱离具体机器(即独立于机器)的通用语言，不依赖于特定计算机的结构与指令系统。用同一种高级语言写的源程序，一般可以在不同计算机上运行而获得同一结果。

高级语言源程序也必须经编译程序或解释程序编译或解释生成机器码目标程序后方能执行。它的特点是简短、易读、易编；其缺点是编译程序或解释程序复杂，占用内存空间大，且产生的目标程序也比较长，因而执行时间就长，同时，目前用高级语言处理接口技术，中断技术还比较困难。所以，它不适合时时控制。

显然，高级语言在编写程序方面比汇编语言优越得多，但并不是完美无缺的，它也存在着如下两个缺陷。

(1) 用高级语言编写的程序，必须翻译成机器语言才能执行，这一工作通常由计算机执行编译程序(Compiler)完成。由于编译过程既复杂又死板，翻译出来的机器语言非常冗长，与有经验的程序员用汇编语言编写的程序相比至少要多占 2/3 内存，速度要损失一半以上。

(2) 由于高级语言程序“看不见”机器的硬件结构，因而不能用它来编写需访问机器硬件资源的系统软件或设备控制软件。

为了克服高级语言不能直接访问机器硬件资源(如某个寄存器或存储器单元)的缺陷，一些高级语言提供了与汇编语言之间的调用接口。用汇编语言编写的程序，可作为高级语言的一个外部过程或函数，利用堆栈来传递参数或参数的地址(如何传递参数与高级语言的版本有关)。两者的源程序通过编译或汇编生成目标(OBJ)文件后，利用连接程序(LINKER)把它们连接成可执行文件便可运行。采用这种方法，用高级语言编写程序时，若用到机器的硬件资源，则可调用汇编程序来实现。

总之，汇编语言和高级语言有它各自的特点。汇编语言与硬件的关系密切，用它编写的程序紧凑，占内存小，速度快，待别适合于编写经常与硬件打交道的系统软件；而高级语言涉及机器的硬件结构，通用性强，编写程序容易，特别适合于编写与硬件没有直接关系的应用软件。

本章小结

一台计算机中所有机器指令的集合，称为这台计算机的指令系统。指令格式是指令字用二进制代码表示的结构形式，通常由操作码字段和地址码字段组成。操作码字段表征指令的操作特性与功能，而地址码字段指示操作数的地址。目前多采用二地址、单地址、零地址混合方式的指令格式。指令字长度分为单字长、半字长、双字长 3 种形式。高档微型计算机中目前多采用 32 位长度的单字长形式。不同机器有不同的指令系统。一个较完善的指令系统应当包含数据传送类指令、算术运算类指令、逻辑运算类指令、程序控制类指令、I/O 类指令、字符串类指令、系统控制类指令。通过本章的学习应熟悉 RISC 指令系统和 CISC 指令系统的区别和改进。

习题

一、判断题

1. 兼容机之间指令系统可以是相同的，但硬件的实现方法可以不同。
2. 堆栈是由若干连续存储单元组成的先进先出存储区。
3. RISC 较传统的 CISC 的 CPU 存储器操作指令更丰富，功能更强。
4. 指令的多种寻址方式会使指令格式复杂化，但可以增加指令获取操作的灵活性。
5. 程序计数器 PC 用来指示从内存中取指令。
6. 内存地址寄存器只能用来指示从内存中取数据。
7. 浮点运算指令对用于科学计算的计算机是很必要的，可以提高机器的运算速度。
8. 在计算机的指令系统中，真正必需的指令数是不多的，其余的指令都是为了提高机器速度和便于编程而引入的。
9. 扩展操作码是一种优化技术，它使操作码的长度随地址码的减少而增加，不同地址的指令可以具有不同长度的操作码。
10. 转移类指令能改变指令执行顺序，因此，执行这类指令时，PC 和 SP 的值都将发生变化。
11. RISC 的主要设计目标是减少指令数，降低软、硬件开销。
12. 新设计的 RISC，为了实现其兼容性，是从原来 CISC 系统的指令系统中挑选一部分简单指令实现的。
13. RISC 没有乘、除指令和浮点运算指令。

二、简答题

1. 什么是指令系统？
2. 什么是指令周期？
3. 什么是寄存器间接寻址方式？
4. 什么是基址加变址寻址方式？

第 6 章

中央处理器及其工作原理

学习目标

了解中央处理器的发展。
了解中央处理单元的结构和组成。
掌握微程序控制器的原理。
掌握中央处理器的结构和概念。
理解中央处理器的工作原理。

知识结构

本章知识结构如图 6.1 所示。

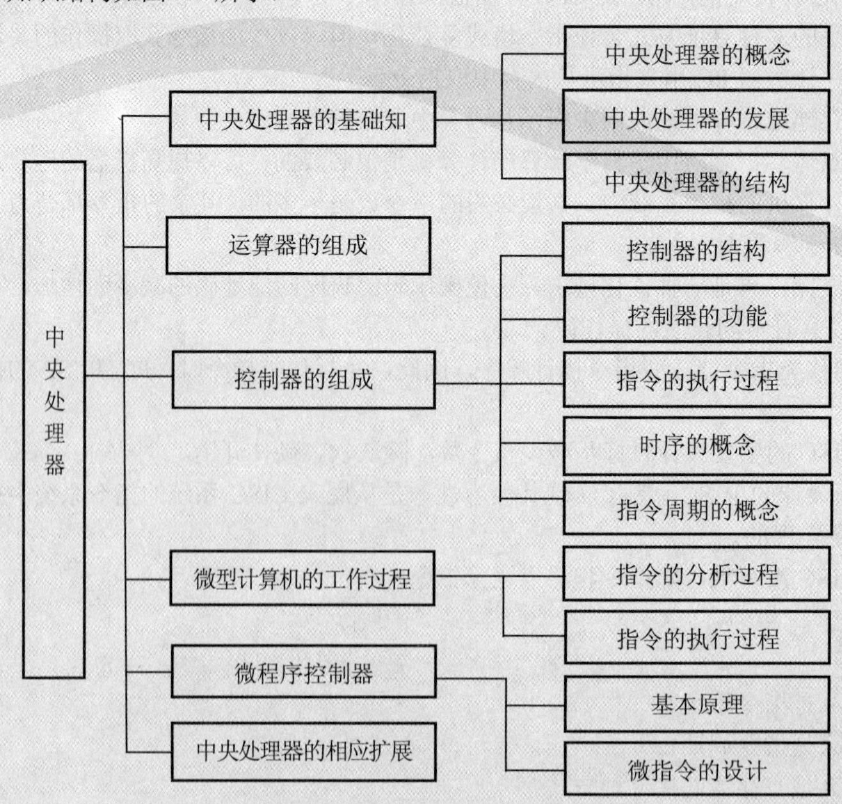

图 6.1　中央处理器及工作原理知识结构

导入案例

中央处理器发展的现今——典型中央处理器酷睿 i7 的结构

酷睿 i7 是面向高端用户的 CPU 家族标识，包含 Bloomfield(2008 年)、Lynnfield(2009 年)、Clarksfield(2009 年)、Arrandale(2010 年)、Gulftown(2010 年)、Sandy Bridge(2011 年)、Ivy Bridge(2012 年)等多款子系列，并取代酷睿 2 系列处理器。

Intel 官方正式确认，基于全新 Nehalem 架构的新一代桌面处理器将沿用“Core”(酷睿)这一名称。

“Intel Core i7”系列至尊版的名称是“Intel Core i7 Extreme”系列。Core i7(中文：酷睿 i7，核心代号：Bloomfield)处理器是 Intel 于 2008 年推出的 64 位核心 CPU，沿用 x86-64 指令集，并以 Intel Nehalem 微架构为基础，取代 Intel Core 2 系列处理器。Nehalem 曾经是 Pentium 4 10 GHz 版本的代号。Core i7 的名称并没有特别的含义，Intel 表示取 i7 此名的原因只是听起来悦耳，“i”的意思是智能(intelligence 的首字母)，而 7 则没有特别的意思，更不是指第 7 代产品。而 Core 就是延续上一代 Core 处理器的成功，有些人会以“爱妻”昵称之。

Core i7 处理器系列将不会再使用 Duo 或者 Quad 等字样来辨别核心数量。最高级的 Core i7 处理器配合的芯片组是 Intel x58。Core i7 处理器的目标是提升高性能计算和虚拟化性能。所以在电脑游戏方面，它的效能提升幅度有限。另外，在 64 位模式下可以启动宏融合模式，上一代的 Core 处理器只支持 32 位模式下的宏融合。该技术可合并某些 x86 指令成单一指令，加快计算周期。

Core i7 于 2010 年发表 32nm 编程的产品，Intel 表示，代号 Gulftown 的 i7 将拥有 6 个实体核心，同样支持超线程技术，并向下支持现今的 x58 芯片。

6.1　中央处理器的组成及功能

在计算机的系统中，中央处理器 CPU 是由控制器和运算器两大部分组成的。控制器是整个系统的操控中心，相当于人的大脑。在控制器的控制之下，运算器、存储器和输入/输出设备等部件构成了一个有机的整体。在早期的计算机中，由于器件集成度较低，运算器与控制器是两个相对独立的部分，占用多块插件和多个机柜。随着大规模集成电路和超大规模集成电路的发展，逐渐将 CPU 作为一个整体来研究。在微型计算机中，将 CPU 的功能集成在一块芯片，称为微处理器。对于高档微处理器，特别是采用 RISC 技术的微处理器，其功能很强，主要体现在存取速率、处理字长、访存空间等技术指标。在中、大、巨型机中，由于采用多个运算部件，目前尚需多块芯片构成运算器，仍保持相对独立的地位。随着并行处理技术的发展，正呈现出一种发展趋势，即用多个高档微处理器(如 RISC 微处理器)来构成多机系统，实现大、巨型机的功能，如图 6.2 所示。

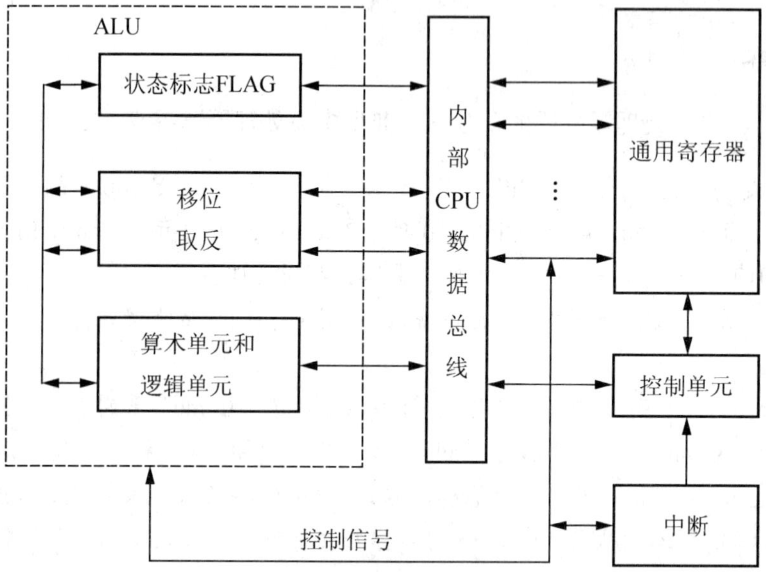

图 6.2　中央处理单元的结构框架

计算机进行信息处理的过程分为两个步骤，首先将数据和程序输入计算机存储器中，然后从“程序人口”开始执行该程序，得到所需要的结果后，结束运行。控制器的作用是协调并控制计算机的各个部件执行程序的指令序列。控制器是全机的指挥系统，它根据工作程序的指令序列、外部请求、控制台操作，去指挥和协调全机的工作。通俗些说，控制器的作用是决定全机在什么时间、根据什么条件、发出哪些微命令、做什么事。

通过本章的学习，应在 CPU 一级上建立起整机概念，对于计算机的程序来说，都是从入口地址开始执行该程序的指令序列，是不断地取指令、分析指令和执行指令这样一个周而复始的过程。为了提高 CPU 的功能与速度，出现了许多较复杂的技术，如流水处理、阵列处理、向量机、超标量方式、超长指令字技术(指令非常长，其功能相当于多条指令)等。综上所述，计算机的工作过程可描述如下。

加电→产生 Reset 信号→取指令→分析指令→执行程序→停机→停电。

本章首先讨论有关 CPU 组成的基本内容，如 CPU 总体结构与内部数据通路，CPU 的传送控制方式，时序控制方式，然后通过具体模型机指令的执行，阐明基本的计算机结构原理，并从指令流程与微操作命令序列这两个方面阐明计算机究竟是怎样工作的。显然，这些内容是全书的一个重点。

6.1.1　控制器的组成

控制器是指挥与控制计算机系统各功能部件协同工作、自动执行计算机程序的部件。它把运算器和存储器以及 I/O 设备组成一个有机的系统。

控制器的作用是控制程序(即指令)的有序执行，进行取指令、分析解释指令、执行指令(包括控制程序和数据的输入输出以及对异常情况和特殊请求的处理)。计算机不断重复上述 3 种基本操作，直到遇到停机指令或外来的干预为止。控制器主要由指令指针寄存器 IP 或程序计数器 PC、指令寄存器 IR 或指令队列、指令译码器 ID、控制逻辑电路(如启停电路)和脉冲源及时钟控制电路等组成。具体结构如图 6.3 所示。

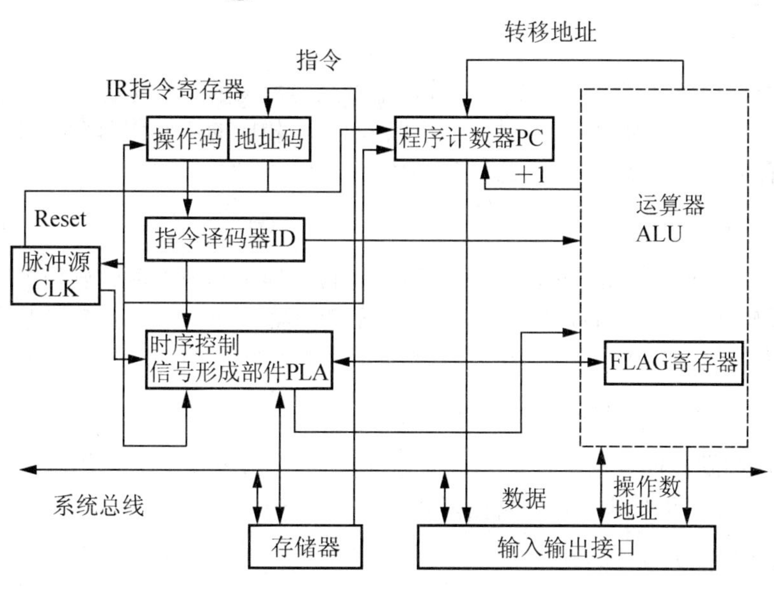

图 6.3　控制器的基本组成

程序计数器(PC)：指令地址寄存器，又称为指令计数器或指令指针 IP。它的作用是提供读取指令的地址，或以 PC 内容为基准计算操作数的地址。在某些计算机中用来暂时存放当前正在执行的指令地址，而在另一些计算机中则用来存放即将要执行的下一条指令地址，在有指令预取功能的计算机中，可能存放下一条要取出的指令地址。每读取一条指令后，程序计数器内容就增量计数，以指向后继指令的地址。如果遇到需要改变顺序执行程序的情况，一般由转移类指令形成转移地址送往程序计数器，作为下一条指令的地址。例如，每读取一条单字节指令，PC 值相应加 1；如果读取一条二字节指令，则 PC 加 2。

指令寄存器(IR)：用于存放当前正在执行的指令，并控制其完成功能。

指令译码器(ID)：对指令寄存器中的操作码进行译码、分析解释并产生相应控制信号的部件。

脉冲源：产生一定频率的脉冲信号，是机器周期和工作脉冲的基准信号，在机器刚加电时，还应产生一个总清信号(Reset)。

启停线路：主要是保证可靠地送出或封锁时钟脉冲，控制时序信号的发生或停止，从而启动机器工作或使之停机。

时序逻辑信号产生器：当机器启动后，在 CLK 时钟作用下．根据当前正在执行的指令的需要，产生相应的时序控制信号，并根据被控功能部件的反馈信号调整时序控制信号。

6.1.2　控制器的功能

控制器的基本功能就是负责指令的读出，进行翻译和解释，并协调各功能部件执行指令，从而实现程序的执行。计算机对数据信息的操作(或计算)是通过执行程序实现的，程序是完成某个指定算法的指令序列，先存放在存储器中，需要时进行调用。具体功能如下。

1. 取指令

当程序已经在存储器中时，首先根据程序入口地址取出第一条指令的地址，为此要发出指令地址及控制信号。

2. 分析指令

分析指令又称解释指令、指令译码等，是对当前取得的指令进行分析，这个过程由指令译码器完成，指出它要完成什么操作，并进而产生相应的微操作命令信号，如果参与操作的数据在存储器中，还需要形成操作数地址。

3. 执行指令

根据分析指令时所产生的微操作命令以及操作数地址形成相应的操作控制信号序列，通过 CPU 及输入/输出接口设备执行。计算机不断重复顺序执行上述 3 种基本操作：取指令、分析指令、执行指令。如此循环，直到遇到停机指令或外来的干预为止。

4. 控制与 I/O 接口部件之间的数据传送

根据软件和硬件的要求，在适当的时候向输入/输出设备发出一些相应的命令来完成 I/O 功能，这实际上也是通过执行程序来完成的。

5. 其他异常情况事件的处理

若机器出现某些异常情况，如运算器中的除法出错和数据传送的奇偶错等；或者某些中断请求，如外设数据需送入存储器或程序员从控盘送入指令等，解决处理情况：①若有中断请求向 CPU 发出命令，待 CPU 执行完当前指令后，响应该请求，中止当前正在执行的程序，转去执行中断服务程序，当处理完毕后，再返回源程序的断点处继续执行；②DMA 控制，将内存和外存直接进行数据传送，等 CPU 完成当前机器周期操作后，暂停工作，释放总线权力给 I/O 设备，在完成 I/O 设备与存储器之间的传送数据操作后，CPU 从暂时中止的机器周期开始继续执行指令。

6. 控制器逻辑结构的组织方法

(1) 常规组合逻辑法(又称随机逻辑法)：分立元件时代的产物；方法是按逻辑代数的运算规则，以组合电路最小化为原则，用逻辑门电路实现；不规整，可靠性低，造价高。

(2) 可编程逻辑阵列(PLA)法：与前者本质相同，工艺不同；用大规模集成电路(LSI)实现。

(3) 微程序控制逻辑法：将程序设计的思想方法引入控制器的控制逻辑；将各种操作控制信号以编码信息字的形式存入控制存储器中(CM)。

一条机器指令对应一道微程序，机器指令执行的过程就是微程序执行的过程，如图 6.4 所示。

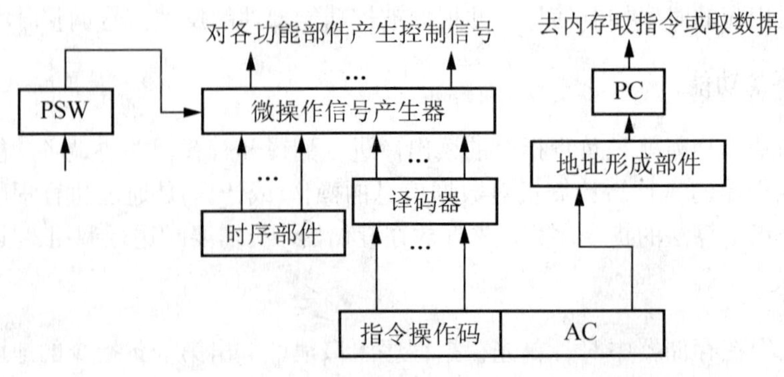

图 6.4　控制器执行顺序

6.1.3 运算器的组成

运算器包括寄存器、执行部件和控制电路3个部分。在典型的运算器中有3个寄存器：接收并保存一个操作数的接收寄存器；保存另一个操作数和运算结果的累加寄存器；在进行乘、除运算时保存乘数或商数的乘商寄存器。执行部件包括一个加法器和各种类型的输入/输出门电路。控制电路按照一定的时间顺序发出不同的控制信号，使数据经过相应的门电路进入寄存器或加法器，完成规定的操作。为了减少对存储器的访问，很多计算机的运算器设有较多的寄存器，存放中间计算结果，以便在后面的运算中直接用做操作数。为了提高运算速度，某些大型计算机有多个运算器。它们可以是不同类型的运算器，如定点加法器、浮点加法器、乘法器等，也可以是相同类型的运算器。运算器的组成决定于整机的设计思想和设计要求，采用不同的运算方法将导致不同的运算器组成。但由于运算器的基本功能是一样的，其算法也大致相同，因而不同机器的运算器是大同小异的。运算器主要由算术逻辑部件、通用寄存器组和状态寄存器组成。

1. 算术逻辑部件ALU

ALU主要完成对二进制信息的定点算术运算、逻辑运算和各种移位操作。算术运算主要包括定点加、减、乘和除运算。逻辑运算主要有逻辑与、逻辑或、逻辑异或和逻辑非操作。移位操作主要完成逻辑左移和右移、算术左移和右移及其他一些移位操作。某些机器中，ALU还要完成数值比较、变更数值符号、计算操作数在存储器中的地址等。可见，ALU是一种功能较强的组合逻辑电路，有时被称为多功能发生器，它是运算器组成中的核心部件。ALU能处理的数据位数(即字长)与机器有关，如Z80单板机中，ALU是8位；IBM PC/XT和AT机中，ALU为16位；386和486微型计算机中，ALU是32位。ALU有两个数据输入端和一个数据输出端，输入输出的数据宽度(即位数)与ALU处理的数据宽度相同。

2. 通用寄存器组

近期设计的计算机的运算器都有一组通用寄存器。它主要用来保存参加运算的操作数和运算的结果。早期的计算机只设计一个寄存器，用来存放操作数、操作结果和执行移位操作，由于可用于存放重复累加的数据，所以常称为累加器。通用寄存器均可以作为累加器使用。通用寄存器的数据存取速度是非常快的，目前一般是十几毫微秒(ns)。如果ALU的两个操作数都来自寄存器，则可以极大地提高运算速度。通用寄存器同时可以兼做专用寄存器，包括用于计算操作数的地址(用来提供操作数的形式地址，据此形成有效地址再去访问主存单元)。例如，可作为变址寄存器、程序计数器(PC)、堆栈指示器(SP)等。必须注意的是，不同的机器对这组寄存器使用的情况和设置的个数是不相同的。指令寄存器IR(Instruction Register)用于存放将要执行的指令；指令指针寄存器IP，又称指令计数器用于产生和存放下条待取指令的地址；堆栈指针寄存器SP，指示堆栈栈顶的地址；变址寄存器XR是变址寻址中存放基础地址的寄存器，如SI、DI；段地址寄存器SR用于在计算机内存大时多把内存存储空间分成段(如64KB)来管理，使用时以段为单位进行分配。段地址寄存器即是在段式管理中用来存放段地址的寄存器。

3. 状态寄存器

状态寄存器用来记录算术、逻辑运算或测试操作的结果状态。程序设计中，这些状态

通常用做条件转移指令的判断条件，所以又称为条件码寄存器。一般均设置如下几种状态位。

(1) 零标志位(Z)：当运算结果为0时，Z位置“1”；非0时，置“0”；

(2) 负标志位(N)：当运算结果为负时，N位置“1”；为正时，置“0”；

(3) 溢出标志位(V)：当运算结果发生溢出时，V位置“1”；无溢出时，置“0”；

(4) 进位或借位标志(C)：在做加法时，如果运算结果最高有效位(对于有符号数来说，即符号位；对无符号数来说，即数值最高位)向前产生进位时，C位置“1”；无进位时，置“0”。在做减法时，如果不够减，最高有效位向前有借位(这时向前无进位产生)时，C位置“1”；无借位(即有进位产生)时，C位置“0”。除上述状态外，状态寄存器还常设有保存有关中断和机器工作状态(用户态或核心态)等信息的一些标志位(应当说明，不同的机器规定的内容和标志符号不完全相同)，以便及时反映机器运行程序的工作状态，所以有的机器称它为程序状态字或处理机状态字(Processor Status Word，PSW)，如图6.5所示。

15							8	7							0
				OF	DF	IF	TF	SF	ZF		AF		PF		CF

图6.5 FLAG寄存器的格式

程序状态字(Program Status Word，PSW)又称标志寄存器(Flags Register，FR)，而在汇编中常把标志寄存器记为FLAG寄存器(EFL)。这是一个存放条件标志、控制标志寄存器，主要用于反映处理器的状态和运算结果的某些特征及控制指令的执行。

FLAG用于反映指令执行结果或控制指令执行的形式。它是一个16位的寄存器，共有9个可用的标志位，其余7个位空闲不用。各种标志按作用可分为两类。

6个状态标志：进位标志CF；奇偶标志PE；辅助进位标志AF；零标志ZF；符号标志SF；溢出标志OF。

3个控制标志：陷阱标志或单步操作标志TF：中断允许标志IF；方向标志DF。

6.1.4 运算器的功能

运算器是加工处理数据的功能部件。运算器能执行多少种操作和操作速度，标志着运算器能力的强弱，甚至标志着计算机本身的能力。运算器最基本的操作是加法。一个数与零相加，等于简单地传送这个数。将一个数的代码求补，与另一个数相加，相当于从后一个数中减去前一个数。将两个数相减可以比较它们的大小。左右移位是运算器的基本操作。在有符号的数中，符号不动而只移数据位，称为算术移位。若数据连同符号的所有位一齐移动，称为逻辑移位。若将数据的最高位与最低位链接进行逻辑移位，称为循环移位。

运算器的逻辑操作可将两个数据按位进行与、或、异或，以及将一个数据的各位求非。有的运算器还能进行二值代码的16种逻辑操作。乘、除法操作较为复杂。很多计算机的运算器能直接完成这些操作。乘法操作是以加法操作为基础的，由乘数的一位或几位译码控制逐次产生部分积，部分积相加得乘积。除法又常以乘法为基础，即选定若干因子乘以除数，使它近似为1，这些因子乘被除数则得商。没有执行乘法、除法硬件的计算机可用程序实现乘、除，但速度慢得多。有的运算器还能执行在一批数中寻求最大数，对一批数据连续执行同一种操作，求平方根等复杂操作。

运算器的操作可以采用分层进行。第一层是输入缓冲选择器或锁存器，决定接收来自哪个通用寄存器的内容。第二层是算术逻辑单元ALU，它采用74181结构，由若干控制命令选择其运算功能。第三层是移位转换器，常由多路选择器实现移位操作。这三层的组合能实现基本的算术、逻辑运算功能，通过时序控制的配合也能实现定点乘除运算。

根据运算部件的设置，可将计算机的运算功能分为以下4种类别。

(1) 一般的CPU，只设置一个算术逻辑单元，它在硬件级只能实现基本的算术、逻辑运算功能，通过软件子程序实现定点运算与浮点运算，以及其他更复杂的运算。

(2) 功能复杂的CPU，与时序控制相配合，可实现硬件级定点及浮点运算。基本的算术逻辑运算通常只需一个电位即可运算完毕，而乘除运算常需分拍实现。如果设有专门的阵列运算器，也可在一个节拍内完成。

(3) 超级小型机，这一档次现已覆盖了传统的中型机范畴，单ALU，并将定点乘除与浮点部件作为基本配置。

(4) 大、巨型机，设有多种运算部件。例如，巨型机CRAY-l有12个运算部件，其中有定点标量运算器(如整数加法、移位、逻辑运算、计数等)、浮点运算器(如浮点加法、浮点乘法、倒数近似等)、向量运算部件(如整数加法、移位、逻辑运算等)。

6.1.5 指令执行过程

时序系统计算机的工作往往需要分步执行，如一条指令的读取与执行过程常需分成读取指令、读取源操作数、读取目的操作数、运算、存放结果等步骤。这就需要一种时间划分的信号标志，如周期、节拍等。同一条指令，在不同时间发出不同的微操作命令，做不同的事，其依据之一就是不同的周期、节拍信号。指令周期的概念是指CPU每取出并执行一条指令，都要完成一系列的操作，这一系列操作所需的时间通常叫做一个指令周期。更简单地说，指令周期是取出并执行一条指令的时间。

指令周期常常用若干个CPU周期数来表示，CPU周期也称为机器周期。而一个CPU周期时间又包含有若干个时钟周期(通常称为节拍脉冲或T周期，是处理操作的最基本单位)。计算机的程序执行过程实际上是不断地取指令、分析指令、执行指令的过程。

指令执行过程主要是指执行指令的基本过程。计算机执行指令的过程可以分为3个阶段：取指令、分析指令、执行指令。

1. 取指令

(1) (PC)→MAR，READ。

(2) (PC)+1→PC。

(3) 读操作(将MAR所指定的地址单元的内容读出)→MDR，并发出MFC(Wait for MFC)。

(4) (MDR) →IR，指令译码器对操作码字段OC开始译码。

2. 分析指令

(1) OC：识别和区分不同的指令类别。

(2) AC：获取操作数的方法。

例如，假设目前在IR寄存器中的指令是一条加法指令：

```
ADD  (R0),R1
```

其中，R0，R1是通用寄存器，事先由其他指令已送入了内容。分析指令阶段能得到两个结果：这是一条加法指令；源点操作数是寄存器间接寻址方式，操作数在内存中，有效地址是(R0)，终点操作数是寄存器直接寻址方式，操作数就是R1寄存器的内容。

又如，若目前在IR寄存器中的指令是一条减法指令：

```
SUB  D(R0), (R1)
```

其中，R0，R1是通用寄存器，事先由其他指令已送入了内容。分析指令阶段能得到两个结果：这是一条减法指令；源点操作数是寄存器变址寻址方式，操作数在内存中，有效地址是(R0)＋D，终点操作数是通用寄存器间接寻址方式，有效地址是R1寄存器的内容。

3. 执行指令

执行指令阶段完成指令所规定的各种操作，具体实现指令的功能。

F(IR，PSW，时序) →微操作控制信号序列

例如，

```
ADD  (R0), R1
```

又如

```
SUB   D(R0), (R1)
```

若无意外事件(如结果溢出)发生，机器就又从PC中取得下一条指令地址，开始一条新指令的控制过程。计算机的基本工作过程可以概括地说成是取指令，分析指令，执行指令，再取下一条指令，依次周而复始地执行指令序列的过程。

一个模型机的指令操作流程如图6.6所示。

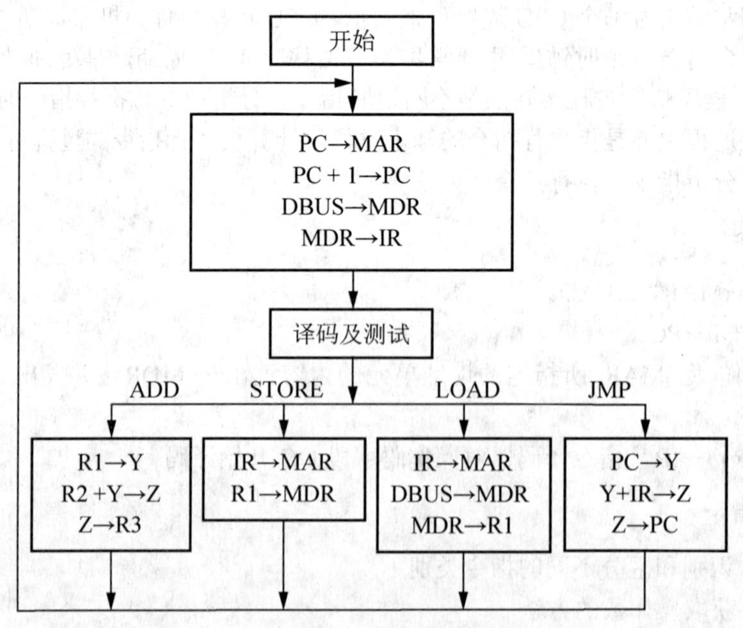

图6.6 模型机的指令操作流程

计算机进行信息处理的过程分为两个步骤，首先将数据和程序输入计算机中，然后从程序入口开始执行该程序，得到所需的结果后，结束运行。

举例一条加法指令的执行过程。

(1) 从存储器取指令，送入指令寄存器，并进行操作码译码。程序计数器加 1，为下一条指令做好准备。

控制器发出控制信号 PC→MAR，然后读存储器，将地址通过地址总线送到 DR 中，W/R＝0，M/IO＝1；PC＋1。

(2) 计算数据地址，将计算得到的有效地址送地址寄存器 AR。

(3) 到存储器取数：控制器发出控制信号将地址寄存器内容送地址总线，同时发送读命令，存储器读出数据送数据总线后，放入数据寄存器。

(4) 进行加法运算，结果送寄存器，并根据运算结果置状态位 N、Z、V、C。

(5) 控制器送出的控制信号：rs→GR，(rs)→ALU，DR→ALU(两个源操作数送 ALU)；在 ALU 中进行加法运算；rd→GR；ALU→rd。其中 rs 表示源操作数地址，rd 表示目的操作数地址，最后置状态标志位 N、Z，V、C，运算结果送目的寄存器。

(6) 指令功能根据 N、Z、V、C 的状态，决定是否转换。如转移条件成立则转移到本条指令所指定的地址，否则顺序执行下一条指令。本条指令完成以下操作。

以上是一条加法指令的执行过程，但是对于指令执行的公操作是相同的。

(1) 从存储器取指令，送入指令寄存器并进行操作码译码。

程序计数器加 1，如不转移，即为下一条要执行的指令地址。本操作对所有指令都是相同的。

(2) 如转移条件成立，根据指令规定的寻址方式计算有效地址，转移指令常采用相对寻址方式。此时转移地址＝PC＋disp。此处 PC 是指本条指令的地址，而在上一机器周期已执行 PC＋1 操作，因此计算时应取原 PC 值，或对运算进行适当修正。最后将转移地址送入 PC。

6.1.6　操作控制与时序产生器

许多操作需要严格的定时控制，如在规定的时刻将已经稳定的运算结果送入某个寄存器。又如，在规定的时刻实现周期节拍的切换，结束当前周期的操作，转入一个新的周期。这就需要定时控制的同步脉冲。产生周期节拍、脉冲等时序信号的部件，称为时序发生器，又称时序系统，它包含一个脉冲源和一组计数分频逻辑。脉冲源又称主振荡器，它提供 CPU 的时钟基准。时序部件是指计算机的机内时钟。它用其产生的周期状态，节拍电位及时标脉冲去对指令周期进行时间划分，刻度和标定。把一个机器周期分成若干个相等的时间段，每一个时间段对应一个电位信号，称为节拍电位；一般都以能保证 ALU 进行一次运算操作作为一拍电位的时间宽度，如图 6.7 所示。

CPU 芯片内部往往有基本的振荡电路，可以外接石英晶体，以保持某个稳定的主振荡频率。主振荡的输出经过一系列计数分频，产生所需的时钟周期(节拍)或持续时间更长的工作周期信号。主振荡产生的时钟脉冲与周期节拍信号、控制条件相综合，可以产生所需的各种工作脉冲。机器加电后，主振荡器就开始振荡，但仅当 CPU 真正启动工作后，主振荡输出才有效。因此，需要一套启停控制逻辑，以保证可靠地送出完整的时钟脉冲(如果启动或停机时发出了残缺的脉冲信号，就可能使工作不可靠)。启停控制线路还在初加电时产生一个复位信号 RESET，使有关部件处于正确的初始状态。

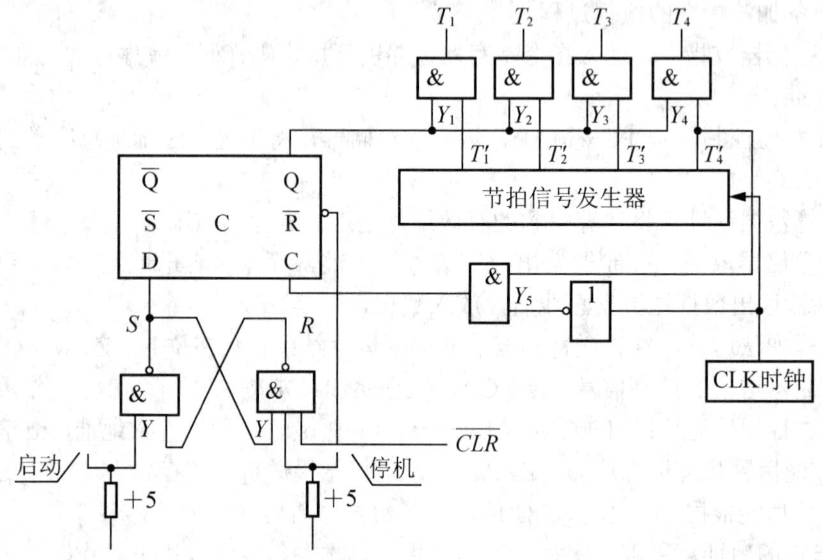

图 6.7　时序部件结构

两种常用的控制启停的方案如图 6.8 所示。

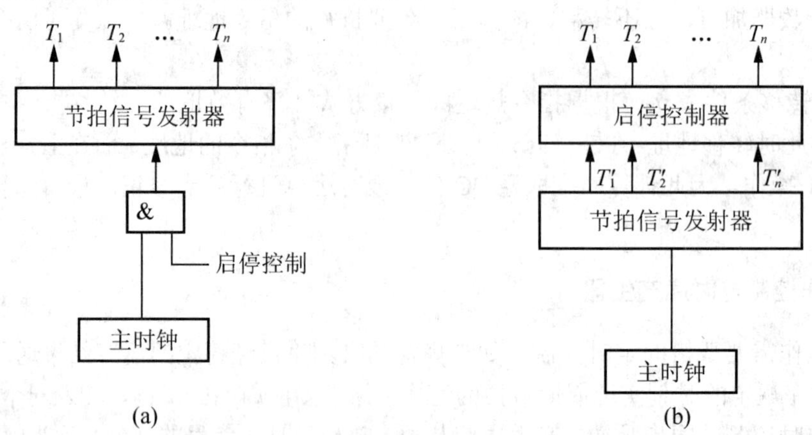

图 6.8　启停逻辑控制方式

采用图 6.8(a)方案时，机器上电后只产生主时钟Ψ，节拍信号发生器不工作，待启停控制逻辑有效将机器启动后，节拍信号发生器才开始工作，顺利产生机器操作所需的节拍电位信号(T_1～T_n)。

采用图 6.8(b)方案时，机器上电后立即产生主时钟Ψ和节拍电位信号(T_1'～T_n')，但是它们并不能控制机器开始工作，待启停控制逻辑有效后，才能产生控制机器操作的节拍信号(T_1～T_n)。

微操作命令产生部件从用户角度看，计算机的工作表现为执行指令序列；从内部的物理层看，指令的读取与执行表现为信息的传送，相应地形成两大信息流：控制流与数据流。

因此，CPU 中控制器的任务是根据控制流产生微操作命令序列，根据此序列进行数据传送，在数据传送至运算器时完成运算。可执行程序实际是指令序列，而各条指令也常需分步执行，所要求的微操作命令也就是一种序列。一段程序由若干指令构成，一条指令由若干步操作实现其功能，每一步操作又由若干条微指令组成。微操作是最基本的控制命令，如电路的开/关、多路选择、电平型命令、定时脉冲等。因此，这些信息或作为逻辑变量，经组合逻辑电路产生微操作命令序列；或形成相应的微程序地址，通过微程序中的微指令直接产生微操作命令序列。产生微操作命令的基本依据是时间(如周期节拍、脉冲等时序信号)、指令代码(如操作码、寻址方式、寄存器号)、状态(如 CPU 内部的程序状态字、控制外部设备时需要考虑的外部状态)、外部请求(如中断请求、DMA 请求)等。

按照微命令的形成方法，控制器可分为时序逻辑型(又称硬布线控制器)，它是采用时序逻辑技术来实现的；存储型(又称微程序控制器)，它是采用存储逻辑来实现的；时序逻辑与存储逻辑结合型，是前两种方式的组合。

6.2 指令周期

6.2.1 指令周期概述

1. 指令周期

指令周期是执行一条指令所需要的时间，是 CPU 从内存取出一条指令并执行这条指令的时间总和。一般由若干个机器周期组成，是从取指令、分析指令到执行完所需的全部时间。指令不同，所需的机器周期数也不同。

2. CPU 周期

CPU 周期(机器周期)是指 CPU 进行一次数据传输所需的时间。CPU 访问一次内存所花的时间较长，因此用从内存读取一条指令字的最短时间来定义。一个总线周期至少包括 4 个 T 状态。时钟周期通常称为节拍脉冲或 T 周期。一个 CPU 周期包含若干个时钟周期。

3. T 状态

T 状态(时钟周期)是 CPU 处理动作的最小单位时间，就是时钟信号 CLK 的周期。对于一些简单的单字节指令，在取指令周期中，指令取出到指令寄存器后，立即译码执行，不再需要其他的机器周期。对于一些比较复杂的指令，如转移指令、乘法指令，则需要两个或者两个以上的机器周期。

通常含一个机器周期的指令称为单周期指令，包含两个机器周期的指令称为双周期指令。指令不同，所需的机器周期数也不同。对于一些简单的单字节指令，在取指令周期中，指令取出到指令寄存器后，立即译码执行，不再需要其他的机器周期。对于一些比较复杂的指令，如转移指令、乘法指令，则需要两个或者两个以上的机器周期。

从指令的执行速度看，单字节和双字节指令一般为单机器周期和双机器周期，三字节指令都是双机器周期，只有乘、除指令占用 4 个机器周期，如图 6.9 所示。

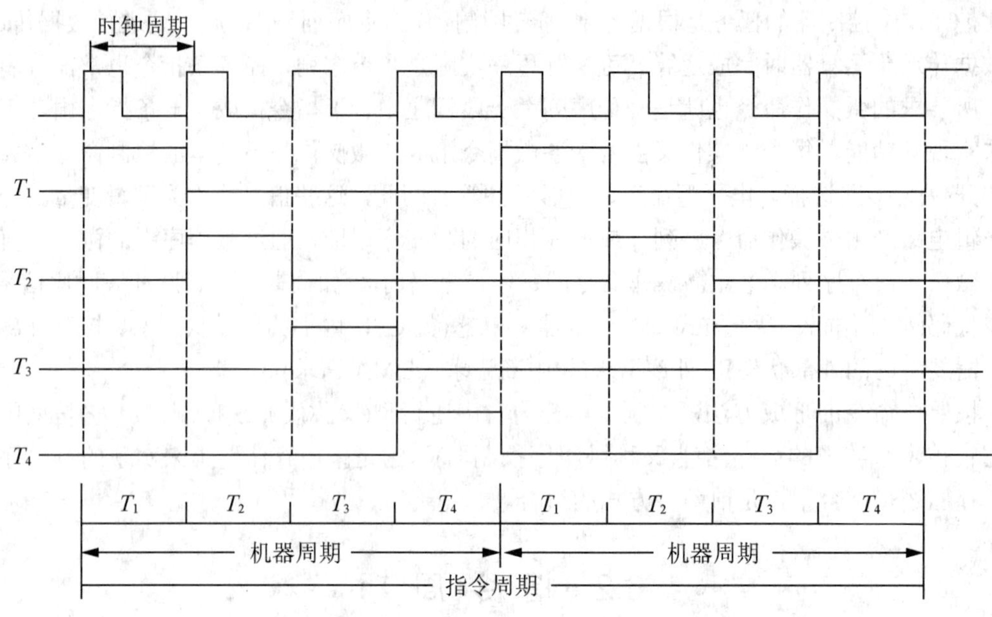

图 6.9　指令周期、机器周期、时钟周期三者的关系

6.2.2　典型的指令周期

前面讲过，指令的执行过程是指令地址送入主存地址寄存器，读主存，读出内容送入指定的寄存器；通过译码器来分析；通过控制器来的控制执行指令。由于不同指令的操作步骤和具体操作内容差异很大，在执行完以后再检查有无中断请求，若无，则转入下一条指令的执行过程。全部指令都经取指和执行周期，仅读写内存指令经存储周期。下面是典型指令构成的简单程序，如表 6.1 所示。

表 6.1　典型指令组成的程序

	八进制地址	指令助记符	说　明
指令存储器	100		(1) 程序执行前(A0)=00，(A2)=20，(A3)=30
	101	MOV A0,A1	(2) 传送指令 MOV 执行(A1)→A0
	102	LAD A1,6	(3) 取数指令 LAD 从数存 5 号单元取数(70)→A1
	103	ADD A1,A2	(4) 加法指令 ADD 执行(A1)+(A2)→A2，结果为(A2)=90
	104	STO A2,(A3)	(5) 存数指令 STO 用(A3)间接寻址，(A2)=90 写入数存 30 号单元
	105	JMP 101	(6) 转移指令 JMP 改变程序执行顺序到 101 号单元
	106	AND A1,A3	(7) 逻辑乘 AND 指令执行(A1)·(A3)→A3
	八进制地址	**八进制数据**	**说　明**
数据存储器	5	70	
	6	100	执行 LAD 指令后，数存 5 号单元的数据 70 仍保存在其中
	7	66	
	10	77	
	…	…	
	30	40(90)	执行 STO 指令后，数存 30 号单元的数据由 40 变为 90

6.2.3 MOV 指令的指令周期

MOV 是一条 RR 型指令，其指令周期如图 6.10 所示。它需要两个 CPU 周期，其中取指周期需要一个 CPU 周期，执行周期需要一个 CPU 周期。

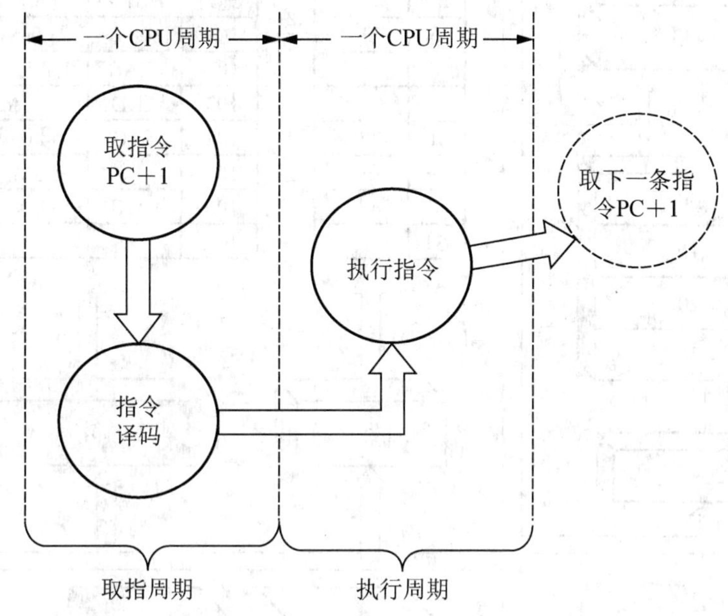

图 6.10 MOV 指令的指令周期

取指周期中需要一个 CPU 完成 3 件事：①从存储器取出指令；②对程序计数器 PC 加 1，以便为取下一条指令做好准备；③对指令操作码进行译码或测试，以便确定进行什么操作。

运行周期中 CPU 根据对指令操作码或测试，进行指令所需求的操作码的译码或测试，进行指令所需求的操作。对 MOV 指令来说，由于时间充足，执行周期一般只需要一个 CPU 周期。

1. 取指周期

第一条指令的取指周期如图 6.11 所示。假定表 6.1 的程序已经装入指令中，因而在此阶段内，CPU 的动作如下。

(1) 程序计数器 PC 中装入第一条指令地址 101(八进制)。

(2) PC 的内容被放到指令地址总线 ABUS(I)上，对指存进行译码，并启动度命令。

(3) 从 101 号地址读出的 MOV 指令通过指令总线 IBUS 装入指令寄存器 IR。

(4) 程序计数器内容加 1，变成 102，为取下一条指令做好准备。

(5) 指令寄存器中的操作码(OP)被译码。

(6) CPU 识别出是 MOV 指令，至此，取指周期即告结束。

2. 执行指令阶段

MOV 指令的执行指令阶段执行周期如图 6.12 所示。在此阶段，CPU 的动作如下。

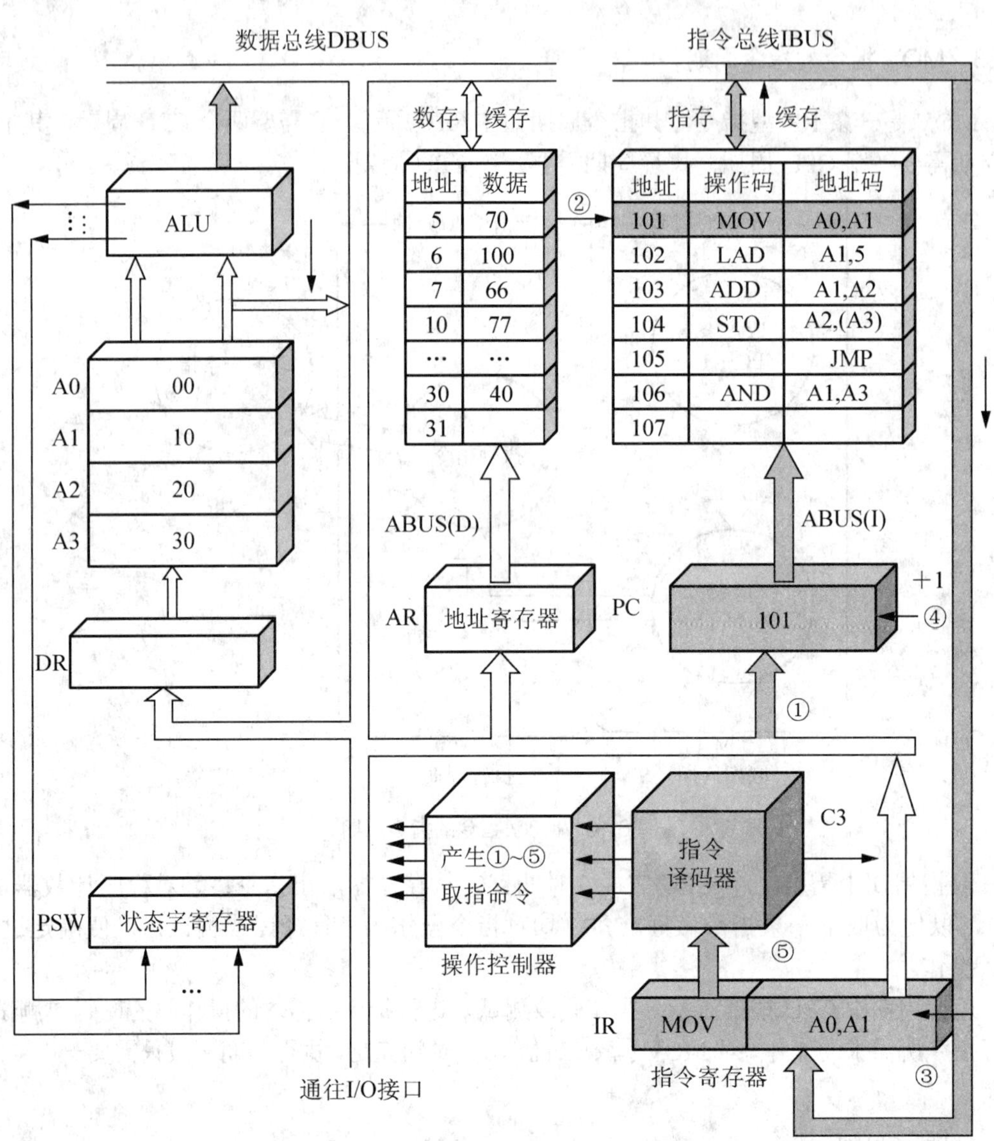

图 6.11　MOV 指令取指令周期

(1) 操作控制器(OC)送出控制信号到通用寄存器，选择 A1(10)做源寄存器，选择 R0 做目标寄存器。

(2) OC 送出控制信号到 ALU，指定 ALU 做传动操作。

(3) OC 送出控制信号，打开 ALU 输出三态门，将 ALU 输出送到数据总线 DBUS 上。注意：任何时候 DBUS 上只能有一个数据。

(4) OC 送出控制信号，将 DBUS 上的数据打入到数据缓冲器 DR(10)。

(5) OC 送出控制信号，将 DR 中的数据 10 打入到目标寄存器 A0，A0 的内容由 00 变为 10 至此，MOV 指令执行结束。

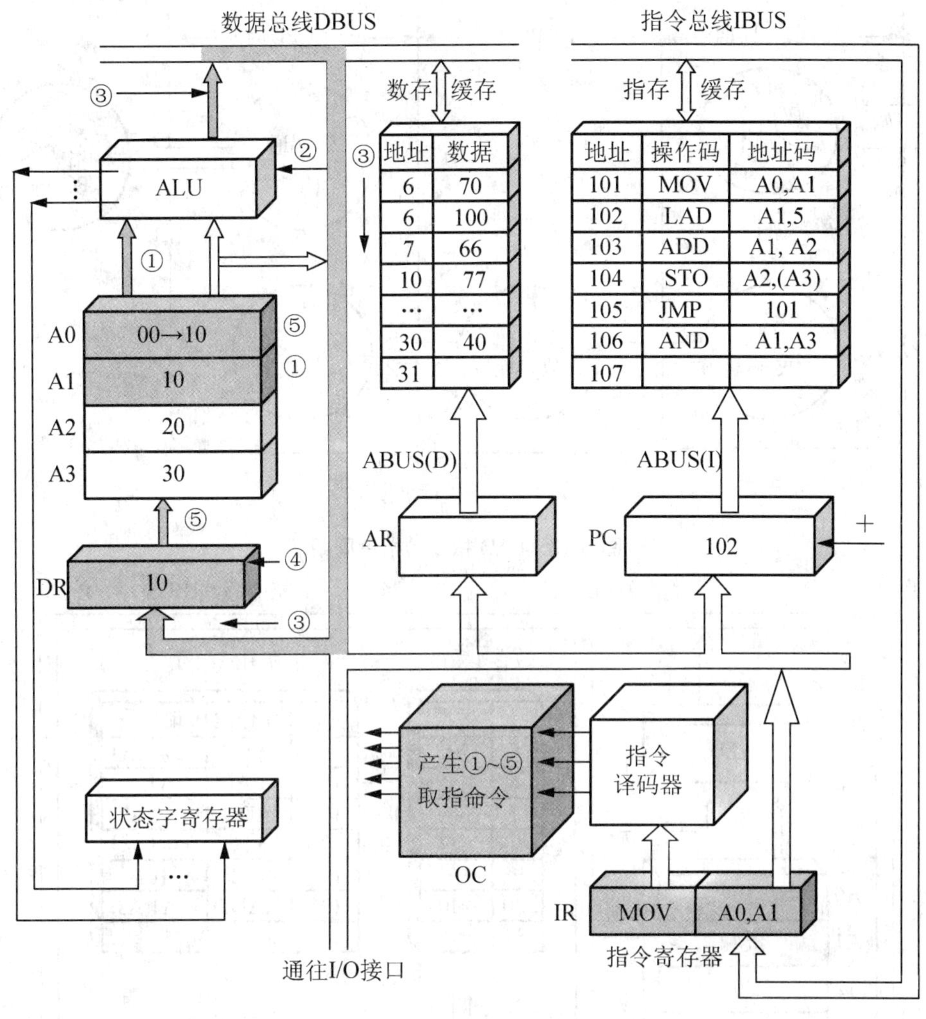

图 6.12　MOV 指令执行周期

6.2.4　LAD 指令的指令周期

LAD 指令是 RS 型指令，它先从指令存储器取出指令，然后从数据存储器 5 号单元取出数据 70 装入通用寄存器 A1，原来 A1 中存放的数据 10 被更换成 70。由于一次访问指存，一次访问数存，LAD 指令的指令周期需要 3 个 CPU 周期，如图 6.13 所示。

1. LAD 指令的取指周期

在 LAD 指令的取指周期中，CPU 的动作完全与 MOV 指令取指周期中一样，只是 PC 提供的指令地址为 102，按此地址从指令存储器读出“LAD A1,5”指令放入 IR 中，然后使 PC＋，使 PC 内容变成 103，为取下条 ADD 指令做好准备。

其他 ADD、STO、JMP 3 条指令的取指周期中，CPU 的动作完全与 MOV 指令一样，不再细述。

2. LAD 指令的执行周期

LAD 指令的执行周期如图 6.14 所示。CPU 执行动作如下。

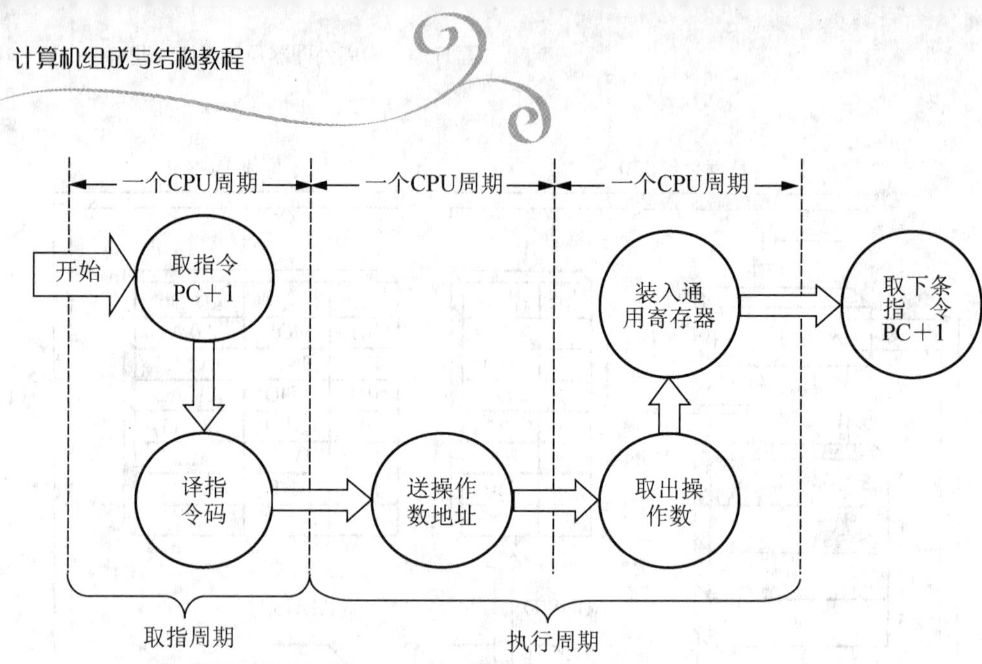

图 6.13　LAD 指令的指令周期

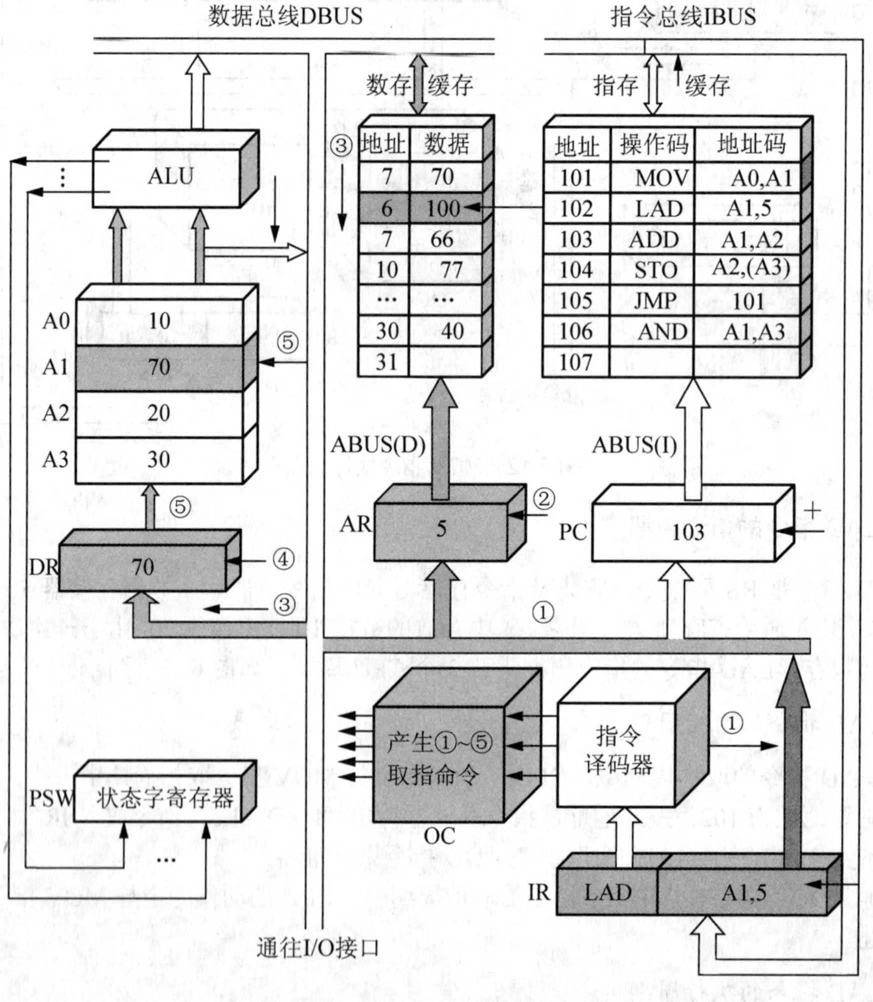

地址	数据
7	70
6	100
7	66
10	77
…	…
30	40
31	

地址	操作码	地址码
101	MOV	A0,A1
102	LAD	A1,5
103	ADD	A1,A2
104	STO	A2,(A3)
105	JMP	101
106	AND	A1,A3
107		

图 6.14　LAD 指令执行周期

(1) 操作控制器 OC 发出控制命令打开 IR 输出三态门，将指令中的直接地址码 5 放到数据总线 DBUS 上。

(2) OC 发出操作码命令，将地址码 5 装入数存地址寄存器 AR。

(3) OC 发出读命令，将数存 5 号单元中的数 70 读出到 DBUS 上。

(4) OC 发出命令，将 DBUS 上的数据 70 装入缓冲寄存器 DR。

(5) OC 发出命令，将 DR 中的数 70 装入通用寄存器 A1，原来 A1 中的数 10 被冲掉。至此，LAD 指令执行周期结束。

注意：数据总线 DBUS 上分时进行了地址传送和数据传送，所以需要 2 个 CPU 周期。

6.2.5　ADD 指令的指令周期

ADD 指令时 RR 型指令，在运算器中用两个寄存器的数据进行加法运算。ADD 指令的指令周期如图 6.15 所示。

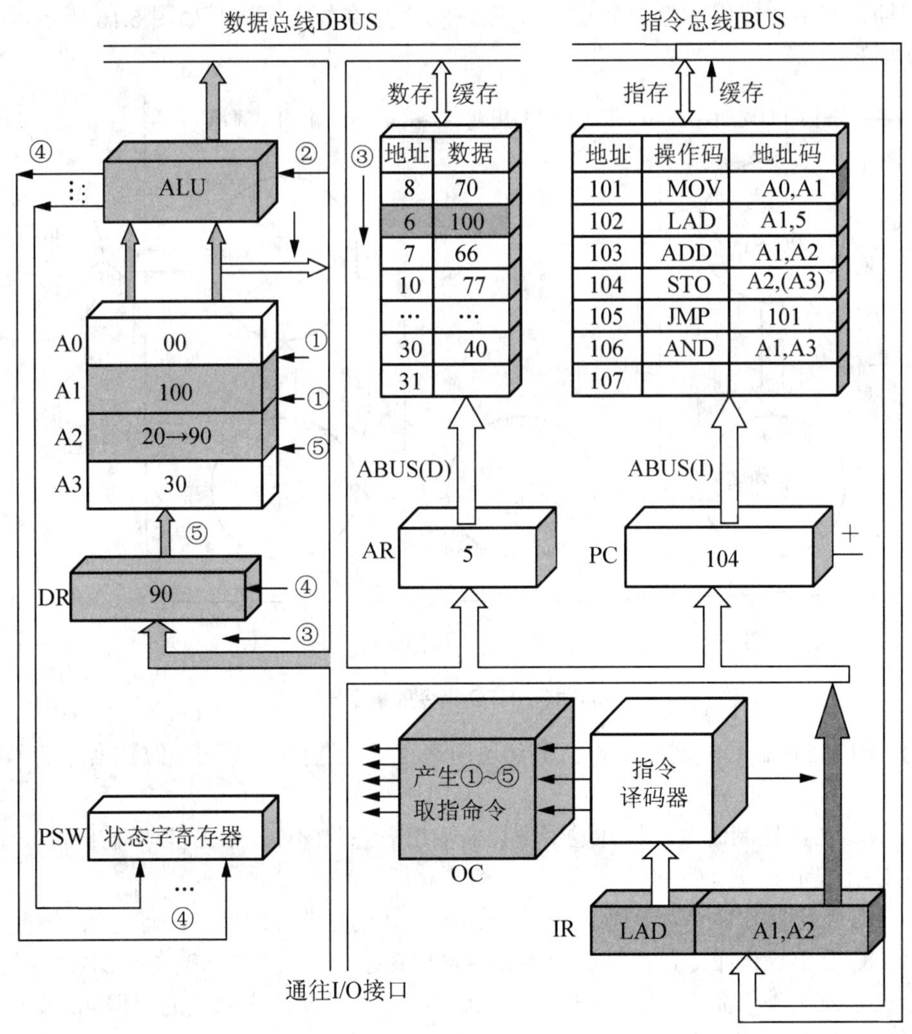

图 6.15　ADD 指令执行周期

(1) 操作控制器 OC 送出控制命令到通用寄存器，选择 A1 做源寄存器，A2 做目标寄存器。

(2) OC 送出控制命令到 ALU 做 A1(70)和 A2(20)的加法操作。

(3) OC 送出控制命令，打开 ALU 输出三态门，运算结果 90 放到 DBUS 上。

(4) OC 送出控制命令，将 DBUS 上数据打入缓冲寄存器 DR；ALU 产生的进位信号保存状态字寄存器在 PSW 中。

(5) OC 送出控制命令，将 DR(90)装入 A1，A2 原来的内容 20 被覆盖，至此 ADD 指令执行周期结果。

6.2.6　STO 指令的指令周期

STO 指令是 SR 型指令，它先访问指存取出 STO 指令，然后按(A3)＝30 地址访问数存，将(A2)＝90 写入到 30 号单元，由于一次访问指存，一次访问数存，因此指令周期需 3 个 CPU 周期，其中执行周期为 2 个 CPU 周期。STO 指令的指令周期如图 6.16 所示。CPU 执行动作如下。

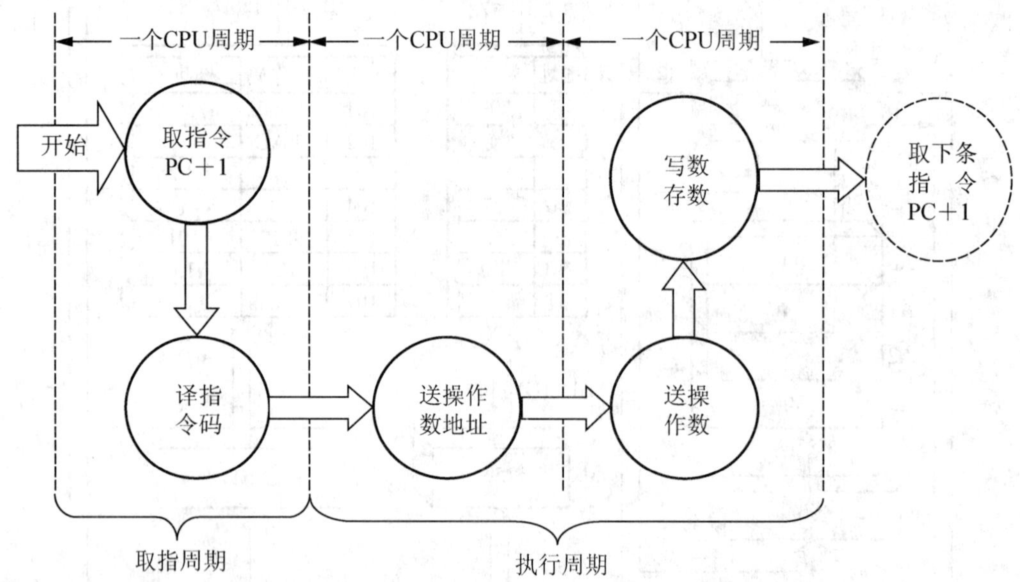

图 6.16　STO 指令的指令周期

(1) 操作控制器 OC 送出操作指令到通用寄存器，选择(A3)＝30 做数据存储器的地址单元。

(2) OC 送出控制命令，打开通用寄存器输出三态门(不经 ALU 以节省时间)，将地址 30 放到 DBUS 上。

(3) OC 发出操作命令，将地址 30 打入 AR，并进行数存地址译码。

(4) OC 发出操作命令，打开通用寄存器输出三态门，将数据 90 放到 DBUS 上。

(5) OC 发出操作命令，将数据 90 写入数存 30 号单元，它原先的数据 40 被冲掉。至此，STO 指令执行周期结束。

注意：DBUS 是单总线结构，先送地址(30)，然后送数据(90)，必须分时传送。

STO 指令执行周期如图 6.17 所示。

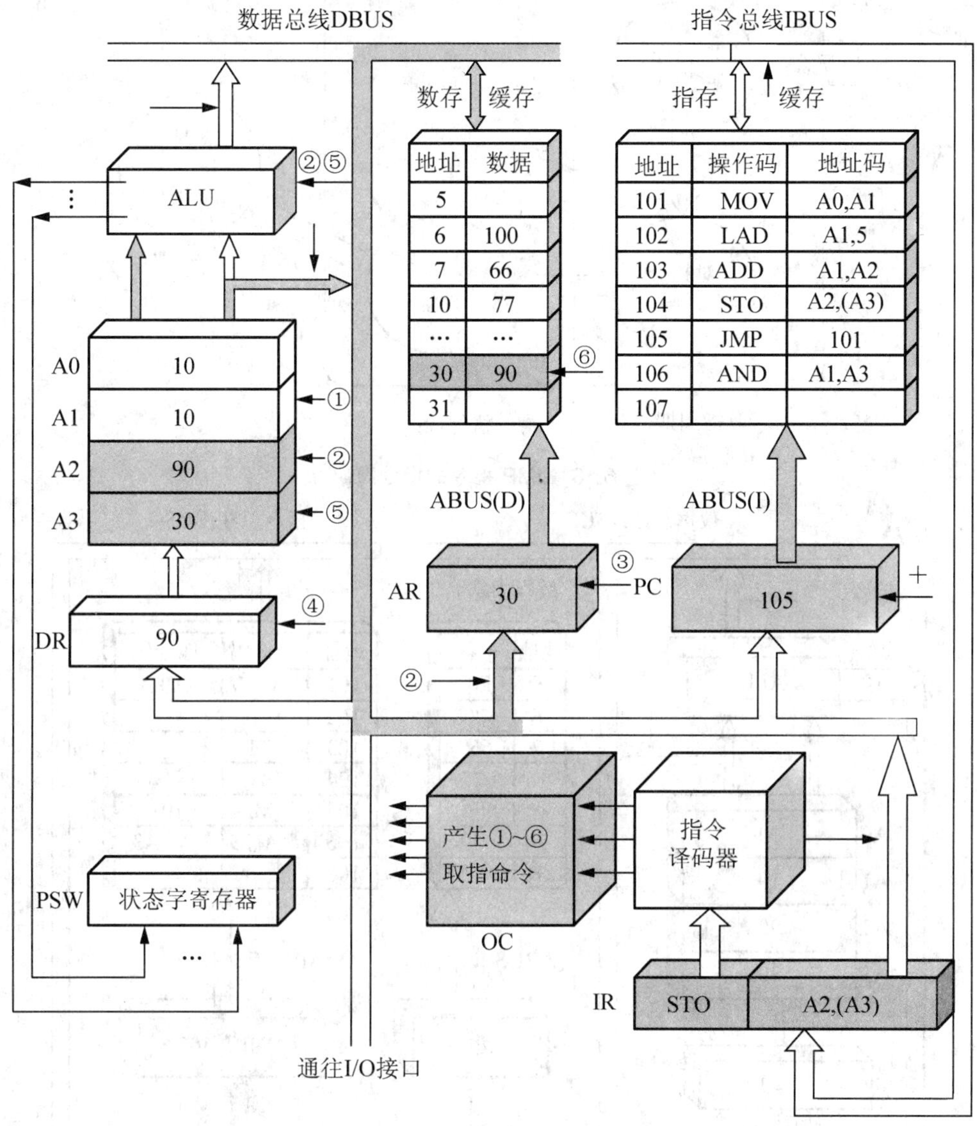

图 6.17　STO 指令执行周期

6.2.7　JMP 指令的指令周期

JMP 指令是一条无条件转移指令，用来改变程序的执行顺序。指令周期为两个 CUP 周期，其中取指周期为一个 CPU 周期，执行周期为 1 个 CPU 周期。JMP 指令的指令周期如图 6.18 所示。CPU 执行动作如下。

(1) OC 发生操作控制命令，打开指令寄存器 IR 的输出三态门，将 IR 中的地址码 101 发送到 DBUS 上。

(2) OC 发出操作控制命令，将 DBUS 上的地址码 101 打入程序计数器 PC 中，PC 中的原先内容 106 被更换。于是下一条指令不是从 106 号单元取出，而是转移到 101 号单元取出。至此 JMP 指令执行周期结束。JMP 指令执行周期如图 6.19 所示。

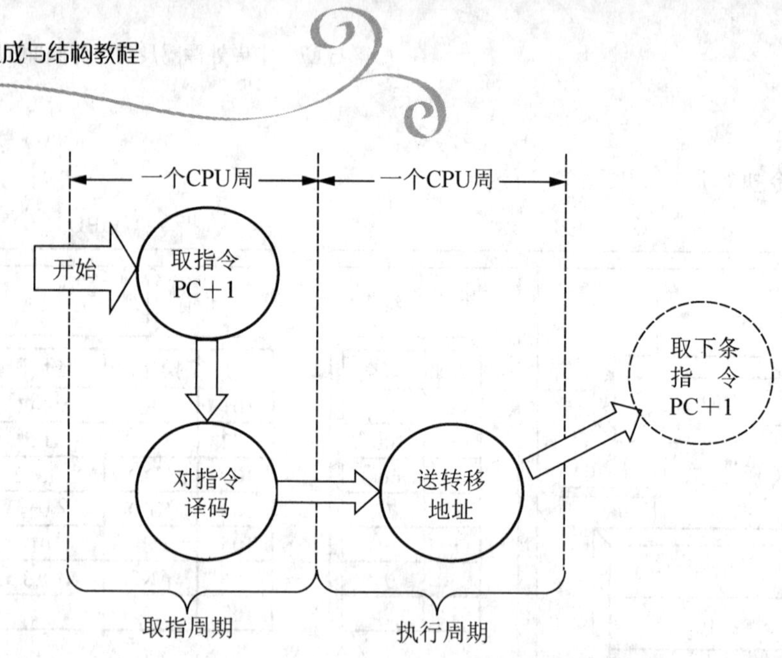

图 6.18　JMP 指令的指令周期

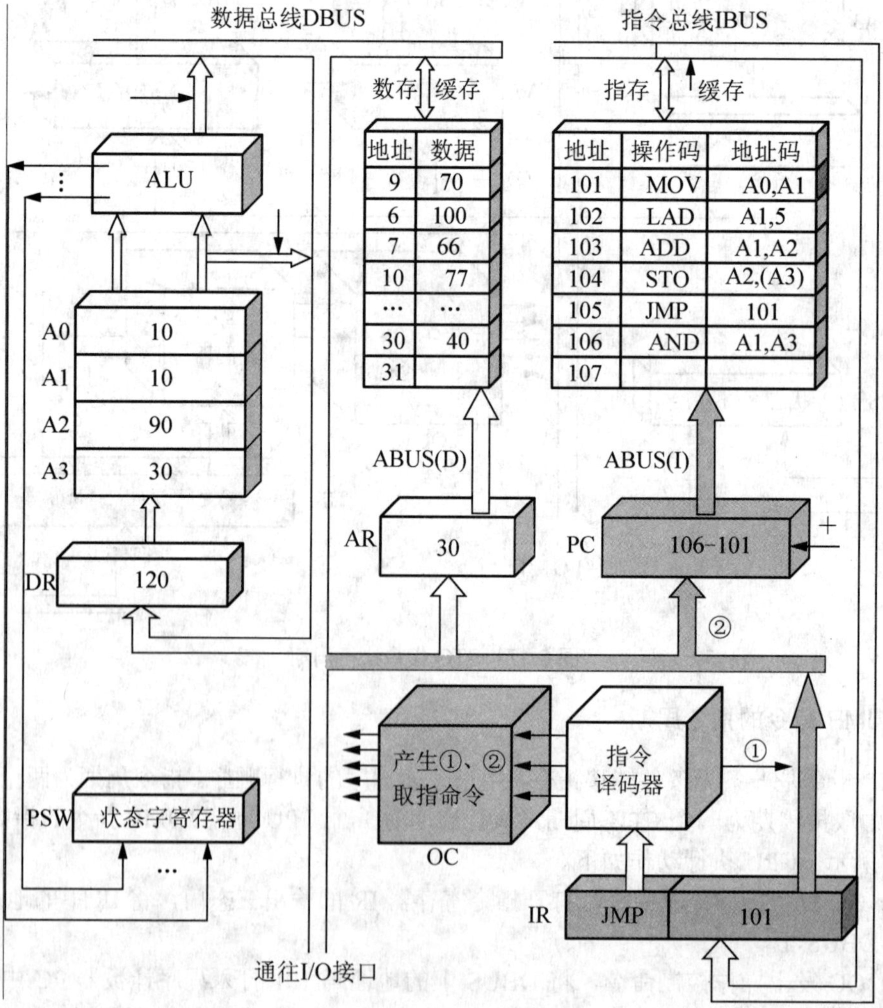

图 6.19　JMP 指令执行周期

6.3 时序信号的产生与控制方式

计算机的工作需要分步执行，为此需要引入有关系统执行的时间标志，即时序信号。时序信号主要反映在什么时间段、什么时刻，发生了什么操作，类似于交通指挥中心的作用。有了时序信号，才能将计算机的操作安排在不同时间段中有序地完成。为了形成控制流，在时序方面有3个问题需要考虑。

(1) 操作与时序信号之间的关系，即时序控制方式。

(2) 操作指令之间的衔接方式。

(3) 如何形成所需的时序信号，即时序系统。时序系统是控制器的心脏，其功能是根据指令的执行提供各种定时信号。由于各种指令的操作功能不同，因此各种指令的指令周期不尽相同。每一条计算机指令都可以再分为更细的操作，称为微操作，每个操作都会占用一定的CPU时间，称为机器周期，又称工作周期或基本周期。

CPU在把各指令分成微操作时，各微操作的执行是有顺序的(即一个微操作必须要等待另一个微操作执行完才可以执行)。但是控制器只会发出微操作指令，使各个部件去完成，它要怎么知道这个操作什么时候完成呢？这就引入了时序信号，时序信号是一个用来确定哪一时段执行哪些微操作的标志。它规定这个微操作的发生时间。

由于各个机器周期完成的任务不同，机器周期可以设计成不定长度的，也可以设计成定长度的。前者没有时间的浪费，但控制比较复杂；后者控制简单，一个计算机以内存的工作周期(存取周期)来规定机器周期，但对不需要访问内存的操作会造成时间上的浪费。

CPU的任何操作都是在时钟脉冲的统一控制下一步步地进行的。时钟脉冲信号的间隔时间称为时钟周期，时钟周期是CPU基本计量单位，其长度由主频决定，时钟脉冲频率越高，时钟周期就越短。在微型计算机中，CPU与外部系统(内存或外设)信息交换都是通过总线进行的，因此，将CPU一次访问(即读或写)内存或外设所花费的时间，称为总线周期。

控制器控制一条指令运行的过程是依次执行一个确定的微操作序列的过程，无论在微程序控制或硬布线控制的计算机中都是这样的。由于不同指令所对应的微操作数不一样，因此每条指令和每个微操作所需的执行时间也不相同，如何形成不同微操作序列的时序控制信号有多种方法，称为控制器的控制方式，常用的有同步控制方式、异步控制方式和同异步联合控制方式。

1. 同步控制方式

同步控制方式又称固定时序控制方式。任何指令的执行或指令中每个微操作的执行都受事先安排好的时序信号的控制。在程序运行时任何指令的执行或指令中每个微操作的执行都受事先确定的时序信号所控制。每个时序信号的结束就意味着一个微操作或一条指令已经完成，随即开始执行后续的微操作或自动转向下条指令的运行。每个周期状态中产生统一数目的节拍电位及时标工作脉冲(以最复杂指令的实现需要为基准)。

同步控制方式的基本特征是将操作时间划分为许多时钟周期，长度固定，每个时钟周期完成一次操作，如一次移位。假如采用半导体存储器，存取时间固定，那么这条指令的4个工作步骤(取指、计算地址、取数、执行)所需的时间都是确定的，因此可以采用同步工

作方式。CPU 则按照统一的时钟周期来规定指令的执行时间。各项操作应在规定的时钟周期内完成。

时钟周期提供了加法运算的时间段，即时间分配。假如在任何情况下，一条已定的指令在执行时所需的机器周期数和时钟周期数都是固定不变的，则称为同步控制方式。例如，由于进位传递的延迟，加法运算各位形成稳定的和值需要一定时间，而且先后不齐，但将稳定的和值打入结果寄存器的时刻是严格定时的。然而，假如存储器的存取时间不固定，如在计算机中采用多个存取时间不一的存储器，除非把最长的存取时间作为取指或取数周期，仍能采用同步控制方式以外，在其他情况下，由于取指或取数周期将不再是一成不变的。因此取指或取数操作就不能采用同步控制方式。

根据不同的情况，同步控制方式可以选取如下方案。

(1) 采用完全统一的机器周期(或节拍)执行各种不同指令，采取统一的，具有相同时间间隔和相同数目的节拍作为机器周期。对于那些比较简单的微操作，在时间上会造成浪费。

(2) 采用不同节拍的机器周期，以解决微操作执行时间不统一的情况。通常把大多数微操作安排在一个较短的机器周期内完成，而对某些复杂的微操作，则采取延长机器周期或增加节拍数的方法解决。

(3) 采用中央控制和局部控制相结合的方法。各部件间的协调在一个 CPU 的内部，通常只有一组统一的时序信号系统，将机器的大部分指令安排在一个统一的较短的机器周期内完成，称为中央控制，CPU 内部部件间的传送也就由这组统一的时序信号同步控制。另外将少数操作复杂的某些指令中的微操作另行处理称为局部控制，如乘法操作、除法操作或浮点运算等。

同步控制方式的优点是时序关系比较简单，控制部件在结构上易于集中，设计方便。因此，在 CPU 内部以及其他部件设备的内部广泛应用同步控制方式。在系统总线上，如果各部件、设备间的传输距离不是很远，执行速度的差异不大，或者传输时间较为固定，则也广泛采用同步控制。同步控制方式的缺点是时间安排不合理。因为各项操作所需的时间不同，如果安排在统一而固定的时钟周期内完成，势必要根据最长操作所需时间来设计时钟周期操作宽度；对于所需时间较短的操作来讲，就存在时间上的浪费。这一点对系统总线的操作可能严重一些，因为系统总线所连接的各设备间，差异可能较大。

2. 异步控制方式

异步控制方式又称可变时序控制方式或应答控制方式。各项操作按其需要选择不同的时间，执行一条指令需要多少节拍，不受统一的时钟周期(节拍)的约束，而是根据每条指令的具体情况而定，需要多少，控制器就产生多少时标信号，各操作之间与各部件之间的信息交换采取应答方式。

异步控制方式的基本特征是，每一条指令执行完毕后都必须向控制时序部件发回一个回答信号，控制器收到回答信号后，才开始下一条指令的执行。在异步控制所涉及的范围内，没有统一的时钟周期划分与同步定时脉冲。例如，从 CPU 输出到某一外围设备，如果所需的传送时间长，则占用的时间就长些；如果所需的时间较短，则所占用的时间也就较短。即时间较灵活，不以时钟周期为准。使得指令的运行效率高，既然时序系统需要对传送操作事先安排固定的时间，就无法确定操作时间的开始与结束。这就需要采取应答方式。

异步工作方式一般采用两条定时控制线来实现。通常把这两条线称为“请求”线和“回答”线。当系统中两个部件 A 和 B 进行数据交换时，若 A 发出“请求”信号，则必须有 B 的“回答”信号进行应答，这次操作才是有效的，否则无效。用这种方式所形成的微操作序列没有固定购用期节拍和严格的时钟同步。

异步控制方式的优点是时间紧凑，能按不同部件、设备的实际需要分配时间；缺点是实现异步应答所需的控制比较复杂。因此，很少在 CPU 内部或设备内部采用异步控制，而是将它应用于系统总线操作控制。因为系统总线所连接的各种设备工作速度差异可能较大，在它们之间也可能与 CPU 之间进行传送，所需时间也有较大差别，甚至所需操作时间不太固定，因而不便预估，则采用异步方式比较恰当。

3. 同步、异步联合控制方式

同步控制和异步控制相结合的方式即联合控制方式，区别对待不同指令，即大部分微操作安排在一个固定机器周期中，并在同步时序信号控制下进行；而对那些时间难以确定的微操作则以执行部件送回的“回答”信号作为本次微操作的结束，即在功能部件内部采用同步式，而在功能部件之间采用异步式，并且在硬件实现允许的情况下，尽可能多地采用异步控制。

不同指令所需的执行时间可能不同，甚至差别较大，为它们规定同样的时间显然是不恰当的。例如，系统总线上有一种三脉冲总线请求应答方式：如某设备申请使用总线，则发出请求脉冲；经过一到几个时钟周期，CPU 通过同一条线发出响应脉冲；之后的下一个时钟周期起，CPU 脱离总线，允许申请者使用总线；经过几个时钟周期，结束使用，该设备仍通过同一总线向 CPU 发出释放脉冲，表示释放总线；从下一个时钟周期起，CPU 恢复总线控制权。由于以统一的固定时钟周期作为时序基础，应当视为同步控制方式的范畴。但这种“请求—响应—释放”的应答方式，以及应答过程中时间可随需要而变化，则应当属于异步应答思想。因此强调指出，在实际应用中常采取两种控制方法相结合的策略。

6.4　微程序控制器的组成与设计

6.4.1　微程序控制的基本组成及原理

1. 微程序控制的概念

微程序控制的概念最早是由英国剑桥大学的威尔克斯在 1951 年提出的，经历种种演变，在只读存储器技术成熟后得到了非常广泛的应用。其基本思想为一方面将控制器所需的微命令，以代码(微码)形式编成微指令，存入一个只读存储器中。在 CPU 执行程序时，从控制存储器中取出微指令，其所包含的微命令控制有关操作。与组合逻辑控制方式不同，它由存储逻辑事先存储与提供微命令。另一方面可将各种机器指令的操作分解为若干微操作序列。每条微指令包含微命令控制，实现一步操作。最终编制出一套完整的微程序，事先存入控制存储器中。

一台数字机基本上可以划分两大部件：控制部件和执行部件。二者之间的控制联系时怎么样的呢？下面先介绍几个名词。

(1) 控制存储器：微程序是存放在存储器中的、由于该存储器主要存放控制命令(信号)

与下一条执行的微指令地址(简称为下址)，所以称为控制存储器。从控制存储器的组织角度讲，每个单元存放一条微指令。由于机器内控制信号数量比较多，再加上决定微指令地址的地址码有一定宽度，所以控制存储器的字长比机器字长要长得多。

(2) 微指令：在微程序控制的计算机中，将由同时发出的控制信号所执行的一组微操作称为微指令，所以微指令就是把同时发出的控制信号的有关信息汇集起来而形成的。从控制的角度，每个微周期的操作所需的微命令(全部或大部分)组成一条微指令。

(3) 微命令：构成控制信号序列的最小单位称为微命令，又称微信号，通常是指那些直接作用于部件或控制门电路的命令，如打开或关闭某传送通路的电位命令，或是对触发器或寄存器进行同步打入、置位、复位的控制脉冲。

(4) 微操作：由微命令控制实现的最基本的操作称为微操作，如开门、关门、选择、打入等。机器指令操作码所表示的往往是一种相对大一些的操作，如加法运算。它的实现要依靠建立相应的数据通路，如打开一些门、发出相应的打入脉冲等，即分割为一些更基本的微操作。

(5) 微程序：广系列微指令的有序集合称为微程序，用来解释执行机器指令。执行一条指令实际上就是执行一段存放在控制存储器中的微程序。

(6) 微周期：从控制存储器中读取一条微指令并执行相应的一步操作所需的时间，称为一个微周期或微指令周期。通常一个时钟周期为一个微周期。

2. 微指令控制器的基本组成

微指令控制器的基本组成如下。

(1) 最核心的部分是控制存储器，用来存放微程序。

(2) 微指令寄存器 μIR，用来存放从控制存储器中取得的微指令。

(3) 微地址形成部件 μAG，用来产生机器指令的首条微指令地址和后续地址。

(4) 微地址寄存器 μAR，接收微地址形成部件送来的微地址。

微指令控制器结构如图 6.20 所示。

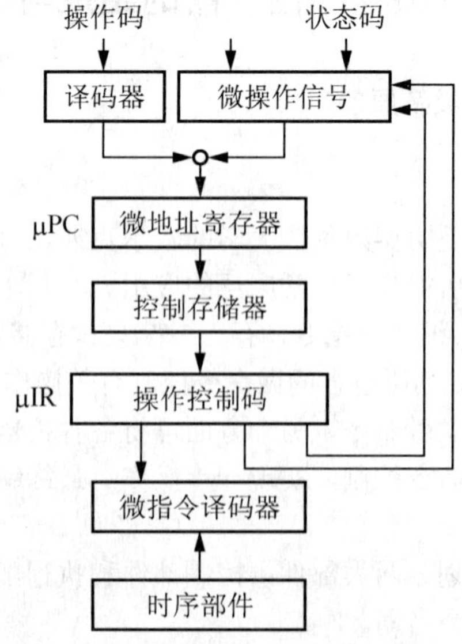

图 6.20　微指令控制器结构

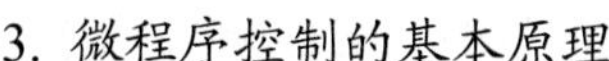

3. 微程序控制的基本原理

微程序控制技术被广泛应用的原因有灵活性高、可靠性高，可利用性及可维护性(简称RAS技术)高，大大优化了硬件控制技术。也就是说，在A1机器上使用A2机器语言编写程序并运行，从用户角度来看，A1和A2无区别，要能做到这一点，只有机器具有控制存储器的微程序设计结构才行。

微程序控制器的工作过程实质上就是在微程序控制器的控制之下，计算机执行机器指令的过程，当指令取入IR中以后，根据操作码进行译码，得到相应指令的第一条微指令的地址。之后，都由微指令的地址字段指出下一条微指令的地址。指令译码部件可用只读存储器组成，将操作码作为只读存储器的输入地址，该单元的内容即为相应的微指令在控制存储器中的地址，从控制存储器中运行取指令微程序，完成从主存中取得机器指令的工作，根据机器指令的操作码，得到相应机器指令的微程序入口地址，然后逐条取出微指令，完成相关微操作控制，接下来执行一条机器指令。 微指令分成两部分，产生控制信号的部分一般称为控制字段，产生地址的部分称为地址字段。

6.4.2　微程序设计技术及应用

微程序控制技术在现今计算机设计中得到广泛的采用，其实质是用程序设计的思想方法来组织操作控制逻辑。微程序控制计算机的基本工作原理，目的是说明在计算机中程序是如何实现的以及控制器的功能。在实际进行微程序设计时，还应关心下面3个问题。

(1) 如何缩短微指令字长。

(2) 如何减少微程序长度。

(3) 如何提高微程序的执行速度。

这就是在本节所要讨论的微程序设计技术。微程序控制方法和组合逻辑控制方法的共同点如表6.2所示。

表6.2　微程序控制方法和组合逻辑控制方法比较

比较 方法	实现方式	性能差别	诊断能力
微程序控制方法	规整，增、删、改等操作较容易	在同样的半导体工艺条件下，微程序控制的速度比组合逻辑控制方式的速度低，这是因为执行每条微指令都要从控制存储器中读取一次，影响了速度	诊断能力强
组合逻辑控制方法	零乱且复杂，当修改指令或增加指令时非常麻烦，有时甚至没有可能修改或增加	组合逻辑控制方式取决于电路延迟，因而在超高速计算机中，对影响速度的关键部分如CPU，往往采用组合逻辑控制方法。近年来在一些新型计算机结构中如RISC结构，一般选用组合逻辑方法	诊断能力弱

字段间接编译法是在字段直接编译法的基础上，进一步缩短微指令字长、组合零散微命令的一种编译法，如图6.21(b)所示。如果在字段直接编译法中，还规定一个字段的某些微命令，要兼由另一字段中的某些微命令来解释，称为字段间接编译法。其特点是如果一个字段的含义不仅决定于本字段编码，还由其他字段参与解释，即一种字段编码具有多重定义。这种方法能使微指令编码更为灵活多样化，可进一步提高信息的表示效率。例如，

用微指令中的一位或一个触发器去定义另一字段的类型。

这种编译法适用于把那些不同类型的，不常用的，但数量又可观的“零散”的微命令编入少数几个字段之中，以减少微指令字的长度，组合编译更多的微命令。

前面 3 种最基本的微指令编码方法，实际机器中常混合使用，即有些字段采用不译法，有些字段为单重定义的直接编译法，有些字段则采用间接编译法，如图 6.21(c)所示。

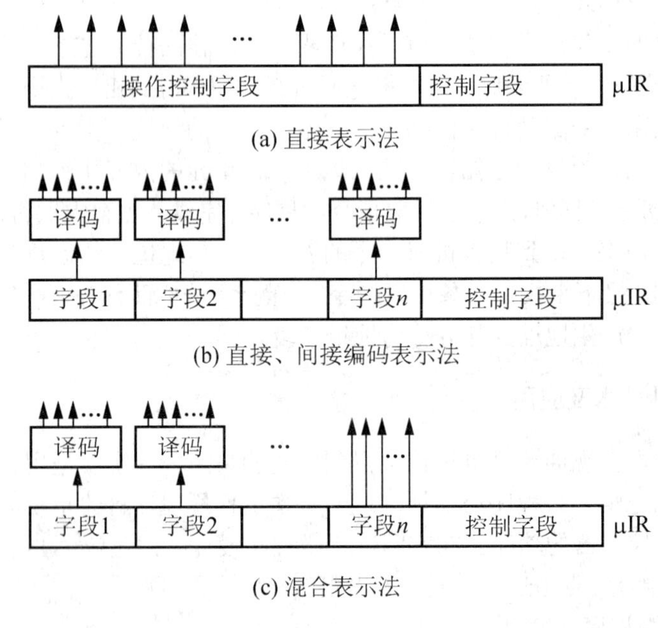

图 6.21　微指令的设计方法

6.4.3　微程序指令格式

微指令的格式大体上可分成水平型微指令和垂直型微指令两类。微指令的编译法是决定微指令格式的主要因素，在设计计算机时考虑到速度价格等因素采用不同的编译法，即使在一台计算机中，也有几种编译法并存的局面存在。

1. 水平型微指令

如果每条微指令能定义并执行几种并行的基本操作，如一次就能使两组或两组以上信息从各自的源部件传送至它们的目的部件，则是典型的水平型微指令。这种微指令包含的微命令较多，相应的位数较多，水平方向指令较长，为实现同等功能所需的微程序较短。因此称这样的微指令与微程序为水平型微指令。其主要是采用直接控制法进行编码的，属于水平型微指令的典型例子，其基本特点是在一条微指令中定义并执行多个并行操作微命令。在实际应用中，直接控制法、字段编译法(直接、间接编译法)经常应用在同一条水平型微指令中。从速度来看，直接控制法最快，字段编译法要经过译码，所以会增加一些延迟时间。

2. 垂直型微指令

在微指令中设置有微操作码字段，采用微操作码编译法，由微操作码规定微指令的功能，称为垂直型微指令。其特点是不强调实现微指令的并行控制功能，通常一条微指令只要求能控制实现一二种操作。这种微指令格式与指令相似：每条指令有一个操作码；每条微指令有一个微操作码。垂直型微指令如果每条微指令只定义并执行一种基本操作，如使某组代码从某个源部件传送至一个或数个目的部件，则是典型的垂直型微指令。相应的微指令位数较少(水平方向短)，而实现同等功能所需的微程序较长(垂直方向长)。因此，称这样的微指令与微程序是垂直型的。

3. 水平型微指令与垂直型微指令的比较

水平型微指令的优缺点正好与垂直型相反，即执行效率高(每步能做较多的事)，灵活性强，微程序条数少；但微指令长，复杂程度高，设计自动化比较困难。有一些机器采用的微指令介于二者之间，或者说兼有二者的特点，就称为混合型微指令。若在垂直型的基础上，适当增加一些不太复杂的并行操作，就称为偏于垂直型的混合型微指令。在进行控制器设计时，主要遵循一条原则，即尽可能充分利用数据通路结构的潜力，使每一步操作尽可能多。

(1) 水平型微指令执行一条指令的时间短，垂直型微指令执行时间长：因为水平型微指令的并行操作能力强，因此与垂直型微指令相比，可以用较少的微指令数来实现一条指令的功能，从而缩短了指令的执行时间。而且当执行一条微指令时，水平型微指令的微命令一般直接控制对象，而垂直型微指令要经过译码也会影响速度。

(2) 水平型微指令并行操作能力强，效率高，灵活性强，垂直型微指令则差：在一条水平型微指令中，设置有控制机器中信息传送通路(门)以及进行所有操作的微命令。因此在进行微程序设计时，可以同时定义比较多的并行操作的微命令，控制尽可能多的并行信息传送，从而使水平型微指令具有效率高及灵活性强的优点。

在一条垂直型微指令中，一般只能完成一个操作，控制一两个信息传送通路，因此微指令的并行操作能力低，效率低。

(3) 水平型微指令用户难以掌握，而垂直型微指令与指令比较相似，相对来说，比较容易掌握。

(4) 由水平型微指令解释指令的微程序，具有微指令字比较长，但微程序短的特点。垂直型微指令则相反，微指令字比较短而微程序长。

水平型微指令与机器指令差别很大，一般需要对机器的结构、数据通路、时序系统以及微命令很精通才能进行设计。对机器已有的指令系统进行微程序设计是设计人员而不是用户的事情，因此这一特点对用户来讲并不重要。

6.4.4　硬布线控制器

硬布线控制器的基本原理是逻辑电路以使用最少元件和取得最高操作速度作为设计目标。操作控制信号的产生，由IR中现行指令码的功能特性、控制时序部件产生的定时信号、其他部件送来的状态标志信息(S)及条件码置位情况等因素决定。

微操作控制信号就是在以上输入条件综合决定下的逻辑函数，即 $C_i=F$ ((1),(2),(3))。随机逻辑控制设计步骤如下。

(1) 编制各条指令的操作流程。尽量注意各类指令执行时的共性要求，在不影响逻辑正确的前提下，把共性操作尽量安排在相同的控制时序阶段中。

(2) 编排微操作时序表。操作时序表，通常是一张两维的表格，x 方向是 3 级时序，y 方向是指令，x，y 坐标交点(x_i，y_i)是要执行的微操作控制。

(3) 对微操作时序进行逻辑综合，化简。根据微操作时序表可以写出各操作控制的逻辑函数表达式。

(4) 电路实现。按照最后得到的逻辑表达式组，可用一系列组合逻辑电路加以实现。

PLA 含义：PLA 称为可编程逻辑阵列。PLA 是由一个“与”阵列和一个“或”阵列构成的。“与”阵列和“或” 阵列均可编程，具有“与，或，非”的逻辑控制，均可以用 PLA 结构实现模型计算机结构。模型计算机结构如图 6.22 所示。

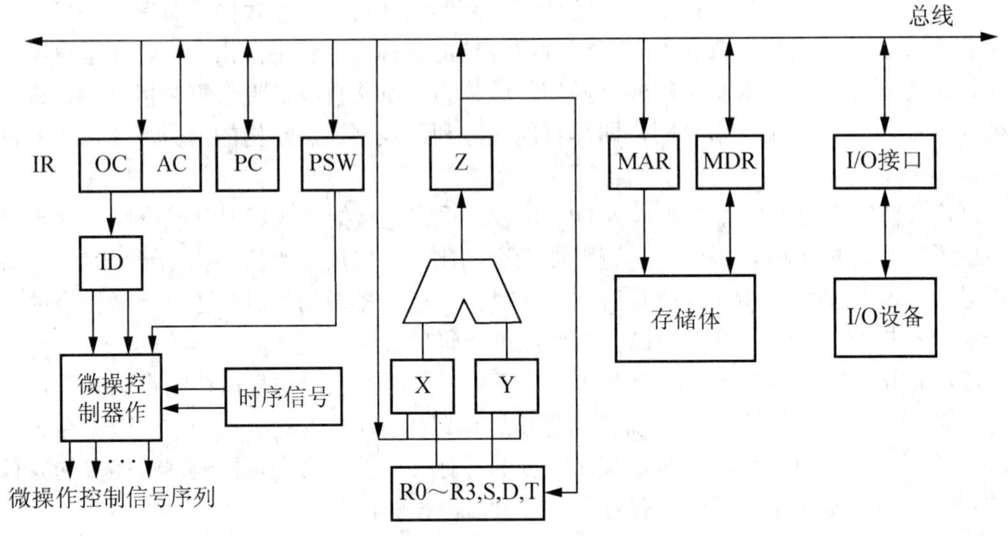

图 6.22 模型计算机结构

1. 框图

(1) 寄存器：R0～R3 是通用寄存器，S，D，T 为 CPU 内部的暂存数据的工作寄存器，分别称为源点寄存器(S)，终点寄存器(D)和临时寄存器(T)。

(2) 暂存器：X、Y、Z，其中 X 和 Y 两个暂存器也作为 ALU 的两个输入多路开关使用，可以采用锁定器的方式实现。

(3) 单总线结构：PC，PSW 挂在总线上。

2. 微操作控制信号

(1) 助记符。

R1out：表示将 R1 寄存器中的信息发送出去的微操作控制信号。

R0in：表示将信息接收至 R0 寄存器的微操作信号。

MFC：存储器功能完成信号。

WMFC：等待 MFC 信号。

READ：读存储器微操作。

WRITE：写存储器微操作。

(2) 微操作。

在控制器中：IRin；PCin,PCout；WMFC；END：指令工作完成。

在运算器中：X 暂存器接收总线数据控制信号 Xin；Y 暂存器接收总线数据控制信号 Yin；Z 暂存器接收，发送控制信号 Zin，Zout；R0in～R3in，R0out～R3out；Sin，Sout，Din，Dout，Tin，Tout；ALU，ADD，SUB，ADC，…，AND，XOR，1Σ→等；0→Y，R→Y；0→X，R→X。

在内存中：READ，WRITE；内存地址寄存器接收控制信号 MARin；MDRin,MDRout。

3. 指令格式

模型计算机的寻址方式采用通用寄存器寻址方式，以双操作数指令为例，其指令格式如下。

OC(4 位)	源点操作数(4 位)	终点操作数(4 位)

操作数地址字段由两部分组成。

方式位(2 位)	寄存器编号(2 位)

寄存器编号的含义如下。

00：R0；

01：R1；

10：R2；

11：R3。

4. 微操作序列及说明

(1) “从主存中取出一个字”的微操作序列。

① R1out，0→X，0→Y，R→Y，ADD，Zin (把有效地址送入暂存器 Z)

② Zout，MARin，READ (将总线地址送入 MAR，并发送读命令 READ)

③ WMFC (控制器等待存储器发来的操作完成信号 MFC)

④ MDRout，0→X，Xin，0→Y，ADD，Zin (控制器收到 MFC 信号后，将 MDR 中已读出的代码送入暂存器 Z)

⑤ Zout，R2in (将取得的数据装入 R2 寄存器中)

(2) “指令计数器 PC 递增”的微操作序列。

① PCout，0→Y，Yin，0→X，1Σ→，ADD，Zin (把有效地址送入暂存器 Z)

② Zout，PCin (把暂存器 Z 的内容送入 PC)

(3) “从主存中取出指令字”的微操作序列。

① PCout，0→Y，Yin，MARin，READ (指令地址送到主存，发读命令)

② 0→X，1Σ→，ADD，Zin，WMFC ((PC)+1，并等待内存操作完成回答信号)

③MDRout，IRin，Zout，PCin (接收指令到 IR，开始译码，并且 PC 内容已递增)

(4) 双操作数加法指令 ADD (R0)，R1。

① PCout，0→Y，Yin，MARin，READ (指令地址送到主存，发读命令)

② 0→X，1Σ→，ADD，Zin，WMFC ((PC)+1，并等待内存操作完成回答信号)

③ MDRout，IRin，Zout，PCin (接收指令到 IR，开始译码，并且 PC 内容已递增)

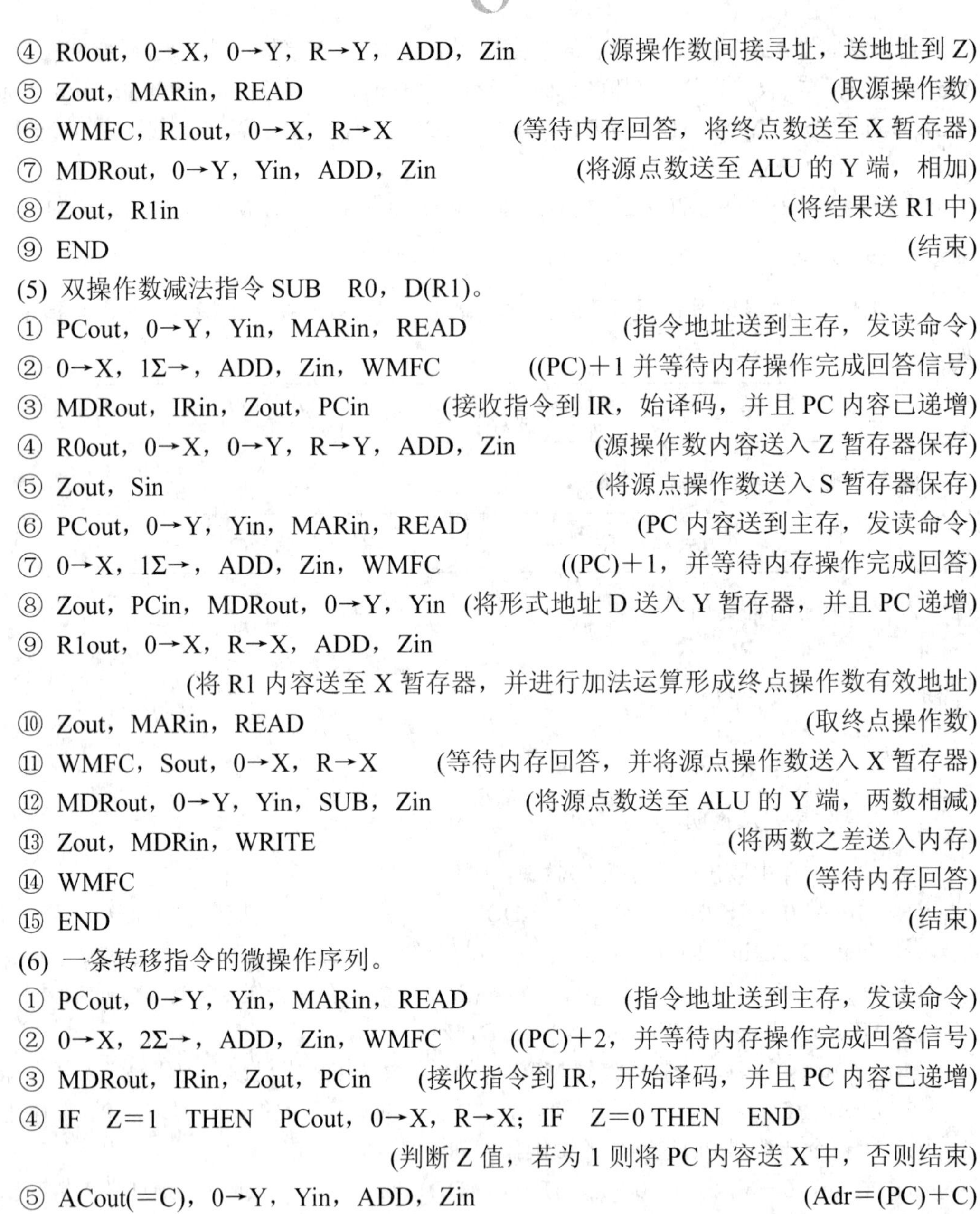

④ R0out，0→X，0→Y，R→Y，ADD，Zin (源操作数间接寻址，送地址到 Z)

⑤ Zout，MARin，READ (取源操作数)

⑥ WMFC，R1out，0→X，R→X (等待内存回答，将终点数送至 X 暂存器)

⑦ MDRout，0→Y，Yin，ADD，Zin (将源点数送至 ALU 的 Y 端，相加)

⑧ Zout，R1in (将结果送 R1 中)

⑨ END (结束)

(5) 双操作数减法指令 SUB　R0，D(R1)。

① PCout，0→Y，Yin，MARin，READ (指令地址送到主存，发读命令)

② 0→X，1Σ→，ADD，Zin，WMFC ((PC)＋1 并等待内存操作完成回答信号)

③ MDRout，IRin，Zout，PCin (接收指令到 IR，始译码，并且 PC 内容已递增)

④ R0out，0→X，0→Y，R→Y，ADD，Zin (源操作数内容送入 Z 暂存器保存)

⑤ Zout，Sin (将源点操作数送入 S 暂存器保存)

⑥ PCout，0→Y，Yin，MARin，READ (PC 内容送到主存，发读命令)

⑦ 0→X，1Σ→，ADD，Zin，WMFC ((PC)＋1，并等待内存操作完成回答)

⑧ Zout，PCin，MDRout，0→Y，Yin (将形式地址 D 送入 Y 暂存器，并且 PC 递增)

⑨ R1out，0→X，R→X，ADD，Zin

(将 R1 内容送至 X 暂存器，并进行加法运算形成终点操作数有效地址)

⑩ Zout，MARin，READ (取终点操作数)

⑪ WMFC，Sout，0→X，R→X (等待内存回答，并将源点操作数送入 X 暂存器)

⑫ MDRout，0→Y，Yin，SUB，Zin (将源点数送至 ALU 的 Y 端，两数相减)

⑬ Zout，MDRin，WRITE (将两数之差送入内存)

⑭ WMFC (等待内存回答)

⑮ END (结束)

(6) 一条转移指令的微操作序列。

① PCout，0→Y，Yin，MARin，READ (指令地址送到主存，发读命令)

② 0→X，2Σ→，ADD，Zin，WMFC ((PC)＋2，并等待内存操作完成回答信号)

③ MDRout，IRin，Zout，PCin (接收指令到 IR，开始译码，并且 PC 内容已递增)

④ IF　Z=1　THEN　PCout，0→X，R→X；IF　Z＝0 THEN　END

(判断 Z 值，若为 1 则将 PC 内容送 X 中，否则结束)

⑤ ACout(＝C)，0→Y，Yin，ADD，Zin (Adr＝(PC)＋C)

⑥ Zout，PCin (Adr→PC)

⑦ END (结束)

6.5 RISC CPU

6.5.1 RISC CPU 的特点

RISC(Reduced Instruction Set Computer，精简指令集计算机)是一种执行较少类型计算机指令的 CPU，起源于 20 世纪 80 年代的 MIPS 主机(即 RISC 机)，RISC 机中采用的 CPU

统称 RISC 处理器。这样一来，它能够以更快的速度执行操作(每秒执行更多百万条指令，即 MIPS)。因为计算机执行每个指令类型都需要额外的晶体管和电路元件，计算机指令集越大就会使 CPU 越复杂，执行操作也会越慢。

纽约约克镇 IBM 研究中心的 John Cocke 证明，计算机中约 20%的指令承担了 80%的工作，他于 1974 年提出了 RISC 的概念。第一台得益于这个发现的计算机是 1980 年 IBM 的 PC/XT。再后来，IBM 的 RISC System/6000 也使用了这个思想。RISC 这个词本身属于伯克利加利福尼亚大学的一个教师 David Patterson。RISC 这个概念还被用在 Sun 公司的 SPARC CPU 中，并促成了现在 MIPS 技术的建立，它是 Silicon Graphics 的一部分。许多当前的微芯片现在都基于 RISC 概念。

1. 精简指令集的运用

在最初发明计算机的数十年里，随着计算机功能日趋增大，性能日趋变强，内部元器件也越来越多，指令集日趋复杂，过于冗杂的指令严重影响了计算机的工作效率。后来经过研究发现，在计算机中，80%程序只用到了 20%的指令集，基于这一发现，RISC 精简指令集被提了出来，这是计算机系统架构的一次深刻革命。RISC 体系结构的基本思路是抓住 CISC 指令系统指令种类太多、指令格式不规范、寻址方式太多的缺点，通过减少指令种类、规范指令格式和简化寻址方式，方便处理器内部的并行处理，提高 VLSI 器件的使用效率，从而大幅度地提高处理器的性能。

2. RISC 指令集的特征

RISC 指令集有许多特征，其中最重要的有以下几点。

(1) 指令种类少，指令格式规范：RISC 指令集通常只使用一种或少数几种格式，指令长度单一(一般 4 个字节)，并且在字边界上对齐，字段位置、特别是操作码位置是固定的。

(2) 寻址方式简化：几乎所有指令都使用寄存器寻址方式，寻址方式总数一般不超过 5 个。其他更为复杂的寻址方式，如间接寻址等则由软件利用简单的寻址方式来合成。

(3) 大量利用寄存器间操作：RISC 指令集中大多数操作都是寄存器到寄存器操作，只以简单的 Load 和 Store 操作访问内存。因此，每条指令中访问的内存地址不会超过 1 个，访问内存的操作不会与算术操作混在一起。

(4) 简化处理器结构：使用 RISC 指令集，可以大大简化处理器的控制器和其他功能单元的设计，不必使用大量专用寄存器，特别是允许以硬件线路来实现指令操作，而不必像 CISC 处理器那样使用微程序来实现指令操作。因此 RISC 处理器不必像 CISC 处理器那样设置微程序控制存储器，就能够快速地直接执行指令。

(5) 便于使用 VLSI 技术：随着 LSI 和 VLSI 技术的发展，整个处理器(甚至多个处理器)都可以放在一个芯片上。RISC 体系结构可以给设计单芯片处理器带来很多好处，有利于提高性能，简化 VLSI 芯片的设计和实现。基于 VLSI 技术，制造 RISC 处理器要比 CISC 处理器工作量小得多，成本也低得多。

(6) 加强了处理器并行能力：RISC 指令集能够非常有效地适合于采用流水线、超流水线和超标量技术，从而实现指令级并行操作，提高处理器的性能。目前常用的处理器内部并行操作技术基本上是基于 RISC 体系结构发展和走向成熟的。

6.5.2 RISC CPU 的举例

MC 88ll0 CPU 是 Motorola 公司的产品，其目标是以较好的性能价格比作为微型计算机和工作站的通用 CPU。它是一个 RISC 处理器。处理器有 12 个执行功能部件，3 个缓存和 1 个控制部件。

在 3 个缓存中，1 个是指令缓存，1 个是数据缓存，它们能同时完成取指令和取数据，另一个是目标指令缓存(TIC)，它用于保存转移目标指令。

两个寄存器堆：一个是通用寄存器堆，用于整数和地址指针，其中有 R_0～R_{31} 共 32 个寄存器(32 位长)；另一个是扩展寄存器堆，用于浮点数，其中有 X_0～X_{31} 共 32 个寄存器(长度可以是 32 位，64 位或 80 位)。

12 个执行功能部件是：LOAD/STORE 读写部件、整数运算部件(2 个)、浮点加法部件、乘法部件、除法部件、图形处理部件(2 个)、位处理部件、用于管理流水线的超标量指令派遣/转移部件。

所有这些缓存、寄存器堆、功能部件，在处理器中通过 6 条 80 位宽的内部总线相连接。其中两条源 1 总线，两条源 2 总线，两条目标总线。

88110 是超标量流水 CPU，所以指令流水线在每个机器时钟周期完成两条指令。流水线分为 3 段：取指和译码(F6D)段、执行(EX)段、写回(WB)段。F6D 段需要一个时钟周期，完成由指令缓存取一对指令并译码，并从寄存器堆取操作数，然后判断是否把指令发射到 EX 段。如果所要求的资源(操作数寄存器、目标寄存器、功能部件)发生资源使用冲突，或与先前指令发生数据相关冲突，或转移指令将转向新的目标指令地址时，则 F6D 段不再向 EX 段发射指令，或不发射紧接转移指令之后的指令。

EX 段对于大多数指令只需一个时钟周期，某些指令可能多于一个时钟周期。EX 段执行的结果在 WB 段写回寄存器堆，WB 段只需时钟周期的一半。为了解决数据相关冲突，EX 段执行的结果一方面在 WB 段写回寄存器堆，另一方面经定向传送电路提前传送到 ALU，可直接被当前进入 EX 的指令所使用。

88110 采用按序发射、按序完成的指令动态调度策略。指令派遣单元总是发出单一地址，然后从指令缓存取出此地址及下一地址的两条指令。译码后总是力图同一时间发射这两条指令到 EX 段。若这对指令的第一条指令由于资源冲突或数据相关冲突，则这一对指令都不发射，两条指令在 F6D 段停顿，等待资源的可用或数据相关的消除。若是第一条指令能发射第二条指令不能发射，则只发射第一条指令，而第二条指令停顿并与新取的指令之一进行配对等待发射，此时原第二条指令作为配对的第一条指令对待。

为了判定能否发射指令，88110 使用了记分牌方法。记分牌是一个位向量，寄存器堆中每个寄存器都有 7 个相应位。每当一条指令发射时，它预约的目的寄存器在位向量中的相应位上置“1”，表示该寄存器“忙”。当指令执行完毕并将结果写回此目的寄存器时,该位被清除。于是，每当判定是否发射一条指令(STORE 指令和转移指令除外)，一个必须满足的条件是该指令的所有目的寄存器、源寄存器在位向量中的相应位都已被清除。否则，指令必须停顿等待这些位被清除。为了减少经常出现的数据相关，流水线采用了如前面所述的定向传送技术，将前面指令执行的结果直接送给后面指令所需此源操作数的功能部件，并同时将位向量中的相应位清除。因此，指令发射和定向传送是同时进行的。

如何实现按序完成呢?因为执行段有多个功能部件，很可能出现无序完成的情况。为此，88110提供了一个FIFO指令执行队列，称为历史缓冲器。每当一条指令发射出去，它的副本就被送到FIFO队尾。队列最多能保存12条指令。只有前面的所有指令执行完，这条指令才到达队首。当它到达队首并执行完毕后才离开队列。对于转移处理，88110使用了延迟转移法和目标指令缓存(TIC)法。延迟转移是个选项，如果采用这个选项，(指令如bcnd.n)，则跟随在转移指令后的指令将被发射。

如果不采用这个选项，则在转移指令发射之后的转移延迟时间片内没有任何指令被发射。延迟转移通过编译程序来调度。TIC是一个32项的缓存，每项能保存转移目标路径的前两条指令。当一条转移指令译码并命中缓存时，能同时由TIC取来它的目标路径的前面两条指令。

6.6　多媒体CPU

6.6.1　多媒体技术与主要问题

CPU依靠指令计算和控制系统，每款CPU在设计时就规定了一系列与其硬件电路相配合的指令系统。指令的强弱也是CPU的重要指标，指令集是提高CPU效率的最有效工具之一。从现阶段的主流体系结构讲，指令集可分为复杂指令集和精简指令集两部分，而从具体运用看，如Intel的MMX(Multi Media Extended)、SSE、SSE2(Streaming-Single instruction Multiple Data-Extensions 2)和AMD的3DNow!等都是CPU的扩展指令集，分别增强了CPU的多媒体、图形图像和Internet等的处理能力。通常把CPU的扩展指令集称为“CPU的指令集”。

6.6.2　MMX技术及分析

MMX(Multi Media Extension，多媒体扩展指令集)指令集是Intel公司于1996年推出的一项多媒体指令增强技术。MMX指令集中包括有57条多媒体指令，通过这些指令可以一次处理多个数据，在处理结果超过实际处理能力的时候也能进行正常处理，这样在软件的配合下，就可以得到更高的性能。MMX的益处在于，当时存在的操作系统不必为此而做出任何修改便可以轻松地执行MMX程序。但是，问题也比较明显，那就是MMX指令集与x87浮点运算指令不能够同时执行，必须做密集式的交错切换才可以正常执行，这种情况就势必造成整个系统运行质量的下降。MMX技术定义了3种打包的数据类型及一种64位字长的数据类型。打包数据类型中的每个元素以及64位数都是带符号或不带符号的定点整数(字节、字、双字、四字)。

6.7　流水CPU

6.7.1　流水CPU的结构分析

流水线技术是将一个重复的时序过程分解成若干个子过程，每一个子过程都可有效地在其专用功能段上与其他子过程同时执行。

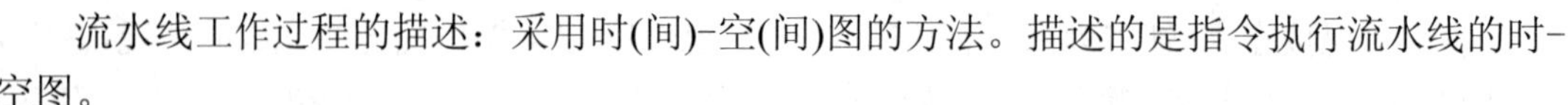

流水线工作过程的描述：采用时(间)-空(间)图的方法。描述的是指令执行流水线的时-空图。

1. 流水技术特点

(1) 流水线可分成若干个互有联系的子过程(功能段)。

(2) 实现子过程的功能段所需时间尽可能相等，避免因不等而产生处理的瓶颈，形成流水线的断流。

(3) 形成流水处理，需要一段准备时间，称为通过时间。只有在此之后流水过程才稳定。

(4) 指令流发生不能顺序执行时，会使流水过程中断，再形成流水过程，则需要“通过时间”，所以流水过程不应常断流，否则效率就不会很高。

流水线技术原理如图 6.23 所示。

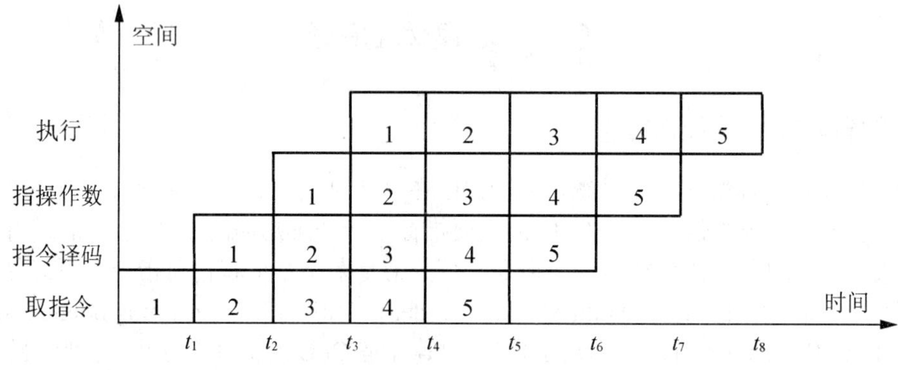

图 6.23　流水线技术原理

2. 流水线的分类

流水结构不仅在指令的执行过程中用于提高处理速度，而且可以用于各种大量重复的时序过程，如浮点数相加等。因此就有按不同结构和不同观点进行的不同分类。

1) 按完成的功能分类

单功能流水线：只能完成一种固定功能的流水线，如只能实现浮点数加法运算。

多功能流水线：同一个流水现可有多种连接方式来实现多种功能。

2) 按同一时间内各段之间的连接方式分类

静态流水线：同一时间内，流水线的各段只能按同一种功能的连接方式工作。

动态流水线：同一时间内，流水线的各段可按不同运算的连接方式工作，如在流水线中有些段完成浮点加法，有些段实现定点乘法。

3) 按流水的级别分类

部件级流水线，又称运算操作流水线，它是指处理机的算术逻辑部件分段，使各种数据类型能进行流水操作。

处理机级流水线，又称指令流水线，它是指在指令执行过程中划分成若干功能段，按流水方式组织起来。

处理机间流水线，又称宏流水，它是指两台以上的处理机串行地对同一数据流进行处理，每台处理机完成一个任务。

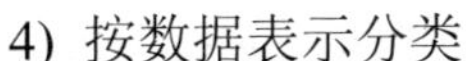

4) 按数据表示分类

标量流水处理机：只能对标量数据进行流水处理。

向量流水处理机：具有向量指令，能对向量的各元素进行流水处理。

6.7.2　流水线中的主要问题

流水线不能连续工作的原因。除了编译形成的程序不能发挥流水线的作用或存储器不能提供连续流动所需的指令和数据以外，还因为出现了“相关”情况或遇到了程序转移指令。为了改善流水线工作情况，一般设置相关专用通路，即当发生数据相关时，使得操作数直接从数据处理部件得到，而不是存入后再读取。由于数据不相关时，仍需到存储器或寄存器中取数，因此增加了控制的复杂性。另外由于计算机内有较多指令存在，其繁简程度不一，执行时间及流水线级数不同，相关的情况各异，有时避免不了产生不能连续工作的情况，这种现象称为流水线阻塞。

一般来说，流水线级数越多，情况越复杂，而两级流水线则不存在数据相关现象。

6.7.3　并行处理技术

要使流水线发挥高效率，就要使流水线连续不断地流动，尽量不出现断流情况。但断流现象是不可避免的，其原因除了编译形成的目的程序不能发挥流水线结构的作用外，就是存在3种相关冲突，即资源相关、数据相关和控制相关，使得流水线的不断流难以实现。

在大多数流水线机器中，当遇到条件转移指令时，确定转移与否的条件码往往由条件转移指令本身或由它前一条指令形成，只有当它流出流水线时，才能建立转移条件并决定下条指令地址。因此当条件转移指令进入流水线后直到确定下一地址之前，流水线不能继续处理后面的指令而处于等待状态，因而影响流水线效率。在某些计算机中采用了“猜测法”技术，机器先选定转移分支中的一个，按它继续取指并处理，假如条件码生成后，说明猜测是正确的，那么流水线可继续进行下去，时间得到充分利用，假如猜错了，那么要返回分支点，并要保证在分支点后已进行的工作不能破坏原有现场，否则将产生错误。编译程序可根据硬件上采取的措施，使猜测正确的概率尽量高些。

并行性是指在同一时刻或同一时间间隔内完成两种或两种以上性质相同或不相同的工作，只要在时间上互相重叠，都存在并行性。计算机系统中的并行性可从不同的层次上实现，从低到高大致可分为以下几个层次。

(1) 指令内部的并行：指令执行中的各个微操作尽可能实现并行操作。

(2) 指令间的并行：两条或多条指令的执行是并行进行的。

(3) 任务处理的并行：将程序分解成可以并行处理的多个处理任务，而使两个或多个任务并行处理。

(4) 作业处理的并行：并行处理两个或多个作业，如多道程序设计、分时系统等。另外，从数据处理上，也有从低到高的并行层次。

(5) 字串位并：同时对一个二进制字的所有位进行操作。

(6) 字并位串：同时对多个字的同一位进行操作。

(7) 全并行：同时对许多字的所有位进行操作。

在单处理机系统中，主要的技术措施是在功能部件上，即改进各功能部件，按照时间

重叠、资源重复和资源共享形成不同类型的并行处理系统。在单处理机的并行发展中，时间重叠是最重要的。把一件工作分成若干相互联系的部分，把每一部分指定给专门的部件完成，然后按时间重叠措施把各部分执行过程在时间上重叠起来，使所有部件依次完成一组同样的工作。例如，将执行指令的过程分为 3 个子过程：取指令、分析指令和执行指令，而这 3 个子过程由 3 个专门的部件来完成，它们是取指令部件、分析指令部件和指令执行部件。它们的工作可按时间重叠，如在某一时刻第 I 条指令在执行部件中执行，第 $I+1$ 条指令在分析部件中分析，第 $I+2$ 条指令被取指令部件取出。3 条指令被同时处理，从而提高了处理机的速度。另外，在单处理机中，也较为普遍地运用了资源重复，如多操作部件和多体存储器的成功应用。

多机系统是指一个系统中有多个处理机，它属于多指令流多数据流计算机系统，按多机之间连接的紧密程度，可分为紧耦合多机系统和松耦合多机系统两种。在多机系统中，按照功能专用化、多机互联和网络化 3 个方向发展并行处理技术。

功能专用化经松耦合系统及外围处理机向高级语言处理机和数据库机发展。多机互联是通过互联网络紧密耦合在一起的、能使自身结构改变的可重构多处理机和高可靠性的容错多处理机。计算机网络是为了适应计算机应用社会化、普及化面发展起来的。它的进一步发展，将满足多任务并行处理的要求，多机系统向分布式处理系统发展是并行处理的一种发展趋势。

本 章 小 结

由于控制器是计算机中最复杂的部件，无论是设计或理解都比较困难。最好能从下面几种辅助手段中选择一种来加强学习效果：阅读一台比较简单的计算机的逻辑图，或设计并实现若干条指令系统的计算机模型。

为了提高计算机的运行速度，实际的计算机更复杂，近年来，多台计算机或多个运算部件的并行处理系统得到很快的发展，更增加了复杂性。

各台计算机的指令系统以及为实现指令系统功能而进行的逻辑设计、机器的逻辑图、机器的时序、流水线方案等千差万别、变化多端。所以学习时在了解基本原理的基础上要掌握其灵活性。

习 题

一、选择题

1. 累加器中________。

   A. 没有加法器功能，也没有寄存器功能

   B. 没有加法器功能，有寄存器功能

   C. 有加法器功能，没有寄存器功能

   D. 有加法器功能，也有寄存器功能

2. 通用寄存器________。
   A. 只能存放数据，不能存放地址
   B. 可以存放数据和地址，还可以代替指令寄存器
   C. 可以存放数据和地址
   D. 可以存放数据和地址，还可以代替 PC 寄存器
3. 在单总线结构的 CPU 中，连接在总线上的多个部件________。
   A. 只有一个可以向总线发送数据，并且只有一个可以从总线接收数据
   B. 只有一个可以向总线发送数据，但可以有多个同时从总线接收数据
   C. 可以有多个同时向总线发送数据，但只有一个可以从总线接收数据
   D. 可以有多个同时向总线发送数据，并且可以有多个同时从总线接收数据
4. 指令________从主存中读出。
   A. 总是根据程序计数器 PC　　　B. 有时根据 PC，有时根据转移指令
   C. 根据地址寄存器　　　D. 有时根据 PC，有时根据地址寄存器
5. 硬连线控制器是一种________控制器。
   A. 组合逻辑　　B. 时序逻辑　　C. 存储逻辑　　D. 同步逻辑
6. 组合逻辑控制器中，微操作控制信号的形成主要与________信号有关。
   A. 指令操作码和地址码　　　B. 指令译码信号和时钟
   C. 操作码和条件码　　　D. 状态信号和条件
7. 微指令中控制字段的每一位是一个控制信号，这种微程序是________的。
   A. 直接表示　　B. 间接表示　　C. 编码表示　　D. 混合表示
8. 同步控制是________。
   A. 只是用于 CPU 控制的方式　　　B. 只是用于外围设备控制的方式
   C. 由统一时序信号控制的方式　　　D. 所有指令控制时间都相同的方式
9. 微程序控制器中，机器指令与微指令的关系是________。
   A. 每一条机器指令由一段微指令编成微程序来解释执行
   B. 每一指令由一条微指令来执行
   C. 一段机器指令组成的程序可由一条微指令来执行
   D. 一条微指令由若干条机器指令组成
10. 指令周期是指________。
   A. CPU 从主存中取出一条指令的时间
   B. CPU 执行一条指令的时间
   C. CPU 从主存中取出一条指令加上执行这条指令的时间
   D. 时钟周期时间

二、简答题

1. 微程序控制的基本思想是什么？
2. 微程序控制器的特点是什么？
3. 微指令编码有哪 3 种方式？微指令格式有哪几种？微程序控制有哪些特点？
4. 微指令有哪两种格式？它们可产生的控制信号数各是多少？

5. 微程序中为什么要有转移功能？

三、分析设计题

1. 设计一个能产生环形脉冲信号的时序电路，假定各指令的周期数均固定为 5 个时钟周期。

2. 在单总线的 CPU 结构中，如果加法指令中的第 2 个地址码有寄存器寻址、寄存器间接寻址和存储器间接寻址这 3 种寻址方式，并在指令中用代码表示指令的寻址方式，即该指令可实现如下功能：

(1) ADD　R1,R2　; R1＋R2→R1

(2) ADD　R1,(R2); R1＋(R2)→R1

(3) ADD　R1,(mem)

试设计执行这条指令的流程图。

外围设备

学习目标

了解常用外围设备的种类。
了解输入/输出设备和辅助存储器的分类。
理解输入/输出设备和辅助存储设备的基本功能。
掌握常用的输入/输出设备和辅助存储器的基本原理。

知识结构

本章知识结构如图 7.1 所示。

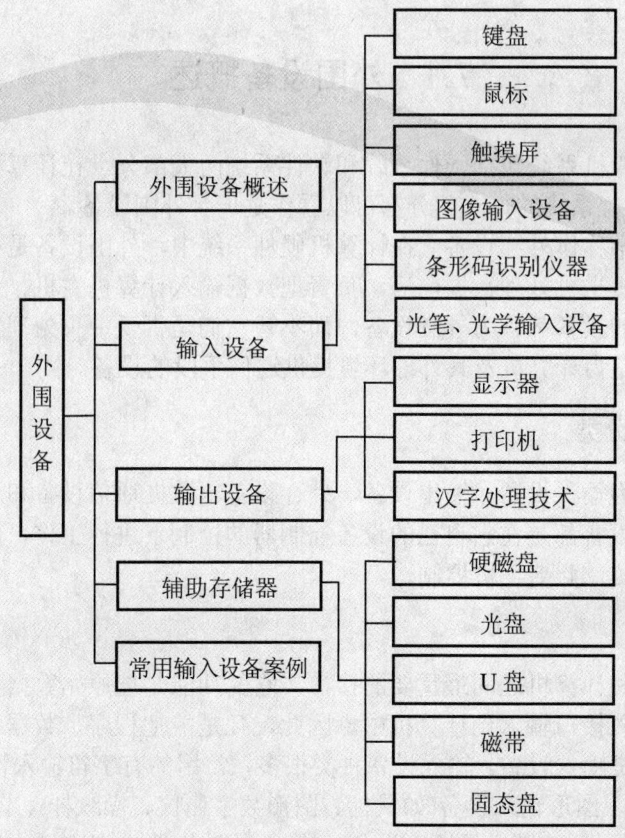

图 7.1　外围设备知识结构

导入案例

任何一个计算机系统都是由硬件系统和软件系统组成的。在硬件系统中，除了主机外，必须配备相应的外围设备，计算机系统才能正常地工作。在使用计算机硬件系统时，接触最多的就是外围设备。外围设备是计算机和外部世界联系的桥梁，可以为计算机和其他机器之间、计算机与用户之间提供联系：将外界的信息输入计算机；取出计算机要输出的信息；存储需要保存的信息和编辑整理外界信息以便输入计算机。没有外围设备的计算机就像缺乏五官四肢的人一样，既不能从外界接受信息，又不能对处理的结果做出表达和反应。随着计算机系统的飞速发展和应用的扩大，系统要求外围设备类型越来越多，外围设备智能化的趋势越来越明显，特别是出现多媒体技术以后。毫无疑问，随着科学技术的发展，提供人-机联系的外围设备将会变成计算机真正的“五官四肢”。

计算机外围设备技术先进、发展迅速，几乎采用了人类发明的所有新材料、新工艺。因此，外围设备知识涉及面广、综合性强，它涉及物理、化学、电子、机械、自动控制、材料、加工工艺等多个学科。外围设备种类繁多，型号各异，性能、功能、价格相差甚多，在选购、配置计算机硬件系统时需特别注意。在计算机的使用过程中，绝大多数的故障发生在外围设备上。因此，作为一名计算机专业人员，必须具备外围设备知识，才能胜任对计算机系统的配置、使用、维护、系统集成和开发工作。

7.1 外围设备概述

一个完整的计算机系统包括硬件系统和软件系统两大部分。在计算机硬件系统中，除了 CPU 和内存以外，系统的每一部分都可以看作是一台外围设备。

外围设备过去常称作外部设备。在计算机硬件系统中，外围设备是相对于计算机主机而言的。凡在计算机主机处理数据前后，负责把数据输入计算机主机、对数据进行加工处理及输出处理结果的设备都称为外围设备，而不管它们是否受中央处理器的直接控制。一般说来，外围设备是为计算机及其外部环境提供通信手段的设备。

7.1.1 外围设备的分类

外围设备可分为输入设备、输出设备、外存设备、数据通信设备和过程控制设备等几大类。每一种外围设备都是在它自己的设备控制器的控制下进行工作，而设备控制器则通过适配器和主机连接，并受主机控制。

1. 输入设备

输入设备是人和计算机之间最重要的接口，它的功能是把原始数据和处理这些数据的程序、命令通过输入接口输入到计算机中。因此，凡是能把程序、数据和命令送入计算机进行处理的设备都是输入设备。输入设备种类很多，常用的有字符输入设备(如键盘、条形码阅读器、磁卡机)、图形输入设备(如鼠标、图形数字化仪、操纵杆)、图像输入设备(如扫描仪、传真机、摄像机)、模拟量输入设备(如模—数转换器、麦克风，模—数转换器也称

A/D 转换器)。由于各种形式的输入信息都需要转换为二进制编码为计算机所利用，因此，不同输入设备在工作原理、工作速度上相差很大，这是我们需要特别注意的。

2. 输出设备

输出设备同样是十分重要的人机接口，它的功能是用来输出人们所需要的计算机的处理结果。输出的形式可以是数字、字母、表格、图形、图像等。最常用的输出设备有各种显示器、打印机、绘图仪、X-Y 记录仪、数-模(D/A)转换器和缩微胶卷胶片输出设备等。

3. 外存储器设备

在计算机系统中除了计算机主机中的内存(包括主存和高速缓存)外，还应有外存储器，简称外存。外存用来存储大量的暂时不参加运算或处理的数据和程序， 因而允许较慢的处理速度。外存的特点是存储容量大、可靠性高、价格低，在脱机情况下可以永久地保存信息，进行重复使用。微型计算机上使用的主要是硬磁盘存储器，软磁盘存储器目前已基本不用。光盘存储器曾作为一种新型的信息存储设备在微型计算机上普及。目前，可移动磁盘也已经在微型计算机系统中使用，为用户提供了很大的方便。

4. 多媒体设备

多媒体设备的功能是使计算机能够直接接收、存储、处理各种形式的媒体信息。现在市场上出售的微型计算机几乎都是多媒体计算机。多媒体计算机必须配置的基本多媒体设备，除已列在外存储器中的 CD-ROM 或 DVD-ROM 外，还应有调制解调器(Modem)、声卡和视频卡。其他多媒体设备包括数码照相机、数码摄像机、MIDI 乐器等。

多媒体技术是一门迅速发展的新兴技术，新的多媒体设备在不断产生，各种多媒体技术标准正在逐步建立。各种已有的多媒体设备的性能和技术指标也在不断的改进和提高，本书仅对现有的主要多媒体产品进行介绍。

5. 网络与通信设备

21 世纪人类开始进入信息社会。从 20 世纪 90 年代中期开始，世界各国都开始努力进行信息化基础设施的建设。Internet 迅速普及，政府上网、企业上网、学校上网等，网络和通信技术获得了前所未有的大发展。为了实现数据通信和资源共享，需要有专门的设备把计算机连接起来，实现这种功能的设备就是网络与通信设备。目前的网络通信设备包括调制解调器、网卡以及中继器、集线器、网桥、路由器、网关等。

6. 输入/输出处理机

输入/输出处理机通常称作外围处理机(Peripheral Processor Unit，PPU)，用于分布式计算机系统中。外围处理机的结构接近一般的处理机，甚至就是一台小型通用计算机。它主要负责计算机系统的输入/输出通道所要完成的 I/O 控制，还可进行码制变换、格式处理、数据块的检错、纠错等。但它不是独立于主机工作，而是主机的一个部件。

7.1.2 外围设备的基本功能

在计算机系统中，外围设备的作用显然非常重要。一台普通的微型计算机系统中，外围设备的价格已经远远超过主机的价格。外围设备的作用归纳起来有以下几方面。

1. 提供人机对话

操作者操作计算机，必须要进行人机对话，程序需要输入计算机，程序运行中所需要的数据也要输入计算机，操作者要了解程序运行的情况，以便随时对出现的异常情况进行干预和处理，计算机系统要把处理结果以操作者需要的方式输出，这些都要通过外围设备来实现，如键盘、显示器、打印机等输入/输出设备就是提供这种功能的设备。

2. 完成数据媒体的变换

人类习惯于用字符、图形或图像来表示信息，而计算机工作使用以电信号表示的二进制代码。因此，在人机信息交换中输入数据时，必须先将各种数据变换为计算机能够识别的二进制代码，机器才能处理；同样，输出时，计算机的处理结果必须变换成人们熟悉的表示形式。这两类变换也要通过外围设备来完成。

3. 存储系统软件和大型应用软件

随着计算机功能的增强，系统软件的规模和处理的信息量都越来越大，大型应用软件的存储量也非常大，不可能把它们都放入内存。于是，以磁盘存储器为代表的外存储器就成为存储系统软件、大型应用软件和各种信息的设备。在微型计算机系统中，硬磁盘存储器成为标准配置，而是否配置磁盘存储器和磁盘操作系统，也成为衡量一个计算机系统工作效率的重要标志。

4. 为各类计算机的不同应用领域提供有效手段

计算机的应用领域早已超出数值计算，现已扩大到文字、表格、图形、图像和声音等非数值的处理，出现了许多新型的如图形数字化仪、绘图机、光笔或鼠标器的字符图形显示终端、智能复印机、文字图形传真机、汉字终端和各种击打式/非击打式打印机、磁卡或条形码阅读机、A/D 和 D/A 转换设备、智能监护、断层扫描设备、调制解调器、网卡、音频设备和视频设备等设备。由此可见，无论哪一个领域，都是由于有了相应的外围设备作为数据的输入/输出的桥梁，才能使计算机得到广泛的应用。

7.2 输 入 设 备

输入设备是外界向计算机传送信息的装置。常用的输入设备是键盘，其他输入设备有鼠标、触摸屏、图像输入设备、条形码识别仪、光笔和光学输入设备等。

7.2.1 键盘原理及功能

键盘是常用的输入设备，主要有按键识别、去抖、重键处理、发送扫描码、自动重发、接收键盘命令、处理命令等功能。计算机的用户编写程序、程序运行过程中所需要的数据以及各种操作命令等都是由键盘输入的。

目前常用的键盘是由一组开关矩阵组成，包括数字键、字母键、符号键、功能键及控制键等。按下一个键就产生一个相应的扫描码。不同位置的按键对应不同的扫描码。当按下某个键时，键盘接口将该键的二进制代码送入计算机主机中，并将按键字符显示在显示器上。当快速大量输入字符，主机来不及处理时，先将这些字符的代码送往内存的键盘缓冲区，然后再从该缓冲区中取出进行分析处理。

键盘接口电路多采用单片微处理器，由它控制整个键盘的工作，如上电时对键盘的自检、键盘扫描、按键代码的产生、发送及与主机的通信等。在键盘中按键数量较多时，为了减少 I/O 口的占用，通常将按键排列成矩阵形式，如图 7.2 所示。

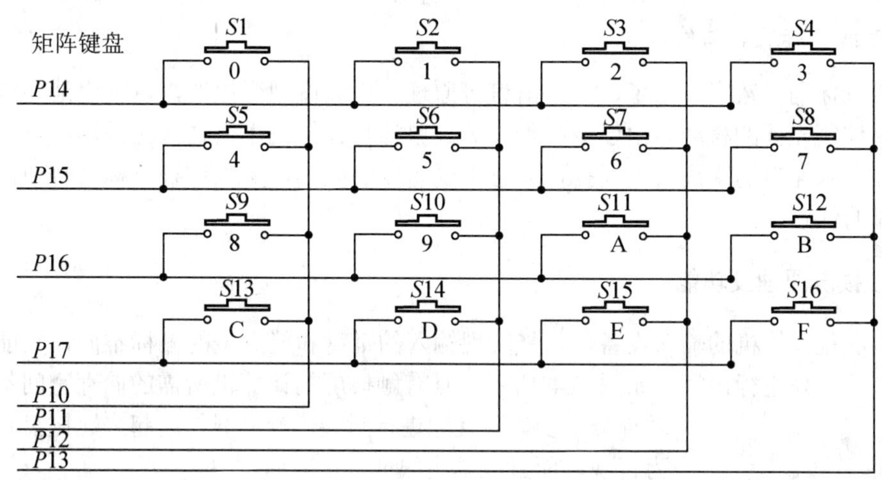

图 7.2 矩阵键盘工作原理

7.2.2 鼠标原理及功能

鼠标现在也已经成为计算机上普遍配置的输入设备，常用的鼠标如图 7.3 所示。

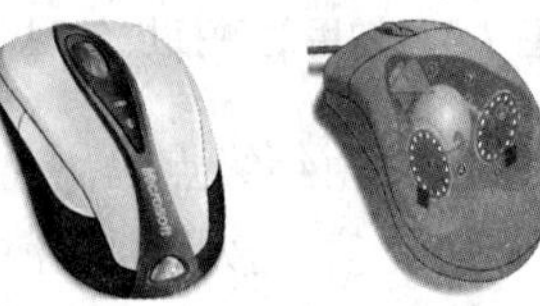

图 7.3 常用的鼠标外观

首先，鼠标按其传统的观点来看分为双键、三键和多键鼠标。其次，鼠标按其接口来分又可分为 COM、PS/2 及 USB 三类，其中 PS/2 和 USB 接口的鼠标是比较常见的。按照其内部结构又可分为机械式、光机式和光电式鼠标。最后还有一种叫无线鼠标。

1. 机械鼠标及其工作原理

机械式鼠标的结构最为简单，由鼠标底部的胶质小球带动 X 方向滚轴和 Y 方向滚轴，在滚轴的末端有译码轮，译码轮附有金属导电片与电刷直接接触。目前，机械式鼠标已基本淘汰而被同样价廉的光机鼠标取而代之。

2. 光机鼠标及其工作原理

所谓光机鼠标，顾名思义就是一种光电和机械相结合的鼠标，是目前市场上最常见的一种鼠标。光机鼠标在机械鼠标的基础上，将磨损最厉害的接触式电刷和译码轮改进成为非接触式的 LED 对射光路元件，在转动时可以间隔通过光束来产生脉冲信号。

3. 光电鼠标及其工作原理

光电鼠标通过发光二极管(LED)和光敏管协作来测量鼠标的位移，一般需要一块专用的

光电板将 LED 发出的光束部分反射到光敏接收管，形成高低电平交错的脉冲信号。这种结构可以做出分辨率较高的鼠标，且由于接触部件较少，鼠标的可靠性大大增强，适用于对精度要求较高的场合，不仅手感舒适操控简易而且实现了免维护，使新一代轨迹球的寿命大大提高。在笔记本式计算机中则广泛采用压力感应板和操纵杆替代传统的小球体，使抗污垢的能力有大幅的增强。

4. 无线鼠标及其工作原理

无线鼠标利用数字、电子、程序语言等原理，内装微型遥控器，以干电池为能源，可以远距离控制光标的移动。由于这种新型无线鼠标与计算机主机之间无需用线连接，操作人员可在一米左右的距离自由遥控，并且不受角度的限制，所以这种鼠标与普通鼠标相比有较明显的优点。

7.2.3 触摸屏原理及功能

触摸屏是计算机的输入设备，与能实现输入的键盘和能点击的鼠标不同，它能使用户通过触摸屏幕来进行选择，如图 7.4 所示。具有触摸屏的计算机所需的储存空间不大，移动部分很少，而且能进行封装。触摸屏使用起来比键盘和鼠标更为直观，而且成本也很低。

图 7.4 常用的触摸屏外观

所有的触摸屏有 3 类主要元件。处理用户的选择的传感器单元，感知触摸并定位的控制器，以及由一个传送触摸信号到计算机操作系统的软件设备驱动。触摸屏传感器有 5 种技术：电阻技术、电容技术、红外线技术、声波技术和近场成像技术。

电阻触摸屏通常包括一张柔性顶层薄膜以及一层玻璃作为基层，并由绝缘点隔离。每一层的内表面涂层均为透明的金属氧化物。电压在每层隔膜都有一个差值。按压顶层薄膜就会在各个电阻层之间形成电接触信号。

电容触摸屏也由透明金属氧化物作为涂层，与单层的玻璃表面相粘合。它不像电阻触摸屏，任何触摸都会形成信号，电容触摸屏需要与手指直接触摸，或与传导铁笔接触。手指的电容，或是存储电荷的能力，能吸收触摸屏每一个角的电流，并且流经这 4 个电极的电流与手指到四角的距离成正比，从而得出触摸点。

红外触摸屏基于光线的中断技术。它不是在显示器表面前放置一个薄膜层，而是在显示器周围设置一个外框。外框有光线源，或发光二极管(LED)，位于外框的一边，而光线探测器或光电传感器在另一边，一一对应形成横竖交叉的红外线网格。当物体触摸显示屏时，无形的光线中断，光电传感器不能接受信号，从而确定触摸信号。

近场成像(NFI)触摸屏由两个薄形玻璃层组成，中间是透明金属氧化物涂层。在导点涂层施加一个交流信号，就在屏幕的表面产生一个电场。当手指，戴不戴手套均可，或者是其他导电铁笔接触传感器，电场都产生扰动，从而得到信号。

7.2.4 图像输入设备原理及功能

扫描仪是图像信号输入设备，如图 7.5 所示。它对原稿进行光学扫描，然后将光学图像传送到光电转换器中变为模拟电信号，又将模拟电信号变换成为数字电信号，最后通过计算机接口送至计算机中。

图 7.5 常用的扫描仪外观

7.2.5 条形码识别仪器原理及功能

条形码是主要的自动收集技术，用来收集有关任何人物、地点或物品的资料。它的应用范围是无限的。条码被用来进行物品追踪、控制库存、记录时间和出勤、监视生产过程、质量控制、检进检出、分类、订单输入、文件追踪、进出控制、个人识别、送货与收货、仓库管理、路线管理、售货点作业以及包括追踪药物使用和病人收款等的医疗方面的应用。

条码本身不是一套系统，而是一种十分有效的识别工具。它提供准确及时的信息来支持成熟的管理系统。条码使用能够逐渐地提高准确性和效率，节省开支并改进业务操作。

条码是由不同宽度的浅色和深色的部分(通常是条形)组成的图形，这些部分代表数字、字母或标点符号。由条与空代表的信息编码的方法称为符号法。

7.2.6 光笔、光学输入设备

1. 光笔

光笔(Light Pen)是一种输入设备，其使用光感探测器在显示屏上进行操作。用户可以通过光笔直接点击任务图标来进行操作。光笔是计算机的一种输入装置，与显示器配合使用，对光敏感，外形像钢笔，多用电缆与主机相连，采用选点和跟踪的工作方式，可以在屏幕上进行绘图等操作。

2. 光学输入设备

常见的光学输入设备有光学字符识别器。光学字符识别(Optical Character Recognition，OCR)也可简称为文字识别，是文字自动输入的一种方法。

它通过扫描和摄像等光学输入方式获取纸张上的文字图像信息，利用各种模式识别算法分析文字形态特征，判断出汉字的标准编码，并按通用格式存储在文本文件中，只要用扫描仪将整页文本图像输入到计算机，就能通过 OCR 软件自动产生汉字文本文件，这与人手工键入的汉字效果是一样的，但速度比手工快几十倍。

7.3 输出设备的显示器与打印机

7.3.1 显示器的相关技术

显示器又称监视器(Monitor)，作为计算机最主要的输出设备之一，显示器是用户与计算机交流的主要渠道。显示器技术的发展历史，大体可以分为 TTL 显示器、模拟显示器、多行频自动跟踪及微计算机控制显示器 3 个阶段。

显示器的主要技术指标如下。

(1) 显示区域尺寸：尺寸是衡量一台显示器显示屏幕大小的重要技术指标，其度量单位为英寸(1 英寸＝2.54 厘米)。尺寸大小是指显像管对角尺寸，不是可视对角尺寸，如 15 英寸显示器的可视对角尺寸实际只有 13.8 英寸。目前市场上常见显示器有 14 英寸、15 英寸、17 英寸、21 英寸、29 英寸等。

(2) 点距：显示器荫罩(位于显像管内)上孔洞间的距离，即荫罩上的两个相同颜色磷光点间的距离。点距越小意味着单位显示区内显示像素点越多，显示的图像也就越清晰。

(3) 分辨率：屏幕上可以容纳像素点的个数。分辨率越高，屏幕上能显示的像素也就越多，图像也越细腻。分辨率以乘法的形式表示，如一个显示器的分辨率为 800×600，那么其中 800 表示屏幕上水平方向显示的像素点个数，600 则表示垂直方向显示的像素点个数。所以在屏幕尺寸相同的条件下，点距越小，分辨率也就越高，行扫描频率越高，分辨率也就相应地得到了提高。

(4) 场频和行频：场频(Vertical Scan Rate)，也称垂直刷新率，它表示屏幕的图像每秒重绘的次数，也就是指每秒屏幕刷新的次数，以赫兹为单位；行频又称水平刷新率，它表示显示器从左到右绘制一条水平线所用的时间，以千赫兹为单位。

(5) 扫描方式：主要分为隔行扫描和逐行扫描两种。隔行是指每隔一行显示一行，到底部后再返回显示刚才未显示的行，而逐行是按顺序显示每一行。逐行扫描比隔行扫描拥有更稳定的显示效果，在相同的分辨率下，隔行扫描显示器的抖动要比逐行显示的明显。现在市场上常见的显示器采用的是逐行扫描。

(6) 色温：一个源自物理学的概念，它通过温度来描述发光物体的色彩。发光物体光谱的主要频率可以用一定温度下黑体辐射的光谱来描述，这个温度就称为发光物体的色温。现在常见的显示器色温有 5500K、6500K、9300K 等。色温的数值越高，颜色越偏蓝(冷)，而色温越低，颜色越偏红(暖)。选择什么样的色温不仅与环境和个人喜好有关，还同人的生理特点相关。

(7) 调节方式：从早期的模拟式到现在的数码式调节，显示器的调节方式越来越方便，功能也越来越强大。数码式调节与模拟式调节相比，数码式调节对图像的控制更加精确，操作也更加简便，且界面也友好了许多。因此它已经取代了模拟式调节而成为显示器调节方式的主流。数码式调节按调节界面分主要有 3 种:普通数码式、屏幕菜单式和单键飞梭式。

(8) 视频带宽：每秒电子枪扫描过的总像素数，理论公式：视频带宽＝水平分辨率×垂直分辨率×场频。但通过公式计算出的视频带宽只是理论值，在实际应用中，为了避免图像边缘的信号衰减，保持图像四周清晰，电子枪的扫描能力需要大于分辨率尺寸，水平方向通常大 25%，垂直方向大 8%，所以公式中还应该有一个系数，该系数一般为 1.5 左右，这个系数也称为额外开销。

(9) CRT (Cathode Ray Tube，阴极射线管)涂层：电子束撞击荧光屏和外界光源照射均会使显示器屏幕产生静电、反光、闪烁等现象，不仅干扰图像清晰度，还可能直接危害使用者的视力健康。因此许多 CRT 显示器均附着有表面涂层，以降低不良影响。

(10) 绿色功能：带有 EPA(Environmental Protection Agency，美国环保署)即“能源之星”标志的显示器才具有绿色功能。在计算机处于空闲状态时，它会自动关闭显示器内部的部分电路，从而降低显示器的电能消耗，达到节约能源和延长 使用寿命的目的。

(11) 安全认证：显示器的认证主要有两个，一个是 MPR-Ⅱ，另一个是 TCO(瑞典专业雇员联盟)，这是两个全球著名的认证，其中内容涉及显示器的多个方面，包括现在人们最关心的辐射和环保问题。

7.3.2 显示器的种类

显示器种类繁多，按显示器所用的显示器件分类，有阴极射线管(Cathode Ray Tube，CRT)显示器，液晶显示器(Liquid Crystal Display，简称 LCD)，等离子显示器等。CRT 就是大家所熟悉的电视机显像管，有黑白和彩色两种。液晶和等离子显示器是平板式显示器件，它们的特点是体积小、功耗少，是很有发展前途的新型器件。按显示器所显示的信息内容分类，有字符显示器、图形显示器和图像显示器三大类。按显示器的功能分类，有普通显示器和显示终端两大类。显示器和终端是两个不同的概念。显示器的功能简单，它只能用于接收视频信号，显示器的控制逻辑和存储逻辑都在主机接口板中，目前使用的个人计算机系统就是这种结构。这种显示器也称为监视器(Monitor)。终端是由显示器和键盘组成的一套独立完整的输入/输出设备，它可以通过标准通信接口接到远离主机的地方使用。终端的结构比显示器的结构复杂得多，它能够完成显示控制与存储，键盘管理以及通信控制等功能，还可以完成简单的编辑操作。目前使用的显示器主要有阴极射线管(CRT)、液晶显示(LCD)、等离子体显示(PDP)、场发射显示(FED)、电致发光显示(ELD)等。

7.3.3 打印机的种类

1. 针式打印机

针式打印机的特点是结构简单、技术成熟、性能价格比高、消耗费用低。针式打印机虽然噪声较高、分辨率较低、打印针易损坏，但近年来由于技术的发展，较大地提高了针式打印机的打印速度、降低了打印噪声、改善了打印品质，并使针式打印机向着专用化、专业化方向发展，使其在银行存折打印、财务发票打印、记录科学数据连续打印、条形码打印、快速跳行打印和多份复制制作等应用领域具有其他类型打印机不可取代的功能。

2. 喷墨打印机

早期的喷墨打印机和当前大幅面喷墨打印机采用的都是连续喷墨技术，而当今流行的大多数喷墨打印机采用的是随机喷墨技术，这两者在原理上有很大区别。这种技术的喷墨打印机利用电压驱动装置对喷头中的墨水加以固定压力，使其连续喷射。为进行记录，利用振荡器的振动信号激励射流生成墨水滴，并对墨水滴大小和间距进行控制，由字符发生器、模拟控制器而来的打字信息对控制电荷进行控制形成带电荷和不带电荷的墨水滴，再由偏转电极改变墨水滴的飞行方向，使需要打字的墨水滴“飞”到纸上，形成字符和图形，另一部分墨水滴由导管收回。

随机式喷墨系统中墨水只在打字需要时才喷射，它与连续式相比，结构简单，成本低，可靠性比较高，但受射流惯性的影响墨滴喷射速度低，为弥补这一缺陷，不少打印机采用了多喷嘴方法。目前，随机式喷墨打印机又分压电式和气泡式两大类。

喷墨打印机按照喷墨方式分为连续式和随机式两大类；按照墨的状态又可分为固体墨和液体墨两种。具体分类如图 7.6 所示。

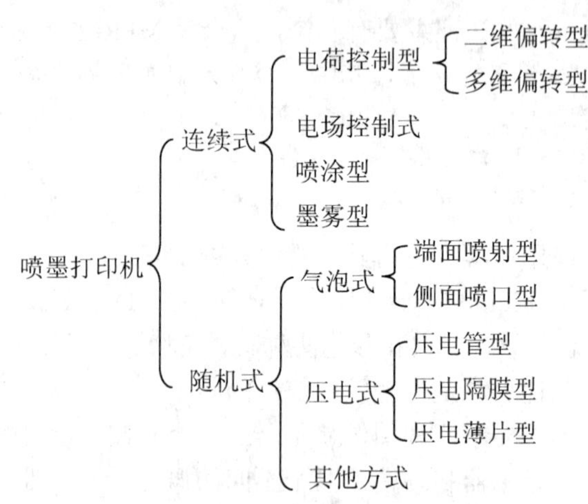

图 7.6 喷墨打印机分类

7.3.4 打印机的发展趋势

2010 年有科学家声称发明了一种打印新技术：不仅可以打印纸张，还可以打印气味！一些常见的气味如柠檬味、香草味、苹果味等都可以被打印出来。举例来说，如果需要一张苹果图片，那么不仅能看到打印出来的纸张，还能闻到苹果的气味；如果需要打印一封情书给自己的女友，那么不仅能让她看到文字，还能让她同时闻到玫瑰花的气味；就如同 3D、4D 电影一样，以后的纸张打印也将变得“多维”和“立体”起来。

从节能的角度来预测，还需要具有自动双面打印技术，可以在不降低办公效率的前提下直接节省 50%的打印纸张。以“智能”和“节省”两个主题为核心的未来打印机将开启下一代打印机市场，成为打印产品的主流发展趋势；继这两者之外，下一代打印机还有融合其他产品特性的打印机、开放、人性化等特征。

当然，以上只是预测，人们都在期待更好用、更强大的下一代打印机。

7.3.5 汉字处理技术

汉字是世界上使用人数最多的文字，汉字的字数多，重音多，字形复杂。在微型计算机开始普及的 20 世纪 80 年代初，在传统上是西文一统天下的计算机中，如何输入和处理汉字就严峻地摆在中国人民的面前。本节将对汉字编码标准，汉字的输入方法、存储及输出方案作一个简介。

1. 重汉字编码标准

经过世界各国标准化组织的积极参与，1993 年由国际标准化组织(1SO)和国际电工委员会(1EC)公布了国际标准 ISO/IEC 10646.1，即《信息技术——通用多八位编码字符集(UCS)》。该标准对世界各国正在使用的诸多文字进行了统一编码，整个字符集内每一个字符用四个 8 位(bits)或 8 个十六进制数表示。世界各国都力图将本国文字放入这一区域内。中国、日本、韩国(CJK)的统一汉字被分配在该区的 4E00 到 9FFF，共 20902 个位置，即 20902 个汉字。其中我国约有 17000 个汉字已被收入。ISO/ⅡEC 10646 大字符集从根本上解决了多文种编码之间的冲突，为多文种(包括中文)应用软件的开发提供了一个统一的平台。目前越来越多的公司开始以 UCS 的体系设计它们的系统和应用软件，也为我国的中文信息产业的发展创造了机遇。

2. 汉字的输入方法

(1) 键盘输入方式。

① 音码输入：音码是以国家文字改革委员会公布的汉语拼音方案为基础进行编码的。我国的小学生都学过拼音，因此对广大青少年来说是不用学习就会使用的一种输入方式。根据编码规则的不同，一般有全拼、简拼和双拼 3 种音码。全拼即把汉字的全部拼音字母作为汉字的编码，输入汉字时只用打汉字的全拼音即可。但因汉字同音字多而造成重码很多，因此还要进行选字，影响输入效率，后来用输入词组或短语的方法来提高速度。简拼和双拼以压缩拼音字母的方法来减少录入一个汉字的敲打键盘次数，但需记忆一些规则，又未能解决重码问题。

② 形码输入：汉字是一种音形义俱全的图形文字，一个字一个样，由 38 种笔画组成 500 多个部件，再由 500 多个部件组成 6 万多个汉字。对每个部件给一个代码。它的最大特点是便于说不准普通话的人使用，或对某些不认识的字也能根据形状输入。但是由于汉字结构复杂，构成汉字的部件大多数还没有规范化，有的汉字很难正确拆成部件，还要牢记拆字的规则，也不是一种理想的输入方式。

③ 音形码(或形音码)输入：音形码对每个输入的汉字，先取该字读音的第一声母，然后按一定规则拆分该字的部件，其目的在于减少重码。形音码是先把一个汉字分解成多个部件，并按一定规则提取部件，再把所取部件读音的第一个字母连成字母串，即为该汉字的输入编码。

(2) 语音输入方式：随着社会日益信息化，人们越来越希望用自然语言与计算机交流。如要实现人机对话，则计算机系统除了能分析输入到计算机中的文章或话语外，还需要具备生成语言的能力，人们必须对语言的词法分析、句法分析、语义分析等进行研究，并付诸实施等。由此积累了如电子词典、语料库等语言数据资源，这些技术和资源，有的已经形成产品，有的正在开发和充实。即使有了上述这些成果，但是由于每个人的口音、音量、音频各有不同，所以语音识别的难度还是很大。随着计算机技术的发展，语音输入的准确率和识别率肯定会有新的突破。

(3) 手写输入：先建好计算机汉字库，借助与计算机连接的笔输入设备(图形板和画笔)和软件，可将手写汉字输入计算机。这种输入方式可以不记拆字的规则、不受口音的限制，代表了汉字输入智能化的大方向，使人们在汉字输入方面有望告别“键盘”。

(4) 印刷体扫描识别输入：通过与计算机连接的光学字符识别(OCR)仪，把书面图文资料成批快速录入计算机。如果能自动识别各种字体，又能识别手写体(连笔字、简繁字)，那就更理想了。

上述 4 种输入方式，除了键盘输入外都可认为是智能化输入，而智能化输入的任一突破基本上也可为键盘输入带来好处。例如，键盘拼音输入的拼错和重码问题，可通过电子辞典、语料库等语言数据资源、上下文相关语法语义分析，予以自动纠错或选择。对于一时决定不了的词或词组，系统可先给出一个“最佳”结果，并允许用户参与修改。某些实用的键盘拼音输入软件已带有智能输入功能。例如：

Shi jiu shi ji shi ji shang hai mei you ji suan ji
十 九 世 纪 实 际 上 还 没 有 计 算 机

本例中输入的拼音“shi ji”机器根据语义，自动分别选择汉字“世纪”和“实际”。

从以上可以看出，各种输入方式相互之间有着密切关系，而且都向更智能化方向发展。

3. 汉字的存储

汉字的存储有两个方面的含义，一种是汉字内码的存储，另一种是字形码的存储。

字形码也称字模码，目前计算机显示器和打印机都用点阵表示汉字字形代码，它是汉字的输出形式。根据输出汉字的要求不同，点阵的多少也不同。简易型汉字为 16×16 点阵，提高型汉字为 24×24 点阵，32×32 点阵，甚至更高。

字模点阵的信息量是很大的，所占存储空间也很大，以 16×16 点阵为例，每个汉字就要占用 32 个字节，两级汉字大约占用 256KB。因此字模点阵只能用来构成“字库”，而不能用于机内存储。字库中存储了每个汉字的点阵代码，当显示输出时才检索字库，输出字模点阵，得到字形。图 7.7 所示是“英”字点阵及编码。

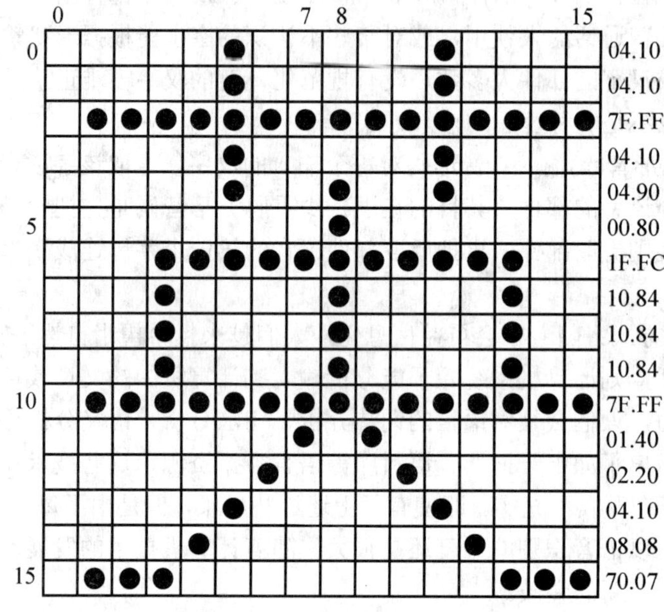

图 7.7 汉字字形点阵及编码

汉字字形最初就是采用上述的点阵字形，为了提高字形质量，以后开始采用矢量表示，继而采用轮廓曲线，或同时采用矢量和曲线来表示数字和拼音字母。

汉字内码是用于汉字信息的存储、交换、检索等的机内代码，内码比字形点阵码占用空间少，一般用两个字节就可以表示汉字。汉字内码表示有许多种，要考虑的因素有以下几点：①码位尽量短；②表示的汉字要足够多；③码值要连续有序，以便于操作运算。因此，为了能够表示两级 6763 个汉字，每个汉字用两个字节。

4. 汉字的输出

汉字输出有打印输出和显示输出两种形式。

汉字显示器多采用与图形显示兼容的光栅扫描显示器，一般采用 16×16 点阵。

在计算机系统中，常利用通用显示器和打印机输出汉字，在主机内部由图形显示形成点阵码以后，将点阵码送到设备，设备只要具有输出点阵能力就可以输出汉字。以这种方式输出的汉字是利用设备可以画点的图形方式实现的，因此，常称这种汉字为“图形汉字”。

7.4 辅助存储器

7.4.1 磁盘存储器

磁盘存储器(Magnetic Disk Storage)是以磁盘为存储介质的存储器。它是利用磁记录技术在涂有磁记录介质的旋转圆盘上进行数据存储的辅助存储器(简称辅存)，具有存储容量大、数据传输率高、存储数据可长期保存等特点。在计算机系统中，常用于存放操作系统、程序和数据，是主存的扩充。磁盘存储器发展趋势是提高存储容量，提高数据传输率，减少存取时间，并力求轻、薄、短、小。磁盘存储器通常由磁盘、磁盘驱动器(或称磁盘机)和磁盘控制器构成。

磁盘存储器利用磁记录技术在旋转的圆盘介质上进行数据存储，其工作原理如图 7.8 所示。

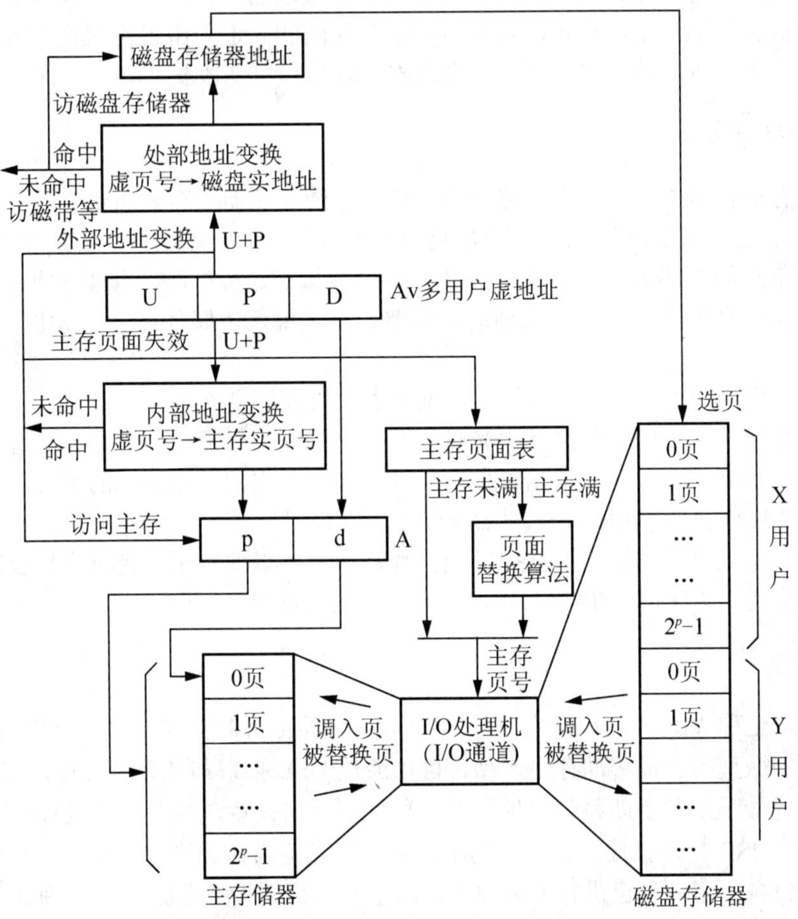

图 7.8 磁盘存储器工作原理

磁盘存储器是一种应用广泛的直接存取存储器。其容量较主存大千百倍，在各种规模的计算机系统中，常用于存放操作系统、程序和数据，是对主存的扩充。磁盘存储器存入的数据可长期保存，与其他辅存相比，磁盘存储器具有较大的存储容量和较快的数据传输速率。典型的磁盘驱动器包括盘片主轴旋转机构与驱动电机、头臂与头臂支架、头臂驱动电机、净化盘腔与空气净化机构、写入读出电路、伺服定位电路和控制逻辑电路等。

磁盘以恒定转速旋转。悬挂在头臂上具有浮动面的头块(浮动磁头)，靠加载弹簧的力量压向盘面，盘片表面带动的气流将头块浮起。头块与盘片间保持稳定的微小间隙。经滤尘器过滤的空气不断送入盘腔，保持盘片和头块处于高度净化的环境内，以防头块与盘面划伤。根据控制器送来的磁道地址(即圆柱面地址)和寻道命令，定位电路驱动直线电机将头臂移至目标磁道上。伺服磁头读出伺服磁道信号并反馈到定位电路，使头臂跟随伺服磁道稳定在目标磁道上。读写与选头电路根据控制器送来的磁头地址接通应选的磁头，将控制器送来的数据以串行方式逐位记录在目标磁道上；或反之，从选定的磁道读出数据并送往控制器。头臂装在梳形架小车上，在寻道时所有头臂一同移动。所有数据面上相同直径的同心圆磁道总称圆柱面，即头臂定位一次所能存取的全部磁道。每个磁道都按固定的格式记录。在标志磁道起始位置的索引之后，记录该道的地址(圆柱面号和头号)、磁道的状况和其他参考信息。在每一记录段的尾部附记有该段的纠错码，对连续少数几位的永久缺陷所造成的错误靠纠错码纠正，对有多位永久缺陷的磁道须用备份磁道代替。写读操作是以记录段为单位进行的。记录段的长度有固定段长和可变段长两种。

7.4.2 光盘存储器

光盘存储器是一种采用光存储技术存储信息的存储器，它采用聚焦激光束在盘式介质上非接触地记录高密度信息，以介质材料的光学性质(如反射率、偏振方向)的变化来表示所存储信息的“1”或“0”。由于光盘存储器容量大、价格低、携带方便及交换性好等特点，已成为计算机中一种重要的辅助存储器，也是现代多媒体计算机 MPC 不可或缺的存储设备。

按光盘可擦写性分类主要包括只读型光盘和可擦写型光盘。

只读型光盘所存储的信息是由光盘制造厂家预先用模板一次性将信息写入，以后只能读出数据而不能再写入任何数据。按照盘片内容所采用的数据格式的不同，又可以将盘片分为 CD-DA、CD-I、Video-CD、CD-ROM、DVD 等。

可擦写型光盘是由制造厂家提供空盘片，用户可以使用刻录光驱将自己的数据刻写到光盘上，它包括 CD-R、CD-RW 和相变光盘及磁光盘等。

7.4.3 U 盘

U 盘，全称“USB 闪存盘”，英文名“USB Flash Disk”。它是一个 USB 接口的无需物理驱动器的微型高容量移动存储产品，可以通过 USB 接口与计算机连接，实现即插即用。U 盘的称呼最早来源于朗科公司生产的一种新型存储设备，名曰“U 盘”，使用 USB 接口进行连接。USB 接口就连到计算机的主机后，U 盘可与计算机交换资料。而之后生产的类似技术的设备由于朗科已进行专利注册，而不能再称之为“优盘”，而改称谐音的“U 盘”。后来 U 盘这个称呼因其简单易记而广为人知，而直到现在这两者也已经通用，并对它们不再作区分，是移动存储设备之一。

7.4.4 磁带存储器

磁带存储器(Magnetic Tape Storage)是以磁带为存储介质，由磁带机及其控制器组成的存储设备，是计算机的一种辅存。磁带机由磁带传动机构和磁头等组成，能驱动磁带相对磁头运动，用磁头进行电磁转换，在磁带上顺序地记录或读出数据。磁带存储器是计算机外围设备之一。磁带控制器是中央处理器在磁带机上存取数据用的控制电路装置。磁带存储器以顺序方式存取数据。存储数据的磁带可脱机保存和互换读出。

磁带存储器属于磁表面存储器。所谓磁表面存储，是用某些磁性材料薄薄地涂在金属铝或塑料表面作载磁体来存储信息。磁带存储器是以顺序方式存取数据。存储数据的磁带可以脱机保存和互换读出。除此之外，它还有存储容量大、价格低廉、携带方便等特点，是计算机的重要外围设备之一。

7.4.5 固态硬盘

固态硬盘(Solid State Disk 或 Solid State Drive)，又称电子硬盘或者固态电子盘，是由控制单元和固态存储单元(DRAM 或 FLASH 芯片)组成的硬盘。由于固态硬盘没有普通硬盘的旋转介质，因而抗震性极佳。

固态硬盘的接口规范和定义、功能及使用方法上与普通硬盘的相同，在产品外形和尺寸上也与普通硬盘一致。由于固态硬盘技术与传统硬盘技术不同，所以产生了不少新兴的存储器厂商。厂商只需购买 NAND 存储器，再配合适当的控制芯片，就可以制造固态硬盘了。新一代的固态硬盘普遍采用 SATA-2 接口。

7.4.6 各种辅存的综合比较

磁盘、磁带和光盘不仅在记录原理上相类似，而且作为部件来说，它们都包括磁、光、电、精密机械和马达等；作为存储系统，它们都包括控制器及接口逻辑；在技术上，都可采用自同步技术、定位和校正技术以及相类似的读写系统。然而这 3 种存储器在计算机系统中，还是各有各的特点和功能，有不同的用处。

7.5 常用输入设备案例

矩阵式键盘的按键识别方法如下。

(1) 确定矩阵式键盘上何键被按下介绍一种“行扫描法”。

行扫描法：行扫描法又称为逐行(或列)扫描查询法，是一种最常用的按键识别方法，介绍过程如下。

① 判断键盘中有无键按下，将全部行线 $Y_0 \sim Y_3$ 置低电平，然后检测列线的状态。只要有一列的电平为低，则表示键盘中有键被按下，而且闭合的键位于低电平线与 4 根行线相交叉的 4 个按键之中。若所有列线均为高电平，则键盘中无键按下。

② 判断闭合键所在的位置 在确认有键按下后，即可进入确定具体闭合键的过程。其方法是依次将行线置为低电平，即在置某根行线为低电平时，其他线为高电平。在确定某

根行线位置为低电平后，再逐行检测各列线的电平状态。若某列为低，则该列线与置为低电平的行线交叉处的按键就是闭合的按键。

(2) 确定矩阵式键盘上何键被按下介绍一种“高低电平翻转法”。

首先使 $P1$ 口高四位为 1，低四位为 0。若有按键按下，则高四位中会有一个 1 翻转为 0，低四位不会变，此时即可确定被按下的键的行位置。

然后使 $P1$ 口高四位为 0，低四位为 1。若有按键按下，则低四位中会有一个 1 翻转为 0，高四位不会变，此时即可确定被按下的键的列位置。

最后将上述两者进行或运算即可确定被按下的键的位置。

这是键盘处理程序的简单的介绍，实际上，键盘、显示处理是很复杂的，它往往占到一个应用程序的大部分代码，可见其重要性，但这种复杂并不来自于计算机的本身，而是来自于操作者的习惯等问题。因此，在编写键盘处理程序之前，最好先把它从逻辑上理清，然后用适当的算法表示出来，最后再去写代码，这样，才能快速有效地写好代码。

本章小结

任何一个计算机系统，都是由硬件系统和软件系统组成的。在硬件系统中，除了主机外，必须配备相应的外围设备，计算机系统才能正常地工作。外围设备是人和计算机系统的接口，计算机操作者是通过各种外围设备来使用计算机的，外围设备是人类使用计算机的工具和桥梁。因此，外围设备知识是计算机科学和技术领域知识中重要的组成部分，学习计算机科学技术和应用必须具有一定的外围设备知识。21 世纪将是信息化的世纪。进入 21 世纪以后，世界各国加速建设信息化，信息化建设推动了计算机科学技术的发展，随着计算机技术的飞速发展和计算机应用领域的不断拓展，外围设备的品种、类型和数量不断增加，外围设备在计算机硬件系统的成本中所占的比重也不断上升。

通过本章的学习，读者以了解、使用外围设备出发点，对输入设备、输出设备、存储设备等各种类型的外围设备的作用、分类、原理及其发展有一定的认识，重点掌握一些典型设备的组成结构与工作原理。

习　题

一、选择题

1. 在微型机系统中外围设备通过________与主板的系统总线相连接。

A. 适配器　　B. 设备控制器　　C. 计数器　　D. 寄存器

2. CRT 的分辨率为 1024×1024 像素，像素颜色数为 256，则刷新存储器像素的容量为________。

A. 512K　　B. 1MB　　C. 256KB　　D. 2MB

3. CRT 的颜色数为 256 色，那刷新存储器每个单元的字长是________。

A. 256 位　　B. 16 位　　C. 8 位　　D. 7 位

4. 显示器得主要参数之一是分辨率，其含义为________。

A. 显示屏幕的水平和垂直扫描的频率

B. 显示屏幕上光栅的列数和行数

C. 可显示不同颜色的总数

D. 同一幅画面允许显示不同颜色的最大数目

5. 微型计算机所配置的显示器，若显示控制卡上刷存容量是1MB，则当采用800×600的分辨率模式时，每个像素最多可以有________种不同颜色。

A. 256　　B. 65536　　C. 16M　　D. 4096

6. 若磁盘的转速提高一倍，则________。

A. 平均存取时间减半　　B. 平均找到时间减半.

C. 存储密度可以提高一倍　　D. 平均定位时间不变

7. 3.5英寸软盘记录方式采用________。

A. 单面双密度　　B. 双面双密度　　C. 双面高密度　　D. 双面单密度

二、判断题

1. 外围设备位于主机箱的外部。

2. 使用键盘可以方便的输入字符和数字，用鼠标也可以输入字符和数字。

3. 扫描仪的核心部件是完成光电转换的，称为扫描模组的光电转换部件。

4. 液晶显示器不存在刷新频率和画面闪烁的问题，因此降低了视觉疲劳度。

5. 一个磁盘中只有一个磁头。

6. 在磁盘中，磁头必须接触盘片才能记录数据。

7. 光驱的旋转速度一般以R/M来计算，或以倍速来计算。

8. 光盘的直径约为120mm。

9. CD-R和CD-RW刻录机所使用的盘片都有金盘、蓝盘和绿盘3种。

10. DVD盘片只能在DVD播放设备DVD播放机上播放。

11. 一块网卡上一般只有一个网络接口，这个网络接口，这个网络接口是RJ-45接口。

12. 微型计算机目前普遍使用立式机箱，其主要原因是立式机箱和散热性能比卧式机箱好。

13. UPS中逆变器的作用是变流、滤波、调节和保护，即把直流变成交流电，保证输出电压谐波在允许的范围内。

三、填空题

1. 磁带、磁盘属于________存储器，特点是________大，________低，记录信息________，但存取速度慢，因此在计算机系统中作为________的存储器。

2. 磁盘面存储器主要技术指标有________、________、________、________。

3. 分辨率为1280×1024的显示器，若灰度为256级，则刷新存储器的容量最小为________字节。若采用32为真彩色方式，则刷新存储器的容量最小为________字节。

4. 三键鼠标上有3个键，最左边的是________键，最右边的键是________键，中间的是________键。

四、简答题

1. 何谓刷新存储器？其存储容量与什么因数有关？假设显示分辨率为 1024×1024，256 种颜色的图像，问刷新存储器的容量是多少？

2. 刷存的主要性能指标是它的宽带。实际工作时显示适配器的几个功能部分要争用刷存的宽带。假定总宽带的 50%用于刷新屏幕，保留 50%宽带用于其他非刷新功能。

(1) 若显存工作方式采用分辨率为 1024×768，颜色深度为 3B，帧频(刷新速度)为 72Hz，计算刷存总带宽为多少？

(2) 为达到这样高的刷存宽带，应采用何种技术措施？

3. 彩色图形显示器，屏幕分辨率为 640×480，共有 4 色、16 色、256 色、65536 色 4 种显示模式。

(1) 请给出每个像素的颜色数 m 和每个像素占用的存储器的比特 n 之间的关系。

(2) 显示缓冲存储器的容量是多少？

输入/输出系统

学习目标

了解输入/输出系统的工作方式、特点。

理解程序直接控制方式、中断方式、直接存储器访问 DMA 方式、输入/输出通道方式、常用的 I/O 接口标准。

掌握输入/输出接口的功能、组成、分类、控制方式、编址方式。CPU 与输入/输出设备之间传输数据的方式。

知识结构

本章知识结构如图 8.1 所示。

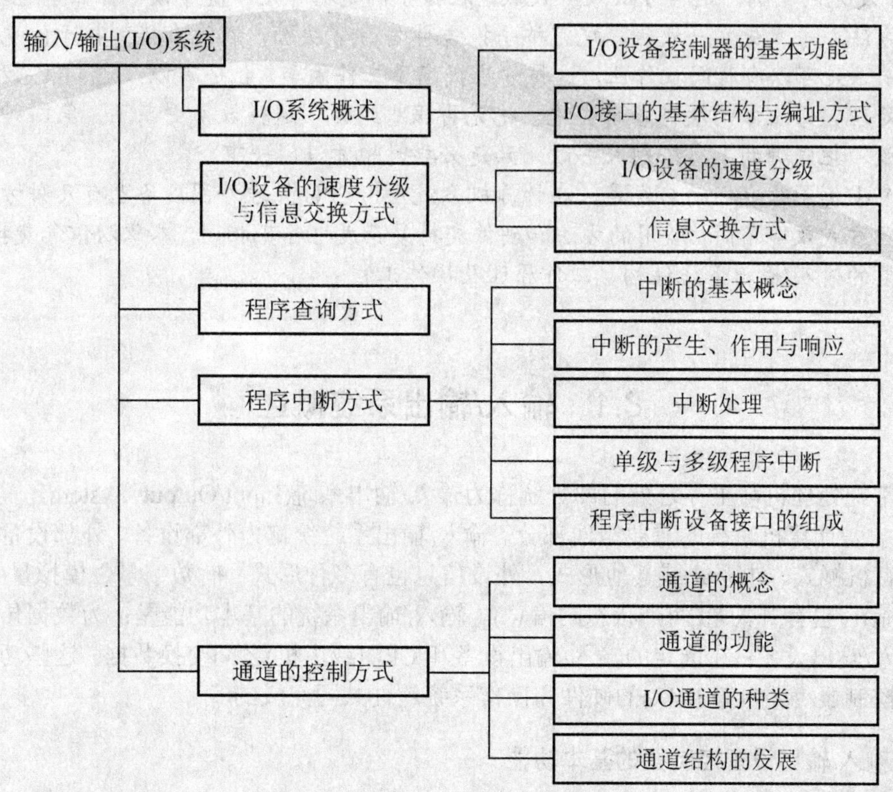

图 8.1　输入/输出系统知识结构

- 输入/输出(I/O)系统
  - DMA输入/输出方式
    - DMA的基本概念
    - 基本的DMA控制器类型与组成
    - DMA的数据传送过程
    - DMA的三种控制方式
  - 外围处理机方式与通道控制方式
    - 通道型I/O处理机与外围处理机
    - 通用I/O标准接口

图 8.1　输入/输出系统知识结构(续)

导入案例

作为计算机系统的第三类部件 I/O 逻辑模块，它的工作效率体现着计算机系统的综合处理能力。为了便于理解，请看这样一个案例。假设幼儿园的阿姨给 5 个小朋友每人分两块糖。要求小朋友们把两块糖都吃完，那这位阿姨用什么办法分呢？我们假定她给孩子们改作业是她的主要任务。

第一种方法，她先给一个孩子一块糖，看着吃完，再给第二块糖，依此类推，直到第 5 个孩子发完两块糖。这种方法效率太低，在孩子们吃糖时她一直守候，什么事也不能干。第二种方法，每人先发一块糖，吃完举手报告再给第 2 块糖，在没有接到孩子们吃完糖的报告之前，她可以有时间批作业，这种方法提高了工作效率，但还可以改进。第三种方法，进行批处理，每人拿两块糖各自去吃，吃完再报告给她，这样效率更高了。第四种方法，权力下放，把发糖的事交给别人去做，只是必要时她才过问一下。

这个小例子给我们的启发是，在计算机系统中，CPU 管理外围设备也有几种方式，每种的管理方式效率不同，所用的方法和硬件支持复杂度也各不相同。本章以信息交换为纲，介绍典型的输入/输出系统结构、工作原理及操作工程。

8.1　输入/输出系统概述

通常把处理机与主存之外的部分统称为输入/输出系统(Input/Output System，简称 I/O 系统)。它是计算机系统的重要组成部分。输入/输出系统统称为外部设备。外部设备的种类繁多，有机械式、电子式或其他形式。外设信息也有多种形式，有数字量、模拟量(模拟电压、电流)，也有开关量(两个状态的信息)。输入/输出系统的基本功能是：为数据传送操作选择输入/输出设备；在选定的输入/输出设备和 CPU(或主机)之间交换数据。这些功能正是由设备控制器(或称 I/O 接口)的硬件和操作系统软件共同完成的。

8.1.1　输入/输出设备控制器的基本功能

为了便于设计和计算机实现，通常将输入/输出设备分为机械部分和电子部分。机械部分为通常意义上的输入/输出设备本身的硬件组成和结构，如打印机、扫描仪等。电子部分为设备控制器，也称为接口。接口是计算机与 I/O 设备或其他系统之间所设置的逻辑控制部件，也称 I/O 控制器。输入/输出设备通过设备控制器进入计算机系统，操作系统通过设备控制器管理设备。

设备控制器(接口)是一个以电路板形式出现的硬件设施，用于完成设备与主机之间的连接和通信。不同的设备需要用不同的设备控制器。在个人计算机和小型计算机中，设备控制器是一块可以插入主板扩展槽的印刷电路板，也称为适配器。现在常用的设备控制器被集中在主板上。在大型计算机系统中，设备控制器是专门的模块，可以与主板一样，插入计算机主机箱中，也可以单独插入外围机箱中，是用于 I/O 设备与主机连接的主要器件。

1. I/O 设备与主机存在的主要差异

(1) 信号差异：I/O 设备与主机在信号线的功能定义、逻辑电平定义、电平范围定义以及时序关系等方面可能存在差异。

(2) 数据传送格式差异：主机是以并行传送方式在系统总线上传送数据的，而一些 I/O 设备则属于串行设备，只能以串行方式传送数据。

(3) 数据传送速度差异：主机的数据传送速度远高于 I/O 设备的数据传送速度。

设置 I/O 设备控制器，主要就是为了进行信号与数据传送格式的转换，并实现数据传送速度的缓冲。

2. I/O 接口具有的功能

(1) 控制功能：接口要协助主机完成对 I/O 设备的控制；为此，接口中设置了存放主机命令代码的控制寄存器。

(2) 状态反馈功能：接口中设置有状态寄存器，用以存放 I/O 设备反馈的各种工作状态信息。主机通过读取状态寄存器的内容来了解 I/O 设备当前的工作状态，作为主机实施下一步操作的依据。

(3) 数据缓冲功能：为了协调主机与 I/O 设备之间的数据传送速度，双方采用异步联络方式传送数据。为此，接口中设置了数据缓冲寄存器(简称数据寄存器)，用于数据暂存。

(4) 转换功能：在主机与 I/O 设备之间进行信号转换和数据格式转换(包括并→串和串→并转换，用移位寄存器来完成)，起到转换器的作用。

(5) 设备选择功能：所谓设备选择，实际上是指主机对 I/O 设备接口中的寄存器的选择。这种选择是通过寄存器地址进行的，因此，接口中需要有地址译码电路，对主机发出的寄存器地址进行译码，以确定主机要访问的寄存器。

(6) 中断控制功能：如果主机与 I/O 设备之间需要采用中断方式传送数据，则接口还要具备中断请求、中断响应和中断屏蔽等功能。

8.1.2 输入/输出接口的基本结构和编址方式

1. I/O 接口的基本结构

一个 I/O 接口模块一侧是与主机系统总线连接的接口，另一侧是与 I/O 设备连接的接口。接口模块中那些可被主机访问的寄存器通常被称为端口，其中，数据寄存器被称为数

据端口，控制寄存器被称为控制端口，状态寄存器被称为状态端口。图 8.2 所示为 I/O 接口模块的组成框图。

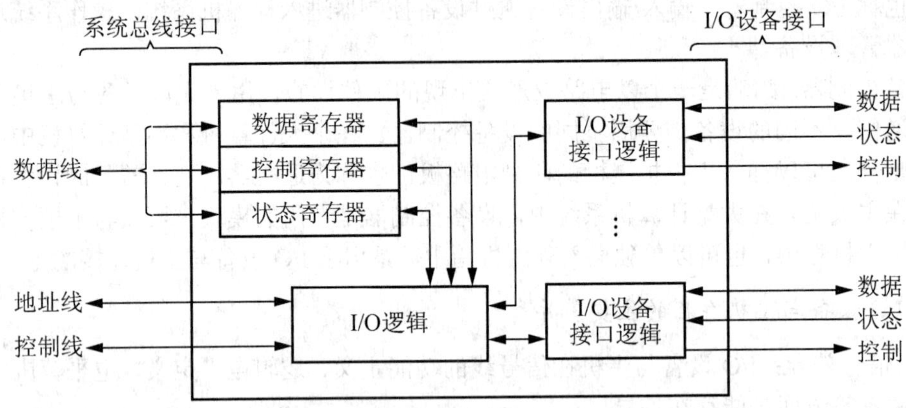

图 8.2　I/O 接口模块组成

一个 I/O 接口模块可以有多个 I/O 设备接口逻辑，连接多台同类型的 I/O 设备。接口模块与主机一侧的接口为并行接口；与 I/O 设备一侧的接口既有并行接口，也有串行接口。如果是串行接口，则需要有并→串(对输出设备)或串→并(对输入设备)转换的功能。不同类型的 I/O 设备对接口的要求是不同的。因此，没有绝对通用的万能 I/O 接口。

2. I/O 接口的编址方式

在接口电路中通常都具有多个可由 CPU 进行读写操作的寄存器，每个寄存器又称端口。为了 CPU 便于对 I/O 设备进行寻址和选择，必须给众多的 I/O 设备的端口进行编址，也就是给每一台设备规定一些地址码，称为设备号或设备代码。随着 CPU 对 I/O 设备下达命令方式的不同而有以下两种寻址方法。

(1) 存储器、I/O 接口统一编址：I/O 接口统一编址是指把 I/O 接口与主存单元统一编址，即把 I/O 接口与主存单元编在同一套地址当中。在这样的系统中，直接用访问主存的指令来访问 I/O 接口即可，不需要专门设计访问 I/O 接口的指令。

统一编址方式的优点有访问 I/O 接口的指令种类多，功能齐全，不仅能对 I/O 接口进行输入输出操作，而且能直接对接口中的数据进行各种处理，可以给 I/O 接口以较大的编址空间，这对大型控制系统和数据通信系统很有意义。

统一编址方式的缺点表现在用访问主存的指令访问 I/O 接口，无论是指令格式，还是寻址方式，都比较复杂，执行速度较慢；I/O 接口占据了一部分地址空间，使主存空间减小。

(2) I/O 端口独立编址是指把所有的 I/O 端口集中起来，单独编一套地址。在该方式下，需设计专门的 I/O 端口访问指令，称为 I/O 指令。I/O 指令通常只包含输入指令和输出指令两类。CPU 通过执行 I/O 指令来读入外设状态、与外设交换数据或对外设实施控制。

(3) 独立编址方式简化了 I/O 指令的功能和寻址方式，缩短了 I/O 指令的长度，加快了 I/O 指令的执行速度。专门的 I/O 指令也使程序的功能更加清晰，有利于程序的理解和调试。此外，I/O 端口独立编址不占用主存的地址空间。例如，IBM 个人计算机等系列机设置有专门的 I/O 指令(IN 和 OUT)。

8.2 输入/输出设备的速度分级与信息交换方式

8.2.1 输入/输出设备的速度分级

外围设备的种类繁多，从信息传输速率来讲，不同的外设之间存在很大的悬殊，如键盘输入时，每个字符的输入间隔时间可达几秒钟。如果把高速工作的主机同不同速度工作的外围设备相连接，如何保证主机与外围设备在时间上同步？这就是接下来要讨论的外围设备的定时问题。输入/输出设备同CPU交换数据的过程如下。

1. 输入过程

CPU把一个地址值放在地址总线上，这一步将选择某一输入设备；CPU等候输入设备的数据成为有效；CPU从数据总线读入数据，并放在一个相应的寄存器中。

2. 输出过程

CPU把一个地址值放在地址总线上，选择输出设备；CPU把数据放在数据总线上；输出设备认为数据有效，从而把数据取走。

上述的输入/输出过程的关键在于，究竟什么时候交换的数据才成为有效？由于I/O设备本身的速度差异很大，因此，对于不同速度的外围设备，需要有不同的定时方式。

3. CPU与外围设备之间的定时

CPU与外围设备之间的定时有以下3种情况。

(1) 固定式定时方式(速度极慢或简单的外围设备)：这类设备CPU只要接收或发送数据即可。因为这类设备的动作相对于CPU的速度来说非常慢，CPU可以认为输出一定准备就绪，在这种情况下，CPU只要接收或发送数据就可以了。

(2) 异步定时方式(慢速或中速的外围设备)：由于这类设备的速度和CPU的速度并不在一个数量级，CPU与这类设备之间的数据交换通常采用异步定时方式，即CPU通过查询外围设备的状态“准备好”或“忙”的标志，来控制对外围设备数据接收或者发送。通常，把这种在CPU和外设间用问答信号进行定时的方式称为应答式数据交换 。

(3) 同步定时方式(高速的外围设备)：由于这类外设是以相等的时间间隔操作的，而CPU也是以等间隔的速率执行I/O指令的，因此，这种方式称为同步定时方式。一旦CPU和外设发生同步，它们之间的数据交换便靠时钟脉冲控制来进行。

更快的同步传送要采用直接内存访问(DMA)方式，这将在后面详细介绍。

8.2.2 信息交换方式

随着信息交换方式的不同，会涉及两个方面的问题，一方面是支持该方式的硬件组成，即相应的接口电路设计；另一方面是支持该方式的软件配置，即相应的I/O程序设计。信息传送的控制方式一般分为以下5种。

1. 程序查询方式

程序查询方式又称为程序直接控制方式(Programmed Direct Control)，数据在CPU和外

围设备之间的传送完全靠计算机程序控制。当主机执行到某条指令时，发出询问信号，读取设备的状态，并根据设备状态，决定下一步操作，这样要花费很多时间用于查询和等待，效率大大降低。这种控制方式用于早期的计算机。现在，除了在微处理器或微型计算机的特殊应用场合，为了求得简单而采用外，一般不采用了。

2. 程序中断控制方式

程序中断控制方式(Program Interrupt Transfer)是外部设备在完成了数据传送的准备工作后，“主动”向 CPU 提出输入数据或接收输出数据的一种方法。当一个中断发生时，CPU 暂停原执行的程序，转向中断处理程序，从而可以输入或输出一个数据。当中断处理完毕后，CPU 又返回到它原来的任务，并从它停止的地方开始执行程序。在这种方式下，CPU 的效率得到提高，这是因为设备在数据传送准备阶段时，CPU 仍在执行原程序；此外，CPU 不再像程序直接控制方式下那样被一台外设独占，它可以同时与多台设备进行数据传送。中断方式一般适用于随机出现的服务，并且一旦提出要求，应立即进行。同程序查询方式相比，硬件结构相对复杂一些，服务开销时间较大。这种方式的缺点是，在信息传送阶段，CPU 仍要执行一段程序控制，还没有完全摆脱对 I/O 操作的具体管理。

3. 直接内存访问方式

直接内存访问方式(Direct Memory Access，DMA)是一种完全由硬件进行成组信息传送的控制方式。它具有程序中断控制方式的优点，即在设备准备数据阶段，CPU 与外设能并行工作。它降低了 CPU 在数据传送时的开销，这是因为 DMA 接替了 CPU 对 I/O 中间过程的具体干预，信息传送不再经过 CPU，而在内存和外设之间直接进行，因此，称为直接内存访问方式。由于在数据传送过程中不使用 CPU，也就不存在保护 CPU 现场，恢复 CPU 现场等烦琐操作，因此数据传送速度很高。其主要优点是数据传送速度很高，传送速率仅受到内存访问时间的限制。这种方式适用于磁盘机、磁带机等高速设备大批量数据的传送。它的硬件开销比较大。DMA 接口中，中断处理逻辑还要保留。不同的是，DMA 接口中的中断处理逻辑，仅用于故障中断和正常传送结束中断时的处理，与中断方式相比，需要更多的硬件。DMA 方式适用于内存和高速外围设备之间大批数据交换的场合。

4. 通道方式

通道(Channel Control)是一种简单的处理机，它有指令系统，能执行程序，某些应用中称为输入/输出处理器(IOP)。通道方式利用了 DMA 技术，再加上软件，形成一种新的控制方式。它的独立工作的能力比 DMA 强，能对多台不同类型的设备统一管理，对多个设备同时传送信息。CPU 将部分权力下放给通道，它可以实现对外围设备的统一管理和外围设备与内存之间的数据传送，大大提高了 CPU 的工作效率。然而这种提高 CPU 效率的办法是以花费更多硬件的代价来实现的。

5. 外围处理机方式

外围处理机(Peripheral Processor Unit，PPU)是通道方式的进一步发展，它的结构更接近于一般的处理机，有时甚至就是一台微小型计算机。它可完成码制变换、格式处理、I/O 通道所要完成的 I/O 控制，还可完成数据块的检错、纠错等操作。它具有相应的运算处理部件、缓冲部件，可形成 I/O 程序所必需的程序转移等操作。它可简化设备控制器，而且可用它作为维护、诊断、通信控制、系统工作情况显示和人机联系的工具。I/O 处理机能够承担起输入/输出过程中的全部工作，完全不需要 CPU 参与。

外围处理机基本上独立于主机工作。在多数系统中，设置多台外围处理机，分别承担 I/O 控制、通信、维护诊断等任务。从某种意义上说，这种系统已变成分布式的多机系统。有了外围处理机后，计算机系统结构有了质的飞跃，由功能集中式发展为功能分散的分布式系统。

8.3　程序查询方式

程序查询方式又称程序控制 I/O 方式。在这种方式中，数据在 CPU 和外围设备之间的传送完全靠计算机程序控制，是在 CPU 主动控制下进行的。当执行 I/O 时，CPU 暂停执行主程序，转去执行 I/O 的服务程序，根据服务程序中的 I/O 指令进行数据传送。查询方式的接口电路应包括传输数据端口及传输状态端口。当输入信息时，外设准备好后，将数据送入锁存器，并使接口的“准备好”标准置为 1。当输出信息时，外设取走一个数据后，外设将标志位置成“空闲”状态，可接收下一个数据。程序查询方式是利用程序控制来实现 CPU 和 I/O 设备之间的数据传送。其工作步骤如下。

(1) 先向 I/O 设备发出命令字，请求进行数据传送。

(2) 从 I/O 接口读入状态字。

(3) 检查状态字中的标志，确认数据交换是否可以进行。

(4) 假如这个设备没有准备就绪，则重复进行第(2)步、第(3)步，一直到这个设备准备好交换数据，发出准备就绪信号“Ready”为止。

(5) CPU 从 I/O 接口的数据缓冲寄存器输入数据，或者将数据从 CPU 输出至接口的数据缓冲寄存器中。与此同时，CPU 将接口中的状态标志复位。

输入设备在数据准备好后便向接口发出一个选通信号。此选通信号的有两种作用：①把外设的数据送到接口的锁存器中；②它使接口中的一个状态触发器置 1。程序查询方式方法是主机与外设之间进行数据交换的最简单、最基本的控制方法。其优点是较好协调主机与外设之间的时间差异，所用硬件少；缺点是主机与外设只能串行工作，主机一个时间段只能与一个外设进行通讯，CPU 效率低。

8.4　程序中断方式

8.4.1　程序中断的基本概念

当计算机执行正常程序时，系统中出现某些异常情况或特殊请求，这些情况和请求可能来自计算机内部，也可能来自计算机外部，一旦有上述事件发生，计算机执行正常程序的状态被中断，CPU 要暂停它正在执行的程序，而转去处理所发生的事件；CPU 处理完毕后，自动返回到原来被中断了的程序继续运行。中断实际是程序的切换过程。图 8.3 给出了中断处理过程示意。主程序只是在设备数据准备就绪时，才去处理进行数据交换。在速

度较慢的外围设备准备自己的数据时，CPU 照常执行自己的主程序。CPU 和外围设备的一些操作是并行进行的，CPU 变主动请求为被动响应后，不需要花时间去查询和等待设备，因此大大提高了 CPU 的效率。

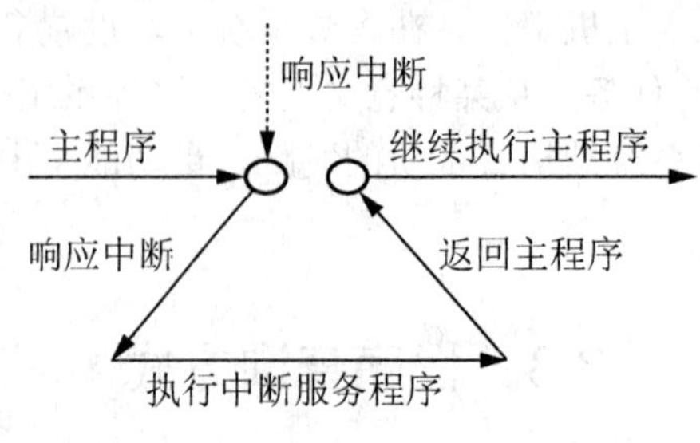

图 8.3　中断处理过程示意

8.4.2　中断的产生、作用与响应

1. 中断的产生

(1) 中断源：引起中断的原因或者发出中断请求的来源称为中断源。根据中断源的不同，可以把中断分为硬件中断和软件中断两大类，而硬件中断又可以分为外部中断和内部中断两类。

外部中断一般是指由计算机外设发出的中断请求，如键盘中断、打印机中断、定时器中断等。外部中断是可以屏蔽的中断，利用中断控制器可屏蔽这些外部设备的中断请求。

内部中断是指因硬件出错(如突然掉电、奇偶校验错等)或运算出错(除数为零、运算 溢出、单步中断等)所引起的中断。内部中断是不可屏蔽的中断。软件中断其实并不是真正的中断，它们只是可被调用执行的一般程序。例如，ROM BIOS 中的各种外部设备管理中断服务程序(键盘管理中断、显示器管理中断、打印机管理中断等)都是软件中断。

(2) 中断的分级与中断优先权：中断源种类繁多，多个中断源同时提出中断请求，但 CPU 同一时刻只能响应一个请求。因此中断系统必须按照任务的轻重缓急，为每个中断源确定服务的次序，然后 CPU 根据这个次序依次为每个中断源提供服务。所谓优先权是指有多个中断同时发生时，对各个中断响应的优先次序。

2. 系统在做优先级规定时需遵循的原则

系统在做优先级规定时通常需遵循以下原则。

(1) 对提出请求需要 CPU 立刻响应，否则会造成严重后果的中断源，优先级为最高。

(2) 对可延迟响应和处理的中断源，优先级较低。

(3) 禁止中断和中断屏蔽。

① 禁止中断：产生中断源后，由于某种条件的存在，CPU 不能中止现行程序的执行，称为禁止中断。一般在 CPU 内部设有一个“中断允许”触发器。只有该触发器置“1”状态，才允许中断源等待 CPU 响应；如果该触发器被清除，则不允许所有中断源申请中断。前者称为允许中断，后者称为禁止中断。

②“中断允许”触发器通过“开中断”、“关中断”指令来置位或复位。

③ 中断屏蔽：当产生中断请求后，用程序方式有选择地封锁部分中断，而允许其余的中断仍得到响应，称为中断屏蔽。实现方法是为每一个中断源设置一个中断屏蔽触发器来屏蔽该设备的中断请求。

3. 中断的作用与响应

(1) CPU 与 I/O 设备并行工作：引入中断系统后，可实现 CPU 与 I/O 设备的并行运行，大大提高了计算机的效率。图 8.4 所示为打印机引起的 I/O 中断时，CPU 与打印机的并行工作时间示意。从图可以看出，打印机完成一行打印之后，转向 CPU 发送中断信号，若 CPU 响应中断，则停止正在执行的程序转入中断服务程序，将要打印的下一行字发送到打印机控制器并启动打印机工作。然后 CPU 又继续执行原来的程序，此时打印机开始了新一行字的打印过程。打印机打印一行字需要几毫秒的时间，而中断处理时间是一般微秒级。

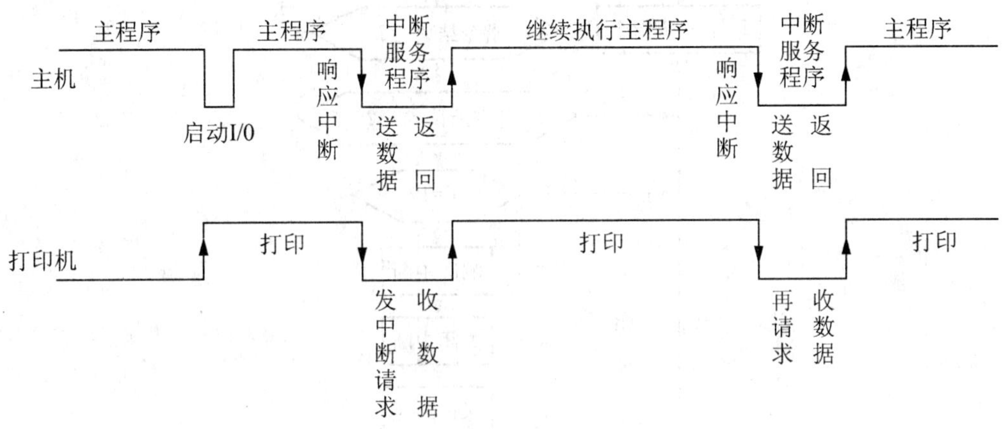

图 8.4 CPU 与打印机并行工作时间

(2) 提高了机器系统的可靠性：在计算机工作时，当运行的程序发生错误，或者硬设备出现某些故障时，机器中断系统可以自动发出中断请求，CPU 响应中断后自动进行处理，避免某些偶然故障引起的计算错误或停机，提高了机器系统的可靠性。

(3) 便于实现人机联系：在计算机工作过程中，操作人员可用键盘、开关等实现人机联系，完成人的干预控制。利用中断系统实现人机通信是很方便、很有效的。

(4) 实现多道程序：实现多道程序运行是提高机器效率的有效手段。多道程序的切换运行需借助于中断系统。在一道程序的运行中，可以由 I/O 中断系统切换到另外一道程序运行，也可以通过分配给每道程序一个固定时间片，利用时钟定时发送中断进行程序切换。

(5) 实现实时处理：所谓实时处理，是指在某个事件或现象出现时及时地进行处理，而不是集中起来再进行批处理。

(6) 实现用户状态程序和操作系统的联系：在现代计算机中，用户程序往往可以安排一条“访问管理程序”指令来调用操作系统的管理程序，这种调用是通过中断来实现的。通常称机器在执行用户程序时为目态，称机器执行管理程序时为管态。通过中断可以实现目态和管态之间的变换。

(7) 多处理机系统各处理机间的联系：在多处理机系统中，处理机和处理机间的信息交流和任务切换都是通过中断来实现的。

8.4.3 中断处理

在微型计算机系统中，对于外部中断，中断请求信号是由外部设备产生，并施加到 CPU

的 NMI 或 INTR 引脚上，CPU 通过不断地检测 NMI 和 INTR 引脚信号来识别是否有中断请求发生。对于内部中断，中断请求方式不需要外部施加信号激发，而是通过内部中断控制逻辑去调用。无论是外部中断还是内部中断，中断处理过程都要经历以下步骤：

请求中断→响应中断→关闭中断→保留断点→中断源识别→保护现场→中断服务子程序→恢复现场→中断返回。中断的响应过程如图 8.5 所示。

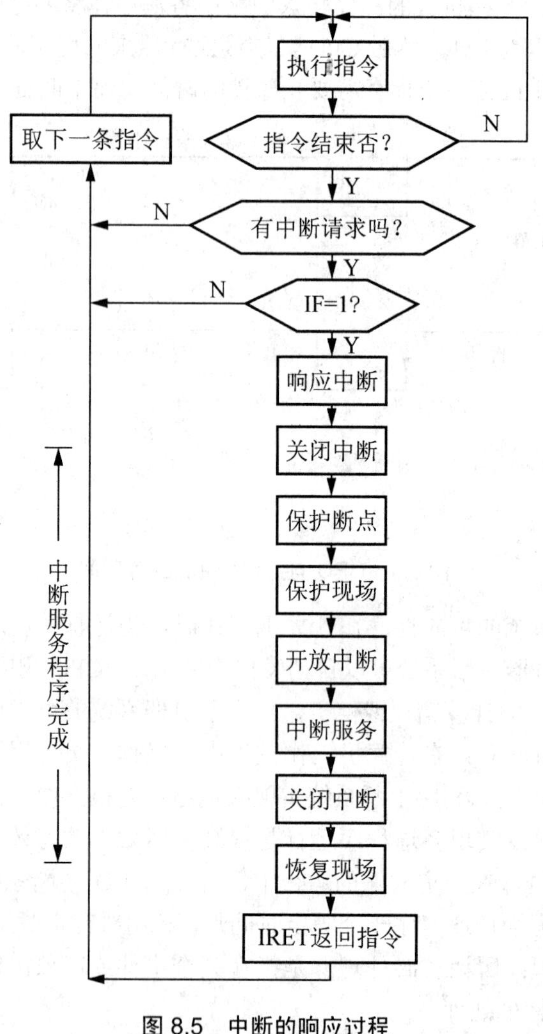

图 8.5　中断的响应过程

1. 中断请求

当某一中断源需要 CPU 为其进行中断服务时，就输出中断请求信号，使中断控制系统的中断请求触发器置位，向 CPU 请求中断。系统要求中断请求信号一直保持到 CPU 对其进行中断响应为止。

2. 中断响应

CPU 对系统内部中断源提出的中断请求必须响应，而且自动取得中断服务子程序的入口地址，执行中断服务子程序。对于外部中断，CPU 在执行当前指令的最后一个时钟周期去查询 INTR 引脚，若查询到中断请求信号有效，同时在系统开中断(即 IF＝1)的情况下，

CPU 向发出中断请求的外设回送一个低电平有效的中断应答信号，作为对中断请求的应答，系统自动进入中断响应周期。

3. 中断关闭

CPU 响应中断后，输出中断响应信号，自动将状态标志寄存器的内容压入堆栈保护起来，然后将中断标志位 IF 与陷阱标志位清零，从而自动关闭外部硬件中断。因为 CPU 刚进入中断时要保护现场，主要涉及堆栈操作，此时不能再响应中断，否则将造成系统混乱。

4. 保护断点

保护断点就是将寄存器的当前内容压入堆栈保存，以便中断处理完毕后能返回被中断的原程序继续执行，这一过程也是由 CPU 自动完成的。

5. 中断源识别

当系统中有多个中断源时，一旦有中断请求，CPU 必须确定是哪一个中断源提出的中断请求，并由中断控制器给出中断服务子程序的入口地址，装入寄存器。CPU 转入相应的中断服务子程序开始执行。中断源识别的任务是确定某次中断响应具体响应的是哪个中断源。中断源识别的方法很多，常用方法主要有软件查询法、硬件查询法和中断向量法等。

软件查询法是通过执行一段软件查询程序，对中断请求寄存器的状态逐位判断，从而确定某次该响应的是哪个中断源。前面讲到，将各中断源接口电路中的中断请求触发器合在一起构成一个中断请求寄存器，也就是说，中断请求寄存器的每一位就对应了一个中断源的中断请求状态。将中断请求寄存器的内容读出，按某一种顺序一位一位进行判别，遇到第一个“1”，这一位所对应的中断源就是本次 CPU 识别响应的中断源。

硬件查询法是通过专门的硬件电路实现中断源识别。一种实现中断源识别的串行排队链路如图 8.6 所示。

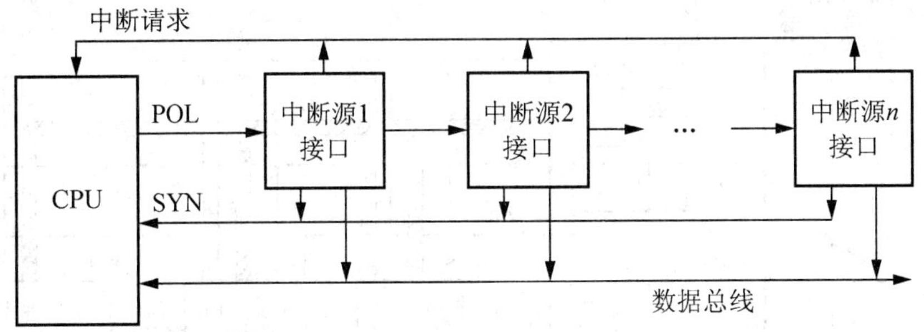

图 8.6 串行排队链中断源识别

在中断响应周期，CPU 发出查询信号 POL，沿着串行排队链依次经过各中断源接口。当 POL 到达某一中断源接口时，如果该中断源没有中断请求，则将 POL 信号继续往下传；如果该中断源有中断请求，则 POL 信号不再往下传，接口向 CPU 发回答信号 SYN，同时形成中断源的中断服务程序入口地址，经数据总线传送给 CPU。

6. 保护现场

主程序和中断服务子程序都要使用 CPU 内部寄存器等资源，为使中断处理程序不破坏主程序中寄存器的内容，应先将断点处各寄存器的内容压入堆栈保护起来，再进入中断处

理。现场保护是由用户使用指令来实现的。

7. 中断服务

中断服务是执行中断的主体部分，不同的中断请求有各自不同的中断服务内容，需要根据中断源所要完成的功能，事先编写相应的中断服务子程序存入内存，等待中断请求响应后调用执行。

8. 恢复现场

当中断处理完毕后，用户通过指令将保存在堆栈中的各个寄存器的内容弹出，即恢复主程序断点处寄存器的原值。

9. 中断返回

在中断服务子程序的最后要安排一条中断返回指令，执行该指令，系统自动将堆栈内保存的寄存器值弹出，从而恢复主程序断点处的地址值，同时还自动恢复标志寄存器的内容，使 CPU 转到被中断的程序中继续执行。

8.4.4 单级与多级程序中断

1. 单级中断

根据计算机系统对中断处理的策略不同，可分为单级中断系统和多级中断系统。

单级中断系统是中断结构中最基本的形式。在单级中断系统中，所有的中断源都属于同一级，所有中断源触发器排成一行，其优先次序是离 CPU 近的优先权高。当响应某一中断请求时，执行该中断源的中断服务程序。在此过程中，不允许其他中断源再打断中断服务程序，即使优先权比它高的中断源也不能再打断。图 8.7 所示为单级中断和系统结构示意。

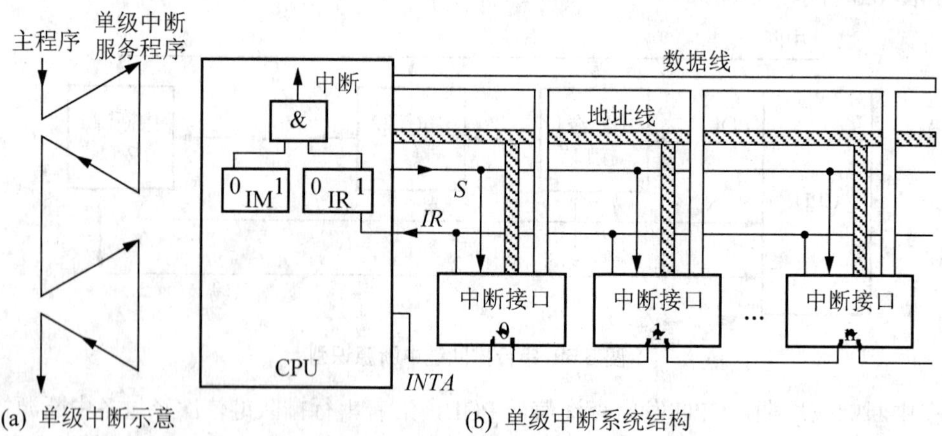

(a) 单级中断示意　　(b) 单级中断系统结构

图 8.7　单级中断

2. 多级中断

多级中断系统是指计算机系统中有相当多的中断源，根据各中断事件的轻重缓急程度不同而分成若干级别，每一中断级分配给一个优先权。优先权高的中断级可以打断优先权低的中断服务程序，从而可以进行程序嵌套方式工作。

根据系统的配置不同，多级中断可分为一维多级中断和二维多级中断，一维多级中断是指每一级中断里只有一个中断源，而二维多级中断是指每一级中断里又有多个中断源。由图 8.8 所示的多级中断可以看出，中断优先权决定了各中断源的中断响应顺序，而中断优先级决定了中断处理的顺序，先响应的中断不一定先处理完。在多级中断系统中，利用中断屏蔽码可以改变中断源的中断处理顺序，使机器的中断系统控制更灵活。

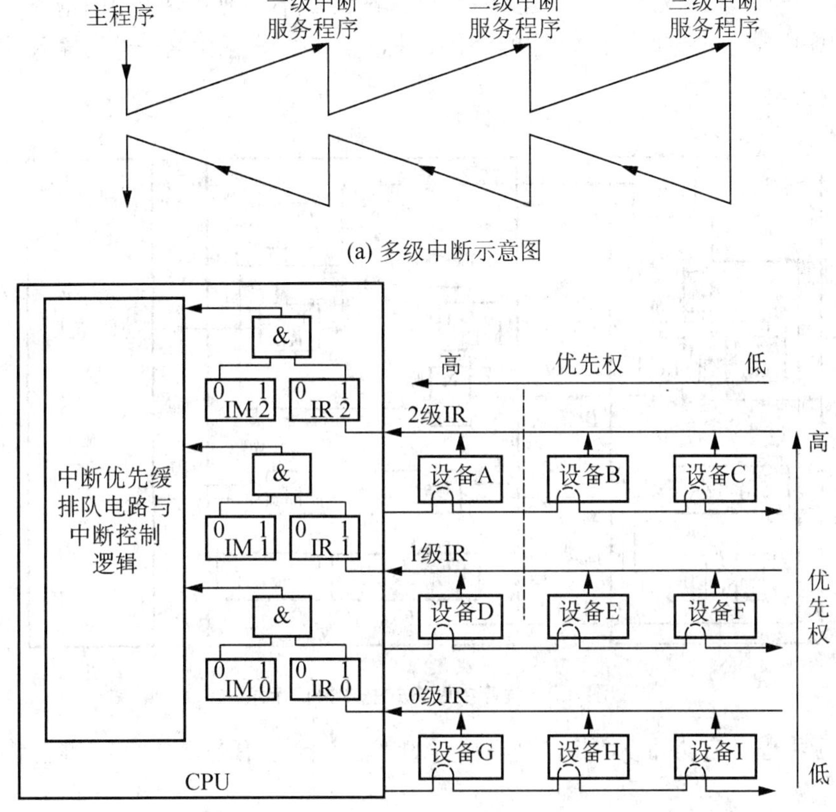

(b) 一维、二维多级中断结构

图 8.8　多级中断

8.4.5　程序中断设备接口的组成与工作原理

程序中断由外设接口的状态和 CPU 两方面来控制。在接口方面，有决定是否向 CPU 发出中断请求的机构，主要是接口中的“准备就绪”标志(RD)和“允许中断”标志(EI)两个触发器。在 CPU 方面，有决定是否受理中断请求的机构，主要是“中断请求”标志(IR)和“中断屏蔽”标志(IM)两个触发器。上述 4 个标志触发器的具体功能如下。

1. 标志触发器的功能

(1) 准备就绪的标志(RD)：一旦设备做好一次数据的接收或发送工作，便发出一个设备动作完毕信号，使 RD 标志为“1”，它就是程序查询方式中的 Ready (就绪)标志。在中断方式中，该标志用作为中断源触发器，简称中断触发器。

(2) 允许中断触发器(EI)：可以用程序指令来置位。EI 为“1”时，某设备可以向 CPU

发出中断请求；EI 为“0”时，不能向 CPU 发出中断请求，这意味着某中断的中断请求被禁止。设置 EI 标志的目的就是通过程序来控制是否允许某设备发出中断请求。

(3) 中断请求触发器(IR)：它暂存中断请求线上由设备发出的中断请求信号。当 IR 标志为“1”时，表示设备发出了中断请求。

(4) 中断屏蔽触发器(IM)：CPU 是否受理中断的标志。IM 标志为“0”时，CPU 可以受理外界的中断请求，反之，IM 标志为“1”时，CPU 不受理外界的中断请求。

(5) 程序中断方式基本接口如图 8.9 所示，标号①～⑩表示由某一外设输入数据的控制过程。

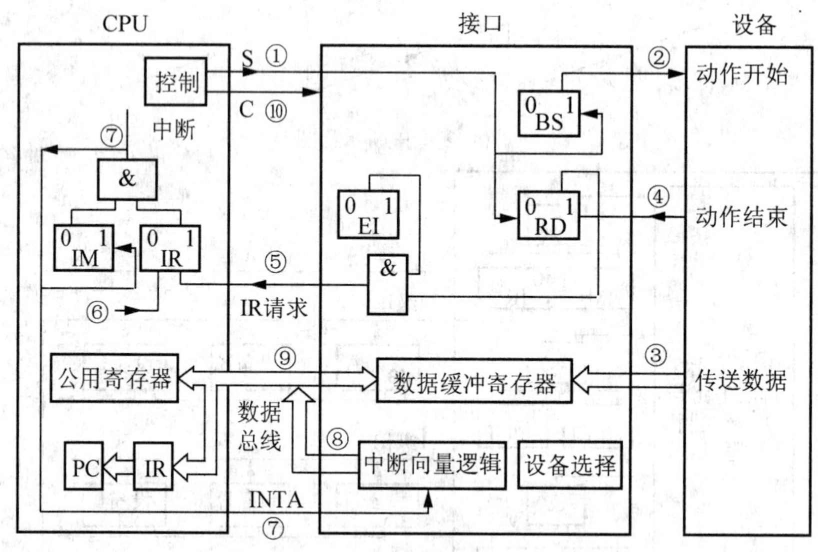

图 8.9 程序中断方式基本接口示意

① 表示由程序启动外设，将该外设接口的“忙”标志 BS 置“1”，“准备就绪”标志 RD 清“0”。

② 表示接口向外设发出启动信号。

③ 表示数据由外设传送到接口的缓冲寄存器。

④ 表示当设备动作结束或缓冲寄存器数据填满时，设备向接口送出一控制信号，将数据“准备就绪”标志 RD 置“1”。

⑤ 表示允许中断标志 EI 为“1”时，接口向 CPU 发出中断请求信号。

⑥ 表示在一条指令执行末尾 CPU 检查中断请求线，将中断请求线的请求信号送到中断请求触发器 IR。

⑦ 表示如果中断屏蔽触发器 IM 为“0”，则 CPU 在一条指令结束后受理外设的中断请求，向外设发出响应中断信号并关闭中断。

⑧ 表示转向该设备的中断服务程序入口。

⑨ 表示中断服务程序用输入指令把接口中数据缓冲寄存器的数据读至 CPU 中的累加器或寄存器中。

⑩ 表示 CPU 发出控制信号 C 将接口中的 BS 和 RD 标志复位，一次中断处理结束。

2. 中断控制器

由于将中断请求、中断屏蔽、中断判优、中断响应等中断逻辑设置在 CPU 中，既增加了 CPU 的硬件复杂度，也限制了中断系统的扩展。因此，中断控制器包含了 CPU 中的大部分中断逻辑，以及设备接口中的中断向量产生逻辑。中断控制器用来接受设备的中断请求，完成中断屏蔽与中断服务优先权分析，向 CPU 发送符合中断服务优先权规则的中断请求，并在 CPU 的中断响应信号控制下，向 CPU 提供设备的中断向量等。

中断控制器是 CPU 与 I/O 设备之间的一个重要接口，有了它，CPU 中只需保留一个中断请求触发器、一个中断允许触发器及中断响应逻辑即可。

8.5 通道控制方式

通道是大、中型计算机中常使用的 I/O 技术。随着 IT 技术的进步，通道的设计理念有新的发展，并应用到大型服务器甚至微型计算机中。

8.5.1 通道的概念

I/O 通道(I/O channel)又称通道处理器，是一种能执行有限指令集的专用处理器，它通过执行存储在内存中的固定或由 CPU 设置的通道程序来控制设备的 I/O 操作。与 DMA 控制器一样，通道也是一个独立的控制部件，但它比 DMA 控制器更进了一步，一方面它是一个处理器，有有限的指令集，能够执行程序；另一方面它控制灵活，可以适应不同工作方式、不同速度要求、不同数据格式的不同种类的设备的要求。当然，通道处理器还不是一个通用处理器，而是专用于 I/O 控制的 I/O 处理器。

通道处理器可以分担 CPU 大部分的 I/O 处理工作，如管理所有低速外围设备的 I/O 操作，对 DMA 控制器的初始化工作，控制 DMA 的数据传输、数据格式转换、设备状态检测等，使 CPU 能从烦琐的 I/O 处理中解脱出来，真正发挥其“计算”的能力。

8.5.2 通道的功能

通道的出现进一步提高了 CPU 的效率。因为通道是一个特殊功能的处理器，它有自己的指令和程序专门负责数据输入/输出的传输控制，而 CPU 将“传输控制”的功能下放给通道后只负责“数据处理”功能。这样，通道与 CPU 分时使用内存，实现了 CPU 内部运算与 I/O 设备的并行工作。典型的具有通道的计算机系统结构如图 8.10 所示。

一般来讲，通道主要包括寄存器和控制部分。寄存器部分包括数据缓冲寄存器、主存地址寄存器、字计数寄存器、通道命令字寄存器、通道状态寄存器等；控制部分包括分时控制、地址分配、数据传输、数据装配和拆卸等控制逻辑。

该结构具有两种类型的总线，一种是存储总线承担通道与内存、CPU 与内存之间的数据传输任务。另一种是通道总线，即 I/O 总线承担外围设备与通道之间的数据传送任务。这两类总线可以分别按照各自的时序同时进行工作。

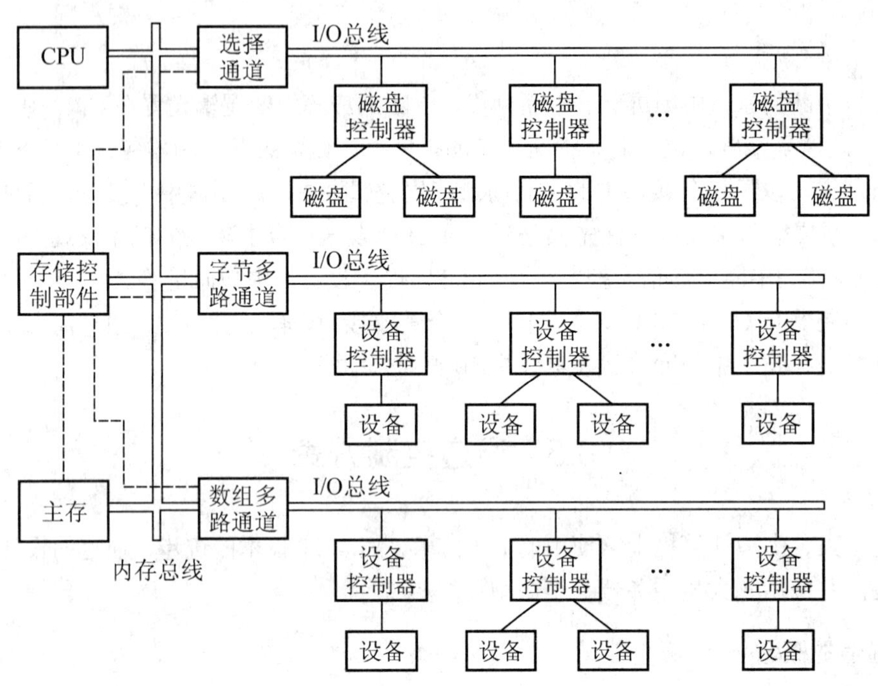

图 8.10　通道控制结构

由上图看出，通道总线可以接若干个设备控制器，一个设备控制器可以接一个或多个设备。使用通道方式组织的输入输出系统，一般采用“主机—通道—设备控制器—I/O 设备”四级连接方式。通道对 I/O 设备的控制通过设备控制器或 I/O 接口进行。对于不同的 I/O 设备，设备控制器的结构和功能各有不同，但通道与设备控制器之间一般采用标准 I/O 接口相连接。通道执行指令产生的控制命令经设备控制器的解释转换成对设备操作的控制，设备控制器还能将设备的状态反映给通道和 CPU。具体来说，通道一般具有以下几方面的功能。

1. 通道功能

(1) 接收来自 CPU 的 I/O 指令，根据指令要求选择设备。

(2) 执行 CPU 为通道组织的通道程序，包括从主存中取出通道指令，对通道指令进行译码，并根据指令的要求向设备控制器发出各种命令。

(3) 控制设备与主存之间的数据传输，提供主存地址和传送的数据字数控制，根据需要完成传输过程中的数据格式转换等。

(4) 检查设备的工作状态，并将完整的设备状态信息送往主存或指定单元保存。

(5) 向 CPU 发出 I/O 操作中断请求，将外围设备的中断请求和通道本身的中断请求按次序报告 CPU。

2. 设备控制器的具体任务

(1) 从通道接收通道命令，控制设备完成指定的操作。

(2) 向通道提供设备的状态。

(3) 将各种设备的不同信号转换成通道能够识别的标准信号。

CPU 通过执行 I/O 指令处理来自通道的中断，实现对通道的管理。来自通道的中断有数据传输结束中断和故障中断两种。通道的管理一般是由操作系统实现的。

8.5.3　I/O 通道的种类

一个机器系统可以兼有 3 种通道，也可以只包含其中一种或两种，以适应不同种类设备的需要。按通道的数据传输及工作方式划分为 3 种类型。

1. 字节多路通道

字节多路通道(Byte Multiplexer Channel)用于连接多个慢速或中速的设备，这些设备的数据传送以字节为单位。一般来讲，这些设备每传送一个字节需要较长的等待时间，因此，通道可以以字节为单位轮流为多个设备服务，以提高通道的利用率。字节多路通道的操作模式有两种：字节交叉模式和猝发模式。在字节交叉模式中，通道将时间分为一个个时间段，有数据传输要求的每一个设备都可以轮流分配得到一个时间段，完成一次与通道间的数据交换。如果某一设备需要传输的数据量比较大，则通道可以采用猝发的工作模式为其服务。在猝发模式下，通道与设备之间的传输一直维持到设备请求的传输完成为止。通道使用一种超时机制判断设备的操作时间(即逻辑连接时间)，并决定采用哪一种模式。如果设备请求的逻辑连接时间大于某个额定的值，通道就转换成猝发模式，否则就以字节交叉模式工作。

字节多路通道用于连接多台慢速外设，如键盘、打印机等字符设备。这些设备的数据传输率很低，而通道从设备接收或发送一个字节相对较快，因此，通道在传送某台设备的两个字节之间有许多空闲时间，字节多路通道正是利用这空闲时间为其他设备服务的。字节多路通道传输率与各设备的传输率及所带设备数目有关。如果每一台设备的传输率为 f_i，而通道传输率为 f_c，则有

$$f_c=\sum_{i=1}^{p} f_i$$

其中，p 为所带设备台数，字节多路通道流量一般为 1.5MB/s。

2. 选择通道

对于高速的设备，如磁盘等，要求较高的数据传输速度。对于这种高速传输，通道难以同时对多个这样的设备进行操作，只能一次对一个设备进行操作，这种通道称为选择通道(Selector Channel)。选择通道与设备之间的传输一直维持到设备请求的传输完成为止，然后为其他外围设备传输数据。选择通道的数据宽度是可变的，通道中包含一个保存 I/O 数据传输所需的参数寄存器。参数寄存器包括存放下一个主存传输数据存放位置的地址和对传输数据计数的寄存器。选择通道的 I/O 操作启动之后，该通道就专门用于该设备的数据传输直到操作完成。

3. 数组多路通道

数组多路通道(Block Multiplexer Channel)以数组(数据块)为单位在若干高速传输操作之间进行交叉复用，这样可减少外设申请使用通道时的等待时间。数组多路通道适用于高速外围设备，该设备的数据传输以块为单位。通道用块交叉的方法轮流为多个外设服务。

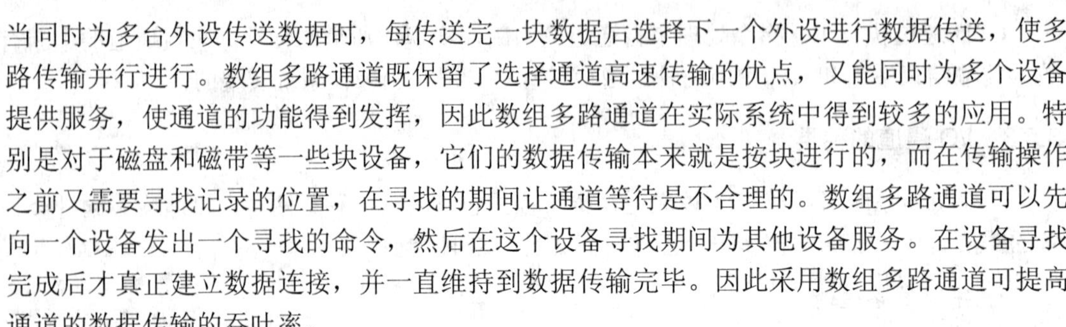

当同时为多台外设传送数据时，每传送完一块数据后选择下一个外设进行数据传送，使多路传输并行进行。数组多路通道既保留了选择通道高速传输的优点，又能同时为多个设备提供服务，使通道的功能得到发挥，因此数组多路通道在实际系统中得到较多的应用。特别是对于磁盘和磁带等一些块设备，它们的数据传输本来就是按块进行的，而在传输操作之前又需要寻找记录的位置，在寻找的期间让通道等待是不合理的。数组多路通道可以先向一个设备发出一个寻找的命令，然后在这个设备寻找期间为其他设备服务。在设备寻找完成后才真正建立数据连接，并一直维持到数据传输完毕。因此采用数组多路通道可提高通道的数据传输的吞吐率。

字节多路通道和数组多路通道都是多路通道，在一段时间内可以交替地执行多个设备的通道程序，使这些设备同时工作。但两者也有区别。首先，数组多路通道允许多个设备同时工作，但只允许一个设备进行传输型操作，而其他设备进行控制型操作；而字节多路通道不仅允许多个设备同时操作，而且允许它们同时进行传输型操作。其次，数组多路通道与设备之间的数据传送的基本单位是数据块，通道必须为一个设备传送完一个数据块以后才能为别的设备传送数据块；而字节多路通道与设备之间的数据传送基本单位是字节，通道为一个设备传送一个字节之后，又可以为另一个设备传送一个字节，因此各设备与通道之间的数据传送是以字节为单位交替进行的。

8.5.4 通道结构的发展

通道结构的进一步发展出现了两种计算机 I/O 体系结构。

(1) I/O 处理器 IOP。IOP 是通道结构的 I/O 处理器，它可以和 CPU 并行工作，提供高速的 DMA 处理能力，实现数据的高速传送。但是它不是独立于 CPU 工作的，而是主机的一个部件。有些 IOP 如 Intel 8089 IOP，还提供数据的变换、搜索以及字装配/拆卸能力。这类 IOP 广泛应用于中小型及微型计算机中。

(2) 外围处理机 PPU。PPU 基本上是独立于主机工作的，它有自己的指令系统，完成算术/逻辑运算、读/写主存、与外设交换信息等。有的外围处理机选用已有的通用计算机。外围处理机方式一般应用于大型计算机系统中，用于处理大量而繁杂的 I/O 操作，以使 CPU 能从 I/O 控制操作中最大限度地解脱出来，专用于“计算”的处理。

8.6 DMA 输入/输出方式

虽然中断控制方式很好地解决了 CPU 与设备间并行工作的问题，尤其是对于慢速设备来说，采用中断控制方式进行数据传输，可以大大提高 CPU 的利用率。但是，在中断控制方式下，CPU 每经历一次中断，都要进行从中断请求信号的建立、中断源识别、中断响应到中断服务等的操作，在中断服务程序里还要执行一系列的如保护现场/恢复现场、开中断/关中断等的指令，这些操作和指令的执行花费了不少时间。对于 CPU 与一些高速设备间采用成组数据交换的应用来说，中断控制方式就显得力不从心了。为此，人们提出了一种 DMA 传送控制方式。

8.6.1　DMA 的基本概念

直接内存访问(DMA)是一种完全由硬件执行 I/O 交换的工作方式。在这种方式中，DMA 控制器从 CPU 完全接管对总线的控制，数据交换不经过 CPU，而直接在内存和 I/O 设备之间进行。DMA 方式一般用于高速传送成组数据。DMA 控制器将向内存发出地址和控制信号，修改地址，对传送的字的个数计数，并且以中断方式向 CPU 报告传送操作的结束。

DMA 方式的主要优点是速度快。由于 CPU 根本不参加传送操作，因此就省去了 CPU 取指令、取数、送数等操作。在数据传送过程中，没有保存现场、恢复现场之类的工作。内存地址修改、传送字个数的计数等，也不是由软件实现，而是用硬件线路直接实现的。所以 DMA 方式能满足高速 I/O 设备的要求，也有利于 CPU 效率的发挥。

DMA 方式一般用于高速传送成组数据的场合。DMA 控制器种类很多，但各种 DMA 控制器至少能执行以下一些基本操作。

(1) 从外围设备接收 DMA 请求并传送到 CPU。

(2) CPU 响应 DMA 请求，DMA 控制器从 CPU 接管总线的控制权。

(3) DMA 控制器对内存寻址、计数数据传送个数，并执行数据传送操作。

(4) DMA 向 CPU 报告 DMA 操作的结束，CPU 以中断方式响应 DMA 结束请求，由 CPU 在中断程序中进行结束后的处理工作。如数据缓冲区的处理、数据的校验等简单操作。

8.6.2　基本的 DMA 控制器类型与组成

DMA 控制器是采用 DMA 方式的外围设备与系统总线之间的接口电路，它是在中断接口的基础上再加上 DMA 机构组成的。图 8.11 所示是一个简单的 DMA 控制器组成原理图。

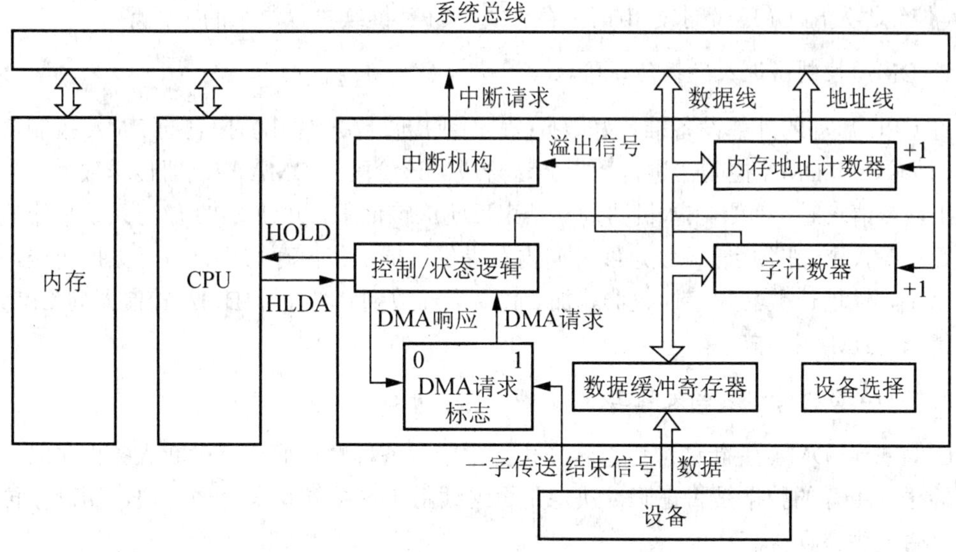

图 8.11　DMA 控制器组成原理

图 8.11 给出了一个 DMA 控制器的内部结构及与 CPU 等部件相连的组成框架图。其中，从 DMA 的内部结构看，它主要包含以下部件。

(1) 内存地址计数器。由 CPU 在初始化时预置其内容，保存内存数据缓冲区首地址，

每传送一个字节或字后，该地址计数器就进行加 1 操作，使其总是指向要访问的内存地址。

(2) 字计数器。由 CPU 在初始化时将数据长度预置在其中，每完成一个字或一个字节的传送后，该计数器减“1”。计数器为全“0”时，传送结束，发一个信号到中断机构。

(3) 中断机构。当字计数器溢出(全 0)时，意味着一组数据传送完毕，由溢出信号触发中断机构，再由中断机构向 CPU 提出中断请求，以作为数据传送后的结束处理信号。

(4) 控制/状态逻辑。由控制和时序电路以及状态标志等组成。用于修改内存地址计数器和字计数器，指定传送方向，并对 DMA 请求信号和 CPU 响应信号进行同步和协调处理。

(5) 数据缓冲寄存器。用于暂存每次输入或输出传送的数据。

(6) DMA 请求标志。每当设备准备好一个数据字后便给出一个传送信号，使 DMA 请求置“1”。DMA 请求标志再向控制/状态逻辑发出 DMA 请求，该逻辑再向 CPU 发出总线使用权请求(HOLD)，CPU 响应此请求后发回响应信号(HLDA)，经控制/状态逻辑后形成 DMA 响应，置 DMA 请求标志为“0”，为传送下一个字做好准备。

8.6.3 DMA 的数据传送过程

结合图 8.11，DMA 数据传送过程可分为初始化 DMA 控制器、正式传送、传送后的处理 3 个阶段。

1. 在初始化阶段

CPU 执行几条 I/O 指令，向 DMA 控制器的设备地址寄存器中送入设备号，并启动设备；向主存地址计数器中送入欲交换数据的主存起始地址；向字计数器中送入欲交换的数据个数。外部设备准备好发送的数据(输入)或上次接收的数据已处理完毕(输出)时，将通知 DMA 控制器发出 DMA 请求，申请主存总线。CPU 继续执行原来的主程序。

2. DMA 控制器进入数据传送阶段

经 CPU 启动的外部设备准备好数据(输入)或接收数据(输出)时，它向 DMA 控制器发出 DMA 请求，使 DMA 控制器进入数据传送阶段。该阶段的 DMA 控制器传送数据，当外设发出 DMA 请求时，CPU 在本机器周期结束后响应该请求，并使 CPU 放弃系统总线的控制权，而 DMA 控制器接管系统总线并向内存提供地址，使内存与外设进行数据传送，每传送一个字，地址计数器和字计数器就加“1”。当计数到“0”时，DMA 控制器向 CPU 发出中断请求，DMA 操作结束。

3. DMA 数据传送后的处理工作

CPU 接到 DMA 中断请求后，转去执行中断服务程序，而执行中断服务程序的工作包括校验送入主存的数据是否正确，决定是否继续用 DMA 传送其他数据块，测试在传送过程中是否发生错误等工作。

8.6.4 DMA 的 3 种控制方式

DMA 技术的出现，使得外围设备可以通过 DMA 控制器直接访问内存，与此同时，CPU 可以继续执行程序。DMA 控制器与 CPU 分时使用内存通常采用以下 3 种方法。

1. 停止 CPU 访问内存

当外围设备要求传送一批数据时，由 DMA 控制器发 DMA 请求信号给 CPU，要求 CPU 放弃对地址总线、数据总线和有关控制总线的使用权。CPU 收到 DMA 请求后，无条件放弃总线控制权。DMA 控制器获得总线控制权以后，开始进行数据传送。在一批数据传送完毕后，DMA 控制器通知 CPU 可以使用内存，并把总线控制权交还给 CPU。这种方式的优点是控制简单，它适用于数据传输率很高的设备的成批数据传送；缺点是在 DMA 控制器访内阶段，内存的效能没有充分发挥，相当一部分内存工作周期是空闲的。这是因为外围设备传送两个数据之间的间隔一般总是大于内存存储周期，即使高速 I/O 设备也是如此。

2. 周期挪用方式

在这种方式中，当 I/O 设备无 DMA 传送请求时，CPU 正常访问主存；当 I/O 设备产生 DMA 请求时，则 CPU 给出 1 个或几个存储周期，由 I/O 设备与主存占用总线传送数据。此时 CPU 可能有两种状况：一种是此时 CPU 正好不需要访问主存，那么就不存在访问主存的冲突，I/O 设备占用总线对 CPU 处理程序不产生影响；另一种则是 I/O 设备与 CPU 同时都要访问主存而出现访问主存的冲突，此时 I/O 访问的优先权高于 CPU 访问的优先权，所以暂时封锁 CPU 的访问，等待 I/O 的周期挪用结束。周期挪用方式能够充分发挥 CPU 与 I/O 设备的利用率，是当前普遍采用的方式。其缺点是，每传送一个数据，DMA 都要产生访问请求，待到 CPU 响应后才能传送，操作频繁，花费时间较多，该方法适合于 I/O 设备读/写周期大于主存存储周期的情况。

3. CPU 与 DMA 交替访问内存

这种方式是当 CPU 周期大于两个以上的主存周期时，才能合理传送，如主存周期为 Δt，而 CPU 周期为 $2\Delta t$，那么在 $2\Delta t$ 内，一个 Δt 供 CPU 访问，另一个 Δt 供 DMA 访问，这种方式比较好地解决了设备冲突及设备利用不充分的问题，而且不需要请求总线使用权的过程，总线的使用是通过分时控制的，此时 DMA 的传送对 CPU 没有影响。

8.7 外围处理机方式与通道控制方式

通道技术的进一步发展，出现了独立性与功能更强的输入输出处理机 IOP。其具有比较丰富的指令系统，结构接近于一般的处理机，有自己的局部存储器。

8.7.1 通道型 IOP 与外围处理机

IOP(Input/Output Processor)不是一台独立的计算机，而是计算机系统中的一个部件。IOP 可以和 CPU 并行工作，提供高速的 DMA 处理能力，实现数据的高速传送。此外有些 IOP 还提供数据的变换、搜索和字装配/分拆等能力，有较多的 I/O 指令集。

IOP 本身就有较完整的 I/O 设备控制部件、接口和线路，为连接 I/O 设备提供了方便条件。其功能如下。

(1) 能实现 I/O 传送操作全过程的控制，包括传送前的处理及传送后的处理等。当 CPU 要使用外围设备时，只要向 IOP 发送命令及有关参数即可，其余工作全部由 IOP 独立完成，

从而 CPU 有更多的时间做高速数据处理。

(2) IOP 对 I/O 传送操作的控制程序，一般是存放在自己的存储器中，而不像通道那样存放在主机的主存中，所以 IOP 比起通道来说有更大的独立性，执行 I/O 传输控制时既不依赖于 CPU，也不依赖于主存。

(3) 简化了设备控制器的结构。有些设备控制器的职能可以由 IOP 实现，提高了 I/O 操作控制的智能化和分布处理的程度，还可以用功能更简单一些的微处理器或单片机来做设备控制器。这也是 IOP 的一种应用。

外围处理机结构更接近于一般处理机，或者就是选用已有的通用计算机。外围处理机基本上是独立于主处理机工作的，应用于大型高效率的计算机系统中。在巨型机中，常采用多台外微处理机。

8.7.2 通用 I/O 标准接口

1. 并行 I/O 标准接口 SCSI

SCSI 是小型计算机系统接口的简称，其设计思想来源于 IBM 大型机系统的 I/O 通道结构，目的是使 CPU 摆脱对各种设备的繁杂控制。它是一个高速智能接口，可以混接各种磁盘、光盘、磁带机、打印机、扫描仪、条码阅读器以及通信设备。SCSI 是一种特殊的总线结构，可以对计算机中的多个设备进行动态分工操作，对于系统同时要求的多个任务可以灵活机动地适当分配，动态完成。目前的 SCSI 组开发于 Apple Computer，仍然用于 Macintosh，它是并行接口。现在的很多个人计算机仍然制作有 SCSI 端口，所有的主要操作系统也支持 SCSI 端口。

除了更快的数据速率之外，SCSI 比早期的并行数据传输接口更灵活。用于 16 位总线的最新 SCSI 标准 Ultra-2 SCSI 能以每秒 80 兆字节的速度传输数据。SCSI 允许 7 个或者 15 个设备以串级链形式连接到单个 SCSI 端口，这允许一块电路板或者接口(通常称为卡)容纳所有的外设，而不是各个设备各自使用一块单独的卡，SCSI 成为便携式和笔记本式计算机的理想接口。

尽管不是所有的设备支持所有层次的 SCSI，SCSI 标准大致上是向后兼容的。

2. SCSI 的基本性能特点

(1) SCSI 接口总线采用菊花链模式，如图 8.12 所示。

图 8.12 SCSI 接口菊花链式总线

目前 SCSI 分两类，即标准 SCSI(8 位)和 Wide SCSI (16 位)。图 8.13 所示分别为 50 芯 A 型电缆(见表 8.1)和 68 芯 P 型电缆及连接器。

(a) 50 线 SCSI 电缆主机端

(b) 50 线 SCSI 电缆外设端

图 8.13　50 线 SCSI 电缆

表 8.1　50 芯 A 型电缆

SCSI 标准		传输模式	时钟频率/MHz	传输宽度/位	传输速度/MB/秒	外设数目	电缆类型
SCSI-1	异步	异步	5	8	4	7	A 型
	Fast-5	同步	5	8	5	7	A 型
SCSI-2	Fast-5	宽	5	16	10	15	P 型
	Fast-10		10	8	10	7	A 型
	Fast-10	宽	10	16	20	15	P 型
SCSI-3	Fast-20	Ultra	20	8	20	7	A 型
	Fast-20	Ultra/宽	20	16	40	15	P 型
	Fast-40	Ultra2	40	8	40	7	A 型
	Fast-40	Ultra2/宽	40	16	80	15	P 型
	Fast-80DT	Ultra3	40	16	160	15	P 型
	Fast-160DT	Ultra4	80	16	320	15	P 型

(2) 以标准 SCSI(8 位)为例说明其性能。

① SCSI 接口总线由 8 条数据线、一条奇偶校验线、9 条控制线组成。使用 50 芯电缆，规定了两种电气条件：单端驱动和电缆长 6m。

② 差分驱动，电缆最长 25m。总线时钟频率为 5MHz，异步方式数据传输率是 2.5MB/s，同步方式数据传输率是 5MB/s。

③ SCSI 卡全部有 8 个设备编号 ID 0～7，但 SCSI 接口卡本身必须占用 1 个，因此真正可用来串接设备的只有 7 个。ID＝7 的设备具有最高优先权，ID＝0 的设备优先权最低。SCSI 采用分布式总线仲裁策略。

3. SCSI 的系统结构

SCSI 系统可以有多个主机、多个主机适配器和多个控制器，也可以有一个主机、主机适配器和控制器。主机适配器和控制器统称为 SCSI 设备。以标准 SCSI(8 位)为例介绍其性能。

(1) 所谓 SCSI 设备是指连接在 SCSI 总线上的智能设备，即除主适配器 HBA 外，其他 SCSI 设备实际是外围设备的适配器或控制器。

(2) 由于 SCSI 设备是智能设备，对 SCSI 总线以至主机屏蔽了实际外设的固有物理属性(如磁盘柱面数、磁头数等参数)，各 SCSI 设备之间就可用一套标准的命令进行数据传送，

也为设备的升级或系统的系列化提供了灵活的处理手段。

(3) SCSI 设备之间是一种对等关系，而不是主从关系。SCSI 设备分为启动设备(发命令的设备)和目标设备(接受并响应命令的设备)。但启动设备和目标设备是依当时总线运行状态来划分的，而不是预先规定的。

总之，SCSI 是系统级接口，是处于主适配器和智能设备控制器之间的并行 I/O 接口。一块主适配器可以接 7 台具有 SCSI 接口的设备，这些设备可以是类型完全不同的设备，主适配器却只占主机的一个槽口。这对于缓解计算机挂接外设的数量和类型越来越多、主机槽口日益紧张的状况很有吸引力。

4. 串型 I/O 标准接口 IEEE1394

(1) IEEE1394 性能特点：1995 年美国电气和电子工程师学会(IEEE)制定了 IEEE1394 标准，它是一个串行接口，但它能像并联 SCSI 接口一样提供同样的服务，而其成本低廉。它的特点是传输速度快，现在确定为 400Mb/s，以后可望提高到 800Mb/s、1.6Gb/s、3.2Gb/s。所以传送数字图像信号也不会有问题。在实际应用中，当使用 IEEE 1394 电缆时，其传输距离可以达到 30m；而在使用 NEC 研发的多模光纤适配器时，使用多模光纤的传输距离可达 500m。在 2000 年春季正式通过的 IEEE 1394-2000 中，最大数据传输速率可达到 1.6Gb/s，相邻设备之间连接电缆的最大长度可扩展到 100m。

(2) 各层的具体功能如下。

链路层(Link Layer)：提供数据包传送服务，即具有异步和同步传送功能。异步传送与大多数计算机应答式协议相似；同步传送为实时带宽保证式协议。同步传送适合处理高带宽的数据，特别是对于多媒体信号。同步信号传送对于要把 AV 产品的信号保存到个人计算机的磁盘上的消费者尤其重要。

物理层(Physical Layer)：提供 IEEE 1394 的电缆与设备间的电气及机械方面的连接，它除了完成实际数据传输和接收任务之外，还提供初始设置(Initialization)和仲裁(Arbitration)服务，以确保在同一时刻只有一个节点传输数据，以使所有设备对总线能进行良好的存取。

处理层(Transaction Layer)：支持异步协议写、读和锁定指令。此处，写即是将发送者的数据送往接收者；读即是将有关数据返回到发送者；锁定即是写、读指令功能的组合。

IEEE 1394 另一个重大特点是各被连接装置的关系是平等的，不用计算机介入也能自成系统。这意味着 IEEE 1394 在家电等消费类设备的连接应用方面有很好的前景。

本章小结

通常把处理机和主存之外的部分称为输入/输出(I/O)系统，负责主机与外部的通信。它由外围设备和 I/O 控制系统两部分组成，是计算机系统的重要组成部分。外围设备包括输入设备、输出设备和存储设备等。I/O 系统的特点是异步性、实时性和设备无关性。I/O 系统的基本功能是为数据传输操作选择 I/O 设备，使得选定的 I/O 设备和主机之间交换数据。

I/O 组织是指计算机主机与外部设备之间的信息交换方式。随着信息交换方式的不同，会涉及两个方面的问题：一方面是支持该方式的硬件组成，即相应的接口电路设计；另一方面是支持该方式的软件配置，即相应的 I/O 程序设计。

计算机主机与外设之间的信息交换方式有5种：①程序查询式；②中断式；③DMA式；④通道式；⑤外围处理机方式。从系统结构的观点看，前两种方式是以CPU为中心的控制，都需要CPU执行程序来进行I/O数据传送，而DMA式和通道式是以主存为中心的控制，数据可以在主存和外设之间直接传送。对于最后一种方式，则是用微型或小型计算机进行I/O控制。

习　题

1. I/O设备的两种编址方式的主要区别是什么？各有什么优缺点？

2. 什么是中断？什么是中断源及种类？

3. 试比较中断和子程序调用的异同；程序中断方式与DMA方式的异同；DMA方式与通道方式的异同。

4. 说明在计算机外围设备的I/O控制方式的分类及其特点。

总 线 系 统

学习目标

了解总线的概念和结构形态。
理解内部总线、系统总线、外部总线、I/O 总线、通信总线。
掌握总线的仲裁、定时和数据传送模式。

知识结构

本章知识结构如图 9.1 所示。

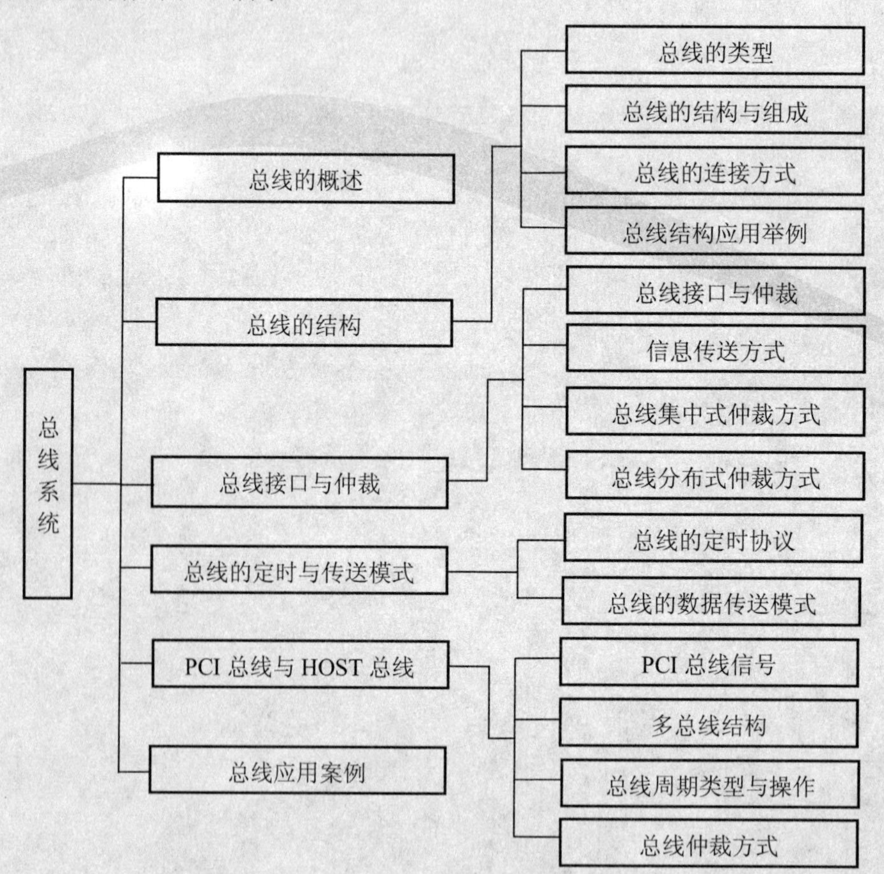

图 9.1　总线系统结构

导入案例

早期的计算机和现在的不太一样，最早的计算机体积庞大，而且都是由真空管和变压器组成，随着技术不断改进，逐渐发展到印刷电路板技术。目前的主板都是使用印刷电路板，而仔细观察主板，上面是密密麻麻的铜线线路。计算机中大量的数据传输靠的就是这些复杂的线路。这些负责数据传输的线路称为“总线”，从主板外接到磁盘等其他组件来传输数据的线路，则称为排线。“总线”和“排线”，英文都可称为“Bus”。

我们都知道公共汽车(Bus)走的路线是一定的，任何人都可以乘坐公共汽车去该条公共汽车路线的任意一个站点。如果把人比作是电子信号，各个公交站点就可以比作是计算机的各个部件。这就是为什么英文叫它为“Bus”而不是“Car”的真正用意。

其实几栋房子间的马路是总线最好的比喻，不论要到那栋楼，都可以由马路到达。但是不同的交通工具就要走不同的道，机动车走机动道，自行车走非机动车道，而人就只好走人行道了。同样，计算机中有 3 种形式的信息：数据信息、地址信息和控制信息。它们也分别走不同的线路，就是数据总线、地址总线、控制总线了。ISA 总线、PCI 总线、485 总线、CAN 总线、I^2C 总线等可以理解成不同的材质形成的马路，如柏油的、水泥的或者是沙石的，但是都是马路，都有机动车道、非机动车道和人行道。

9.1 总线的概述

总线(Bus)是计算机各种功能部件之间传送信息的公共通信干线，它是由导线组成的传输线束，按照计算机所传输的信息种类，计算机的总线可以划分为数据总线、地址总线和控制总线，分别用来传输数据、数据地址和控制信号。

总线是一种内部结构，它是 CPU、内存、输入、输出设备传递信息的公用通道，主机的各个部件通过总线相连接，外部设备通过相应的接口电路再与总线相连接，从而形成了计算机硬件系统。在计算机系统中，各个部件之间传送信息的公共通路称为总线，微型计算机是以总线结构来连接各个功能部件的。

9.2 总线的结构

9.2.1 总线的类型

随着微电子技术和计算机技术的发展，总线技术也在不断地发展和完善，而使计算机总线技术种类繁多，各具特色。下面仅对微型计算机各类总线中目前比较流行的总线技术分别加以介绍。

1. 内部总线

(1) I^2C 总线：I^2C(Inter－Integrated Circuit)总线是在 10 多年前由 Philips 公司开发的两线式串行总线，用于连接微控制器及其外围设备，是近年来在微电子通信控制领域广泛采

用的一种新型总线标准。它是同步通信的一种特殊形式，具有接口线少，控制方式简化，器件封装形式小，通信速率较高等优点。在主从通信中，可以有多个 I^2C 总线器件同时接到 I^2C 总线上，通过地址来识别通信对象。

(2) SPI 总线：串行外围设备接口 SPI(Serial Peripheral Interface)总线技术是 Motorola 公司推出的一种同步串行接口。Motorola 公司生产的绝大多数 MCU(微控制器)都配有 SPI 硬件接口，如 68 系列 MCU。SPI 总线是一种三线同步总线，因其硬件功能很强，所以，与 SPI 有关的软件就相当简单，使 CPU 有更多的时间处理其他事务。

(3) SCI 总线：串行通信接口 SCI(Serial Communication Interface)也是由 Motorola 公司推出的。它是一种通用异步通信接口 UART，与 MCS-51 的异步通信功能基本相同。

2. 系统总线

(1) ISA 总线。ISA(Industrial Standard Architecture)总线是 IBM 公司 1984 年为推出 PC/AT 机而建立的系统总线标准，所以也称 AT 总线。它是对 XT 总线的扩展，以适应 8/16 位数据总线要求。它在 80286 至 80486 时代应用非常广泛，以至于现在 Pentium 机中还保留有 ISA 总线插槽。ISA 总线有 98 只引脚。

(2) EISA 总线。EISA 总线是 1988 年由 Compaq 等 9 家公司联合推出的总线标准。它是在 ISA 总线的基础上使用双层插座，在原来 ISA 总线的 98 条信号线上又增加了 98 条信号线，在两条 ISA 信号线之间添加一条 EISA 信号线。在实用中，EISA 总线完全兼容 ISA 总线信号。

(3) VESA 总线。VESA(Video Electronics Standard Association)总线是 1992 年由 60 家附件卡制造商联合推出的一种局部总线，简称为 VL(VESA local bus)总线。该总线系统考虑到 CPU 与主存和缓存的直接相连，通常把这部分总线称为 CPU 总线或主总线，其他设备通过 VL 总线与 CPU 总线相连，所以 VL 总线被称为局部总线。它定义了 32 位数据线，且可通过扩展槽扩展到 64 位，使用 33MHz 时钟频率，最大传输率达 132MB/s，可与 CPU 同步工作，是高速、高效的局部总线，可支持 386SX、386DX、486SX、486DX 及 Pentium 微处理器。

(4) PCI 总线。PCI(Peripheral Component Interconnect)总线是当前最流行的总线之一，它是由 Intel 公司推出的一种不依附于某个具体处理器的局部总线。在 CPU 和原来系统总线之间由一个桥接电路协调数据传送，它定义了 32 位数据总线，且可扩展为 64 位。PCI 总线主板插槽，其功能比 VESA、ISA 有极大的改善，支持突发读写操作，最大传输速率可达 132MB/s，可同时支持多组外围设备。PCI 局部总线不能兼容现有的 ISA、EISA、MCA(Micro Channel Architecture)总线，但它不受制于处理器，是基于 Pentium 等新一代微处理器而发展的总线。

(5) Compact PCI。以上所列举的几种系统总线一般都用于商用计算机机中，在计算机系统总线中，还有另一大类为适应工业现场环境而设计的系统总线，如 STD 总线、VME 总线、PC/104 总线等。这里仅介绍当前工业计算机的热门总线之一——Compact PCI。

Compact PCI 的意思是“坚实的 PCI”，是当今第一个采用无源总线底板结构的 PCI 系统，是 PCI 总线的电气和软件标准加欧式卡的工业组装标准，是当今最新的一种工业计算机标准。Compact PCI 是在原来 PCI 总线基础上改造而来，它利用 PCI 的优点，提供满足工业环境应用要求的高性能核心系统，同时还考虑充分利用传统的总线产品，如 ISA、STD、VME 或 PC/104 来扩充系统的 I/O 和其他功能。

3. 外部总线

(1) RS-232-C 总线：美国电子工业协会 EIA(Electronic Industry Association)制定的一种串行物理接口标准。RS 是英文“推荐标准”的缩写，232 为标志号，C 表示修改次数。RS-232-C 总线标准设有 25 条信号线，包括一个主通道和一个辅助通道，在多数情况下主要使用主通道，对于一般双工通信，仅需几条信号线就可实现，如一条发送线、一条接收线及一条地线。RS-232-C 标准规定的数据传输速率为每秒 50、75、 100、150、300、600、1200、2400、4800、9600、19200 波特。RS-232-C 标准规定，驱动器允许有 2500pF 的电容负载，通信距离将受此电容限制，如采用 150pF/m 的通信电缆时，最大通信距离为 15m；若每米电缆的电容量减小，通信距离可以增加。传输距离短的另一原因是 RS-232 属单端信号传送，存在共地噪声和不能抑制共模干扰等问题，因此一般用于 20m 以内的通信。

(2) RS-485 总线：要求通信距离为几十米到上千米时，广泛采用 RS-485 串行总线标准。RS-485 采用平衡发送和差分接收，因此具有抑制共模干扰的能力；加上总线收发器具有高灵敏度，能检测低至 200mV 的电压，故传输信号能在千米以外得到恢复。RS-485 采用半双工工作方式，任何时候只能有一点处于发送状态，因此，发送电路须由使能信号加以控制。RS-485 用于多点互联时非常方便，可以省掉许多信号线。应用 RS-485 可以联网构成分布式系统，其允许最多并联 32 台驱动器和 32 台接收器。

(3) IEEE-488 总线：上述两种外部总线是串行总线，而 IEEE-488 总线是并行总线接口标准。IEEE-488 总线用来连接系统，如微型计算机、数字电压表、数码显示器等设备及其他仪器仪表均可用 IEEE-488 总线装配起来。它按照位并行、字节串行双向异步方式传输信号，连接方式为总线方式，仪器设备直接并联于总线上而不需中介单元，但总线上最多可连接 15 台设备。最大传输距离为 20 米，信号传输速度一般为 500KB/s，最大传输速度为 1MB/s。

(4) USB 总线：用串行总线 USB(Universal Serial Bus)是由 Intel、Compaq、Digital、IBM、Microsoft、NEC、Northern Telecom 等 7 家世界著名的计算机和通信公司共同推出的一种新型接口标准。它基于通用连接技术，实现外设的简单快速连接，达到方便用户、降低成本、扩展计算机连接外设范围的目的。它可以为外设提供电源，而不像普通的使用串、并口的设备需要单独的供电系统。另外，快速是 USB 技术的突出特点之一，USB 的最高传输率可达 12Mb/s，比串口快 100 倍，比并口快近 10 倍，而且 USB 还能支持多媒体。

9.2.2 总线的结构与组成

早期总线的内部结构如图 9.2 所示，它实际上是处理器芯片引脚的延伸，是处理器与 I/O 设备适配器的通道。这种简单的总线一般也由 50～100 条线组成，这些线按其功能可分为 3 类：地址线、数据线和控制线。地址线是单向的，用来传送主存与设备的地址；数据线是双向的，用来传送数据；控制线对每一根线来讲是单向的(CPU 发向接口，或接口发向 CPU)，用来指明数据传送的方向(存储器读、存储器写、I/O 读、I/O 写)，中断控制(请求、识别)和定时控制等。

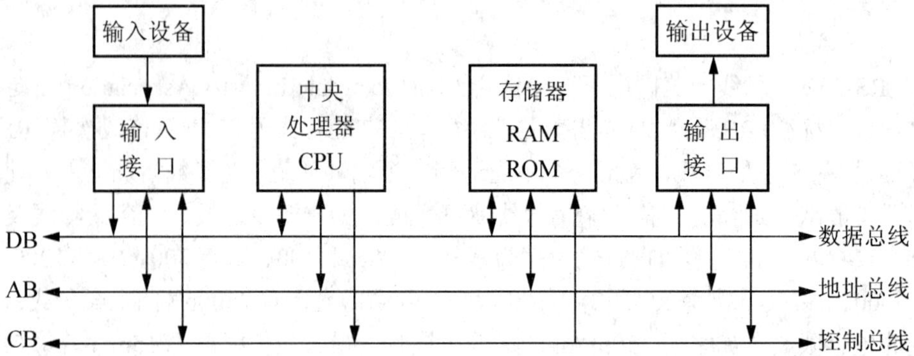

图 9.2　总线的内部结构

9.2.3　总线的连接方式

1. 单总线结构

在许多单处理器的计算机中，使用一条单一的系统总线来连接 CPU、主存和 I/O 设备，叫做单总线结构，如图 9.3 所示。

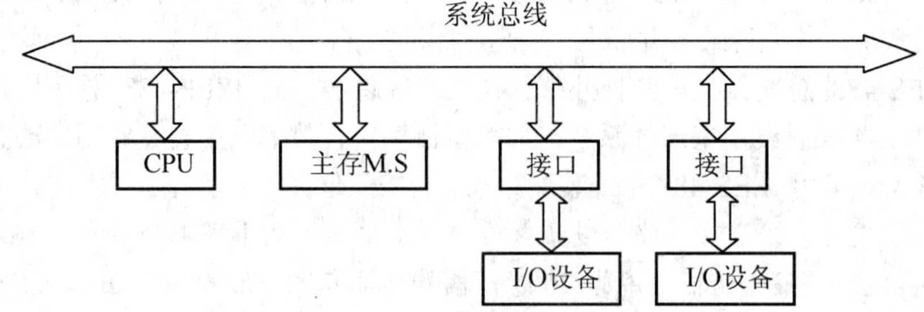

图 9.3　单总线结构

此时要求连接到总线上的逻辑部件必须高速运行，以便在某些设备需要使用总线时能迅速获得总线控制权；而当不再使用总线时，能迅速放弃总线控制权。

(1) 取指令：当 CPU 取一条指令时，首先把程序计数器 PC 中的地址同控制信息一起送至总线上。在“取指令”情况下的地址是主存地址，此时该地址所指定的主存单元的内容一定是一条指令，而且将被传送给 CPU。

(2) 传送数据：取出指令之后，CPU 将检查操作码。操作码规定了对数据要执行什么操作，以及数据是流进 CPU 还是流出 CPU。

(3) I/O 操作：如果该指令地址字段对应的是外围设备地址，则外围设备译码器予以响应，从而在 CPU 和与该地址相对应的外围设备之间发生数据传送，而数据传送的方向由指令操作码决定。

(4) DMA 操作：某些外围设备也可以指定地址。如果一个由外围设备指定的地址对应于一个主存单元，则主存予以响应，于是在主存和外设间将进行直接存储器传送(DMA)。

(5) 单总线结构容易扩展成多 CPU 系统：只要在系统总线上挂接多个 CPU 即可。

2. 双总线结构

双总线结构保持了单总线系统简单、易于扩充的优点，但又在CPU和主存之间专门设置了一组高速的存储总线，使CPU可通过专用总线与存储器交换信息，并减轻了系统总线的负担，同时主存仍可通过系统总线与外设之间实现DMA操作，而不必经过CPU。当然这种双总线系统以增加硬件为代价。双总线结构如图9.4所示。

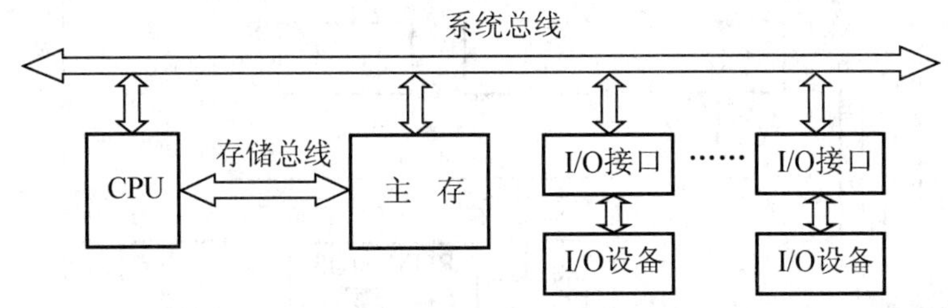

图9.4 双总线结构

3. 三总线结构

三总线结构是在双总线系统的基础上增加I/O总线形成的，如图9.5所示。

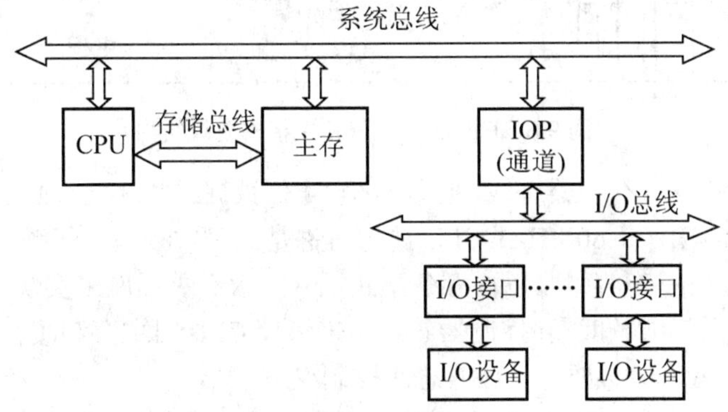

图9.5 三总线结构

在DMA方式中，外设与存储器间直接交换数据而不经过CPU，从而减轻了CPU对数据输入输出的控制，而“通道”方式进一步提高了CPU的效率。通道实际上是一台具有特殊功能的处理器，又称为IOP(I/O处理器)，它分担了一部分CPU的功能，以实现对外设的统一管理及外设与主存之间的数据传送。显然，由于增加了IOP，使整个系统的效率大大提高。然而这是以增加更多的硬件代价换来的。

9.2.4 总线结构应用

大多数计算机采用了分层次的多总线结构。在这种结构中，速度差异较大的设备模块使用不同速度的总线，而速度相近的设备模块使用同一类总线。显然，这种结构的优点不仅解决了总线负载过重的问题，而且使总线设计简单，并能充分发挥每类总线的工作效率。

图9.6所示是Pentium计算机主板的总线结构框图。可以看出，它是一个三层次的多总线结构，即有CPU总线，PCI总线和ISA总线。

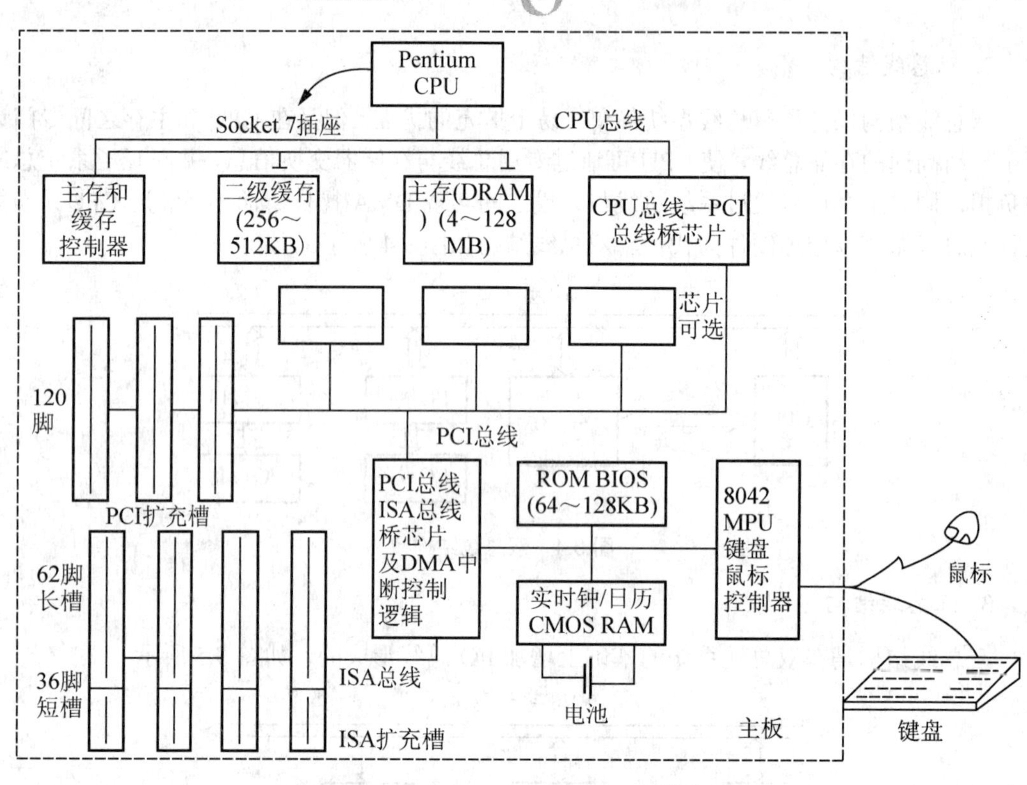

图 9.6　Pentium 计算机主板的总线结构

CPU 总线也称 CPU 存储器总线，它是一个 64 位数据线和 32 位地址线的同步总线。总线时钟频率为 66.6MHz(或 60MHZ)，CPU 内部时钟是此时钟频率的倍频。此总线可连接 4～128MB 的主存。主存扩充容量是以内存条形式插入主板有关插座来实现的。CPU 总线还接有 L2 级缓存。主存控制器和缓存控制器芯片用来管理 CPU 对主存和缓存的存取操作。CPU 是这条总线的主控者，但必要时可放弃总线控制权。

PCI 总线用于连接高速的 I/O 设备模块，如图形显示器、适配器、网络接口控制器、磁盘控制器等。通过“桥”芯片，上面与更高速的 CPU 总线相连，下面与低速的 ISA 总线相接。PCI 总线是一个 32(或 64 位)的同步总线，32 位(或 64 位)数据/地址线是同一组线，分时复用。总线时钟频率为 33.3MHz，总线带宽是 132MB/s。PCI 总线采用集中式仲裁方式，有专用的 PCI 总线仲裁器。主板上一般有 3 个 PCI 总线扩充槽。

ISA 总线在 Pentium 计算机中用于与低速 I/O 设备连接。主板上一般留有 3 或 4 个 ISA 总线扩充槽，以便使用各种 16 位/8 位适配器卡。该总线支持 7 个 DMA 通道和 15 级可屏蔽硬件中断。另外，ISA 总线控制逻辑还通过主板上的片级总线与实时钟/日历、ROM、键盘和鼠标控制器(8042 微处理器)等芯片相连接。

CPU 总线、PCI 总线、ISA 总线通过两个“桥”芯片连成整体。桥芯片在此起到了信号速度缓冲、电平转换和控制协议的转换作用。有的资料将 CPU 总线—PCI 总线的桥称为北桥，将 PCI 总线—ISA 总线的桥称为南桥。通过桥将两类不同的总线粘合在一起的技术特别适合于系统的升级代换。这样，每当 CPU 芯片升级时只需改变 CPU 总线和北桥芯片，全部原有的外围设备可自动继续工作。

Pentium 个人计算机总线系统中有一个核心逻辑芯片组，简称 PCI 芯片组，它包括主存控制器和缓存控制芯片，北桥芯片和南桥芯片。这个芯片组称为 Intel 430 系列、440 系列，它们在系统中起着至关重要的作用。

9.3 总线接口与仲裁

9.3.1 总线接口与仲裁的基本概念

1. 总线接口

总线接口即 I/O 设备适配器，具体指 CPU 和主存、外围设备之间通过总线进行连接的逻辑部件。接口部件在它动态连接的两个部件之间起着“转换器”的作用，以便实现彼此之间的信息传送。图 9.7 所示为 CPU、接口和外围设备之间的连接关系。

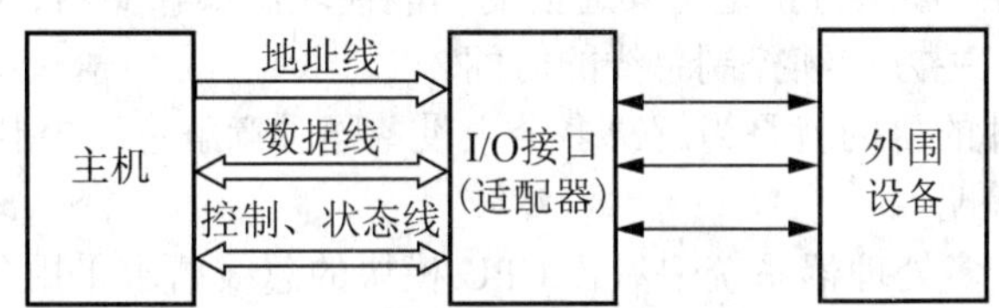

图 9.7 外设和主机的连接方法

为了使所有的外围设备能够兼容，并能在一起正确地工作，CPU 规定了不同的信息传送控制方法。一个标准接口可能连接一个设备，也可能连接多个设备。

典型的接口通常具有如下功能。

(1) 控制：接口靠程序的指令信息来控制外围设备的动作，如启动、关闭设备等。

(2) 缓冲：接口在外围设备和计算机系统其他部件之间用作为一个缓冲器，以补偿各种设备在速度上的差异。

(3) 状态：接口监视外围设备的工作状态并保存状态信息。状态信息包括数据“准备就绪”、“忙”、“错误”等，供 CPU 询问外围设备时进行分析之用。

(4) 转换：接口可以完成任何要求的数据转换，如并—串转换或串—并转换，因此数据能在外围设备和 CPU 之间正确地进行传送。

(5) 整理：接口可以完成一些特别的功能，如在需要时可以修改字计数器或当前内存地址寄存器。

(6) 程序中断：每当外设向 CPU 请求某种动作时，接口即发送一个中断请求信号到 CPU。

事实上，一个适配器必有两个接口：一是和系统总线的接口，CPU 和适配器的数据交换一定是并行方式；二是和外设的接口，适配器和外设的数据交换可能是并行方式，也可能是串行方式。根据外围设备供求串行数据或并行数据的方式不同，适配器分为串行数据接口和并行数据接口两大类。

【例 9.1】 利用串行方式传送字符，每秒传送的数据位数常称为波特。假设数据传送速率是 120 个字符/秒，每一个字符格式规定包含 10 个数据位(起始位、停止位、8 个数据位)，问传送的波特数是多少？每个数据位占用的时间是多少？

解：波特数为

10 位×120/秒＝1200 波特

每个数据位占用的时间 *Td* 是波特数的倒数

Td＝1/1200＝0.833×0.001s＝0.833ms

2. 总线的仲裁

连接到总线上的功能模块有主动和被动两种形态。

为了解决多个主设备同时竞争总线控制权，必须具有总线仲裁部件，以某种方式选择其中一个主设备作为总线的下一次主方。对多个主设备提出的占用总线请求，一般采用优先级或公平策略进行仲裁。按照总线仲裁电路的位置不同，仲裁方式分为集中式仲裁和分布式仲裁两类。

(1) 主方(主设备)：可以启动一个总线周期的功能模块，如 CPU、I/O。

(2) 从方(从设备)：被主方指定与其通信的功能模块，如存储器、CPU。

(3) 总线占用期：主方持续控制总线的时间。

(4) 使用仲裁部件的目的就是为解决多个主设备同时竞争总线控制权。

(5) 常用的仲裁策略

① 公平策略：在多处理器系统中对各 CPU 模块的总线请求采用公平的原则来处理。

② 优先级策略：I/O 模块的总线请求采用优先级策略。

(6) 仲裁方式分为集中式仲裁和分布式仲裁。

9.3.2 信息传送方式

数字计算机使用二进制数，它们或用电位的高、低来表示，或用脉冲的有、无来表示。

计算机系统中，传输信息采用 3 种方式：串行传送、并行传送和分时传送。但是出于速度和效率上的考虑，系统总线上传送的信息必须采用并行传送方式。

1. 串行传送

当信息以串行方式传送时，只有一条传输线，且采用脉冲传送。在串行传送时，按顺序来传送表示一个数码的所有二进制位(bit)的脉冲信号，每次一位，通常以第一个脉冲信号表示数码的最低有效位，最后一个脉冲信号表示数码的最高有效位，如图 9.8 所示。

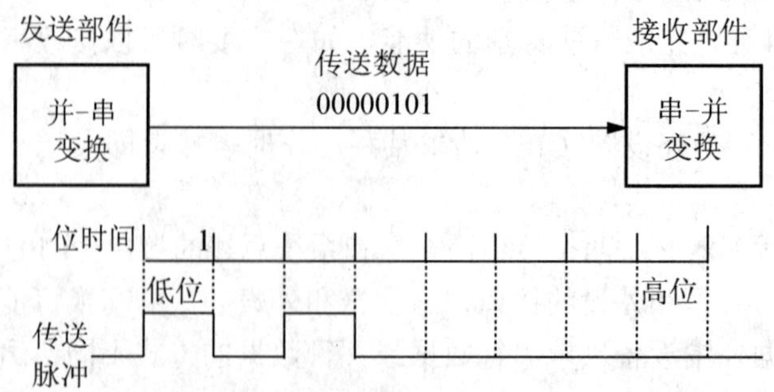

图 9.8 串行传送

在串行传送时，被传送的数据需要在发送部件进行并-串变换，这称为拆卸；而在接收部件又需要进行串-并变换，这称为装配。

串行传送的主要优点是只需要一条传输线，这一点对长距离传输显得特别重要，不管传送的数据量有多少，只需要一条传输线，成本比较低廉。

【例 9.2】假设某串行总线传送速率是每秒 960 个字符，每一个字符格式规定包含 10 个数据位，问传送的波特数是多少？每个数据位占用的时间(位周期)是多少？

解：波特数为

10 位/字符×960 字符/秒＝9600 波特

每个数据位占用的时间 Td 是波特数的倒数：

$$Td=1/9600=0.000104(s)=104\mu s$$

2. 并行传送

用并行方式传送二进制信息时，对每个数据位都需要单独一条传输线。信息有多少二进制位组成，就需要多少条传输线，从而使得二进制数“0”或“1”在不同的线上同时进行传送。

并行传送一般采用电位传送。由于所有的位同时被传送，所以并行数据传送比串行数据传送快得多。并行传送如图 9.9 所示。

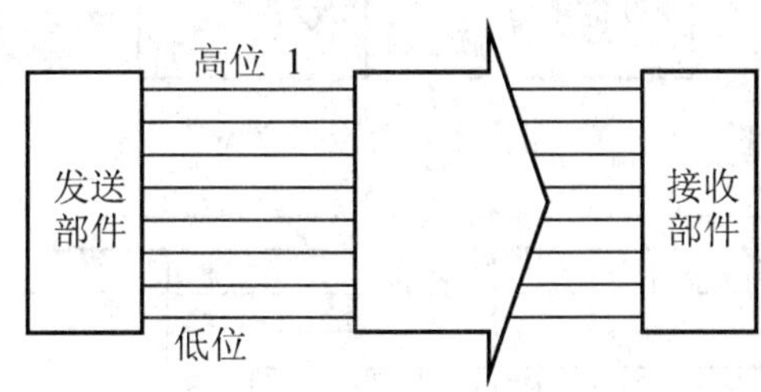

图 9.9 并行传送

3. 分时传送

分时传送有两种概念。

一是采用总线复用方式，某个传输线上既传送地址信息，又传送数据信息。为此必须划分时间片，以便在不同的时间间隔中完成传送地址和传送数据的任务。

分时传送的另一种概念是共享总线的部件分时使用总线。

9.3.3 总线集中式仲裁方式

集中式仲裁中每个功能模块有两条线连到中央仲裁器：一条是送往仲裁器的总线请求信号线 BR，一条是仲裁器送出的总线授权信号线 BG。集中式总线仲裁如图 9.10 所示。

(1) 链式查询方式。链式查询方式的主要特点是总线授权信号 BG 串行地从一个 I/O 接口传送到下一个 I/O 接口。假如 BG 到达的接口无总线请求，则继续往下查询；假如 BG 到达的接口有总线请求，BG 信号便不再向下查询，该 I/O 接口获得了总线控制权。离中央仲裁器最近的设备具有最高优先级，通过接口的优先级排队电路来实现。

链式查询方式的优点是，只用很少几根线就能按一定优先次序实现总线仲裁，很容易扩充设备。链式查询方式的缺点是，对询问链的电路故障很敏感，如果第 i 个设备的接口中有关链的电路有故障，那么第 i 个以后的设备都不能进行工作。查询链的优先级是固定的，如果优先级高的设备出现频繁的请求时，优先级较低的设备可能长期不能使用总线。

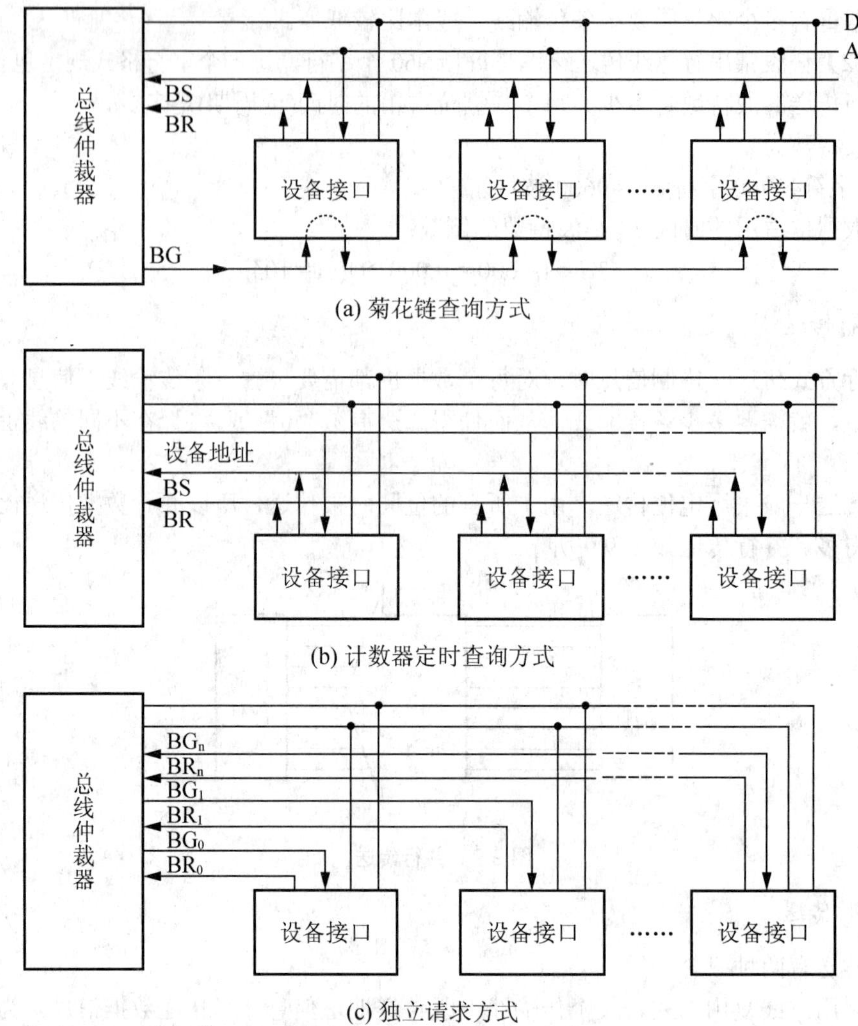

图 9.10 集中式总线仲裁方法

(2) 计数器定时查询方式。总线上的任一设备要求使用总线时，通过 BR 线发出总线请求。中央仲裁器接到请求信号以后，在 BS 线为“0”的情况下，计数器开始计数，计数值通过一组地址线发向各设备。每个设备接口都有一个设备地址判别电路，当地址线上的计数值与请求总线的设备地址相一致时，该设备 置“1”BS 线，获得了总线使用权，此时中止计数查询。

每次计数可以从“0”开始，也可以从中止点开始。如果从“0”开始，各设备的优先次序与链式查询法相同，优先级的顺序是固定的。如果从中止点开始，则每个设备使用总线的优先级相等。计数器的初值也可用程序来设置，这可以方便地改变优先次序，但这种灵活性是以增加线数为代价的。

(3) 独立请求方式。每一个共享总线的设备均有一对总线请求线 BRi 和总线授权线 BGi。当设备要求使用总线时，便发出该设备的请求信号。中央仲裁器中的排队电路决定首先响应哪个设备的请求，给设备以授权信号 BGi。

独立请求方式的优点是响应时间快，确定优先响应的设备所花费的时间少，用不着一个设备接一个设备地查询，对优先次序的控制相当灵活，可以预先固定也可以通过程序来改变优先次序；还可以用屏蔽(禁止)某个请求的办法，不响应来自无效设备的请求。

9.3.4 总线分布式仲裁方式

分布式仲裁不需要中央仲裁器，每个潜在的主方功能模块都有自己的仲裁号和仲裁器。当它们有总线请求时，把它们唯一的仲裁号发送到共享的仲裁总线上，每个仲裁器将仲裁总线上得到的号与自己的号进行比较。如果仲裁总线上的号大，则它的总线请求不予响应，并撤销它的仲裁号。最后，获胜者的仲裁号保留在仲裁总线上。显然，分布式仲裁是以优先级仲裁策略为基础。

作为思考题，读者自行设计分布式仲裁器逻辑电路。

9.4 总线的定时与传送模式

9.4.1 总线的定时协议

总线的一次信息传送过程，大致可分为请求总线，总线仲裁，寻址(目的地址)，信息传送，状态返回(或错误报告)等 5 个阶段。为了同步主方、从方的操作，必须制订定时协议。定时是指事件出现在总线上的时序关系。

1. 同步定时

在同步定时协议中，事件出现在总线上的时刻由总线时钟信号来确定。由于采用了公共时钟，每个功能模块什么时候发送或接收信息都由统一时钟规定，因此，同步定时具有较高的传输频率。同步传送方式如图 9.11 所示。

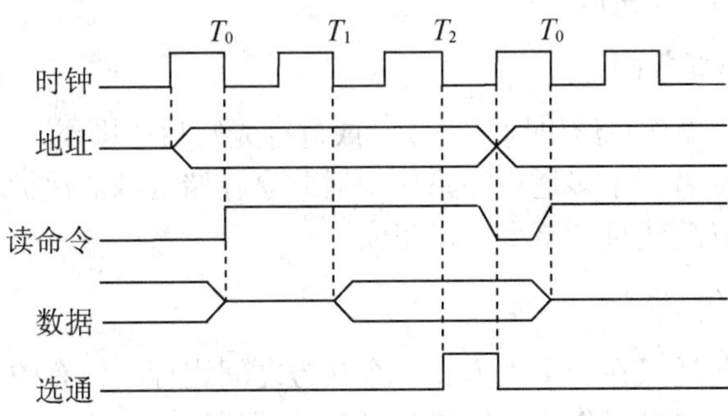

图 9.11 同步传送方式

同步定时适用于总线长度较短、各功能模块存取时间比较接近的情况。

2. 异步定时

在异步定时协议中，后一事件出现在总线上的时刻取决于前一事件的出现，即建立在应答式或互锁机制基础上。在这种系统中，不需要统一的公共时钟信号。总线周期的长度是可变的。异步传送方式如图 9.12 所示。

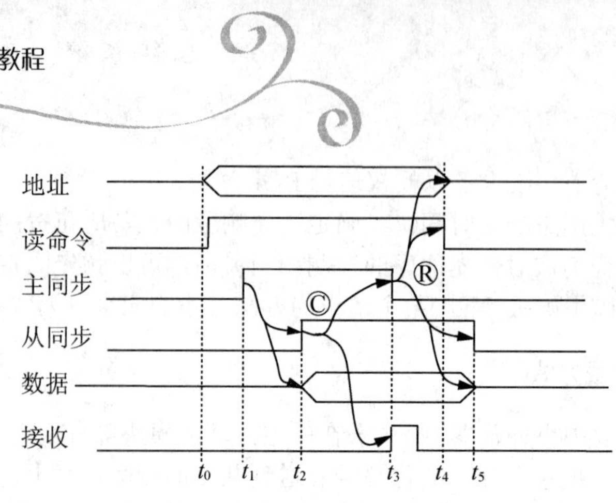

图 9.12 异步传送方式

异步定时的优点是总线周期长度可变，不把响应时间强加到功能模块上，因而允许快速和慢速的功能模块都能连接到同一总线上。但这以增加总线的复杂性和成本为代价。

9.4.2 总线的数据传送模式

当代的总线标准大都能支持以下 4 类模式的数据传送。

1. 读、写操作

读操作是由从方到主方的数据传送；写操作是由主方到从方的数据传送。一般，主方先以一个总线周期发出命令和从方地址，经过一定的延时再开始数据传送总线周期。为了提高总线利用率，减少延时损失，主方完成寻址总线周期后可让出总线控制权，以使其他主方完成更紧迫的操作，然后再重新竞争总线，完成数据传送总线周期。

2. 块传送操作

块传送操作只需给出块的起始地址，然后对固定块长度的数据一个接一个地读出或写入。对于 CPU(主方)、存储器(从方)而言的块传送，常称为猝发式传送，其块长一般固定为数据线宽度(存储器字长)的 4 倍。

3. 写后读、读修改写操作

写后读、读修改写操作只给出地址一次，或进行先写后读操作，或进行先读后写操作。前者用于校验目的，后者用于多道程序系统中对共享存储资源的保护。这两种操作和猝发式操作一样，主方掌管总线直到整个操作完成。

4. 广播、广集操作

一般而言，数据传送只在一个主方和一个从方之间进行。但有的总线允许一个主方对多个从方进行写操作，这种操作称为广播。与广播相反的操作称为广集，它将选定的多个从方数据在总线上完成 AND 或 OR 操作，用以检测多个中断源。

9.5 PCI 总线与 HOST 总线

9.5.1 PCI 总线信号

表 9.1 列出了 PCI 标准 2.0 版的必备类信号名称及其功能描述。总线周期类型由 C/BE#

线上的总线命令给出。总线周期长度由周期类型和 FRAME#(帧)、IRDY#(主就绪)、IRDY#(目标就绪)、STOP#(停止)等信号控制。一个总线周期由一个地址期和一个或多个数据期组成。

表 9.1 PCI 必备类信号名称及其功能描述

	信号名	类型	信号功能说明
必备类信号	CLK RST#	in in	总线时钟线，提供同步时序基准 复位信号线，强制所有 PCI 寄存器、排序器和信号到初始态
	AD[31-0] C/BE[3-0] PAR	t/s t/s t/s	地址和数据复用线 总线命令和字节有效复用线 奇偶校验位线，对 AD[31-0]和 C/BE[3-0]#实施奇偶校验
	FRAME#	s/t/s	帧信号，当前主方驱动它有效以指示一个总线业务的开始，并一致持续着，直到目标方对最后一次数据传送就绪而撤退
	IRDY#	s/t/s	当前主方就绪信号，数据已在 AD 线上或已准备好接收数据
	TRDY#	s/t/s	目标方就绪信号，已准备好接收数据或数据已 AD 线上
	STOP#	s/t/s	停止信号，目标方要求主方中止当前总线业务
	LOCK#	s/t/s	锁定信号，指示总线业务的不可分割性
	DEVSEL#	s/t/s	设备选择信号
	IDSEL#	in	初始化设备选择或芯片选择
	REQ# GNT#	t/s t/s	总线请求信号，主方送往中央仲裁器 总线授权信号，中央仲裁器送往主设备
	PERR# SERR#	s/t/s o/d	奇偶错误报告信号 系统错误报告信号

表 9.2 列出了可选类信号，电源线和地线未列入表中。

表 9.2 PCI 可选类信号名称及其功能描述

	信号名	类型	信号功能说明
可选类信号	AD[62-32] C/BE[7-4] REQ64# ACK64# PAR64	t/s t/s s/t/s s/t/s t/s	用于扩充到 64 位的地址、数据复用线 总线命令和高 4 字节使能复用线 用于请求 64 位传送 目标方准许 64 位传送 对扩充的 AD 线和 C/BE 线提供偶校验
	SBO# SDONE INTA# INTB# INTC# INTD#	in/out in/out o/d o/d o/d o/d	指出对修改行的监听命令 指出监听结束 中断请求信号 中断请求信号(仅用于多功能设备) 中断请求信号(仅用于多功能设备) 中断请求信号(仅用于多功能设备)
	TCK TDI TDD TMS TRST#	in in out in in	测试时钟 测试输入 测试输出 测试模式选择 测试复位

9.5.2 多总线结构

图 9.13 所示为典型的多总线结构图。

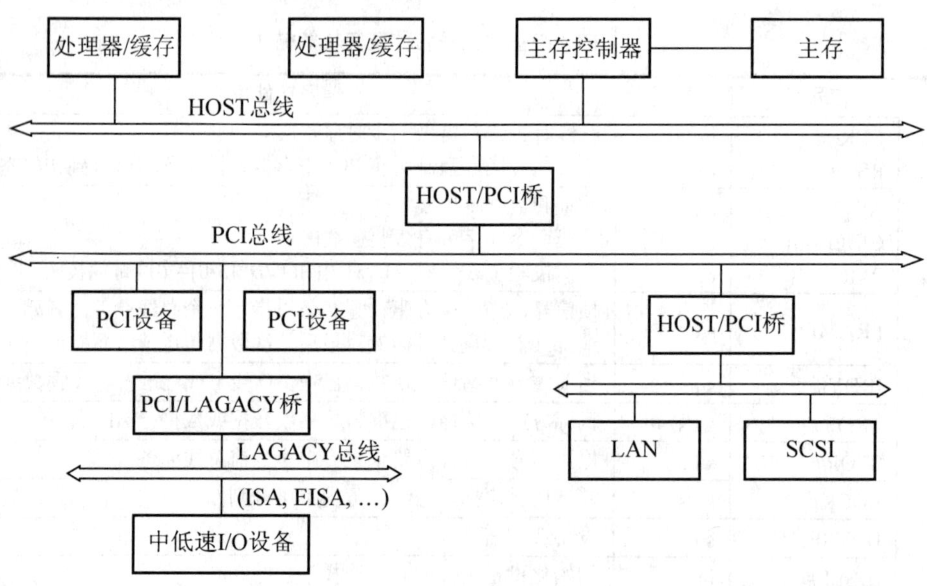

图 9.13 PCI 总线典型配置结构框图

1. HOST 总线

HOST 该总线有 CPU 总线、系统总线、主存总线等多种名称，各自反映总线功能的一个方面。这里称“宿主”总线也许更全面，因为 HOST 总线不仅连接主存，还可以连接多个 CPU。

2. PCI 总线

PCI 是一个与处理器无关的高速外围总线，又是至关重要的层间总线。它采用同步时序协议和集中式仲裁策略，并具有自动配置能力。

3. LAGACY 总线

LAGACY 总线可以是 ISA、EISA、MCA 等这类性能较低的传统总线，以便充分利用市场上丰富的适配器卡，支持中、低速 I/O 设备。

在 PCI 总线体系结构中有 3 种桥。桥连接两条总线，使彼此间相互通信。桥又是一个总线转换部件，可以把一条总线的地址空间映射到另一条总线的地址空间上，从而使系统中任意一个总线主设备都能看到同样的一份地址表。

PCI 总线的基本传输机制是猝发式传送，利用桥可以实现总线间的猝发式传送。写操作时，桥把上层总线的写周期先缓存起来，以后的时间再在下层总线上生成写周期，即延迟写。读操作时，桥可早于上层总线，直接在下层总线上进行预读。无论延迟写和预读，桥的作用可使所有的存取都按 CPU 的需要出现在总线上。

由上可见，以桥连接实现的 PCI 总线结构具有很好的扩充性和兼容性，允许多条总线并行工作。它与处理器无关，不论 HOST 总线上是单 CPU 还是多 CPU，也不论 CPU 是什么型号，只要有相应的HOST桥芯片(组)，就可与PCI总线相连。

9.5.3 总线周期类型与操作

PCI总线周期由当前被授权的主设备发起。PCI支持任何主设备和从设备之间点到点的对等访问，也支持某些主设备的广播读写。

1. 存储器读/写总线周期

以猝发式传送为基本机制，一次猝发式传送总线周期通常由一个地址期和一个或几个数据周期组成。存储器读/写周期的解释取决于PCI总线上的存储器控制器是否支持存储器/缓存之间的PCI传输协议。如果支持，则存储器读/写一般是通过缓存来进行；否则，是以数据块非缓存方式来传输。存储器读命令的说明如表9.3所示。

表9.3 存储器读命令的说明

读命令类型	对于有缓存能力的存储器	对于无缓存能力的存储器
存储器读	猝发式读取缓存行的一半或更少	猝发式读取1或2个存储字
存储器读行	猝发长度为0.5～3个缓存行	猝发长度为3～12存储字
存储器多重读	猝发长度大于3个缓存行	猝发长度大于12个存储字

2. 存储器写和使无效周期

存储器写和使无效周期与存储器写周期的区别在于，前者不仅保证一个完整的缓存行被写入，而且在总线上广播“无效”信息，命令其他缓存中的同一行地址变为无效。

特殊周期：用于主设备将其信息(如状态信息)广播到多个目标方。

配置读/写周期：是PCI具有自动配置能力的体现。PCI有3个相互独立的物理地址空间，即存储器、I/O、配置空间。

双地址周期：用于主方指示它正在使用64位地址。

下面以数据传送类的总线周期为代表，说明PCI总线周期的操作过程。

如图9.14所示，图中的环形箭头符号表示某信号线由一个设备驱动转换成另一设备驱动的过渡期，避免两个设备同时驱动一条信号线的冲突。

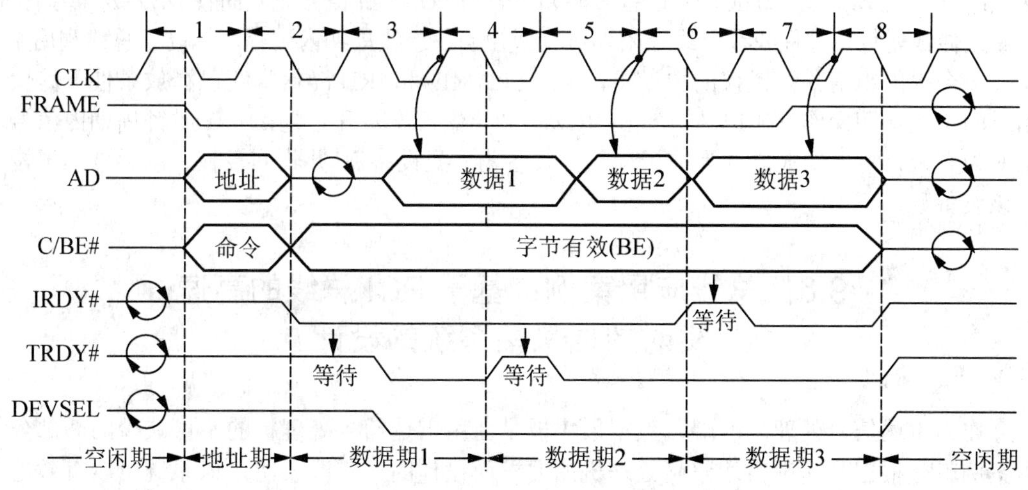

图9.14 读操作总线周期时序示例

PCI 总线周期的操作过程有如下特点。

(1) 采用同步时序协议。总线上所有事件，即信号电平转换出现在时钟信号的下跳沿时刻，而对信号的采样出现在时钟信号的上跳沿时刻。

(2) 总线周期由被授权的主方启动，以帧 *FRAME#*信号变为有效来指示一个总线周期的开始。

(3) 一个总线周期由一个地址期和一个或多个数据期组成。在地址期内除给出目标地址外，还在 C/BE#信号线上给出总线命令以指明总线周期类型。

(4) 地址期为一个总线时钟周期，一个数据期在没有等待状态下也是一个时钟周期。一次数据传送是在挂钩信号 *IRDY#*和 *TRDY#*都有效情况下完成，任一信号无效(在时钟上跳沿被对方采样到)都将加入等待状态。

(5) 总线周期长度由主方确定。在总线周期期间 *FRAME#*信号持续有效，但在最后一个数据期开始前撤除。由此可见，PCI 的数据传送以猝发式传送为基本机制，且 PCI 具有无限制的猝发能力，猝发长度由主方确定，没有对猝发长度加以固定限制。

(6) 主方启动一个总线周期时要求目标方确认，即在 *FRAME#*信号变为有效和目标地址送上 AD 信号线后，目标方在延迟一个时钟周期后必须以 *DEVSEL#*信号有效予以响应。否则，主设备中止总线周期。

(7) 主方结束一个总线周期时不要求目标方确认。目标方采样到 *FRAME#*信号已变为无效时，即知道下一数据传送是最后一个数据期。

9.5.4 总线仲裁

PCI 总线采用集中式仲裁方式，每个 PCI 主设备都有独立的 REQ#(总线请求)和 GNT#(总线授权)两条信号线与中央仲裁器相连。由中央仲裁器根据一定的算法对各主设备的申请进行仲裁，决定把总线使用权授予谁。但 PCI 标准并没有规定仲裁算法。

中央仲裁器不仅采样每个设备的 REQ#信号线，而且采样公共的 FRAME#和 IRDY#信号线。因此，仲裁器清楚当前总线的使用状态是处于空闲状态还是一个有效的总线周期。

PCI 总线支持隐藏式仲裁，即在主设备 A 正在占用总线期间，中央仲裁器根据指定的算法裁决下一次总线的主方应为主设备 B 时，它可以使 *GNT#A* 信号无效而使 *GNT#B* 信号有效。隐藏式仲裁使裁决过程或在总线空闲期进行或在当前总线周期内进行，提高了总线利用率。

一个提出申请并被授权的主设备，应在 FRAME#和 IRDY#信号线已释放条件下尽快开始新的总线周期操作。自 FRAME#和 IRDY#信号变为无效开始起，16 个时钟周期内信号仍不变为有效，中央仲裁器认为被授权的主设备为“死设备”，并收回授权，以后也不再授权给该设备。

9.6 总线应用案例：基于 PCI 总线的高速实时数据采集系统的设计

作为雷达信号处理的前端，数据采集板是通用雷达信号处理机的不可缺少的一部分。本案例就是根据某通用雷达信号处理机的要求而设计的，实践表明，该系统可以有效地解决数据的实时传输和存储问题，为信号的实时处理提供方便。

1. 数据采集系统的结构和性能

在某通用雷达信号处理机中，需要对雷达输入信号的 I 和 Q 两个通道的信号进行中频采样，采样精度为 12 位，最高采样频率为 20MHz，数据采集卡采集到的数据要通过 PCI 总线实时的传输给数字信号处理模块。每路数字信号字长采用 16 位，两路合并为 32 位数据通过 PCI 总线进行传输。

2. 数据采集系统主要功能模块的实现

(1) A/D 转换模块：A/D 转换采用美国 AD 公司生产的一种高速度、高性能、低功耗的 12 位模数转换芯片 AD9042，它的片内带有跟踪/保持放大器和基准电源，只需单＋5V 电源即能工作，并能以 41MHz 的速率提供与 CMOS 兼容的逻辑数据输出。电路设计时，AD9042 的模拟＋5V 电源与数字＋5V 电源应该分开，Vcc 的变化不应该超过 5%，同时在 AD9042 数据输出端口串接 499Ω 的电阻再与后级的 FIFO 相连接，FIFO 为 CMOS 逻辑兼容器件。

(2) PCI 总线控制器的实现：PCI 总线特征和总线定义的逻辑非常复杂，如果用可编程器件来实现 PCI 总线规范，开发周期长，并且接口的兼容性不好。因此，采用 PLX 公司生产的专用 PCI 接口芯片 PCI9054 来完成 PCI 接口的逻辑功能实现。

(3) 先进先出缓冲(FIFO)：由于 PCI9054 内部的 FIFO 只有 32 级深度，实时传送高速数据时，PCI9054 的内部 FIFO 会很快存满，而外界的数据仍会源源不断的传送过来，可能会造成数据的丢失，因此必须要扩展外部 FIFO；同时，A/D 转换芯片 AD9042 的数据输出需要与 CMOS 逻辑的接口相连接，因此采用 CMOS 器件 IDT72V3660 来扩展系统的 FIFO。

(4) 采集控制芯片(CPLD)：控制逻辑包括数据采集控制逻辑、FIFO 控制逻辑和 PCI 接口控制逻辑三部分。这里采用 Altera 公司的 EPM7128 来实现系统的逻辑控制，并利用 MaxPlusII 软件进行设计、仿真和调试。实验表明，EPM7128 完全可以满足系统的设计要求，大大提高了系统控制电路的集成度。

3. 数据采集系统控制和 CPLD 设计

CPLD 对数据采集系统的控制包括对采集芯片 AD9042 的控制、对 FIFO 的控制以及对 PCI 接口芯片 PCI9054 的控制。其中，对 PCI9054 的逻辑控制是设计的重点。

本系统应用于某通用雷达信号处理机中，是该雷达信号处理机的重要组成部分。在前端对数据处理之后，在定时时钟的驱动下，对信号进行实时 A/D 转换，然后，利用 PCI 总线的高速传送特性，把采集数据送入信号处理模块，进行后续的数字信号处理。工程实践证明，该系统能够可靠的工作，为后续信号处理提供有效的数据。

本章小结

总线是构成计算机系统的互联机构，是多个系统功能部件之间进行数据传送的公共通道，并在争用资源的基础上进行工作。

总线有物理特性、功能特性、电气特性、机械特性，因此必须标准化。微型计算机系统的标准总线从 SA 总线(16 位，带宽 8MB/s)发展到 EISA 总线(32 位，带宽 33.3MB/s)和

VESA 总线(32 位，带宽 132MB/s)，又进一步发展到 PCI 总线(64 位，带宽 264MB/s)。衡量总线性能的重要指标是总线带宽，它定义为总线本身所能达到的最高传输速率。

当代流行的标准总线追求与结构、CPU、技术无关的开发标准。其总线内部结构包括以下 4 个部分。

(1) 数据传送总线(地址线、数据线、控制线组成)。

(2) 仲裁总线。

(3) 中断和同步总线。

(4) 公用线(电源、地线、时钟、复位等信号线)。

计算机系统中，根据应用条件和硬件资源不同，信息的传输方式可采用并行传送、串行传送和复用传送。

各种外围设备必须通过“接口”与总线相连。接口是指 CPU、主存、外围设备之间通过总线进行连接的逻辑部件。接口部件在它动态联结的两个功能部件间起着缓冲器和转换器的作用，以便实现彼此之间的信息传送。

总线仲裁是总线系统的核心问题之一。为了解决多个主设备同时竞争总线控制权的问题，必须具有总线仲裁部件。它通过采用优先级策略或公平策略，选择其中一个主设备作为总线的下一次主方，接管总线控制权。

按照总线仲裁电路的位置不同，总线仲裁分为集中式仲裁和分布式仲裁。集中式仲裁方式必有一个中央仲裁器，它受理所有功能模块的总线请求，按优先原则或公平原则进行排队，然后仅给一个功能模块发出授权信号。分布式仲裁不需要中央仲裁器，每个功能模块都有自己的仲裁号和仲裁器。通过分配优先级仲裁号，每个仲裁器将仲裁总线上得到的仲裁号与自己的仲裁号进行比较，从而获得总线控制权。

总线定时是总线系统的又一核心问题之一。为了同步主方、从方的操作，必须制订定时协议。通常采用同步定时与异步定时两种方式。在同步定时协议中，事件出现在总线上的时刻由总线时钟信号来确定，总线周期的长度是固定的。在异步定时协议中，后一事件出现在总线上的时刻取决于前一事件的出现，建立在应答式或互锁机制基础上，不需要统一的公共时钟信号。在异步定时中，总线周期的长度是可变的。

当代的总线标准大都能支持以下数据传送模式：①读/写操作；②块传送操作；③写后读、读修改写操作；④广播、广集操作。

PCI 总线是当前流行的总线，是一个高带宽且与处理器无关的标准总线，又是至关重要的层次总线。它采用同步定时协议和集中式仲裁策略，并具有自动配置能力。PCI 适合于低成本的小系统，因此在微型计算机系统中得到了广泛的应用。

习　　题

一、选择题

1. 在总线上，同一时刻________。

   A. 只能有一个主设备控制总线传输操作

   B. 只能有一个从设备控制总线传输操作

C. 只能有一个主设备和一个从设备控制总线传输操作
D. 可以有多个主设备控制总线传输操作

2. 数据总线、地址总线、控制总线三类是根据________来划分的。
A. 总线所处的位置　　B. 总线传送的内容
C. 总线的传送方式　　D. 总线的传送方向

3. 系统总线中地址线的功能是________。
A. 用于选择主存单元地址　　B. 用于选择进行信息传输的设备
C. 用于选择外存地址　　D. 用于指定主存和I/O设备接口电路的地址

4. 系统总线中控制线的功能是________。
A. 提供主存、I/O 接口设备的控制信号和响应信号及时序信号
B. 提供数据信息
C. 提供主存、I/O 接口设备的控制信号
D. 提供主存、I/O 接口设备的响应信号

5. 在集中式总线仲裁中，________方式响应时间最快。
A. 链式查询　　B. 独立请求
C. 计数器定时查询　　D. 不能确定哪一种

6. 在菊花链方式下，越靠近控制器的设备________。
A. 得到总线使用权的机会越多优先级越高
B. 得到总线使用权的机会越少优先级越低
C. 得到总线使用权的机会越多优先级越低
D. 得到总线使用权的机会越少优先级越高

7. 在三种集中式总线仲裁中，________方式对电路故障最敏感。
A. 链式查询　　B. 计数器定时查询
C. 独立请求　　D. 都一样

8. 在计数器定时查询方式下，若每次计数从一次中止点开始，则________。
A. 设备号小的优先级高　　B. 设备号大的优先级高
C. 每个设备的使用总线机会相等　　D. 以上都不对

二、填空题

1. 总线的基本特征包括________、________和电气特征。

2. 总线的控制方式可分为________式和________式两种。

3. 计算机中各个功能部件是通过________连接的，它是各部件之间进行信息传输的公共线路。

4. 根据连线的数量，总线可分为________总线和________总线，其中________一般用于长距离的数据传送。

5. ________只能将信息从总线的一端传到另一端，不能反向传输。

6. 总线数据通信方式按照传输定时的方法可分为________和________两类。

7. 按照总线仲裁电路的________的不同，总线仲裁有________仲裁和________仲裁两种方式。

三、简答题

1. 什么是总线？总线是如何分类的？
2. 串行总线和并行总线有何区别？各适用于什么场合？
3. 什么是总线裁决？总线裁决有哪几种方式？
4. 集中式裁决有哪几种方式？
5. 总线的同步通信方式与异步通信方式有什么区别？各适用于哪些场合？
6. 举例说明有哪些常见的系统总线与外设总线。

计算机系统

学习目标

了解多处理机的概念、阵列处理机的概念、超长指令字处理机的原理。

理解片上系统、嵌入式系统、智能手机的各自特点及前景。

掌握计算机系统的分类、性能评价、多媒体计算机的概念、组成及其关键技术、个人计算机、商用计算机和家用计算机各自的特点。

知识结构

本章知识结构如图 10.1 所示。

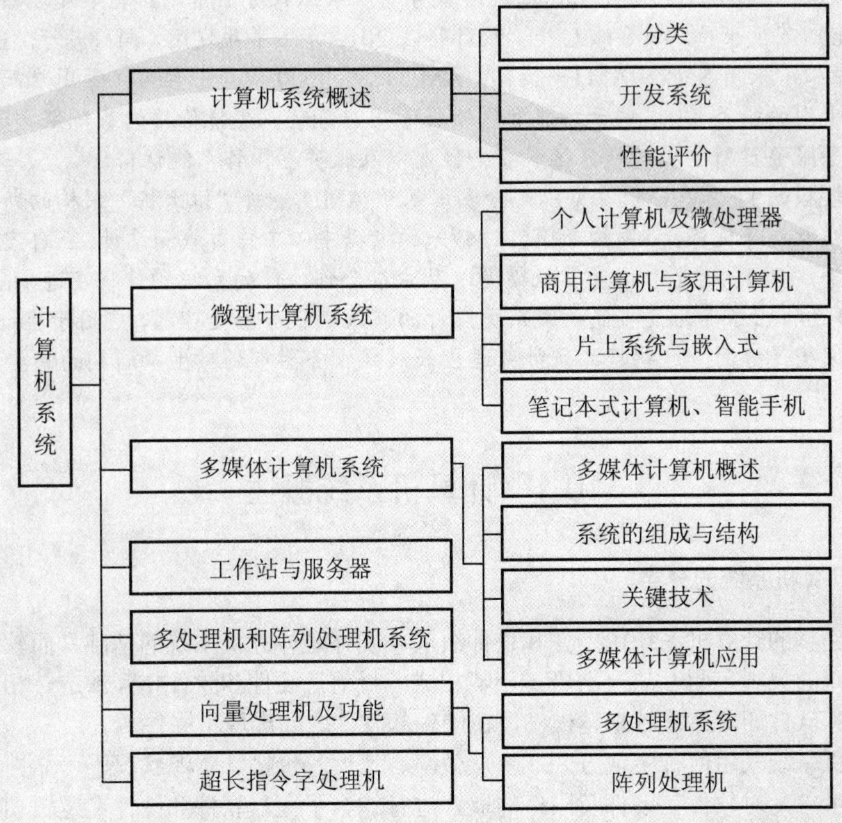

图 10.1　计算机系统知识结构

导入案例

云之“芯”——16 核 AMD 皓龙处理器中国首发

2011 年 11 月 14 日，发布并立即上市 AMD 皓龙 6200 和 4200 系列处理器(产品代号分别为“Interlagos”和“Valencia”)。新一代 AMD 皓龙处理器能够为企业用户带来的是:

① 为企业提供更好的性能，性能最高提升达 84%;

② 为虚拟化进一步增强可扩展性，内存带宽增加 73%，使服务器可以管理更多虚拟机并应付更高的负载;

③ 为云计算带来了更高效的经济性，每核心能耗降低一半，机房占用空间减少三分之二，平台价格最高可下降三分之二。

AMD 全球副总裁兼商用事业部总经理 Paul Struhsaker 表示:“我们的行业正处于一个新的结合点，虚拟化已经带来更加可靠的整合，而企业正寻求通过云计算实现更高的灵活性和效率。我们为此设计了全新的 AMD 皓龙处理器，最值得期待的新服务器产品和架构已经到来，新一代 AMD 皓龙处理器以最全面的产品线，带来性能、可扩展性和能效的完美平衡。基于此，领先的 OEM 厂商可以为云计算、企业用户和高性能计算(HPC)客户提供一整套解决方案。”

AMD 还宣布拓展其 2012 年产品路线图，增加 AMD 皓龙 3000 系列平台。该平台面向超高密度、超低能耗的单路网络主机/网络服务器以及微服务器市场。首个处理器将为代号为“Zurich”(苏黎世)的 4～8 核 CPU，预计将在 2012 年上半年发运，同样基于“Bulldozer”(推土机)核心，采用 Socket AM3＋接口。AMD 皓龙 3000 系列平台为托管用户而设计，其客户需要专用的服务器，这些云计算和网络托管用户期望以更低价格的基础架构节省成本，但同时具备服务器所要求的可靠性和安全性，以及服务器操作系统认证。

各种规模的 IT 客户，现在可以充分利用基于 AMD 全新“推土机”架构的新服务器所带来的工程及业务优势，该架构专门针对领先的数据中心工作负载而设计。来自宏碁、Cray、戴尔、惠普、IBM、曙光和诸多其他渠道以及主板合作伙伴的系统预计将在近期陆续推出。

AMD 还推出了专为高端嵌入式系统设计的嵌入式服务器处理器，应用于存储、通信和网络基础架构等方面。这些产品预计可适应嵌入式服务器市场对生命周期的需要。

10.1 计算机系统概述

10.1.1 计算机系统的分类

一台完整的计算机系统由硬件和软件组成。硬件是计算机系统的基础，而软件则如同计算机系统的灵魂，两者缺一不可，相辅相成。目前，硬件和软件相互渗透、相互融合，使得硬件和软件的分界线越来越模糊，在硬件和软件之间出现了固件。

计算机系统采用何种实现方式，要从效率、速度、价格、资源状况、可靠性等多方面因素全盘考虑，对软件、硬件及固件的取舍进行综合平衡。软件和硬件在逻辑功能上是等效的，同一逻辑功能既可以用软件也可以用硬件或固件实现。从原理上讲，软件实现的功能完全可以用硬件或固件完成，同样，硬件实现的逻辑功能也可以由软件模拟来完成，只是性能、价格以及实现的难易程度不同而已。软、硬件的功能分配比例可以在很宽的范围内变化，这种变化是动态的，功能分配的比例随不同时期以及同一时期的不同机器的变化而变化，也还要考虑其所直接面对的应用语言所对应的机器级的发展状况。

从目前软件、硬件技术的发展速度及实现成本上看，随着器件技术的高速发展，特别是半导体集成技术的高速发展，以前由软件来实现的功能越来越多地由硬件来实现。总的来说，软件硬化是目前计算机系统发展的主要趋势。

10.1.2　计算机开放系统

1. 开放式体系结构

开放式体系结构(Open System Architecture)具有应用系统的可移植性和可剪裁性、网络上各结点机间的互操作性和易于从多方获得软件的体系结构，简称开放结构(OA)。它是构成开放应用体系结构(OAA)的技术基础。开放结构于 20 世纪 80 年代初提出，它的发展是为了适应更大规模地推广计算机的应用和计算机网络化的需求，现仍处于继续发展和完善之中。一些标准化组织对开放系统的概念是大体相同的，但具体的定义不完全一致。

为满足建立和实现开放系统的需要，开放结构应具有以下 4 个特点。

(1) 可移植性。各种计算机应用系统可在具有开放结构特性的各种计算机系统间进行移植，不论这些计算机是否同种型号、同种机型。

(2) 可互操作性。如计算机网络中的各结点机都具有开放结构的特性，则该网上各结点机间可相互操作和资源共享，不论各结点机是否同种型号、同种机型。

(3) 可剪裁性。如某个计算机系统是具有开放结构特性的，则在该系统的低档机上运行的应用系统应能在高档机上运行，原在高档机上运行的应用系统经剪裁后也可在低档机上运行。

(4) 易获得性。在具有开放结构特性的机器上所运行的软件环境易于从多方获得，不受某个来源所控制。

2. 开放系统特性的实现

为了全面实现上述开放系统的 4 个特性，首先要保证实现系统的可移植性和互操作性。

(1) 为实现可移植性，首先要建立起符合开放系统概念的开发平台，在这个开发平台上所开发的应用系统都可以在另一个符合开放系统概念的平台上，以同样的工作环境去编译和运行原应用系统，不必对源程序做任何修改。

(2) 为实现互操作性，首先应实现通信时的互操作性，即应实现开放系统互联环境(OSIE)。

10.1.3　计算机系统的性能评价

1. 性能评价的作用

在计算机系统的研制、选型、选购、引进以及对已有计算机的改进过程中，计算机系统的性能评测，是一项不可缺少的重要工作。计算机性能评测的具体作用如下。

(1) 改进系统结构设计，提高机器性能：计算机是由许多部件组合而成的复杂系统，即使具有丰富设计经验的人员，也很难保证所设计的计算机系统完美，任何成功的设计都

不可能一次完成，总是通过测试和试用，不断修改、补充，不断完善。只有针对这些问题进行改进，进一步提高计算机的性能，适应不同的应用需求。

(2) 促进软硬件结合，合理功能划分：根据性能测试结果的统计分析，可以明确计算机应完成的软件与硬件功能，进行合理的功能划分以及适当的软、硬件折中。对于那些使用频繁、功能较简单的操作，在硬件工艺许可的情况下，应以硬件来实现；对于那些使用不频繁、功能又较复杂的操作，在软件复杂度允许的情况下，应以软件来实现。但这必须建立在对影响计算机性能各方面因素的科学分析和全面测试的基础上。

(3) 优化“结构—算法—应用”，实现最佳组合：通过对计算机性能的评测，可以发现什么类型的系统结构适合于什么类型的算法，对哪一类应用更有效。通过性能评测，就可以针对某类应用问题，设计出可以高效运行于某种系统结构上的算法。

(4) 了解各类计算机适宜的应用领域，提高使用效率：高性能计算机一般都很贵，用户购买的计算机应根据具体的应用，如果购买的计算机不能发挥出其使用效率，那将是很大的浪费。通过对不同类型的计算机的性能评测，可以了解各类计算机适宜的应用领域。

2. 评测性能的几种方法

计算机的时钟频率在一定程度上反映了机器速度，一般是主频越高，速度越快。但相同频率不同体系结构的机器，其速度可能会相差很多倍，因此还需要有其他方法来测试速度。另外有一种通过计算处理速率(Processing Data Rate，PDR)值的方法来衡量机器性能。PDR 值大，则机器性能好，PDR 是指令操作数的平均位数和指令平均速度的比值(加权)。

案例分析：每到年终岁尾之际，消费者的各种购物欲望也在“蠢蠢欲动”，就等待着一个打折促销或购物返券的信息点燃这把火。商家也在掰着手指头算时间，11 月虽然离圣诞节、新年这样的传统节日还有段距离，但就计算机产品市场而言，新旧机型的更替，上游厂商对于旧款硬件的降价处理都成就了此时高性价比的局面。

就消费者需求看，选择购买家用计算机的客户多是为了追求性能、可自行升级硬件的人群，或是新成立家庭后的首次选择，虽然不可否认笔记本式计算机的高便携性，但就机器性能特别是图形显示性能来看，笔记本式计算机还是最佳的。那如何才能购买到让消费者放心、满意的计算机呢？

10.2 微型计算机系统

10.2.1 个人计算机及微处理器

微处理器是微型计算机中最关键的设备，是由超大规模集成电路(VLSI)工艺制成的。它起到控制整个微型计算机工作的作用，产生控制信号对相应的设备进行控制，并执行相应的操作。微处理器能完成取指令、执行指令，以及与外界存储器和逻辑部件交换信息等操作，是微型计算机的运算控制部分。它可与存储器和外围电路芯片组成微型计算机。

1. 微处理器分类

根据微处理器的应用领域，微处理器大致可以分为 3 类：通用高性能微处理器、嵌入式微处理器和数字信号处理器、微控制器。一般而言，通用处理器追求高性能，它们用于运行通用软件，配备完备、复杂的操作系统；嵌入式微处理器强调处理特定应用问题的高性能，主要用于运行面向特定领域的专用程序，配备轻量级操作系统，主要用于蜂窝电话、CD 播放机等消费类家电；微控制器价位相对较低，在微处理器市场上需求量最大，大多用于汽车、空调、自动机械等领域的自控设备。

2. 微处理器内部结构

微处理器可分成两个部分，一部分是执行部件(EU)，即执行指令的部分；另一部分是总线接口部件(BIU)，与总线联系，执行从存储器取指令的操作。微处理器分成 EU 和 BIU 后，可使取指令和执行指令的操作重叠进行。总线接口部件也有一个寄存器堆，其中 CS、DS、SS 和 ES 是存储空间分段的分段寄存器，IP 是指令指针。内部通信寄存器也是暂时存放数据的寄存器。指令队列是把预先取来的指令流存放起来。总线接口部件还有一个地址加法器，把分段寄存器值和偏置值相加，取得 20 位的物理地址。

3. 微处理器多核时代

2005 年 4 月，Intel 的第一款双核处理器平台包括采用 Intel 955X 高速芯片组、主频为 3.2GHz 的 Pentium 处理器至尊版 840 的问世标志着一个新时代的来临。

双核和多核处理器设计用于在一枚处理器中集成两个或多个完整执行内核，以支持同时管理多项活动。Intel 超线程(HT)技术能够使一个执行内核发挥两枚逻辑处理器的作用，因此与该技术结合使用时，Intel Pentium 处理器至尊版 840 能够充分利用以前可能被闲置的资源，同时处理 4 个软件线程。

2005 年 5 月，带有两个处理内核的 Intel Pentium D 处理器随 Intel 945 高速芯片组家族一同推出，带来了某些消费电子产品的特性，如环绕立体声音频、高清晰度视频和增强图形功能。

2006 年 7 月，Intel 公司面向家用和商用个人计算机与笔记本式计算机，发布了 10 款全新 Intel Core 2 双核处理器和 Intel Core 至尊处理器。Intel Core 2 双核处理器家族包括 5 款专门针对企业、家庭、工作站和玩家(如高端游戏玩家)而定制的台式机处理器，以及 5 款专门针对移动应用而定制的处理器。这些 Intel Core 2 双核处理器设计用于提供出色的能效表现，并更快速地运行多种复杂应用，支持用户改进各种任务的处理。例如，更流畅地观看和播放高清晰度视频；在电子商务交易过程中更好地保护计算机及其资产；以及提供更耐久的电池使用时间和更加纤巧时尚的笔记本式计算机外形。

10.2.2　商用计算机与家用计算机

商用计算机是专门为商务应用设计的计算机，包括商用台式计算机和商用笔记本式计算机两种基本类型。

家用计算机是专为普通家庭用户所设计制造的微型计算机，和商用计算机相比，在硬件结构和系统、软件结构上基本无异，主要是功能用途上有所差异。家用计算机主要侧重于影音娱乐和游戏方面的应用，同时，也具备一定的学习办公方面的能力，可以满足家庭用户的绝大多数需要。家用计算机的基本组成与办公室使用的台式微型计算机没什么区别，同样是冯·诺依曼体系结构，大体上分为主机、输入设备和输出设备等几个部分。商用和家用计算机之间的区别在于以下几点。

(1) 稳定性和安全性：商用机型追求很高的稳定性，其在同等的条件下适应能力强于家用机，平均无故障工作时间都超过5000小时，有些高达20000小时；商业环境安全性也是商用机考虑的问题，多数商用机会在软件甚至硬件上进行数据的加密和保护，以防止人为破坏和丢失资料。家用机一般都在家庭环境使用，持续使用时间不会很长，工作环境也相对要比商用机好得多，家用机稳定性不必像商用机要求那么苛刻。

(2) 多媒体功能：商用机型的多媒体功能普遍不强，有些商用机在设计上针对性很强，只突出适合某方面应用功能的强化，并不要求在所有功能做到面面俱到，这主要体现在显卡和声卡、音箱等多媒体设备的标准配置上，商用机一般很少配全。家用机设计的角度是出于方便家庭用户使用考虑，在多媒体方面配置很齐，功能已经涵盖学习、娱乐、办公各个方面，配件的选择也是越来越全，实现的功能更加多样化，现在的家用机已经向家电化方向发展，大有整合和替代家电的趋势。

(3) 扩展性和外观：商用机要应用于各种各样的商业办公环境，在外观设计上都遵循严肃大方的设计理念。为便于以后要添加功能考虑，商用机的机箱和主板都是标准全尺寸的，外部端口齐全，升级和扩展的能力一般要优于家用机，方便以后批量的维护和修理。家用机是面对家庭用户销售的，在外观设计上都突出美观和个性化，机箱样式多样不统一，颜色丰富多彩，在主板的选择上都是根据机箱量身定做，主板多半都采用小板设计，预留的空间和插槽要比商用机少一些，现在的家用机功能设计很全面，一般用户也不用太多的考虑以后升级和扩展的问题。

10.2.3 片上系统与嵌入式计算机

计算机技术的发展推动计算机应用发生根本性的变化，孕育着一场新的革命。随着微处理器技术的快速发展，计算机的运算速度越来越快、内存容量越来越大、体积越来越小、成本越来越低、性能越来越强，为计算机技术应用到各个领域、嵌入到各种设备、装置、产品和系统中，奠定了必要的基本条件。计算机微型化必然导致其嵌入化，催生一种新式形态计算机系统的诞生，并发展迅速。

嵌入式系统是用于控制、监视或者辅助操作机器和设备的装置。其是以应用为中心、以计算机技术为基础、软件硬件可裁剪、适应于应用系统对功能、可靠性、成本、体积、功耗严格要求的专用计算机系统，虽然它是任意的可包含一个可编程计算机的设备，但是这个设备不是作为通用计算机而设计的。嵌入式计算系统是嵌入在其他设备中，起智能控制作用的专用计算机系统。

从技术的角度理解为是以应用为中心、以计算机技术为基础、软件硬件可裁剪、适应应用系统对功能、可靠性、成本、体积、功耗严格要求的专用计算机系统；从系统的角度可以理解为嵌入式系统是设计完成复杂功能的硬件和软件，并使其紧密耦合在一起的计算机系统。术语嵌入式反映了这些系统通常是更大系统中的一个完整的部分，称为嵌入的系统。嵌入的系统中可以共存多个嵌入式系统。

1. 片上系统

嵌入式片上系统(System On Chip，SOC)就是一种电路系统，其最大的特点是成功实现了软硬件无缝结合，直接在处理器片内嵌入操作系统的代码模块。它结合了许多功能模块，将功能做在一个芯片上，如 ARM RISC、MIPS RISC、DSP 或是其他的微处理器核心，加上通信的接口单元、通用串行端口(USB)、TCP/IP 通信单元、GPRS 通信接口、GSM 通信接口、IEEE1394、蓝牙模块接口等。SOC 具有利用改变内部工作电压、降低芯片功耗、减少芯片对外引脚数、简化制造过程、减少外围驱动接口单元及电路板之间的信号传递，可加快微处理器数据处理的速度，内嵌的线路可以避免外部电路板在信号传递时所造成系统噪声等特点，所以 SOC 往往是专用的，并大多不为用户所知。

片上系统和嵌入式计算机已经成为人们当前研究的热点。那些已经存在于电话、电视、微波炉等家用电器中的嵌入式计算机正为人们提供着便利。可以预见，在不远的未来，所有的电器中都将嵌入计算机，并能通过网络和人进行交互。也许，嵌入式计算机能成为生活中数量最多的计算机，它们内部有一个处理器、少量的内存和有限的输入/输出能力，集成在一片价格低廉的芯片上，有简单的操作系统。

嵌入式计算机是嵌入应用系统中的计算机。例如，嵌入到医疗仪器、工业机器人、高级音响、通信设备、坦克潜艇、飞机等系统中使用的计算机都是嵌入式计算机。

2. 嵌入式计算机

嵌入式计算机一般具有以下特征。

(1) 功能和结构符合应用系统的要求。嵌入式计算机往往直接嵌入到所服务的对象中，因此其功能与结构(体积、形状、重量)要符合服务对象的要求及其所提供的环境。

(2) 高可靠性和高安全性，维护简单。

(3) 实时性：实时操作系统和实时应用系统。

(4) 直接与传感器及执行机构相连接。嵌入式计算机的输入端一般与传感器相连以获取各种实时信息(如温度、湿度等)，并将其转换成计算机能接收的输入信号；经计算机处理后输出的信息用于控制驱动各种执行机构。

(5) 硬件一般多用单片机来实现；在软件方面，因程序固定，往往被固化在机内，人机界面简单。

嵌入式工业计算机以其小型化体积，模块化和组合化的灵活结构，丰富的过程控制能力，特殊的恶劣环境适应能力，良好的开发环境，方便的联网能力和高可靠性，而被广泛应用于工业控制中。

一般的微型计算机，如应用于环境条件差的工厂中，尚存在以下问题：主板尺寸大，散热差；不能承受工厂中的震动和冲击；输入输出(I/O)种类少，可扩展能力差；不能防尘；抗电网干扰能力差；抗电磁干扰能力差；温度范围窄；MTBF(平均无故障时间)短；故障检测和自动排除故障的能力差等。

由于嵌入式系统是由嵌入式硬件和软件组成的，硬件以微处理器为核心，集成存储器和系统专用的输入/输出设备；软件以初始化代码、驱动模块、嵌入式操作系统和应用程序等有机地结合在一起，形成系统特定的一体化软件的综合体。所以编码体积小、面向应用、实时性强、可移植性好、可靠性高以及专用性强，是无独立的装置或设备。服务功能嵌入在各种设备、装置产品和系统中，系统结构体系(组件构成)灵活地取决于主体设备及应用需要，在设备内部实现运算、处理、储存以及控制等，为更全面地服务社会领域，更广泛地进入家庭生活，更普及地实现智能设备，结合 Internet 促使嵌入技术全球化普及，为计算

机技术应用到各个领域、嵌入到多类设备、多种装置，奠定了必要的基本条件。因此，嵌入式系统也可以应用到环境条件较差的场所。

10.2.4 笔记本式计算机、台式计算机、智能手机及 PDA

1. 笔记本式计算机

笔记本式计算机是一种小型、可携带的个人计算机，通常重 1～3kg。笔记本式计算机，除了键盘外，还提供了触控板(TouchPad)或触控点(Pointing Stick)，提供了更好的定位和输入功能。

笔记本式计算机可以大体上分为 6 类：商务型、时尚型、多媒体应用型、上网型、学习型、特殊用途。特殊用途的笔记本式计算机是服务于专业人士，可以在酷暑、严寒、低气压、高海拔、强辐射、战争等恶劣环境下使用的机型，有的较笨重，如奥运会前期在“华硕珠峰大本营 IT 服务区”使用的华硕笔记本式计算机。

2. 台式计算机

台式计算机也叫桌面机，是一种独立相分离的计算机，完完全全跟其他部件无联系，相对于笔记本式计算机和上网本的体积都较大，主机、显示器等设备一般都是相对独立的，一般需要放置在桌子或者专门的工作台上，因此命名为台式计算机，是现在非常流行的微型计算机，多数人家里和公司用的计算机都是台式计算机。台式计算机的性能较笔记本式计算机要好。台式计算机具有如下特点。

(1) 散热性好。台式计算机具有笔记本式计算机所无法比拟的优点。台式计算机的机箱具有空间大、通风条件好的因素而一直被人们广泛使用。

(2) 扩展性好。台式计算机的机箱方便用户硬件升级，如光驱、硬盘。例如，现在台式计算机机箱的光驱驱动器插槽是 4 或 5 个，硬盘驱动器插槽是 4 或 5 个，非常方便用户日后的硬件升级。

(3) 保护性好。台式计算机全方面保护硬件不受灰尘的侵害，而且防水性也好；在笔记本式计算机中这项发展不是很好。

(4) 明确性好。台式计算机机箱的开关键、重启键、USB 接口、音频接口都在机箱前置面板中，方便用户的使用。

3. 智能手机

(1) 智能手机：一种在手机内安装了相应开放式操作系统的手机。通常使用的操作系统有 Symbian、iOS、Linux(含 Android、Maemo、MeeGo 和 Web OS)、Palm OS 和 BlackBerry OS。它们之间的应用软件互不兼容。因为可以安装第三方软件，所以智能手机有丰富的功能。

(2) 智能手机 CPU：目前智能手机 CPU(数据处理芯片)＋GPU(图形处理芯片)＋其他。智能手机处理器的架构的底层都是 ARM 的，就像微型计算机的架构是 x86 的道理相同；ARM 同时还是一个公司，提供各种嵌入式系统架构给一些厂商。常见的智能手机处理芯片厂商主要有高通(QUALCOMM)、德州仪器(TI)和三星(SAMSUNG)、苹果(Apple)等。

(3) 智能手机特点：具备无线接入互联网的能力，即需要支持 GSM 网络下的 GPRS 的 DMA 1X 或 3G(WCDMA、CDMA-EVDO、TD-SCDMA)网络，甚至 4G(HSPA+、FDD-LTE)；

具有 PDA 的功能，包括 PIM(个人信息管理)、日程记事、任务安排、多媒体应用、浏览网页；具有开放性的操作系统，可以安装更多的应用程序，使智能手机功能可以得到无限扩展；具有人性化，可以根据个人需要扩展机器功能，第三方软件支持多。

(4) 智能手机未来发展趋势：GPS 功能越来越普遍。智能手机厂商均推出了支持 GPS 功能的手机产品。这些产品主要有以下改进。

开源：开源是智能手机发展的一个新趋势，目前，智能手机厂商和运营商都宣布了自己的开源战略或产品。Google 已经推出了 Android 开源移动平台计划。

电池寿命：电池续航时间是衡量智能手机的一个重要指标，Wi-Fi、蓝牙、彩屏和免提等均消耗不小的电量。因此，为延长续航时间，尽量关闭不常用功能。

Wi-Fi：找到一款新的 Wi-Fi 芯片，如 Atheros AR6002 系列，可以有效降低能耗，延长电池续航时间。

验证接入：T-Mobile 推出了 Hotspot@Home 服务，允许用户通过手机拨打 VOIP 电话，但只支持 Wi-Fi 手机。RIM 推出了支持该服务的智能手机。相信以后会有更多的类似产品上市。

安全：智能手机面临着各种安全威胁，如设备锁定、功能锁定、加密、验证、远程删除数据、防火墙和 VPN 等。

多媒体：为提升多媒体应用，智能手机需要平衡商用和个人应用所需功能。

应用：收发电子邮件可能是智能手机用户所需的最重要功能，但随着连接性的提高，智能手机还有更多的潜在功能，如支持 Web 2.0 服务等。

摄像头：智能手机所内置的摄像头已不再是“鸡肋”，如 NOKIA N8，摄像头为 1200 万像素。

家庭基站：是一种毫微微米蜂窝基站，面向住宅或企业环境。它的传输距离小于 200m，支持 4 个用户，一般通过有线网络连接运营商核心网络。

4. PDA

PDA 全称为 Personal Digital Assistant，即个人数码助理。PDA 最初用于 PIM(Personal Information Management，个人信息管理)，替代纸笔，帮助人们进行一些日常管理，主要为日程安排、通讯录、任务安排、便笺。随着科技的发展，PDA 逐渐融合计算、通信、网络、存储、娱乐、电子商务等多功能，成为人们移动生活中不可缺少的工具。

PDA 最大的特点就是，该设备具有一个开放的系统，就像计算机的操作系统一样，人们可以根据自己的需要，安装不同的软件，实现不同的功能。一台 PDA 最基本的功能当然是日常个人信息管理(PIM)，常用的 4 个功能是：日历、联系人、任务、便笺。

日历：日程管理，如计划 9 月 10 日上午 9 点到 11 点召开部门经理会议。

联系人：也就是通讯录，里面有很详细的条目记录人员信息，类似名片。

任务：即任务单。

便笺：可以记录临时的东西，类似于纸片或一些手机、商务通、计算机中的桌面便笺，可以记录电话号码、约会日期等工作过程中需要的简短信息，其功能类似于备忘录。

案例分析：iPhone 4S 大陆行货于 2012 年 1 月 13 日在国内首发，16GB 报价为 4988 元。Apple 官方于 13 日上午 8 点开始在零售店和在线商店同时上架，各零售店前排起了长队，

部分黄牛大量雇人排队，甚至有黄牛包了 3 辆大巴进场。目前各 B2C 也开始了同步发售/预定。iPhone 4S 究竟有哪些功能特点，为什么值得买？

10.3 多媒体计算机系统

10.3.1 多媒体计算机概述

什么是媒体？媒体(Medium)在计算机领域中有两种含义：一是指用以存储信息的实体，如磁盘、磁带、光盘和半导体存储器；一是指信息的载体，如数字、文字、声音、图形图像和视频等。国际电话与电报咨询委员会(CCITT)曾给媒体做了如下的分类。

1. 感觉媒体

感觉媒体(Perception Medium)是指能直接作用于人的感官，使人能直接产生感觉的一类媒体。感觉媒体包括人类的各种语言、音乐，自然界的各种声音、图形、静止和运动的图像等。

2. 表示媒体

表示媒体(Representation Medium)是为了加工、处理和传输感觉媒体而人为地研究、构造出来的一种媒体。其目的是将感觉媒体从一个地方向另一个地方传送，以便于加工和处理。表示媒体包括各种编码方式，如语音编码、文本编码、静止和运动图像编码等。

3. 显示媒体

显示媒体(Presentation Medium)是指感觉媒体与用于通信的电信号之间转换用的一类媒体。它包括输入显示媒体(如键盘、摄像机、麦克风等)和输出显示媒体(如显示器、扬声器和打印机等)。

4. 存储媒体

存储媒体(Storage Medium)用来存放表示媒体，以方便计算机处理加工和调用，这类媒体主要是指与计算机相关的外部存储设备。

5. 传输媒体

传输媒体(Transmission Medium)是用来将媒体从一个地方传送到另一个地方的物理载体。传输媒体是通信的信息载体。多媒体技术的应用基于多种媒体信息的交互处理与大信息量的高度集成，要求能支持声音、图像、图形、文本等各种信息和多任务的工作，使声音、语言等信号在播放时保持连续，视频图像信号能按一定的时间要求显示画面，并实现声、图、文的同步与实时传输，使人机界面的交互性进一步融合。

10.3.2 多媒体计算机系统的组成与结构

一个功能较齐全的多媒体计算机系统从处理的流程来看包括输入设备、计算机主机、输出设备、存储设备几个部分，而从处理过程中的功能作用看则分以下几个部分。

音频部分：负责采集、加工、处理波表、MIDI 等多种形式的音频素材，需要的硬件有

录音设备、MIDI 合成器、高性能的声卡、音箱、麦克风、耳机等。

图像部分：负责采集，加工，处理各种格式的图像素材，需要的硬件有静态图像采集卡、数字化仪、数码照相机、扫描仪等。

视频部分：负责采集、编辑计算机动画、视频素材，对机器速度、存储要求较高，需要的硬件设备有动态图像采集卡、数字录像机以及海量存储器等。

输出部分：可以用打印机打印输出或在显示器上进行显示。显示器可以用来实时显示图像、文本等，但是不能长期保存数据，更不能播放声音，声音需要放大器、扬声器、音响或 MIDI 合成器等设备才能回放。像显示器一类的关机后信息就会丢失的输出设备一般称为软输出设备，投影电视、电视等都属于此类；而像打印机、胶片记录仪、图像定位仪等则是硬输出设备，它们可以长期保存数据。

存储部分：可用刻录机刻录成光盘保存。硬盘(IDE 硬盘、SCSI 硬盘等)的容量已极大提高，几百 G 的硬盘已经出现，另外硬盘的转速也提高很快，目前已经达到一万转。

10.3.3 多媒体计算机的关键技术

多媒体技术是处理文字、声音、图形、图像等媒体的综合技术。在多媒体技术领域内主要涉及以下几种关键技术：数据压缩与编码技术、数据压缩传输技术以及以它们为基础的数字图像技术、数字音频技术、数字视频技术、多媒体网络技术和超媒体技术等。

1. 数据压缩与编码技术

多媒体系统要处理文字、声音、图形、图像、动画、活动视频等多种媒体信息。高质量的多媒体系统要处理三维图形、高保真立体声音、真彩色全屏幕运动画面。为了得到理想视听效果，还要实时处理大量的数字视频、音频信息。因此，多媒体系统的数据量大得令人难以想象。这样的数据量对系统处理、存储和传统能力都是一个严峻的考验。可以说如此之大的数据量是无法承受的。因此，对多媒体信息进行压缩是十分必要的。

目前，最流行的压缩码标准有两种：JPEG (Joint Photographic Experts Group)和 MPEG (Moving Picture Experts Group)。JPEG 是用于静态图像压缩的标准算法，可用于灰度图像和彩色图像压缩。JPEG 有两种基本的压缩算法，一种是采用以预测技术为基础的无损压缩算法；一种是采用以离散余弦变换为基础的有压缩算法。JPEG 算法广泛地应用于彩色图像传真、多媒体 CD-ROM、图文档案管理等领域。

2. 数字图像技术

数字图像技术亦称计算机图像技术。在图、文、声三种形式媒体中图像所含的信息量是最大的。计算机图像技术就是图像进行计算机处理，使其更适合与信息的获取。

计算机图像处理的过程包括输入、数字化处理和输出。输入即图像采集和数字化，就是要对模拟图像抽样、量化后得到数字图像，并存储到计算机中以待进一步处理。数字化处理是按一定要求对数字图像进行如滤波、锐化、复原、重现、矫正等处理，以提取图像中的主要信息。输出则是将处理后的数字图像显示、打印或以其他方式表现出来。

3. 数字音频技术

多媒体技术中的数字音频技术包括声音采集及回放技术、声音识别技术、声音合成技

术等 3 个方面的技术内容。这 3 个方面的技术在计算机的硬件上都是通过“声效卡”(简称声卡)实现的。声卡具有将模拟的声音信号数字化的功能；数字化后的信号可作为计算机文件进行存储或处理。同时声卡还具有将数字化音频信号转换成模拟音频信号回放出来的功能。

4. 数字视频技术

数字视频技术与数字音频技术相似，只是视频的带宽更高，大于 6MHz，而音频带宽只有 20KHz。数字视频技术一般应包括视频采集回放、视频编辑和三维动画视频制作。

5. 多媒体网络技术

可运行多种媒体的计算机网络称为多媒体网络，数字化的多媒体网络将多媒体信息的获取、处理、编辑、存储融为一体，并在网络上运行，这样的多媒体系统不受时空的限制，多个用户可以共享网上的多媒体信息，多个用户还可以同时对同一个文件进行编辑。

6. 超媒体技术

超媒体是收集、存储、浏览离散信息并建立和表示信息之间关系的技术，它可以理解为将多媒体用链连接而组成的网，媒体之间的链接是错综复杂的。用户可以对该网进行查询、浏览等操作。这种非线性网络结构由结点和链组成，其中结点是存储信息的单元，而链代表不同结点中所存信息之间的联系。在任意两个结点之间可以有许多不同的路径，用户可以根据需要选择使用。

10.3.4 多媒体计算机技术的应用

多媒体技术在工业、农业、商业、金融、教育、娱乐、旅游导览、房地产开发等各行各业中，尤其在信息查询、产品展示、广告宣传等方面有非常广泛的应用。近几年来，利用多媒体技术制作的光盘出版物，在音像娱乐、电子图书、游戏及产品广告的光盘市场上呈现出迅速发展的销售趋势。其主要应用包括以下几个方面。

1. 视频点播

视频点播 VOD(Video on Demand)是指用户可根据自己的需要来点播节目，该技术也可用于异地购物、交互式电子游戏、交互式 CAI 等。

2. 电子出版物

压缩只读光盘(CD-ROM)可广泛用于游戏、教育、资料存储等许多方面，是一种优良的信息源和目前最重要的电子出版物。一块光盘的容量约 700MB，可存储大量数据，价钱也比较便宜，完全可以大量进入家庭。国外许多书籍、期刊、手册等都已发行 CD-ROM 版。有人计算过，1993 年全年的《人民日报》全文也仅占一张盘容量的三分之一。光盘容量大，也便于查找使用。

3. CAI

中国人口众多，普及教育和提高教育水平是一个意义重大，而又相当繁重的任务。多媒体的声、图、文一体化效果很适合于计算机辅助教学(CAI)这一领域，联入信息高速公路网的 CAI 将使教育走出课堂，进入家庭或其他场所，使教育可以“无处不在”。

4. 游戏与娱乐

游戏与娱乐产品的一个重要市场是千千万万的家庭。经验证明，凡是能进入家庭的产品都有非常巨大的市场。据悉，日本的游戏与娱乐产业就有数百亿美元的市场，可以与汽车业相媲美。多媒体技术如三维动画、虚拟现实等技术的引入，必将使之更为丰富多彩。今后，电子游戏、娱乐与信息高速公路的连接将使其内容更加丰富。

5. 计算机视频会议

计算机视频会议可能会成为未来商务界乃至其他业务通信联络的标准手段。它使用户能得到一种“面对面”开会的感觉，与会者可以从屏幕上看到其他参加者，可以互相交谈，可以看到其他人提供的文件，可以在荧光屏开设的“白板”上写写画画等。显然，它比传统的电话会议优越得多。在技术上，它主要涉及信息的压缩、还原和通信线路的频宽及通信协议等问题。

6. 多媒体展示和信息查询系统

展示或演示系统与 CAI(计算机辅助教学)有类似之处，但与产品展示不一样。此类系统的例子包括科学博物馆、宇航博物馆、自然科学博物馆等。这些系统总是要向广大观众介绍各种知识，如二进制如何运算、计算机如何工作、月球登陆的情况、气象台如何工作、飞机模拟驾驶等，过去一般只能用文字和图表来展示，现在则可把图形、图像、动画、音频、视频等结合进去，使观众有身临其境的感觉，生动有趣，效果良好。

7. MIS 与 OA

对管理信息系统(MIS)和办公自动化系统(OA)来说，多媒体是一种使之档次升高的技术。它能处理、存储多媒体信息，同时使人机接口大为改善。过去许多 MIS 或 OA 之所以不成功，常常是因为人机接口不佳，用户感到使用起来太麻烦，现在有图、文、声并茂的人机接口，使用起来就容易多了。显然，若把它与计算机会议系统结合起来，系统的水平将上升到一个新高度。

8. 传媒、广告

商品经济对广告的需求越来越大，高质量的多媒体三维动画广告在电视上已越来越多，联网更能使之达到如虎添翼的作用。现在，虽然三维动画广告片价格很高，但用户仍觉得“物有所值”。做得好，效益很高，但难度也大，特别是对于创意要求很高。

9. 讲演辅助

通常听讲演的好处是，听众可以在很短时间内从讲演者那里得到“高浓度”的信息，而多媒体的使用可以为讲演者提供更多的选择和提示，可以大大加强个人讲演的表现力。今后，更多的会议中心将逐步配备相应的多媒体设备。

10. 联机服务

联机服务(On-Line Service)在国外已越来越普及。人们可以在家里通过联网的计算机得

到各种服务(如电子邮件、信息检索、阅读电子发行物、远地购物，从网上获得免费软件等)，这种需求会越来越大，且其服务的内容要不断更新，从而成为一种“永久的需要”。如今，计算机进入家庭的势头已相当可观，特别是多媒体计算机，可以玩游戏、进行辅助教育，加上 MPEG 卡还可以使人们欣赏 VCD 上的电影。

10.4 工作站与服务器

10.4.1 工作站

工作站是一种具有高速数据处理能力、高性能的图形处理系统。它具有良好的人机界面和通用的操作系统(UNIX、windows NT 等)，标准的网络互联接口和标准的输入/输出接口，并拥有丰富的应用软件用于工程、科研、管理等应用场合，很强的图形处理能力是工作站的最大特点之一。工作站系统的构成主要包括 CPU、主存储器、总线系统、图形子系统、网络接口、输入/输出子系统、大容量外设、操作系统和应用软件。

10.4.2 服务器

在计算机网络应用中，服务器根据客户机提出的服务请求完成所需的计算和管理任务，客户机接收到计算结果后，进一步进行后处理。在这种系统中，一台服务器要面向多个客户的服务请求。它的作用是通过网络按客户的要求提供各种服务，包括共享文件、共享数据库、共享硬盘驱动器、共享打印机、应用计算、通信服务等，并对整个网络环境进行集中管理。用做服务器的计算机可以是一台台式计算机，也可以是一台巨型机。

服务器更加重视可靠性、可用性和可扩展性，如采用对称多处理器(SMP)、磁盘阵列、热插拔、电源备份等技术。

10.5 多处理机和阵列处理机系统

10.5.1 多处理机系统

1. 多处理机系统的基本结构

多指令流多数据流 MIMD 计算机有多处理机系统和多计算机系统两种类型。多处理机系统由多个独立的处理器组成，每台处理器可以执行自己的程序，相互间按某种方式互联。

多处理机具有两台以上的处理器，在操作系统控制下通过共享存储器或输入/输出子系统经高速互联网络进行通信，如图 10.2 所示。任何两台处理器之间可以通过访问共享存储器的单元实现相互通信。

多计算机系统如图 10.3 所示，每台处理器有自己的存储器和 I/O 设备。多计算机只访问自己的私有存储器，且私有存储器不能被其他计算机访问，计算机之间通信靠消息传递。

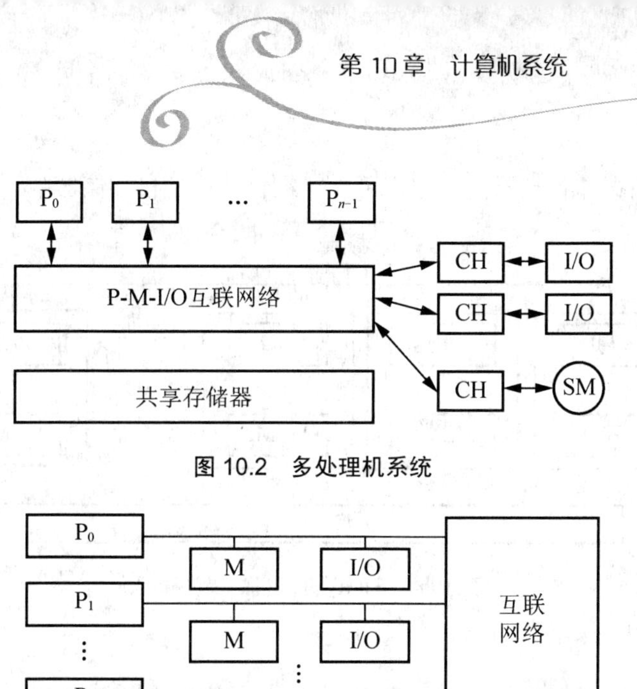

图 10.2　多处理机系统

图 10.3　多计算机系统

2. 多处理机系统分类

多处理机系统在系统结构上可分为紧耦合系统和松耦合系统两类。

(1) 紧耦合系统。紧耦合系统的特点是通过共享主存实现各处理器之间的通信。在紧耦合多处理机系统中，主存为每个处理器提供相同的访问机制，该主存称为集中共享存储器。这种结构使处理器相互间的联系比较紧密。紧耦合多处理机具有均匀存储器访问结构(UMA)，也称对称型多处理机(SMP)。

(2) 松耦合系统。在松耦合多处理器中，存储器被分割成多个模块，每个模块直接与单个处理器相连，成为该处理器的本地处理器。当一个处理器访问自己的本地存储器时，不必通过互联网络，直接访问即可。当一个处理器访问其他处理器的存储器时，通过互联网络访问。

10.5.2　阵列处理机

阵列处理机(Array Processor)也称并行处理机(Parallel Processor)，通过重复设置大量相同的处理单元 PE(Processing Element)，将它们按一定方式互联成阵列，在单一控制部件CU(Control Unit)控制下，对各自所分配的不同数据并行执行同一组指令规定的操作，操作级并行的 SIMD 计算机，它适用于矩阵运算。阵列处理机实质上是由专门对付数组运算的处理单元阵列组成的处理机、专门从事处理单元阵列的控制及标量处理的处理机、专门从事系统输入/输出及操作系统管理的处理机组成的一个异构型多处理机系统。阵列处理机上并行算法的研究与结构紧密联系在一起，并行处理机处理单元阵列的结构又是适合于一定类型计算问题而专门设计的结构。

1. SIMD 计算机操作模型

使多个处理机组成一个阵列，受到同一个控制单元的控制，这就是计算机的基本设想。图 10.4 所示就是这种计算机的操作模型。计算机中各个处理单元(PE)从控制器接受同一条指令，但处理的数据却各自不同，它们可能已经存放在各自存储器中。

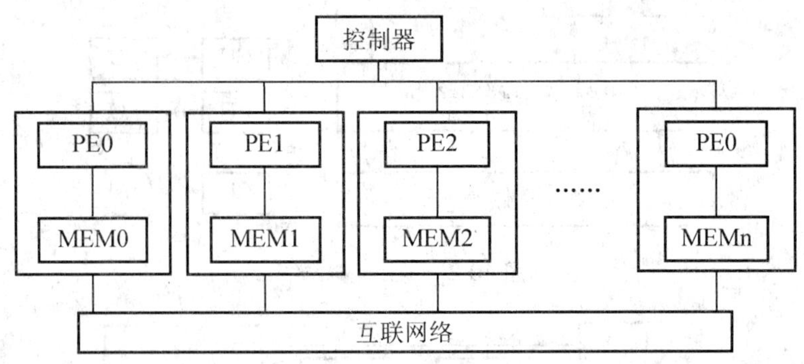

图 10.4　SIMD 计算机的操作模型

2. 分布式存储器结构

在一个 SIMD 中，如果各 PE 拥有各自专用的存储器(本地存储器)，就称为分布式存储器结构。计算机设计有众多的 PE 单元，而且每个 PE 都拥有自己独用的存储器。计算机全部工作所用的程序和数据由一个与用户相连的主机提供，主机的工作与一般计算机完全相同，即控制 I/O 操作，从外设获得程序和待处理的数据，存入一个大容量存储器，将处理结果进行图示或以其他形式输出。图 10.5 所示为分布式存储器的 SIMD 结构框图。

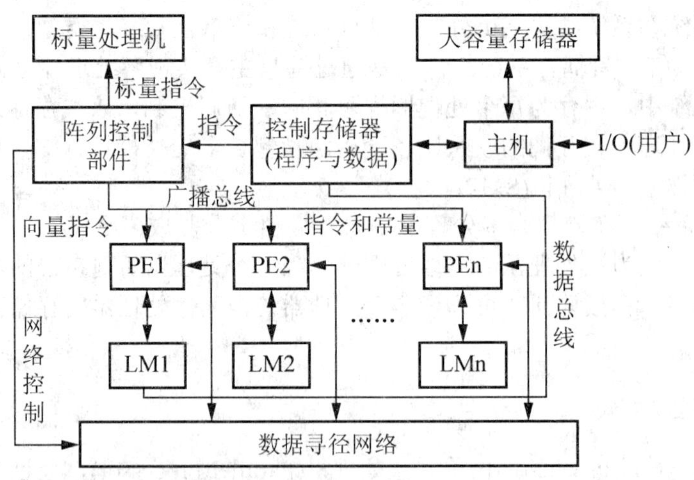

图 10.5　分布式存储器的 SIMD 结构

3. 共享存共储器结构

共享存储器结构中将系统的存储器作集中管理，但是在结构上仍分成若干个存储体。这些存储体为各 PE 所共享，即任一个 PE 都可以访问任一个存储体。对准网络充当了 PE 与 SM 之间通信的互联网络，网络由阵列控制部件根据对控制指令的译码进行控制。

10.6　向量处理机及其功能

向量处理机(Vector Computer)是面向向量型并行计算，以流水线结构为主的并行处理计算机，采用先行控制和重叠操作技术、运算流水线、交叉访问的并行存储器等并行处理结构，对提高运算速度有重要作用，但在实际运行时还不能充分发挥并行处理潜力。向量运算很适合流水线计算机的结构特点。向量型并行计算与流水线结构相结合，能在很大程度上克服通常流水线计算机中指令处理量太大、存储访问不均匀、相关等待严重、流水不畅等缺点，并可充分发挥并行处理结构的潜力，显著提高运算速度。

向量运算是一种较简单的并行计算，适用面很广，机器实现比较容易，使用也比较方便，因此向量处理机(向量机)获得了迅速发展。向量机适用于线性规划、傅里叶变换、滤波计算以及矩阵、线性代数、偏微分方程、积分等数学问题的求解，主要解决气象研究与天气预报、航空航天飞行器设计、原子能与核反应研究、地球物理研究、地震分析、大型工程设计，以及社会和经济现象大规模模拟等领域的大型计算问题。

1. 向量运算

在普通计算机中，机器指令的基本操作对象是标量，而向量机除了有标量处理功能外还具有功能齐全的向量运算指令系统。

对一个向量的各分量执行同一运算，或对同样维数的两个向量的对应分量执行同一运算，或一个向量的各分量都与同一标量执行同一运算，均可产生一个新的向量，这些是基本的向量运算。此外，尚可在一个向量的各分量间执行某种运算，如连加、连乘或连续比较等操作，使之综合成一个标量。为了提高向量处理能力，基本型向量运算在执行中可以有某种灵活性，如在位向量控制下使某些分量不执行操作 ，或增加其他特殊向量操作，如两个维数不等的单调上升整数向量的逻辑合并、向量的压缩和还原。

2. 向量的流水处理

在向量各分量上执行的运算操作一般都是彼此无关、各自独立的，因而可以按多种方式并行执行，这就是向量型并行计算。向量运算的并行执行，主要采用流水线方式和阵列方式两种。

3. 大容量高速主存

主存容量的大小限定了机器的解题规模。向量机主要用于求解大型问题，必须具有大容量的主存，而且应该是集中式的公共存储器，以方便用户使用和程序编制。当高速运算流水线开动时，需要源源不断地供给操作数和取走运算结果，还要求主存具有很高的数据传输率，否则便不能维持高速运算。

存储器的速度总是低于运算部件，存储器与运算部件之间的数据通路，是阻碍速度提高的“瓶颈”，而主存容量的增大又与提高存取速度相矛盾。所以，如何在速度上使主存与运算相匹配，是向量机设计中的关键问题之一。

4. 纵向加工向量机

该机器采用向量全长的纵向加工方式，每执行一个向量运算都要从头至尾执行全部分量的运算，操作数或结果向量都直接取自主存或写入主存。主存的数据传输率须按运算部件速度的 3～4 倍来配置。纵向加工向量机设置交叉访问的、数量众多的存储体和很宽的数据通路，并以超长字为单位进行访问，以便满足要求。这样，就使成本高、主存系统灵活

性差，难以实现对繁多的主存向量的高效存取。此外，向量运算的起步时间长，短向量运算速度下降幅度大。

5. 纵横加工向量机

机器采用向量分段纵横加工方式，并设置有小容量高速度的多个向量运算寄存器。计算向量运算表达式时，每个向量运算每次只执行一段分量。从主存取出的操作数向量和运算产生的中间结果向量，可以逐段存放在向量寄存器中，运算部件主要访问向量寄存器组。这样，就能保证运算部件进行高速运算，同时又能减轻主存的负担，使对主存数据传输率的要求比纵向加工下降70%左右。美国的CRAY-1机和中国的757机都属于这种形式。

10.7　超长指令字处理机、超级流水线处理机和超级标量处理机的功能

1. 超长指令字处理机

超长指令字处理机(VLIW)是由编译程序在编译时找出指令间潜在的并行性，进行适当调度安排，把多个能并行执行的操作组合在一起，成为一条具有多个操作段的超长指令，由这条超长指令控制VLIW机中多个互相独立工作的功能部件，每个操作段控制一个功能部件，相当于同时执行多条指令。现在已在一些小巨型机产品中采用。

2. 超级流水线处理机

超级流水线结构使把每一个流水线(一个周期)分成多个(如3个)子流水线，而在每一个子流水线中取出的仍只有一条指令，但总的来看，在一个周期内取出了3条指令。对于超级流水线结构，其中指令部件可以只有一套，也可以由多套独立的执行部件。实际上，超级流水线的思想已存在多年，如Cray-1计算机的一次定点加法操作就需要3个周期。现在，有些产品中已采用了这种超级流水线的系统结构。1991年2月MIPS公司宣布的64位RISC计算机——R4000机即采用超级流水线，相当于每个周期可以流出两条指令。

3. 超级标量处理机

超级标量处理机通过设置多套“取指令”、“译码”、“执行”和“写回结果”等指令执行部件，能够在一个时钟周期内同时发射多条指令，同时执行并完成多条指令；而超流水线处理机则采用把“取指令”、“译码”、“执行”和“写回结果”等功能段进一步细分，把一个功能段分为几个流水级，或者说把一个时钟周期细分为多个流水线周期，由于每一个流水线周期可以发射一条指令，每一个时钟周期就能够发射并执行完成多条指令。

从开始程序的指令级并行性来看，超级标量处理机主要开发空间并行性，依靠多个操作在重复设置的操作部件上同时执行来提高程序的执行速度，相反，超级流水线处理机则主要开发时间并行性，在同一个操作部件上重叠多个操作，通过使用较快时钟周期的深度流水线来加快程序的执行速度。

为了进一步提高处理机的指令级并行性，可以把超级标量技术与超级流水线技术结合在一起，这就是超级标量超流水线处理机。超级标量流水线处理机指令执行时空图如图10.6

所示。在图中，每一个时钟周期分为 3 个流水线周期，每一个流水线周期发射 3 条指令，每个时钟周期能够发射并执行完成 9 条指令。因此，在理想情况下，超级标量超流水线处理机执行程序的速度应该是超级标量处理机和超级流水线处理机执行程序速度的乘积。

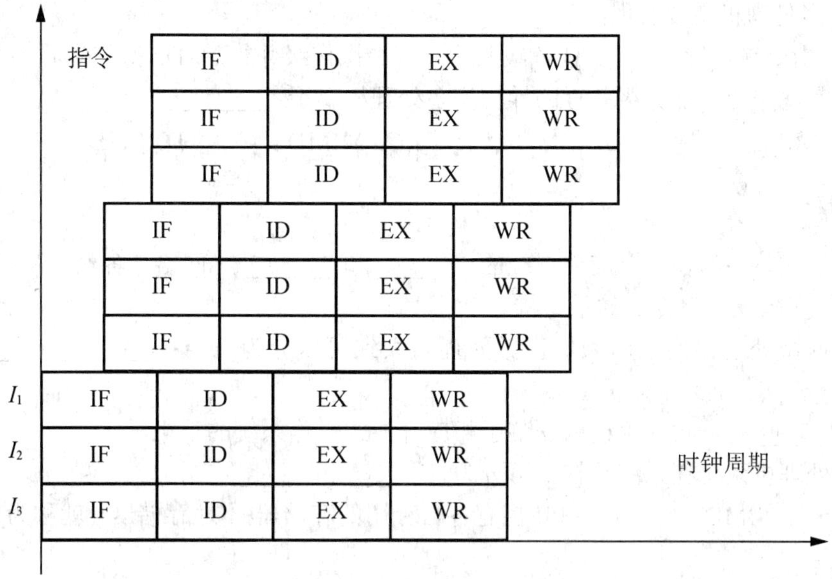

图 10.6 超级标量超流水线处理机的指令执行时空间

本 章 小 结

本章主要介绍计算机系统结构的基本概念和计算机性能分析的基本知识，讨论了微型计算机系统中的微处理器的分类、微处理器的发展及微处理器的内部结构；在多媒体计算机系统中重点介绍了多媒体计算机的概念、组成与结构，并详细地阐述了多媒体计算机中处理媒体的关键技术；在对多处理机和阵列处理机系统的介绍中，重点分析了多处理机系统的基本结构、分类，并分析了多处理机和阵列处理机的特点和区别。

习 题

一、选择题

1. 数据流计算机是指________。
   A. 计算机运行由数据控制
   B. 任何一条指令只要它所需要的数据可用时，即可执行
   C. 数据流水计算机
   D. 单指令多数据计算机
2. 流水线的技术指标不包括________。
   A. 响应比　　B. 吞吐率　　C. 加速比　　D. 效率

3. 微型计算机的主机包括________。

A. 运算器和控制器　　B. 运算器、控制器和硬磁盘存储器

C. CPU 和内存　　D. CPU 和键盘

4. 34 多处理机主要实现的是________。

A. 指令级并行　　B. 任务级并行　　C. 操作级并行　　D. 操作步骤的并行

5. 能实现作业、任务级并行的异构型多处理机属于________。

A. MISD　　B. SIMD　　C. MIMD　　D. SISD

二、填空题

1. 开放式体系结构具有应用系统的________和________、网络上各结点机间的互操作性和易于从多方获得软件的体系结构。

2. 根据微处理器的应用领域，微处理器大致可以分为三类：________、________和________。

3. ________是一种在手机内安装了相应开放式操作系统的手机。

4. 多处理机系统在系统结构上可分为________和________两类。

5. 在一个 SIMD 中，如果各 PE 拥有各自专用的存储器(本地存储器)，就称为________。

三、简答题

1. 简述计算机系统的组成。
2. 简述计算机系统性能评价的作用及评价方法。
3. 简述嵌入式计算机的特征。
4. 简述多媒体计算机的含义。
5. 简述多媒体计算机所涉及的关键技术。
6. 什么是松耦合系统和紧耦合系统？

操作系统的应用

学习目标

了解操作系统的一般特性、硬件环境；操作系统的种类；Pentium 系统机虚存地址转换方式；虚拟存储的概念。

理解进程的概念，调度层次结构和实现过程，存储的保护方式；存储管理交换与分页技术；段式、页式虚拟地址映射方式。

掌握操作系统的定义、特性、主要功能；进程的状态，进程的执行过程、调度的层次；段页式虚拟地址映射方式。

知识结构

本章知识结构如图 11.1 所示。

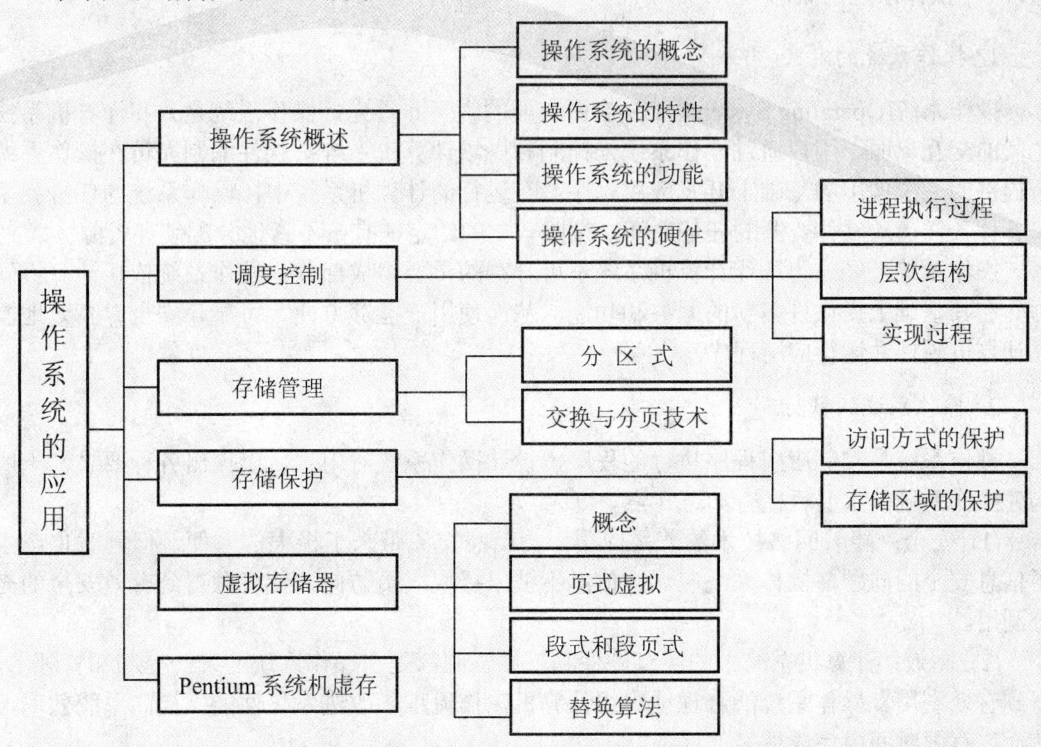

图 11.1　计算机操作系统知识结构

导入案例

初识操作系统

计算机离不开操作系统，操作系统是计算机系统中不可缺少的系统软件，是整个系统的基础和核心。操作系统的性能直接影响各行各业的应用。在当今网络时代，操作系统对于计算机的应用、信息安全、产业发展等有非常重要的作用。学好并应用好操作系统是后继课程的需要，是社会应用的需要，是设计开发具有自主知识产权的核心软件产品的需要。

曾经听过一个朋友A问另一个朋友B:“什么是操作系统？”朋友B沉默了老半天:“嗯！操作系统……，Windows 2000、Windows XP之类的东西……”。朋友A又问：“那么我们为什么要安装操作系统呢？”朋友B回答“可以装一些办公软件、游戏软件的东西”。朋友A:“那操作系统是怎么工作的呢？”朋友B:“……这个，这个还真不清楚……”。

大家看到了，这两位朋友对于操作系统的认识还不够全面，只是停留在表面。那么你知道你现在所使用的计算机上安装的是什么系统吗？为什么要安装它？它有什么特点？有什么功能？……本章就详细介绍这些内容。

11.1 操作系统概述

11.1.1 操作系统的概念

1. 操作系统的定义

操作系统(Operating System，OS)有两方面的含义。首先，操作系统是人和计算机系统之间的交互界面。用户通过操作系统来控制和操纵计算机系统；软件编制人员在操作系统所提供的系统调用的基础上开发应用程序。在运行的计算机系统中，操作系统的任务就是在各种各样请求硬件资源的任务之间，按照一定的约定，有条不紊地分配硬件资源。

操作系统已经成为现代计算机系统不可分割的重要组成部分，操作系统依托计算机硬件并在其基础上提供许多新的服务和功能，从而使用户能够方便、可靠、安全、高效地操纵计算机硬件并运行应用程序。

2. 操作系统的目标

操作系统是控制应用程序执行的程序，设计操作系统时用户可以提出各种要求，一般构建操作系统的主要目标有如下几点。

(1) 安全：随着网络技术的普及应用，为信息交流带来了极大的方便，但同时也产生了信息安全的问题，操作系统应保护信息不被未授权人员访问，使资源得到有效安全的充分利用。

(2) 高效：计算机系统中的所有硬件和软件资源都是在操作系统的统一控制和管理下，得到有效利用。操作系统能合理地组织计算机工作流程，改进系统性能，提高系统效率，从而在有限时间内完成更多的任务。

(3) 方便：操作系统通过对外提供的接口，向用户提供友好的用户界面，操作系统能让用户更轻松、更方便地操作计算机。

(4) 强健：众所周知，使用计算机的用户多种多样，操作系统能通过扩充改造硬件部件并提供新的服务来增强机器功能。

(5) 移植：计算机硬件平台各有不同，而操作系统的开发环境是有限的，操作系统通过遵循相关技术标准的方式支持体系结构，使其具有一定的可扩展性和可伸缩性，可以使应用程序在不同平台上的移植和互操作。

在以上的目标中，其中方便和高效是两个核心目标，也就是使系统使用起来更方便，效率更高。经过操作系统扩充和改造过的计算机功能更强，使用更方便。用户可以直接调用操作系统提供多种功能，而无需了解繁杂的软硬件细节。当计算机安装了操作系统之后，用户就得到了一台功能显著增强、效率明显提高、使用更加方便的计算机。

11.1.2　操作系统的特性

操作系统是整个计算机系统的控制管理中心，其他所有软件都建立在操作系统之上。操作系统作为一类系统软件也有其基本特征，即并发性、随机性、共享性和安全性。

1. 并发性

并发性是指两个或两个以上的程序可以在同一时间间隔内同时执行，设备的输入/输出操作和处理机执行程序同时进行。为了提高系统资源利用率，多任务系统采用并发技术来解决计算机部件和部件之间的相互等待的问题，因此并发性是操作系统的重要特征之一。

并发的实现方法主要是采用一个物理处理机来分时执行若干道程序，因此并发技术必须解决一系列复杂问题。这些问题包括如何确保将各个程序之间互不干扰、如何在系统内的多个运行程序间进行切换、如何协调多个程序对系统软硬件资源的争用、如何完成各个程序之间的通信、如何保证各个程序相互协作完成任务等。只有操作系统软件与硬件紧密配合才能高效地解决这些问题。

2. 随机性

在多道程序环境中，每个进程所引发的事件都不是预先安排的，进程的推进速度是不可预知的，随机性也就会存在。其主要有用户发出的命令或输入数据的时间相对于指令的执行时间是随机的、程序运行发生错误或异常的时刻是随机的、外部中断事件发生请求的时刻是随机的、一个程序由于等待资源而被暂停执行的时间也是随机的、程序在执行时向前推进的速度是快是慢等都是不可预知等几方面原因，所以操作系统必须确保正确处理可能发生的随机事件。

3. 共享性

共享性是指计算机系统中的资源被多任务所共用。系统中有多个并发程序需要执行，就需要共享系统中的硬件资源和信息资源。

为确保资源有效共享，必须解决资源合理分配与回收、对资源进行互斥与共享使用，进行信息保护、存取控制等问题。

4. 安全性

影响计算机系统安全的因素很多，可能有软件故障威胁系统稳定性、也可能在有意的

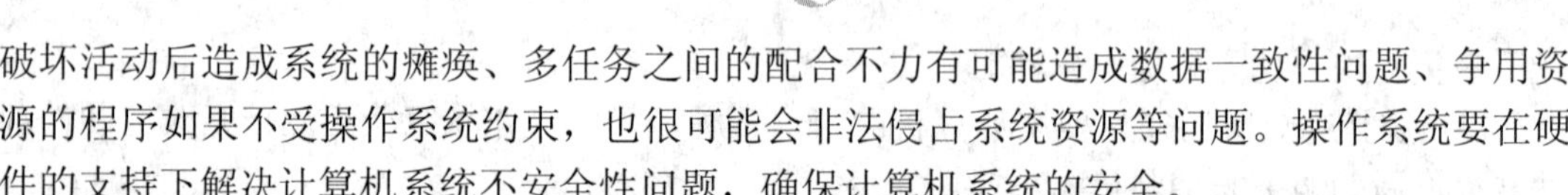

破坏活动后造成系统的瘫痪、多任务之间的配合不力有可能造成数据一致性问题、争用资源的程序如果不受操作系统约束，也很可能会非法侵占系统资源等问题。操作系统要在硬件的支持下解决计算机系统不安全性问题，确保计算机系统的安全。

操作系统的并发性、随机性、共享性和安全性的四大特征，决定了操作系统必须解决一系列复杂问题。在计算机系统中，并发多任务之间的协同关系和资源争用都会使多个程序之间产生相互关联，操作系统必须提供有效机制或策略来解决并发程序之间的相互制约问题。并发性和共享性的关系是，并发执行程序期间需要共享处理机、存储空间、I/O 设备和软件资源，所以，操作系统必须为用户提供简单、方便的资源使用，同时又要确保系统资源的高利用率。这是操作系统解决分配问题，提供解决资源冲突的各种策略和技术。

所有的处理机硬件都能够在某种程度上支持操作系统的管理功能。本章重点讨论的也是操作系统支持中的调度和存储管理这两个重要功能。

11.1.3 操作系统的功能分析

仅由硬件组成的计算机通常称为裸机，如果不安装操作系统，用户几乎无法使用它。有了操作系统，就可以把计算机中的各种资源管理得井然有序，并能提供友好的人机界面。操作系统的核心任务是管理计算机系统中的资源。而操作系统的其他任务，如扩充机器功能、屏蔽使用细节、方便用户使用、合理组织工作流程、管理人机界面等，都是围绕着资源管理任务实现的。从资源管理的角度来看，作为资源管理器的操作系统对计算机硬件资源的管理主要体现在以下几个方面。

1. 进程和处理机管理

计算机系统中最重要的资源之一是 CPU，所有的用户程序和系统程序都是在 CPU 上运行，对 CPU 管理的优劣直接影响整个系统的性能。因此，能否充分发挥处理机的效能，是系统功能和性能的关键。

2. 设备管理

按照工作特性可把设备分成 I/O 设备和存储设备两大类；根据设备的使用性质可将设备分成独占设备、虚拟设备和共享设备 3 种；按照数据传输的方式可将设备分为串行设备和并行设备。设备管理的主要任务是对各类外围设备的调度与管理，协调各个用户提出的 I/O 请求，提高各 I/O 设备操作与处理机运行的并行性，提高处理机和 I/O 设备的利用率。设备管理还需提供每种设备的设备驱动程序，向用户屏蔽硬件的使用细节。操作系统设备管理具有以下功能。

(1) 监视设备状态：一个计算机系统中存在着许多设备、控制器和通道，在系统运行期间它们完成各自的工作，并处于各种不同的状态。

(2) 进行设备分配：按照设备的类型(是独占的、可共享的还是虚拟的)和系统中所采用的分配算法，实施设备分配，即决定把一台 I/O 设备分给谁——要求该类设备的进程，并把使用权交给该设备。

(3) 完成 I/O 操作：通常完成这一部分功能的程序称为设备驱动程序。在设置有通道的系统中，应根据用户提出的 I/O 要求，构成相应的通道程序，实现简单的 I/O 控制和操纵。操作系统中每类设备都有自己的设备驱动程序。

(4) 缓冲管理与地址转换：为了使计算机系统中各个部分充分并行，不致因等待外设的 I/O 而妨碍 CPU 的计算工作，以及减少中断次数，大多数 I/O 操作都涉及缓冲区，系统应对缓冲区进行管理。此外，用户程序应用与实际使用的物理设备无关，这就需要将用户在程序中使用的逻辑设备转换成物理设备的地址。

3. 存储管理

按照冯·诺依曼体系结构，无论是指令还是操作数，都存储在内存中。随着现代计算机系统的存储系统层次结构的复杂化，操作系统担负的存储管理任务也越来越繁杂。存储管理主要是对内存用户区的存储管理，主要概括为以下 4 个方面。

(1) 存储管理与分配：根据程序的需求为其分配合适的存储器资源，既要保证存储器的正常使用，又要尽可能地提高存储器的使用效率。

(2) 存储共享：任何保护机制必须具有一定的灵活性，允许主存中的多个任务或多个用户程序共享存储器资源，当一个进程执行结束之后，管理模块需要及时回收它所占用的内存空间，这一方面可以便于多任务间的数据交换，另一方面又提高存储器的利用率。

(3) 存储保护：为了避免多个程序之间相互干扰，确保用户程序不会被有意或无意地去访问或破坏操作系统的关键代码和数据，各个作业之间也需要互不干扰、相互隔离，防止互相破坏，须对内存中的数据实施保护。下面介绍上下界保护法和保护键法。

上下界保护法：该项技术要求 CPU 中设有一对上下界寄存器，登记当前进程所占内存空间的上下界地址。程序执行过程中对内存进行访问时，首先做到地址码的合法性检查。若程序中访问的地址码不超出上下界寄存器所规定的范围，则访问是合法的，否则为非法。对于程序的非法地址访问，硬件将转入“越界中断”处理。

保护键法：系统为每个被保护的存储块分配一个独立的保护键，指出各个存储区的保护情况。同时，在用户作业的程序状态字中设置相应的开关码，当进程访问的存储块保护键与进程的程序状态字开关码相匹配时，允许访问。

(4) 存储扩充：基于存储器的层次结构，存储管理需要为用户提供与实际物理内存空间不直接相关的逻辑编程空间，并在主存和辅助存储器的支持下实现逻辑地址空间与物理地址空间之间的映射与变换。操作系统的这些管理功能与硬件的组织结构密切相关，也只有在计算机硬件的支持下，操作系统的这些功能才会高效地实现。硬件设计者通过专用寄存器和缓冲器，以及支持相关资源管理的电路及部件来实现对操作系统管理功能的支持。

除了上述 3 种有针性地对计算机硬件资源的管理功能外，操作系统还需要为用户提供文件管理、网络与通信管理和人机接口等功能，这里不再详述。

11.1.4　操作系统的硬件环境

任何软件都必须在硬件的支持下才能正常工作。操作系统通常是最靠近硬件的一层系统软件，它把硬件裸机改造成为一台功能完善的虚拟机，操作系统的管理功能只有在专门的硬件支持下才能充分保证系统工作的高效与安全。为便于操作系统管理，使软件和硬件能够相互协调地作为一个整体运行，计算机硬件系统在设计层面上为操作系统提供了支持。

1. 处理器状态控制

中央处理器依赖于处理器的状态标志来区分机器当前正在运行的是操作系统还是一般

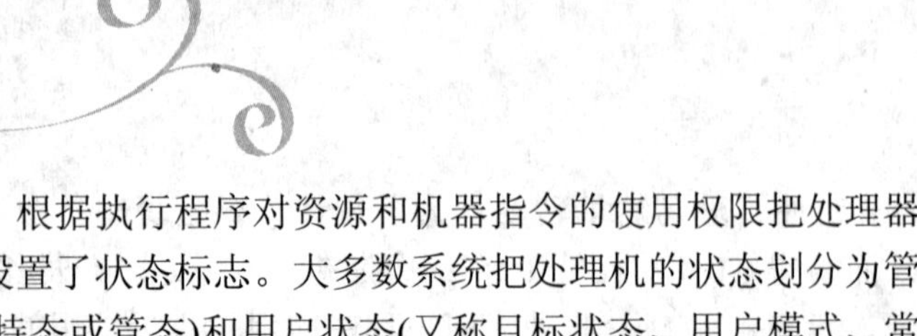

用户程序。在执行不同程序时，根据执行程序对资源和机器指令的使用权限把处理器设置成不同状态。为此，处理机中设置了状态标志。大多数系统把处理机的状态划分为管理状态(又称特权状态、系统模式、特态或管态)和用户状态(又称目标状态、用户模式、常态或目态)的形式加以控制。当处理机处于管理状态时，程序可以执行全部指令，访问系统内的所有资源，并能够动态地改变处理机的状态；而当处理机处于用户状态时，访问的资源受到限制，只能执行非特权指令。一般有两种方式能够使处理机从用户状态转向管理状态：一是用户程序请求操作系统服务，即执行一条系统调用；二是程序运行时，产生了一个中断请求，运行程序被中断，处理机切换到管理状态执行中断服务程序。这两种情况都是通过中断机构发生的，中断是目态到管态转换的唯一途径，当系统响应中断交换程序状态字时，处理中断事件的处理程序的程序状态字的处理器状态位一定为“管态”。

2. 特权指令

引入操作系统后，从资源管理和控制程序执行的角度出发，为了防止用户程序执行有关资源管理的机器指令时，有可能破坏系统正常工作状态，在多任务环境中，通常把指令系统中的指令分为特权指令和非特权指令。特权指令是一类具有特殊权限的指令，只能由操作系统核心程序执行的机器指令，用于系统资源管理与程序执行控制等操作，如启动外围输入/输出设备、控制中断屏蔽位、设置系统时钟、设置存储管理状态、加载程序状态字等。操作系统有权执行特权指令和非特权指令，而用户程序只能执行机器指令系统的一个子集，也即执行非特权指令。如果用户程序试图执行特权指令，将会产生保护中断。

通过执行特权指令，操作系统可以实现用户程序无法实现的功能，从而实现操作系统的保护与控制机制。

3. 寄存器访问

每个计算机系统的中央处理器内都设置了很多寄存器，其寄存器的个数根据机型的不同而不同，它们构成了比主存容量小，但访问速度快的一级存储。寄存器包括用于暂存数据的通用数据寄存器和用于存放处理器的控制和状态信息的控制寄存器。后者主要有程序计数器 PC、程序状态字寄存器 PWSR、指令寄存器 IR 等，也包括和系统存储管理、中断管理等相关的寄存器。为了确保计算机系统工作安全可靠，一般情况下，除了直接对存储运算数据的通用数据寄存器访问之外，一些用户状态的程序访问系统控制和访问状态寄存器会受到严格限制，如有些寄存器在用户状态下只允许对其进行读操作而禁止写操作，有些寄存器在用户状态下不允许对其进行访问。

4. 程序状态字

所有处理器设计都包括一个或一组通常称为程序状态字(Program Status Word，PSW)的寄存器，它包含所有状态信息。为了记录计算机系统当前的工作状态，通常操作系统都需要专门设置程序状态字来区别不同的处理器工作状态，程序状态字用于控制指令的执行并存储与程序有关的系统状态。每个正在执行的程序都有一个与其执行相关的程序状态字，而中央处理机的程序状态字寄存器 PSWR 则保存当前正在执行的程序的程序状态字。

程序状态字构成了程序的执行现场，当多道程序切换时，首先必须保存被切换下来的程序的执行现场，并恢复将要执行的程序的执行现场。

5. 中断机制

中断是指程序执行过程中，当发生某个事件时，中止 CPU 上现行程序的运行，而去处理该事件的程序执行的过程。中断最初是用于提高处理器效率的一种手段。现代的计算机系统都支持中断和异常，它是操作系统实现并发性的基础之一。系统通过检测中断源并进行中断响应，中断机制提供了一种程序随机切换的方式。在提供中断装置的计算机系统中，在每两条指令或某些特殊指令执行期间都检查是否有中断事件发生，若无则立即执行下一条或继续执行，否则响应该事件并转去处理中断事件。

计算机工作时可能发生软件或硬件故障，在 CPU 执行指令过程中，故障的发生时间完全是随机的。常见的硬件故障有掉电、校验错、运算出错等；常见的软件故障有运算溢出、地址越界、使用非法指令等。一旦发生故障，应由 CPU 执行中断处理程序进行处理。

6. 存储管理

系统硬件通过存储管理部件支持操作系统实现多级存储体系和存储保护功能。

11.1.5　操作系统需要解决的问题

作为资源管理者的操作系统，主要做如监视各种资源、随时记录它们的状态、实施某种策略以决定谁获得资源、获得的时间和获得的数量、回收资源、以便再分配等工作。

从计算机用户的角度来看，操作系统是用户与计算机硬件系统之间的媒介，它主要是为用户提供使用计算机系统的接口和各种资源管理服务，应解决使用方便、功能强、效率高、安全可靠、易于安装和维护的问题；从系统内部实现的角度来看操作系统，它是硬件之上的第一层软件，它要管理计算机系统中各种硬件资源和软件资源的分配问题。在计算机系统中，并发的多任务之间的协同关系和资源争用，都会使多个程序之间产生相互关联。所以，操作系统必须提供机制或策略来解决并发程序之间的相互制约问题。因此，操作系统需要解决资源分配问题，提供解决资源冲突的各种策略和技术。操作系统要在硬件的支持下解决计算机系统安全性问题。

11.2　调 度 控 制

11.2.1　程序动态的执行过程控制

1. 进程概念

进程是一个关于某个数据集合的、具有一定独立功能程序的一次运行活动，它是系统进行资源分配和调度的一个独立单位。进程是动态实体，是执行中的程序。多道程序在执行时，需要共享系统资源，从而导致各程序在执行过程中出现相互制约的关系，程序的执行表现出间断性的特征。这些特征都是在程序的执行过程中发生的，是动态的过程，而传统的程序本身是一组指令的集合，是一个静态的概念，无法描述程序在内存中的执行情况。进程不仅仅包含程序代码，也包含了当前的状态(这由程序计数器和处理机中的相关寄存器表示)和资源。如果两个用户用同样一段代码分别执行相同功能的程序，那么其中的每一个都是一个独立的进程。虽然其代码是相同的，但是数据却未必相同。

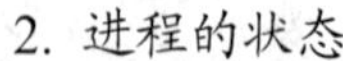

2. 进程的状态

进程执行时的间断性，决定了进程可能具有多种状态，进程在不同阶段会处于不同状态。进程的状态会随着进程当前进行的活动而改变。图 11.2 表示了进程的创建、就绪、运行、阻塞和终止 5 种基本状态。进程的几种状态可以随一定条件而相互转化：创建—就绪，就绪—运行，运行—阻塞，阻塞—就绪，运行—退出，运行—就绪。

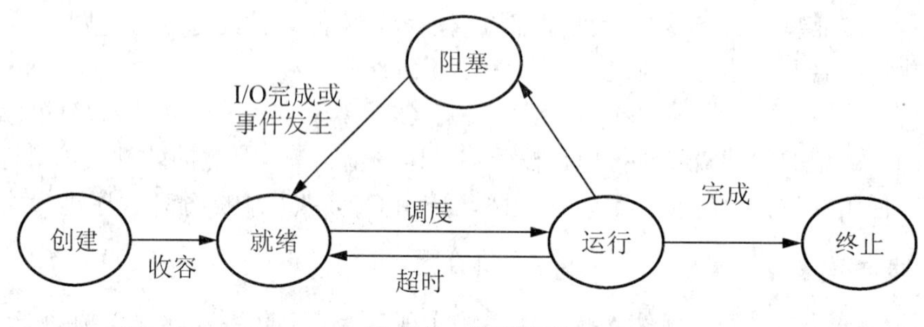

图 11.2　进程状态

(1) 创建状态：刚刚创建的进程，操作系统还没有把它加入到可执行进程组中，通常是进程控制块已经创建但还没有加载到主存中的新进程。

(2) 就绪状态：进程已获得除处理器外的所需资源，等待分配处理器资源，只要分配了处理器进程就可执行。就绪进程可以按多个优先级来划分队列。例如，当一个进程由于时间片用完而进入就绪状态时，排入低优先级队列；当进程由 I/O 操作完成而进入就绪状态时，排入高优先级队列。

(3) 运行状态：进程占用处理器资源；处于此状态的进程的数目小于等于处理器数目。在没有其他进程可以执行时(如所有进程都在阻塞状态)，通常会自动执行系统的空闲进程。

(4) 阻塞状态：进程等待某种事件完成(如等待输入/输出操作的完成)而暂时不能运行状态，处于该状态的进程不能参加竞争处理机，即使分配给它处理机，它也不能运行。

(5) 终止状态：操作系统从可执行进程组中释放出的进程，或是因为它自身停止了进程，或者是因为某种原因被取消的进程。

在不同的系统中，进程的状态种类和名称不尽相同。系统中可能有多个进程处于创建、就绪、阻塞和终止等状态，但是处理机在任意时刻只能运行一个进程。

3. 进程控制块

为了管理和控制进程，操作系统必须保存与每个进程有关的状态等信息，操作系统为每个进程设置一个进程控制块 PCB(Process Control Block)。进程控制块是进程存在唯一的标志。它记录了操作系统所需要的用于描述进程情况及控制进程运行所需的全部信息。当系统创建一个进程时，实际上就是为其建立一个进程控制块，当进程执行过程中状态发生变化时修改 PCB，当进程被撤销时，系统收回 PCB。通常 PCB 应包含如下一些信息。

(1) 进程标识符：进程标识符是系统用于识别进程的唯一标志，不同进程，其标志也不同。它可以是字符串，也可以是一个数字。

(2) 调度信息：系统为了对进程实施调度，必须参考进程的信息，涉及的信息包括两种：一种是进程的优先级，描述进程紧迫性的信息；另一种是进程状态信息，它说明进程当前所处的状态。从进程状态中，可以得知进程当前是否正在运行。对于其他调度信息，这部分信息有进程在系统中等待的时间有多久，已在 CPU 上运行的时间是多少，剩余的运行时间有多少等。这些信息可帮助系统选择一个最迫切、最具运行条件的进程投入运行。

(3) 处理器信息：当进程因某种原因不能继续占用 CPU 时，释放 CPU，这时就要将 CPU 的各种状态信息保护起来，为将来再次得到处理机恢复 CPU 的各种状态，继续运行。通常，被保护的 CPU 现场信息也称为“进程上下文”，它包含的内容一是通用寄存器的内容，包括数据寄存器、段寄存器等；二是程序状态字的值；三是进程的堆栈指针。

(4) 进程控制信息：这部分内容是系统对进程实施控制的依据，主要包括①数据集的相关说明及程序代码，如程序代码及数据集所在的内存地址，通过该项信息可以找到进程的对应部分，资源清单记载进程请求资源的情况和已经占有资源的情况；②同步与通信信息，它用于实现进程间互斥、同步和通信所需的信号量等；③外存地址，如果内存空间不足，可在系统的控制下将程序代码或数据集临时调到外存上，其所在的外存地址可登记于此处；④家族信息，进程运行时，可根据情况创建子孙进程，链接指针等信息。

上述 4 项信息概括了进程控制块的基本信息部分。对于有些复杂的系统来说，其内容还远不止这些。

4. 进程调度的模式

无论是在批处理系统还是分时系统中，用户进程数一般都多于处理机数，这将导致用户进程互相争夺处理机。通常将进程调度分为抢占式和非抢占式两种调度模式。

(1) 抢占调度模式：在抢占调度模式中，允许进程调度程序根据某种策略，暂停某个正在运行的进程，将处理机时间重新分配给另一个进程。常用的主要抢占策略有 3 个。

① 优先权策略：即“急事和重要事先办”的办事原则。“先办”就是优先处理。在操作系统中也经常使用优先级法作为进程调度的算法。操作系统为某些重要或紧急的进程指定较高的优先级。当这种优先级高的进程就绪时，如果其优先级比正在运行的进程的优先级高，系统便暂停正在运行的进程，将 CPU 的使用权分配给优先级高的进程。

② 时间片策略：将处理机时间被分割为等长的时间单位，称为时间片。每个进程被分配一个时间片运行，在该时间片超时的情况下，由操作系统重新进行进程调度，把处理机的有效时间交给另一个就绪进程使用。这种策略的难点在于需要知道或至少需要估计每个进程所需要的处理时间，它适用于分时系统和要求较高的批处理系统。

③ 短进程优先策略：当就绪队列中的某个进程比正在运行的进程的运行时间明显地短时，操作系统将剥夺长进程的执行，将处理机分配给短进程，使之优先运行。该调度策略能有效地降低进程的平均等待时间，提高系统吞吐量。如果有 4 个作业 A、B、C 和 D，它们预计运行的时间分别为 6、4、13 和 8 个时间单位，利用短作业优先法调度，它们的执行顺序是：B－A－D－C。

(2) 非抢占调度模式：非抢占调度模式是指一旦将处理机时间分配给某个进程后，便使该进程一直运行，直到该进程因运行完毕或因发生某事件而被阻塞或是因等待某事件而主动让出 CPU 时，系统才把处理机时间重新分配给其他优先级高的进程。否则，不允许其他进程抢占已经分配出去的处理机时间。“先来先服务”策略就是一种非抢占调度模式。这种调度模式优点是实现简单、系统开销小，但无法满足实时系统对紧急事件处理的时间要求。

11.2.2 调度的层次结构

一般说来，作业进入系统到最后完成，可能要经历高级调度、中级调度和低级调度的三级调度。在不同的操作系统中所采用的调度方式并不完全相同，有的系统中仅采用一级调度，而有的系统采用两级或三级，并且用到的算法也可能完全不同。

1. 低级调度

低级调度即进程调度又称短程调度，它是最基本的一种调度，进程调度的运行频率最高，故算法不能太复杂。进程调度虽然是系统内部的低级调度，但进程调度的优劣直接影响作业调度的性能。反映作业调度优劣的周转时间和平均周转时间，只在某种程度上反映了进程调度的性能。例如，其执行时间部分中实际上包含有进程等待(包括就绪状态时的等待)时间，而进程等待时间的多少是要依靠进程调度策略和等待事件何时发生来决定的。

2. 中级调度

中级调度是位于高级调度和低级调度之间的一种调度，又称交换调度，为了使内存中同时存放的进程数目不至于太多，有时需要把某些进程从内存移到外存上，以减少多道程序的数目。它的目的是为了提高内存的利用率和系统吞吐量。为使那些因为某些原因暂时不能运行的进程不再占用宝贵的内存资源，操作系统通过中级调度将这些进程调出至辅存等待。当这些处于挂起状态的进程再次准备好运行，且内存又出现空闲的空间时，由中级调度决定将辅存上哪些处于就绪驻外存状态的进程重新调入内存。被调入的进程将转换为就绪状态挂在就绪队列上，等待进程调度。中级调度实际上是存储器管理中的对换功能。

3. 高级调度

高级调度又称作业调度、收容调度或长程调度，是指按一定原则把辅存上处于后备队列中的作业调入内存，并为它们创建进程、分配必要的资源，再将新创建的进程排在就绪队列上准备执行。高级调度决定哪些作业可以进入系统竞争的系统资源。其主要功能是根据一定的算法，从输入的一批作业中选出若干个作业，分配必要的资源，如内存、外设等。为它建立相应用户作业进程和为其服务系统进程。最后把它们的程序和数据调入内存，等待进程调度程序对其执行，并在作业完成后做善后处理工作。

11.2.3 调度的实现过程

操作系统为了调度的方便，会建立并维护若干个进程队列。每个队列均用于维护一个等待某些资源的进程的列表。

当一个系统中同时存在三级调度时，在批处理系统中，作业调度从后备作业中选择一批合适的作业放入内存，并创建相应的进程：进程调度从就绪队列中选择最佳的进程，让它运行；中级调度把内存中驻留时间较长的进程换到磁盘上，从就绪队列中转到就绪/挂起队列。当内存中有足够的可用空间时，中级调度就从就绪/挂起队列中选择一些合适的进程放入内存，使之进入就绪队列。

在多道批处理系统中，通常有几百个作业被收容在输入井(磁盘)中，为了管理和调度作业，系统为每个作业设置了一个作业控制块，用其记录与该作业相关的信息。不同系统的作业控制块的内容是有区别的。作业调度的主要任务就是使作业从后备状态转到执行状态，并从执行状态转到完成状态的转换。作业调度要做到记录作业的情况、从后备作业队列中挑选作业、为作业分配资源、建立相应的进程并放入就绪队列中、做善后处理工作。

内存和外设的分配与释放工作。在某个进程运行过程中，有时会出现某些事件会使进程暂停执行而转入操作系统的进程调度程序执行。其一是该进程调用系统服务程序，如请求系统进行输入/输出服务操作；其二是该进程引发中断，如有硬件引发的输入/输出中断、软件错误引发的系统异常，系统定时器超时中断等方式；其三是某些和该进程无关但影响系统状态的事件需要操作系统处理。上述情况有一种发生，都由处理机在该进程控制块中保存当前进程的现场数据和程序计算器的当前值，然后转入操作系统执行。

一旦进程等待的事件发生，操作系统进程调度程序可以将其从内存阻塞队列重新挂入内存就绪队列。而内存就绪队列中的进程可以被重新调度到运行状态。

11.3　存 储 管 理

在计算机中，存储器是其主要的组成部分。普通存储管理主要有分区管理、分页管理、分段管理等。存储管理即对内存的管理，存储管理目前仍是人们研究操作系统的中心问题之一，以至操作系统的命名也往往取决于存储管理的策略。存储管理的功能主要解决存储器的分配与回收，存储器地址变换，存储器扩充，存储器共享与保护等问题。

11.3.1　分区存储管理

早期的单用户、单任务的操作系统将内存空间简单地分为两个区域：操作系统使用的系统区和应用程序使用的用户区。这种方式管理简单，但会浪费内存空间。为了支持多个程序并发执行，现代操作系统引入了分区存储管理。在这种管理方式下，内存被分为若干个区域，操作系统占用内存的某个固定分区，其余的分区则提供给应用程序使用，每个应用程序占用其中一个或几个分区。根据分区的大小是否固定，可以将分区存储管理机制分为固定分区法和动态分区法两种常见的分配方法。

1. 固定分区法

固定分区法就是内存中分区的个数固定不变，各个分区的大小也固定不变，但不同的分区的大小可以不同，每个分区只允许装入一个进程。因为固定分区管理方式简单，但内存空间利用率不高，有时资源浪费情况会相当严重。为便于内存分配，系统建立一张分区说明表，每个分区对应表中的一项，表中状态＝1，表示已分配。各表项包含每个分区的作业名、起始地址、分区的大小和状态(是否被正被使用)。

2. 动态分区法

为了解决内存浪费问题，可把分区的大小和个数设计成可变的。各个分区是在相应进程要进入内存时才建立的，使其大小恰好适应进程大小的需求，这种技术称为动态分区法。动态分区法将大分区分割成两个小分区，其中一个小分区容量刚好等于所需容量的大小，而余下的空间则构成一个新的空闲分区。动态分区不会产生内碎片，但会在被占用的分区

之间留下难以利用的小空闲分区，称为外碎片。外碎片指的是在使用可变分区管理方法时，进程之间形成的一些零零星星的小空闲区。动态分区在系统运行初期的效果比较好，但运行时间越长，动态分区法实施过程中出现的越来越多的小空闲块，由于它们太小，无法装入一个小进程，因而被浪费掉。存储器中的外碎片就会越来越多，而使存储器的利用率下降。

为了解决碎片问题，在分区释放的过程中要将相邻的空闲分区合并成一个大的空闲分区，采用内存紧缩技术，该技术是由操作系统将各个被占用分区向内存一端移动，使所有的进程分区紧挨在一起，而将各个空闲分区合成为一个大的空闲分区。这个过程需消耗较多的 CPU 时间。如果需要对被占用分区中的程序进行“浮动”，则重定位需要硬件支持。

11.3.2 交换与分页技术的应用

根据程序的局部性原理，在一个较短的时间间隔内，程序所访问的存储器地址在很大比例上集中在存储器地址空间的很小范围内。内存和外存数据传输应用交换和分页技术。

1. 交换技术

交换技术把那些在内存中处于等待状态的进程调出内存，而把那些等待事件已发生，处于就绪状态的进程换入内存。交换过程由换入和换出两个过程组成。换入过程将外存交换区的数据和程序代码交换至内存，换出过程是将内存中的数据交换到外存交换区中。交换技术优点是增加了并发运行的进程数目；缺点是换入和换出操作增加了处理机的时间开销，而交换的单位是整个进程的地址空间，没有考虑程序执行过程中地址访问的统计特性。

2. 分页技术

分页技术的基本思想是把内存空间分成位置固定、大小相等的若干个小分区，每个小分区称为一个存储块。一个用户的程序不在分配连续的内存空间，而是把物理存储器分成多个比较小的存储块，每个块的长度固定不变且大小相等，称为页框或页面。相应地每个进程所需的存储空间也被划分成小的固定长度的程序块。采用分页技术可把一个进程分散地放在各个空闲的内存块中，它既不需要移动内存中原有的信息，又解决了外部碎片问题。因为分配内存时是以内存块为单位进行的，当然会存在内部碎片。

由此可见，简单分页类似于固定分区，它们的不同之处在于：采用分页技术的分区相当小，一个程序可以占据多个分区，并且这些分区不需要连续的。分页技术引申出一种非常重要的存储管理策略——虚拟存储器(简称虚存)。在存储管理部件(MMU)的支持下，虚拟存储器技术可以彻底解决存储器的调度与管理问题。

11.4 存 储 保 护

计算机系统资源为一同执行的多个用户程序所共享，就主存来说，它同时存在多个用户的程序和系统软件。但任何软件都有出现错误的可能性，一旦程序出错，应尽量把错误的影响范围限制在最小区域内。当多个用户共享主存时，应防止由于一个用户的程序破坏其他用户的程序和系统软件，以及一个用户程序非法地访问不是分配给它的主存区域。为此，系统应提供存储保护。主存保护是存储保护的重要环节。

11.4.1　存储区域的保护

存储区域的保护可采用界限寄存器方式，由系统软件经特权指令设置上、下界寄存器内容，从而划定每个用户程序的区域，禁止越界访问。由于用户程序不能改变上、下界的值，所以它如果出现错误，也只能破坏该用户自身的程序，侵犯不到其他用户程序及系统软件。这种方式只适用于每个用户程序占用一个或几个连续的主存区域，而对于虚拟存储器系统，由于一个用户的各页离散地分布于主存内，通常采用页表、段表和键保护等方法。

1. 页表和段表保护

每个程序的段表和页表本身都有自己的保护功能。由于段表和页表都是由操作系统控制的，用户程序没有办法改动，因而，无论地址如何出错，也只能影响分配给该程序的几个主存页面。这种方式可以将用户程序的错误影响控制在一个很小的范围内。

(1) 页表保护有 3 种形式。①利用页表本身进行保护。每个进程都有自己的页表，页表的基址信息放在该进程的 PCB 中，访问内存需要利用页表进行地址交换，这样使得各进程在自己的存储空间内活动。②设置存取控制位。通常在页表的表项中设置存取控制字段，用于指明对应内存块中的内容允许执行何种操作，从而禁止非法访问。③设置合法标志。一般在页表的每项中还设置合法/非法位。当位设置“合法”时，表示相应的页在该进程的逻辑地址空间中是合法的页，如果设置为“非法”，则表示该页不在该进程的逻辑地址空间内。利用这一位可以捕获非法地址。

(2) 段表的 3 种保护形式。①段表本身可起保护作用。每个进程都有自己的段表，在表项中设置该段的长度限制。在进行地址映射时，段内的地址先与段长进行比较，如果超过段长，就发出越界中断，这样各段都限定了自己的有效范围。②存取控制。在段表的各项中增加几位，用来记录对本段的存取方式，如可读、可写、可执行等。③保护环。它是基本思想是把系统中所有信息按照其作用和相互调用关系分成不同的层(即环)，低编号的环具有高优先权，这样把某些重要的实用程序和操作系统服务放在中间环上。

(3) 段页式虚拟存储系统中段表保护方式的实现：当进行地址变换时，存储管理部件将段表中的段长和虚地址中的页号进行比较，如果页号小于段长，才继续进行地址变换并访存；若页号大于段长，则产生越界中断进行错误处理。段表、页表保护是形成主存地址前的保护。若在地址变换过程中出现错误，形成错误主存地址，那么这种保护方式是无效的。因此，还需要其他保护方式。键保护方式就是其中一种成功的方式。

2. 键保护方式

键保护方式是由操作系统为主存的每一页配一个键，称为存储键，相当于一把锁，指明保护的等级。而每个用户的实存页面的存储键都相同。为了打开这把锁，必须有钥匙，称为访问键。访问键由操作系统赋予每道程序，并在程序运行时加载到程序状态字寄存器中。当要访问主存的某一页时，访问键要与存储键相比较。若两键相符，则允许访问该页，否则拒绝访问。因此，即使在访存过程中错误地形成了访问其他程序的地址空间的地址，也会因键不同而无法完成访存。

另外还有取数保护方式，该方式就是为每个页面设置一个取数寄存器，一般只有一位。只有访问键和取数键相符的用户才能存取这些页。如果取数键寄存器中存放的值是 0，那么和其相对应页不仅受到存数保护，也受到取数保护，如主存中有 A、B、C、D、E 5 个页面，取数寄数器存的值分别为 1、1、0、1、0，这里的 A、B、D 这 3 页受到存数和取数保护。

页表和段表保护、键保护方式这两种方式仅仅保护“其他”程序，不保护正在执行的程序本身。

3. 环保护方式

环保护方式可以做到对正在执行的程序本身的核心部分或关键部分进行保护。它是按照系统程序和用户程序的重要性，以及对整个系统的正常运行的影响程度进行分层，每一层称为一个环。在现行程序运行前由操作系统定好程序各页的环号，并置入页表中，然后把该道程序的开始环号送入 CPU 的现行环号寄存器，并且把操作系统为其规定的上限环号也置入相应的寄存器中。程序可以跨层访问任何外层空间，但如果程序企图访问内层空间，则需由操作系统判断这个向内层访问是否合法性，如果合法才允许其访问，否则系统会进入出错保护处理过程。

在环保护机制下，程序的访问和调用遵循如下规则：一个环内的程序可以访问同环内或环号更大的环中的数据，也可以调用同环内或环号更小的环中的服务。环号的大小表示保护的级别：环号越大，等级越低。例如，虚拟存储空间分成 8 段，每段 512M 字节，构成 8 层嵌入式结构。每层设一个保护环，保护环的环号和段的编号相同。并规定 0～3 段用于操作系统，4～7 段用于用户程序。每个用户最多可用 4 段。

11.4.2 访问方式的保护

对主存信息的使用可以有 3 种方式：读(R)、写(W)和执行(E)，相应的访问方式保护就有 R、W、E 三种方式形成的逻辑组合，这些访问方式保护通常作为程序状态寄存器的保护位，并且和区域保护结合起来实现。访问方式保护的逻辑组合如表 11.1 所示。

表 11.1 访问方式保护的逻辑组合

逻辑组合	含义	逻辑组合	含义
$\overline{R+W+E}$	不允许任何访问	$\overline{R+E}\cdot W$	只能写访问
$R+W+E$	可进行任何访问	$(R+E)\cdot\overline{W}$	不准写访问
$(R+W)\cdot\overline{E}$	只能读写，不可执行	$R\cdot\overline{(E+W)}$	只能读访问
$\overline{R+W}\cdot E$	只能执行，不可读写	$\overline{R}\cdot(E+W)$	不准读访问

这些访问方式通常作为程序状态字寄存器的保护位，并且和存储区域保护结合起来实现。在上限环号寄存器中增加一位访问方式中，键保护方式下的取数保护也是一种访问方式保护的实现方式。在环保护和页表、段表保护方式中，通常将访问方式位放在页表和段表中，使得同一环或同一段内的各页可以有不同的访问方式，从而增加保护的灵活性。

上述存储保护是硬件实现，保护方式可以结合使用。很多系统往往通过操作系统的特权指令实现某种保护。

11.5　虚拟存储器

11.5.1　虚拟存储器的概念

虚拟存储器是指能作为编址内存的虚拟存储空间，它使用户在应用逻辑存储器与物理存储器时，可由操作系统给用户提供的一个比真实内存大得多的地址空间，它建立在主存与辅存层面上。虚拟存储器在具有层次结构存储器的计算机系统中自动实现部分装入和部分替换功能，能从逻辑上为用户提供一个比物理存储容量大得多、可寻址的主存。虚拟存储区的容量与物理主存大小无关，而受计算机的地址结构和可用磁盘容量的限制。虚拟存储器根据地址空间的结构不同可以分为分页虚拟存储器和分段虚拟存储器两类，也可以将两者结合起来构成段页式虚拟存储器的形式。虚拟存储器是由硬件和操作系统自动实现存储信息管理和调度的。

1. 实地址与虚地址

用户编程序时使用的地址称为虚地址或逻辑地址，其对应的存储空间称为虚拟存储空间或逻辑地址空间。而计算机物理内存的访问地址则称为实地址或物理地址，其对应的存储空间称为物理存储空间或主存空间。程序进行虚地址到实地址转换的过程称为程序的再定位。

虚拟存储器是建立在主存与辅存体系上的存储管理技术。它把主存和辅存的地址空间统一编址，给用户提供一个比实际主存容量大得多的地址空间来访问主存，在 CPU 运行期间，通过某种策略，把辅存中的信息分成一部分、一部分地调入主存，供 CPU 访问。它靠外存储器(磁盘)支持。其中，虚地址和实地址的转换需借助操作系统完成。

用户在编程时不用考虑该程序应放在什么物理位置。而在程序运行时，则分配给每个程序一定的空间，由地址转换部件(软件或是硬件)来实现编程时的地址和实际内存中的物理地址间的转换。如果分配的内存不够，则只要调入当前正在运行的或将要运行的程序块(或数据块)，其余部分暂时驻留在辅存中。

2. 虚存的访问过程

程序运行时，由地址变换机构依据当时分配给该程序的实地址空间把程序的一部分调入实存。每次访问主存时，首先判断该虚地址所对应的部分是否在实存中存在，如果是存在，则进行地址转换并用实地址访问主存，如果不存在则按照某种算法将辅存中的部分程序调入进内存，再按同样的方法去访问主存。由此可见，每个程序的虚地址空间可以远大于实地址空间，也可以远小于实地址空间。前一种情况以提高存储容量为目的，后一种情况则以地址变换为目的，通常出现在多任务或多用户系统中。如果实存空间较大，而单个任务并不需要很大的地址空间，较小的虚存空间则可以缩短指令中地址字段的长度。

3. 缓存与虚存的异同比较

从虚存的概念可以看出，主存—辅存的访问机制与缓存—主存的访问机制是相似的。但也有着重要的区别。由缓存存储器、主存和辅存构成的三级存储体系中的两个层次。缓

存和主存之间、主存和辅存之间都分别有辅助硬件和辅助软硬件负责地址变换与管理，以便各级存储器能够组成有机的三级存储体系。缓存和主存构成了系统的内存，而主存和辅存需要借助软硬件的支持构成了虚拟存储器。在三级存储体系中，缓存—主存和主存—辅存这两个存储层次有许多共同点：①出发点相同，两者都是为了提高存储系统的性能价格比而构造的分层存储体系，都力图使存储系统的性能接近高速存储器，而价格和容量接近低速存储器。②原理相同，都是利用了程序运行时的局部性原理，把最近常用的信息块从相对慢速而大容量的存储器调入相对高速而小容量的存储器。但缓存—主存和主存—辅存这两个存储层次也有许多不同之处。

(1) 解决问题的侧重点不同：缓存主要解决主存与 CPU 的速度差异问题；而就性能价格比的提高而言，虚存主要是解决存储容量问题和存储管理、主存分配和存储保护等方面。

(2) 访问数据通路不同：CPU 与缓存和主存之间均有直接访问通路，缓存不命中时可直接访问主存；而虚存所依赖的辅存与 CPU 之间不存在直接的数据通路，当主存不命中时只能通过调页解决，CPU 最终还是要访问主存。

(3) 透明性各异：缓存的管理完全由硬件完成，对系统程序员和应用程序员均透明；而虚存管理由软件(操作系统)和硬件共同完成，由于软件的介入，虚存对实现存储管理的系统程序员不透明，而只对应用程序员透明(段式和段页式管理对应用程序员是半透明)。

(4) 访问时间比不同：主存与缓存存储器的访问时间比较小，典型的为 10∶1；每次传送的基本信息单元(字块)也比较小，只有几个至几十个字节。辅存与主存的访问时间比就要大得多。由于主存的存取时间是缓存的存取时间的 5～10 倍，主存的存取速度通常比辅存的存取速度快上千倍，故主存未命中时系统性能损失要远大于缓存未命中时的损失。

在操作系统的控制下，为简化应用程序的编程，虚存机制要为用户解决如下关键问题：首先是调度问题，决定哪些程序和数据应被调入主存；其次是地址映射问题，在访问主存时把虚地址变为主存物理地址(这一过程称为内地址变换)，在访问辅存时把虚地址变成辅存的物理地址(这一过程称为外地址变换)以便换页；此外还要解决主存分配、存储保护与程序再定位、替换、决定哪些程序和数据应被调出主存等问题；最后是更新问题，确保主存与辅存的一致性。

11.5.2 页式虚拟存储器

调度方式有页式、段式、段页式 3 种。页式调度是将逻辑和物理地址空间都分成固定大小的页，主存按页顺序编号，而每个独立编址的程序空间有自己的页号顺序，通过调度辅存中程序的各页可以离散装入主存中不同的页面位置，并可据表一一对应检索。页式调度的优点是页内零头小，页表对程序员来说是透明的，地址变换快，调入操作简单；缺点是各页不是程序的独立模块，不便于实现程序和数据的保护。

1. 页式虚存地址映射

在页式虚拟存储系统中，把虚拟空间分成页，主存空间也分成同样大小的页称为实页和物理页，而把前者称为虚页或逻辑页。相应地，虚地址分为两个字段，高字段为逻辑页号，低字段为页内地址(偏移量)；实存地址也分两个字段，高字段为物理页号，低字段为页内地址。通过页表可以把虚地址(逻辑地址)转换成物理地址。在页表中，对应每一个虚存页号有一个条目，条目内容至少要包含该虚页所在的主存页面地址(页面号)，用它作为实(主)存地址的高字段；与虚拟地址的字地址字段相拼接，就产生完整的实主存地址，据此访问主存。现代的中央处理机通常有专门的硬件支持地址变换。

2. 转换后援缓冲器

一般页表在主存中存储，因而即使逻辑页已经在主存中，也至少要访问两次物理存储器才能实现一次访存，这将使虚拟存储器的存取时间加倍。为了避免对主存访问次数的增多，可以对页表本身实行二级缓存，把页表中的最活跃的部分存放在高速存储器中，组成快表。这个专用于页表缓存的高速存储部件通常称为转换后援缓冲器(TLB)。保存在主存中的完整页表则称为慢表。TLB 是一个内存管理单元，用于改进虚拟地址到物理地址转换速度的缓存，它是的作用与主存和 CPU 之间的缓存作用相似，通常由相连的存储器实现，容量比慢表小得多，存储慢表中部分信息的副本，可以完成硬件高速检索操作。地址变换时，根据逻辑页号同时查快表和慢表，当在快表中有此逻辑页号时，就能很快地找到对应的物理页号。根据程序的局部性原理，多数虚拟存储器访问都将通过 TLB 进行，从而降低了访存的时间延迟。TLB 的缓存过程与缓存的缓存过程是独立的，所以在每个存储器访问过程中有可能要经历多次变换。TLB 涉及了物理内存寻址。TLB 可能位于 CPU 和 CPU 缓存之间，或者位于 CPU 缓存和主存之间，这取决于缓存使用物理寻址还是虚拟寻址。

3. 内页表和外页表

页表是虚地址到主存物理地址的变换表，通常称为内页表。与之相对应的还有外页表，用于虚地址与辅存地址之间的变换的表。当主存缺页时，调页操作首先要定位辅存，而外页表的结构与辅存的寻址机制密切相关。例如，对磁盘而言，辅存地址包括磁盘机号、磁头号、磁道号和扇区号等。

当有主存不命中的情况发生时，同存储管理部件向 CPU 发出请求——“缺页中断”，进行调页操作。外页表通常放在辅存中，不需要时可调入主存。

11.5.3　段式虚拟存储器和段页式虚拟存储器

1. 段式虚拟存储器

段是按照程序的自然分界划分的长度可以动态改变的区域。段表本身也是一个段，可以存在辅存中，但一般驻留在主存中。通常，程序员把子程序、操作数和常数等不同类型的数据划分到不同的段中，并且每个程序可以有多个相同类型的段。在段式虚拟存储系统中，虚地址由段号和段内地址(偏移量)组成。虚地址到实主存地址的变换通过段表实现。每个程序设置一个段表，段表的每一个表项对应一个段。每个表项至少包含下面 3 个字段。

(1) 有效位：指明该段是否已经调入实存。

(2) 段起址：指明在该段已经调入实存的情况下，该段在实存中的首地址。

(3) 段长：记录该段的实际长度。设置段长字段的目的是为了保证访问某段的地址空间时，段内地址不会超出该段长度导致地址越界而破坏其他段。

段式虚拟存储器优点：①段逻辑独立性使其易于编译、管理、修改和保护，也便于多道程序共享；②段长可以根据需要动态改变，允许自由调度，以便有效利用主存空间。

段式虚拟存储器也有一些缺点：①因为段的长度不固定，主存空间分配比较麻烦；②容易在段间留下许多外碎片，造成存储空间利用率降低；③由于段长不一定是2的整数次幂，因而不能简单地像分页方式那样，用虚地址和实地址的最低若干二进制位作为段内偏移量，并与段号进行直接拼接，必须用加法操作通过段起址与段内偏移量的求和运算求得物理地址。因此，段式存储管理比页式存储管理方式需要更多的硬件支持。

2. 段页式虚拟存储器

页面是主存物理空间中划分出来的等长的固定区域。分页方式的优点是页长固定，因而便于构造页表、易于管理，且不存在外碎片。但分页方式的缺点是页长与程序的逻辑大小不相关。段页式虚拟存储器是段式虚拟存储器和页式虚拟存储器的结合，这种方式既保留了分段管理在逻辑上具有的独立性的优点，又兼顾分页技术在实现上较为容易的长处。实存被等分成页。每个程序则先按逻辑结构分段，每段再按照实存的页大小分页，程序按页进行调入和调出操作，但可按段进行编程、保护和共享。段页式存储管理的基本原理如下。

(1) 等分内存。把整个内存分成大小相等的内存块，内存块从0开始依次编号。

(2) 进程的地址空间采用分段方式。把程序和数据等分为若干段，每段有一个段名。

(3) 段内分页。将每段划分成若干页，页面的大小与内存块相同，每段内的各个页面都分别从0开始依次编号。

(4) 逻辑地址结构。多道程序的每一道(每个用户)需要一个基号(用户标志号)，可由它指明该道程序的段表起点(存入在基址寄存器中)。这样虚拟地址应包括基号D，段号S，段内页号P和页内地址 d。格式如下。

基号D	段号S	页号P	页内地址d

(5) 内存分配。内存分配单位是内存块。

(6) 段表、页表和段表地址寄寄存器。在段页式存储管理系统中，面向用户的地址空间是段式划分，面向物理实现的地址空间是页式划分。也就是说，用户程序逻辑上划分为若干段，每段又分成若干页面。内存划分成对就大小的块。进程映射对换是以页为单位进行的，使得逻辑上连续的段存放在分散的内存块中。

【例11.1】假设有两道程序已占用主存，基号用A、B表示，现又有C道程序要进入，它有3段，段号为0、1、2。其基址寄存器的内容分别为S_A、S_B和S_C。程序A由4个段构成，在主存中，每道程序都有一张段表，A程序有4段，C程序有3段，每段应有一张页表，段表的每行就表示相应页表起始位置，而页表内的每行即为相应的物理页号。请说明虚地址和实地址变换的过程。

解：地址变换过程如下。

(1) 由存储管理部件根据基号C找到段表基址寄存器表第c个表项，获得程序C的段表基址S_C。再根据段号$S(=1)$找到程序C段表的第S个表项，得到段S页表起始地址b。

(2) 根据段内逻辑页号$P(=2)$检索页表，得到物理页号。

(3) 物理页号与页内地址偏移量拼接即得物理地址。

假如计算机系统中只有一个基址寄存器，则基号可省略不要。多道程序切换时，由操作系统修改基址寄存器内容。实际上，上述每个段表和页表的表项中都应设置一个有效位。

只有在有效位为 1 时才按照上述流程操作，否则需中断当前操作先进行建表或调页。

11.5.4　虚拟存储器的替换算法

当从辅存调页至主存而主存已满时，也要进行主存页面的替换。虚拟存储器的替换算法与缓存的替换算法类似，有最佳替换算法(OPT)、先进先出(FIFO)算法、近期最少使用(LRU)算法和最未使用(NRU)替换算法等。

1. OPT 算法

OPT 算法选择替换下次访问距当前时间最长的那些页，可以看出该算法能导致最少的页错误，但是由于它要求操作系统必须知道将来的事件，显然这是不可能实现的。但是它仍能作为一个标准来衡量其他算法的性能。

2. FIFO 算法

FIFO 算法是最简单的页面替换算法，它淘汰内存中停留时间最长的一页，即先进入内存的页先被换出。其理由是：最早调入内存的页不再被使用的可能性要大于刚调入内存的页。当然，这种理由并不是很充分。这种算法把一个进程中所有在内存中的页按进入内存的次序排队，淘汰页面总是在队首进行。如果一个页面刚被放入内存，就把它插入队尾。

3. LRU 算法

LRU 算法替换主存中上次使用距当前最远的页。根据局部性原理，这也是最近最不可能访问到的页。实际上 LRU 策略的性能与 OPT 策略相接近。LRU 算法是经常采用的页面替换算法，被认为是相当好的算法。但是，它也存在如何实现的问题。LRU 算法需要大量硬件支持，同时需要一定的软件消耗。

4. NRU 算法

NRU 算法是 LRU 算法的近似方法，它较易于实现，消耗也比较少。它是在存储分块表的每一表项中增加一个引用位，操作系统定期将它们置为“0”。当某一页被访问时，由硬件将该位置“1”。再过一段时间后，通过检查这些位可确定哪些页使用过，哪些页上次置“0”后还未使用过，就可淘汰该位是“0”的页。虚拟存储器的替换算法与缓存的替换算法区别有 3 点。

(1) 缓存的替换全部靠硬件实现，而虚拟存储器的替换有操作系统的支持。

(2) 虚存缺页对系统性能的影响比缓存未命中要大得多，因为调页需要访问辅存，并且要进行任务切换。

(3) 虚存页面替换的选择余地很大，属于一个进程的页面都可替换。

11.6　操作系统应用举例

Intel 在 1997 年 5 月推出了与 Pentium Pro 同一个档次的 Pentium II，之后又先后推出 Pentium III、Pentium 4 等。目前广泛使用的 Pentium 处理机的存储管理机制与 32 位的 80386 和 80486 基本相同。

11.6.1 存储器模型

IA-32 体系结构微处理机的存储管理硬件主要支持 3 种内存模型。

1. 平面内存模型

内存被组织成单一的、连续的地址空间，称为线性地址空间，每个程序都独享连续的 4GB 线性地址空间，所有的代码数据都包含在该空间内，实际上程序在运行的时候依然存在代码段和数据的两个段，这就是平面内存模型(Flat Memory Model)。

2. 段内存模型

将线性地址分割成独立的小内存空间，用来保存对应代码、数据或者堆栈，这就是段内存模型(Segmented Memory Model)。这些小的内存空间称为段。段的最大长度为 232B。每个程序由不同的段集合组成。所有的段映射到线性地址空间中。程序通过逻辑地址访问相应的数据，CPU 将逻辑地址转换成对应的物理地址。逻辑地址由段选择器和偏移量组成。

3. 实地址模式内存模型

实地址模式内存模型(Real-address Mode Memory Model)是为保持与早期的 8086 处理机兼容的存储器模式。线性地址空间被分为段，段的最大长度为 64KB。线性地址空间的最大长度为 220B。

11.6.2 虚地址模式

IA-32 体系结构微处理机的虚拟存储器可以通过分段和分页的两种方式实现。Pentium 计算机的存储管理部件包括分段部件 SU 和分页部件 PU 两部分，可允许 SU 和 PU 单独工作或同时工作。分段部件将程序中使用的虚地址转换成线性地址，而分页部件则将线性地址转换为物理地址。

1. 分段不分页模式

虚拟地址由一个 16 位的段参照和一个 32 位的偏移组成。分段部件 SU 将二维的分段虚拟地址转换成一维的 32 位线性地，优点是无需访问页目录和页表，地址转换速度快，对段提供的一些保护定义可以一直贯通到段的单个字节级。

2. 分段分页模式

在分段基础上增加分页存储管理的模式，即将 SU 部件转换后的 32 位线性地址看成由页目录、页表、页内偏移 3 个字段组成，再由 PU 部件完成两级页表的查找，将其转换成 32 位物理地址，兼顾了分段和分页两种方式的优点。

3. 不分段分页模式

该模式下 SU 不工作，只是分页部件 PU 工作。程序也不提供段参照，寄存器提供的 32 位地址被看成是由页目录、页表、页内偏移 3 个字段组成。由 PU 完成虚拟地址到物理地址转换。这种模式减少了虚拟空间，但能提供保护机制，比分段模式具有更大的灵活性。

4. 分段分页模式

在分段基础上增加分页存储管理的模式，也即段页式虚拟存储器。程序中使用的逻辑地址由一个 16 位段选择器和一个 32 位偏移量组成，由分段部件将二维的虚拟地址转换为一维的线性地址，再由分页部件将其转换成 32 位物理地址。

11.6.3 Pentium 处理机的虚拟存储器

在分页模式下，有两种页大小，其地址映射方式不同：一种是兼容早期的 80386 和 80486 的 4KB 的页大小，使用页目录表和页表两级结构进行地址转换；另一种是从 Pentium 处理机开始采用的 4MB 页大小，使用单级页表结构。Pentium 处理机的虚拟地址被称为逻辑地址，其长度为 48 位，由 16 位段地址和 32 位位移地址构成。段地址中有 2 位用于存储保护，真正属于段地址的是 14 位，所以有效的逻辑地址为 46 位(14 位＋32 位)，虚拟空间为 246B。

本 章 小 结

一个完整的计算机系统是由硬件和软件两大部分组成的。硬件是软件建立与活动的基础，而软件是对硬件进行管理和功能扩充。硬件系统在设计层面上为操作系统提供了支持，包括处理机状态控制、特权指令、寄存器访问权限控制、程序状态字和程序执行现场保护与切换、中断机制、存储管理硬件等。操作系统设计者则应根据硬件特性和用户的使用需要，采用各种有效的管理策略。操作系统是计算机硬件资源的管理器，其管理功能主要包括处理机管理、存储管理和设备管理等。

处理机调度是操作系统的核心功能之一。作业进入系统到最后完成，可能要经历三级调度：高级调度、中级调度和低级调度。按照调度的层次，处理机调度可以分成作业调度、交换调度和进程调度。其中，进程调度的运行频率最高。作业调度的周期较长，往往发生在一个作业运行完毕并将退出系统，需要重新调入一个作业进入内存时。交换调度的运行频率介于作业调度和进程调度之间。

设备管理按照工作特性可把设备分成存储设备和输入/输出设备两大类；根据设备的使用性质可将设备分成独占设备、共享设备和虚拟设备三种；按照数据传输的方式可将设备分为串行设备和并行设备。设备管理具有哪些功能等也是研究的重点之一。

存储管理的主要功能是解决多道作业的主存空间的分配问题，实质是对存储“空间”的管理,主要指对主存的管理。存储管理的主要是对内存用户区的存储管理，主要概括为存储分配和管理、存储共享、存储保护、存储扩充。

所谓虚拟存储器是用户能作为要编址内存对待的虚拟存储空间，它使逻辑存储器与物理存储器分离，是操作系统给用户提供的一个比真实内存大得多的地址空间。虚拟存储器还解决存储保护等问题。在虚拟存储系统中，通常采用页表保护、段表保护和键式保护方法实现存储区域保护，还可以结合对主存信息的使用方式实现访问方式保护。

在页式虚拟存储系统中，把虚拟空间分成页，主存空间也分成同样大小的页称为实页和物理页，而把前者称为虚页或逻辑页。相应地，虚地址分为两个字段，高字段为逻辑页号，低字段为页内地址(偏移量)；实存地址也分两个字段，高字段为物理页号，低字段为

页内地址。通过页表可以把虚地址(逻辑地址)转换成物理地址。段式调度是按程序的逻辑结构划分地址空间，段的长度是随意的，并且允许伸长，它的优点是消除了内存零头，易于实现存储保护，便于程序动态装配；缺点是调入操作复杂。将这两种方法结合起来便构成段页式调度。在段页式调度中把物理空间分成页，程序按模块分段，每个段再分成与物理空间页同样小的页面。段页式调度综合了段式和页式的优点，其缺点是增加了硬件成本，软件也较复杂。

习　　题

一、选择题

1. 操作系统根据________控制和管理进程，它是进程存在的标志。
   A. 程序状态字　　B. 进程控制块
   C. 中断寄存器　　D. 中断装置
2. 下列关于进程的说法正确的是________。
   A. 是一个系统软件　　B. 与程序概念等效
   C. 存放在内存中的程序　　D. 是执行中的程序
3. 操作系统使用________机制使计算机系统能实现进程并发执行，保证系统正常工作。
   A. 中断　　B. 查询　　C. 同步　　D. 互斥
4. ________要求存储分配时具有连续性。
   A. 固定分区存储管理　　B. 可变分区存储管理
   C. 段式存储管理　　D. 段页式存储管理
5. 下列关于段式存储管理的语法正确的是________。
   A. 段间绝对地址一定不连续
   B. 段间逻辑地址必定连续
   C. 以段为单位分配，每段分配一个连续主存区
   D. 每段是等长的
6. ________存储管理支持多道程序设计，算法简单，但存储碎片多。
   A. 段式　　B. 页式　　C. 固定分区　　D. 段页式

二、填空题

1. 进程调度模式中，一般分为________和________两种调度模式。
2. 作业从进入系统到最后完成，要经历三级调度：________、________和________。
3. 根据分区的大小，可将分区存储管理机制分为________和________两种方法。
4. 在使用可变分区管理方法时，进程之间形成的一些零星的小空闲区，称之为________。
5. 对于虚拟存储器系统，由于一个用户的各页离散地分布于主存内，通常采用________、________和________等方法。

三、简答题

1. 什么是操作系统？

2. 简述操作系统设备管理具有何种功能。

3. 程序状态字寄存器保存的信息通常包括哪几类？

4. 进程有哪几种状态，它们之间是怎么相互转化工作的？

5. 简述作业调度的主要功能。

6. 虚拟存储器是由硬件和操作系统自动实现存储信息调度和管理的，它的具体是怎么工作过程的？

7. 主存-辅存的访问机制与缓存-主存的访问机制，在软件配合工作方面有何不同？

8. 简述段页式存储管理的基本原理。

9. 虚拟存储器的替换算法与缓存的替换算有什么不同？

10. IA-32 体系结构微处理机的存储管理硬件主要支持哪三种内存模型？

参 考 文 献

[1] 白中英．计算机组成原理[M]．4 版．北京：科学出版社，2008.
[2] 王爱英．计算机组成与结构[M]．4 版．北京：清华大学出版社，2007.
[3] 马礼．计算机组成原理与系统设计[M]．北京：机械工业出版社，2011.
[4] 袁静波．计算机组成与结构[M]．北京：机械工业出版社，2011.
[5] 徐新艳．数字电路[M]．2 版．北京：电子工业出版社，2012.
[6] 王兢．数字电路与系统[M]．2 版．北京：电子工业出版社，2011.
[7] 刘红云．数字电路基础[M]．成都：西南交通大学出版社，2009.
[8] 唐志宏．数字电路与系统[M]．北京：北京邮电大学出版社，2008.
[9] 马彧．数字电路与系统实验教程[M]．北京：北京邮电大学出版社，2008.
[10] 李学干．计算机系统结构[M]．5 版．西安：西安电子科技大学出版社，2011.
[11] 徐炜民．计算机系统结构[M]．3 版．北京：电子工业出版社，2010.
[12] 李大友．计算机体系结构[M]．北京：机械工业出版社，2001.
[13] 薛胜军．计算机组成原理[M]．武汉：华中理工大学出版社，2005.
[14] 戴光明．计算机组成原理[M]．武汉：武汉大学出版社，2006.
[15] 米根锁．计算机组成原理[M]．兰州：兰州大学出版社，2006.
[16] 徐福培．计算机组成与结构[M]．北京：电子工业出版社，2001.
[17] 许日滨．操作系统[M]．北京：北京邮电出版社，2006.
[18] 陈渝译．操作系统——精髓与设计原理[M]．北京：电子工业出版社，2006.
[19] 孟庆昌．操作系统原理[M]．北京：机械工业出版社，2010.
[20] 李保红．微型计算机组织与接口技术[M]．北京：清华大学出版社，2005.
[21] Thomas L Floyd. Digital Fundamentals[M]. Ninth Edition：Pearson Prentice Hall，2006.
[22] http://baike.baidu.com/view/2187192.htm.
[23] http://baike.baidu.com/view/23531.htm.
[24] http://www.ce.cn/xwzx/kj/201011/24/t20101124_21992851.shtml.
[25] http://www.ixiqi.com/archives/28406.

北京大学出版社本科计算机系列实用规划教材

序号	标准书号	书　名	主　编	定价	序号	标准书号	书　名	主　编	定价
1	7-301-10511-5	离散数学	段禅伦	28	38	7-301-13684-3	单片机原理及应用	王新颖	25
2	7-301-10457-X	线性代数	陈付贵	20	39	7-301-14505-0	Visual C++程序设计案例教程	张荣梅	30
3	7-301-10510-X	概率论与数理统计	陈荣江	26	40	7-301-14259-2	多媒体技术应用案例教程	李　建	30
4	7-301-10503-0	Visual Basic 程序设计	闵联营	22	41	7-301-14503-6	ASP .NET 动态网页设计案例教程(Visual Basic .NET 版)	江　红	35
5	7-301-10456-9	多媒体技术及其应用	张正兰	30	42	7-301-14504-3	C++面向对象与 Visual C++程序设计案例教程	黄贤英	35
6	7-301-10466-8	C++程序设计	刘天印	33	43	7-301-14506-7	Photoshop CS3 案例教程	李建芳	34
7	7-301-10467-5	C++程序设计实验指导与习题解答	李　兰	20	44	7-301-14510-4	C++程序设计基础案例教程	于永彦	33
8	7-301-10505-4	Visual C++程序设计教程与上机指导	高志伟	25	45	7-301-14942-3	ASP .NET 网络应用案例教程(C# .NET 版)	张登辉	33
9	7-301-10462-0	XML 实用教程	丁跃潮	26	46	7-301-12377-5	计算机硬件技术基础	石　磊	26
10	7-301-10463-7	计算机网络系统集成	斯桃枝	22	47	7-301-15208-9	计算机组成原理	娄国焕	24
11	7-301-10465-1	单片机原理及应用教程	范立南	30	48	7-301-15463-2	网页设计与制作案例教程	房爱莲	36
12	7-5038-4421-3	ASP .NET 网络编程实用教程(C#版)	崔良海	31	49	7-301-04852-8	线性代数	姚喜妍	22
13	7-5038-4427-2	C 语言程序设计	赵建锋	25	50	7-301-15461-8	计算机网络技术	陈代武	33
14	7-5038-4420-5	Delphi 程序设计基础教程	张世明	37	51	7-301-15697-1	计算机辅助设计二次开发案例教程	谢安俊	26
15	7-5038-4417-5	SQL Server 数据库设计与管理	姜　力	31	52	7-301-15740-4	Visual C# 程序开发案例教程	韩朝阳	30
16	7-5038-4424-9	大学计算机基础	贾丽娟	34	53	7-301-16597-3	Visual C++程序设计实用案例教程	于永彦	32
17	7-5038-4430-0	计算机科学与技术导论	王昆仑	30	54	7-301-16850-9	Java 程序设计案例教程	胡巧多	32
18	7-5038-4418-3	计算机网络应用实例教程	魏　峥	25	55	7-301-16842-4	数据库原理与应用(SQL Server 版)	毛一梅	36
19	7-5038-4415-9	面向对象程序设计	冷英男	28	56	7-301-16910-0	计算机网络技术基础与应用	马秀峰	33
20	7-5038-4429-4	软件工程	赵春刚	22	57	7-301-15063-4	计算机网络基础与应用	刘远生	32
21	7-5038-4431-0	数据结构(C++版)	秦　锋	28	58	7-301-15250-8	汇编语言程序设计	张光长	28
22	7-5038-4423-2	微机应用基础	吕晓燕	33	59	7-301-15064-1	网络安全技术	骆耀祖	30
23	7-5038-4426-4	微型计算机原理与接口技术	刘彦文	26	60	7-301-15584-4	数据结构与算法	佟伟光	32
24	7-5038-4425-6	办公自动化教程	钱　俊	30	61	7-301-17087-8	操作系统实用教程	范立南	36
25	7-5038-4419-1	Java 语言程序设计实用教程	董迎红	33	62	7-301-16631-4	Visual Basic 2008 程序设计教程	隋晓红	34
26	7-5038-4428-0	计算机图形技术	龚声蓉	28	63	7-301-17537-8	C 语言基础案例教程	汪新民	31
27	7-301-11501-5	计算机软件技术基础	高　巍	25	64	7-301-17397-8	C++程序设计基础教程	郗亚辉	30
28	7-301-11500-8	计算机组装与维护实用教程	崔明远	33	65	7-301-17578-1	图论算法理论、实现及应用	王桂平	54
29	7-301-12174-0	Visual FoxPro 实用教程	马秀峰	29	66	7-301-17964-2	PHP 动态网页设计与制作案例教程	房爱莲	42
30	7-301-11500-8	管理信息系统实用教程	杨月江	27	67	7-301-18514-8	多媒体开发与编程	于永彦	35
31	7-301-11445-2	Photoshop CS 实用教程	张　瑾	28	68	7-301-18538-4	实用计算方法	徐亚平	24
32	7-301-12378-2	ASP .NET 课程设计指导	潘志红	35	69	7-301-18539-1	Visual FoxPro 数据库设计案例教程	谭红杨	35
33	7-301-12394-2	C# .NET 课程设计指导	龚自霞	32	70	7-301-19313-6	Java 程序设计案例教程与实训	董迎红	45
34	7-301-13259-3	VisualBasic .NET 课程设计指导	潘志红	30	71	7-301-19389-1	Visual FoxPro 实用教程与上机指导（第 2 版）	马秀峰	40
35	7-301-12371-3	网络工程实用教程	汪新民	34	72	7-301-19435-5	计算方法	尹景本	28
36	7-301-14132-8	J2EE 课程设计指导	王立丰	32	73	7-301-19388-4	Java 程序设计教程	张剑飞	35
37	7-301-21088-8	计算机专业英语(第 2 版)	张　勇	42	74	7-301-19386-0	计算机图形技术(第 2 版)	许承东	44

75	7-301-15689-6	Photoshop CS5 案例教程(第 2 版)	李建芳	39	83	7-301-21052-9	ASP.NET 程序设计与开发	张绍兵	39
76	7-301-18395-3	概率论与数理统计	姚喜妍	29	84	7-301-16824-0	软件测试案例教程	丁宋涛	28
77	7-301-19980-0	3ds Max 2011 案例教程	李建芳	44	85	7-301-20328-6	ASP. NET 动态网页案例教程(C#.NET 版)	江 红	45
78	7-301-20052-0	数据结构与算法应用实践教程	李文书	36	86	7-301-16528-7	C#程序设计	胡艳菊	40
79	7-301-12375-1	汇编语言程序设计	张宝剑	36	87	7-301-21271-4	C#面向对象程序设计及实践教程	唐 燕	45
80	7-301-20523-5	Visual C++程序设计教程与上机指导(第 2 版)	牛江川	40	88	7-301-21295-0	计算机专业英语	吴丽君	34
81	7-301-20630-0	C#程序开发案例教程	李挥剑	39	89	7-301-21341-4	计算机组成与结构教程	姚玉霞	42
82	7-301-20898-4	SQL Server 2008 数据库应用案例教程	钱哨	38	90	7-301-21367-4	计算机组成与结构实验实训教程	姚玉霞	22